教育部哲学社会科学研究重大课题攻关项目
“加强和改进网络内容建设研究”（项目批准号：13JZD033）资助

湖南科技大学学术著作出版基金资助

中国网络内容建设调研报告

ZHONGGUO WANGLUO NEIRONG JIANSHE
DIAOYAN BAOGAO

赵惜群 等 / 著

人 民 出 版 社

主编前言

2013年，在湖南大学唐亚阳教授主持下，依托湖南大学马克思主义学院、新闻传播与影视艺术学院、工商管理学院、法学院等院系专家学者，联合中南大学、湖南科技大学、新浪网、凤凰网等学界、业界专家学者组成了“教育部哲学社会科学研究重大课题攻关项目”申报组，并于同年11月成功中标“教育部哲学社会科学研究(2013年度)重大课题攻关项目第33号招标课题《加强和改进网络内容建设研究》”(课题编号13JZD033)。

本套“系列著作”作为《加强和改进网络内容建设研究》招标课题的最终成果，主要立足于十八大报告提出的“加强和改进网络内容建设，唱响网上主旋律”这一精神，着力探寻网络内容建设的理论诉求，着力梳理网络内容建设的现实追问，切实提出加强和改进网络内容建设的有效对策。旨在将加强和改进网络内容建设放在推进社会主义核心价值观融入精神文明建设全过程这个事业大局中来思考，坚持建设与管理的统一，以“理论分析—规律认识—问题把握”为立论起点，遵循“提出问题—分析问题—解决问题”的渐进式结构，着力回答网络内容“谁来建”“建什么”“如何建”“如何管”等现实问题。

本套“系列著作”包括6本专著，除我的一本独著外，其他5本专著由其他5个子课题负责人主导完成，每本书稿均为30万字左右。其特色主要体现为以下几个方面：第一，着力探讨加强和改进网络内容建设的理论诉求，实现合规律性与合目的性的统一。按照科学理论体系要求和工作实践深入的需要,对加强和改进网络内容建设的理论基础问题给予较为系统的回答,为加强和改进网络内容建设的实践探索和工作创新奠定理论基石。同时,探索了网络环境下人的思想品德形成与发展的基本规律,探索了网络内容建设工作的基本规律。第二,着力探讨网络内容建设存在的突出问题,为推动问题的解决打下坚实基础。着眼于调研我国网络内容建设的现状,同时,立足于全球视野,探求国外网络内容建设和管理的理性借鉴问题。第三,着力探讨构建起政府、学校、企业、网民紧密协作的行动者网络,实现多元主体共建网络内容。突破单一主体"利益至上"的逻辑,有针对性地提出涵括政府、学校、企业、网民等在内的利益主体共同建设网络内容的框架体系,进而不断完善网络内容建设主体结构。第四,着力探讨社会主义核心价值观引领网络内容建设工程的现实追问,实现主线贯穿。社会主义核心价值观是社会主义先进文化的精髓,决定着网络内容建设方向,积极探寻了社会主义核心价值观引领优秀传统文化和当代文化精品网络化、网络新闻资讯、网络社交媒体内容、网络娱乐产品等网络内容建设的意义、原则、主体、路径、评价等。第五,着力探讨提升中国网络内容国际传播能力的对策,统筹国际国内两个大局。从不同层面深入、立体地分析了中国网络内容国际传播中取得的成绩与存在的不足,在此基础上,借鉴西方国家跨国传播策略,提出提升中国网络内容国际传播效果的对策与建议,以期进一步提升中国网络内容国际传播能力。第六,着力探讨网络内容建设的保障机制,不断提高建设工作的科学化水平。着眼于构建涵括法治保障机制、监管保障机制、教育保障机制、资源保障机制、技术保障机制等在内的网络内容建设的保障机制,进一步加强网络法制建设,坚持科学管理、依法管理、有效管理,加快形成法律规范、行政监管、行业自律、资源保障、技术保障、社会教育相结合的网络内容建设保障体系。

6本专著紧紧围绕"加强和改进网络内容建设"这一主题,并在多校、多学科、多专业协同创新机制主导下,既强调各本专著的主题性、侧重性,又强调系列著作的体系性、完整性,分了6个专题展开。为了方便读者的阅读,做以下简介(按子课题排序):

一、《网络内容建设的理论基础与基本规律》(曾长秋、万雪飞、曹挹芬著）。本专著力图以党的十七届六中全会、十八大及习近平总书记系列重要讲话精神为指导，借鉴网络传播学、信息管理学、网络心理学、网络政治学、网络社会学等学科已取得的相关研究成果，以厘清“网络内容”的内涵和外延为切入点，结合具体案例，较为全面地分析了网络内容的主要特征，深入阐述了加强和改进网络内容建设的极端重要性。在此基础上，明确网络内容建设研究的理论基础和理论借鉴，并尝试提出网络内容建设的主要目标、基本原则以及网络内容建设的生产规律、传播规律、消费规律和引导规律，为今后进一步进行网络内容建设的研究奠定理论和规律等方面的基础。

二、《中国网络内容建设调研报告》（赵惜群等著）。本专著以网络信息技术的迅猛发展为时代背景，立足于国际视野和国内现状，采取社会调查与实证研究相结合、定性研究与定量研究相结合等方法，运用 SPPS 数据统计软件和相关数据分析法，从普通网民、政府、企业、高校的角度客观、全面地审视我国网络内容建设的主体、网络内容建设的价值引领、网络内容产品、网络内容监督、网络内容国际传播、网络内容安全建设等取得的成就、存在的问题及成因；比较系统地总结提炼了国外网络内容建设的经验及其对加强和改进我国网络内容建设的启示，以期为党和政府部门制定、加强和改进网络内容建设的决策提供现实依据和国际借鉴。

三、《多主体协同共建的行动者网络构建研究》（雷辉著）。本专著贯彻十八大关于互联网信息安全的会议精神，就网络内容传播主体间相互关系及其传播路径进行了深入的思考和研究。首先将行动者网络理论、社会网络分析、利益相关者理论等理论知识创新性地运用到网络社会信息传播实践的研究中来，先后从行动者网络的协同化、与外部环境的治理结构以及行动者正能量传播生态系统等角度来构建政府、学校、企业和网民的行动者网络的结构模型。并在此基础上，从政策层面，对现实生活中行动者网络工作体系的构建进行思考，得出了几点有用的结论，并指出了该工作体系未来发展的根本思路和关键。

四、《社会主义核心价值观引领下的网络内容建设工程研究》（唐亚阳著）。本专著以“理论分析—现状调研—问题把握”为立论起点，遵循“提出问题—分析问题—解决问题”的结构设计,着力回答:为什么要实施“引领工程”、实施的原则、由谁实施、实施的内容、实施的效果等现实追问。一是从现实角度回答为什么要引领。立足现实背景,着力探寻“引领工程”的时代诉求,从意识形态话语权、“四个全面”战略布局、网络空间“清朗工程”等角度阐明实施“引领工程”的现实必然性和可能性。二是回答实施“引领工程”的基本原则问题。主要从政府主导与多元主体相结合、顶层设计与阶段实施相结合、显性教育与隐性教育相结合、价值引领与网络传播相结合来回答。三是回答由谁来具体实施“引领工程”的问题。主要从“引领工程”主体间的关系形态、“引领工程”主体构建的现状及路径等角度来进行回答。四是回答“引领工程”实施什么内容的问题。主要从五个维度回答,即:优秀传统文化网络化构建、当代文化精品网络化构建、网络新闻咨讯构建、网络娱乐产品构建、社交媒体内容构建,实施社会主义核心价值观引领的网络内容建设工程。五是回答实施“引领工程”的效果问题。从“引领工程”评价体系的价值意义、建构原则、思路、主要内容,以及操作、实施、反馈等角度进行回答。

五、《中国网络内容国际传播力提升研究》(向志强著)。本专著分析了中国网络内容国际传播力提升的时代背景和现实意义,探讨了中国网络内容国际传播力构成要素以及提升目标,通过构建中国网络内容国际传播力评价指标体系,以人民网等国内十大网站为例,对中国网络内容国际传播力现状进行了较为客观全面的评价,通过内容分析等研究方法对中国网络内容国际传播力提升的微观路径和宏观措施的现状和存在问题进行了系统深入分析,通过问卷调查等研究方法对中国网络内容国际传播的受众需求进行调查,并对调查结果进行了数理统计分析,在上述研究基础上,依据新闻传播学的相应理论,系统阐述了中国网络内容国际传播力提升的战略、模式以及路径,深入探讨了中国网络内容国际传播力提升的宏观措施和微观路径的完善和改进措施。

六、《网络内容建设的保障机制研究》(郭渐强著)。加强和改进网络内容建设,必须一手抓繁荣,一手抓管理;一手抓建设,一手抓保障,需要建立和健全保障机制为其保驾护航。本专著从理论上概述了网络内容建设的保障机制的含义与功能，影响建立与健全保障机制的主要因素，阐释了对健全保障机制具有指导意义的理论，如网络内容规制理论、全球网络公共治理理论、整体政府理论、协同治理理论。本书的核心内容是分别全面客观地分析了构成网络内容建设保障机制的五个具体方面，即：法治保障机制、监管保障机制、教育保障机制、资源保障机制、技术保障机制存在的问题与缺陷，在深刻分析问题原因基础上，借鉴国外健全保障机制的经验，提出了健全我国网络内容建设的保障机制的对策建议。

这套“系列著作”的顺利出版，首先得益于湖南大学、中南大学、湖南科技大学等学界同人的鼎力协作，得益于新浪网、凤凰网、人民网等业界精英的倾力支持，得益于国家互联网信息办公室、湖南省委宣传部网络宣传办公室等主管部门的热心扶助。作为主编，对诸位的热情与辛勤付出表示深深的谢忱，在此，也由衷期盼本“系列著作”的出版能为我国网络内容建设实践提供理论资源，引导这一实践进程走上良性发展的轨道，对推动社会主义核心价值观培育和践行、形成共建共享网上精神家园、提升网络内容建设效能、保障网络内容建设科学发展、维护国家意识形态安全有积极价值。

唐亚阳

2017 年 9 月于长沙

目　录

第一章　网络内容建设现状调研设计与数据分析

没有调查，就没有发言权。要全面深入系统地总结近30年来我国网络内容建设取得的成就、反思存在的问题、揭示问题的成因、探索应对之策略，不能闭门造车、坐而论道，必须以科学严谨的态度进行调查研究，对数据进行统计分析，掌握第一手资料。

第一节　调研设计

一、调研的对象

根据调研方式，本课题的调研对象分为两大类，即访谈对象和问卷调查对象，前者主要是就专业性、理论性较强的相关问题向网络内容建设方面的专家、学者进行访谈，共设计了17个问题，访谈了23位专家、学者；后者分为四类，即普通网民、高等学校、政府部门、网络内容提供商和网络内容运营商。以下主要对问卷调查对象的具体情况进行说明。

（一）普通网民

1. 网民来源

选取中国内地的两个直辖市（北京、天津）和八个省（湖南、江西、广东、安徽、福建、江苏、山东、青海）作为普通网民的样本抽取范围。其中湖南省800

人,北京市、广东省各600人,青海省300人,其余省、市各200人,共3500人。

2. 网民性别

网民性别比例几近平分秋色,男性50.8%、女性49.2%,前者仅比后者多1.6个百分点。

3. 网民身份

包括学生,学校教职员工,国家机关、党群组织工作人员,企业单位工作人员,事业单位工作人员,农民,军人,自由职业者,无业人员,其他人员十类,其所占比例依次为54.0%、7.0%、4.0%、11.0%、7.0%、3.0%、2.0%、7.0%、2.0%、3.0%。

4. 网民年龄

共分为15岁以下、15—25岁、25—35岁、35—50岁、50岁以上五个年龄段,其所占比例依次为9.5%、51.0%、20.9%、14.5%、4.1%。

5. 网民政治面貌

有共青团员、共产党员、民主党派、群众四种类型,其所占比例依次为49.3%、20.5%、3.3%、26.9%。

6. 网民文化程度

包括研究生(硕士研究生和博士研究生),本科,大专,高中、中专、技校、初中及以下五类,其所占比例依次为12.0%,35.0%,26.0%,13.0%,14.0%。

(二) 高等学校

课题组在北京、广东、湖南、天津、青海五省市的16所高等学校的各年级在校大学生、教师、管理人员、职工中抽取了1200人作为调查对象。

1. 高校类别

从所属行政区域来看,北京市五所:中国传媒大学、北京外国语大学、中国政法大学、北京大学、清华大学;广东省三所:中山大学、华南师范大学、华南理工大学;天津市一所:天津师范大学;湖南省四所:湖南大学、湖南科技大学、湖南城建职业技术学院、湖南民族职业学院;青海省三所:青海大学、青海师范大学、青海民族大学。从高校层次来看,本科院校14所,专科院校两所。在本科院校中,985院校五所,211院校十所。

2. 样本属性

在 16 所高等院校中随机选择了 1200 个样本。从样本的身份来看,学生(专科、本科、硕士、博士)占 79.0%,教师占 12.0%,管理人员占 7.0%,职工占 2.0%。从性别来看,男性 63.0%,女性 37.0%。

(三) 政府部门

课题组在北京、湖南、青海三省市选择了 14 个政府部门的在职在编领导、中层管理人员、普通办事员 400 人作为调查对象。

1. 部门类别

从所属行政区域来看,北京市六个部门:国家网信办、新闻出版广电总局、国务院新闻办、国资委、民政部、北京市委宣传部;湖南省两个部门:省网信办、省公安厅;青海省六个部门:省网信办、省公安厅、省教育厅、省通讯管理局、省安全厅、省工信厅。从行政级别来看,国务院部委五个,省市厅局级部门九个。

2. 样本属性

包括在职在编领导、中层管理人员、普通办事员三种类型,其中在职在编领导占 20.0%,中层管理人员、普通办事员各占 40.0%左右。

(四) 网络运营商、网络内容提供商

课题组选择了北京、湖南、江西、青海四省市的网络运营商、网络内容提供商共 18 个企事业单位,将其在职在编领导、中层管理人员、普通办事员 450 人作为调查对象。

1. 样本地域分布

北京市六家:人民网、光明网、网易、联通、电信、移动;湖南省三家:联通、电信、移动;江西省三家:联通、电信、移动;青海省六家:人民网、光明网、网易、联通、电信、移动。

2. 样本属性

从企业的性质来看,国资、民资、外资、合资企业各占 86.0%、8.0%、5.0%、1.0%,在四类不同性质的企业中,网络内容运营商、网络内容提供商、其他各占 47.0%、48.0%、5.0%。从企业网络内容的消费对象来看,国内消费者、国外消费者、国内消费者为主、国外消费者为主各占 34.0%、5.0%、61.0%、0.0%。

二、调研的内容

为全面系深入统地了解我国网络内容建设取得的主要成就、存在的突出问题、问题的成因以及国外网络内容建设的经验，课题组经过反复的研讨，将调研的内容在宏观上分为以下六个板块：网络内容建设的主体、网络内容建设的价值引领、网络内容产品、网络内容监管、网络内容安全、中西网络内容建设比较等，再从认识到行为、应然到实然、理论到实践、国内到国外、问题到对策等维度，针对专家学者，设计了17个访谈问题；针对普通网民、高等学校、政府部门、网络运营商和网络内容提供商设计了90个选择题，其中普通网民30题，高等学校、政府部门、网络运营商和网络内容提供商各20题。

（一）专家学者访谈内容

1. 您认为该如何建设网络内容？制约我国网络内容建设的瓶颈有哪些？如何突破这些瓶颈，寻求新的发展？

2. 您认为影响网络内容传播方向、形式、质量的主要因素有哪些？

3. 如何推进社会主义核心价值观在网络内容建设中的引领作用？您认为以社会主义核心价值观引领的网络内容建设存在何种问题？该如何应对？

4. 网信办是政府对网络内容实施监管的主要部门，发挥着巨大作用。在社会主义核心价值观引领的网络内容建设这一过程中，网信办扮演着什么角色、发挥了怎样的作用？

5. 网信办在网络内容建设的过程中，已经取得初步成效，制定了“九不准”“七条底线”等法规。那么网信办当前的工作中还有哪些现实困难急待解决，哪些方面需要进一步完善？

6. 请问网信办在实际工作中将网络内容分为哪几个板块进行具体的监管？划分网络内容的标准是什么？具体分为哪几类？

7. 网络内容纷繁复杂，文化霸权主义、资本主义、自由主义等思潮的蔓延必定会对社会主义核心价值观的网络培育和践行提出挑战，那么请问网信办都采取了哪些措施应对挑战？

8. 中华民族传统文化博大精深，如何在网络领域坚持社会主义核心价值观对于传统文化的领导，从而激发其新的活力值得我们深思。请问网信办对于传统文化视频化、数字化采取了何种标准?

9. 网络运营商在网络内容建设中处在一个怎样的环节上、充当什么样的角色(生成者、传播者、二次传播者、把关者、旁观者)?

10. 在"实施社会主义核心价值观引领的网络内容建设工程"这一过程中,网络运营商处于怎样的地位? 与国外网络运营商的职能或地位有何异同? 如何发挥作用? 当前所采取的具体路径和措施有哪些? 收到了怎样的效果(经典案例)?

11. 请您谈谈我国现行网络内容监管体制存在的主要问题,并提出解决问题的对策建议。

12. 请您谈谈在网络内容监管方面国外采取了哪些主要措施、有哪些成功经验值得我们学习借鉴?

13. 目前互联网行业之间不正当竞争主要表现在哪些方面? 希望政府如何营造良好的竞争环境?

14. 请您客观评价一下我国网络行业自律的情况。在网络行业自律方面国外有哪些成功经验值得我们学习借鉴?

15. 您认为我国在网络内容安全方面面临哪些挑战?

16. 请您谈谈目前我国在网络内容安全保障方面采取了哪些主要措施、取得了哪些成就、存在哪些主要问题? 国外在网络内容安全保障方面有哪些成功的经验值得我们学习借鉴?

17. 请您谈谈在提升网络内容国际传播能力方面,我国采取了哪些措施、取得了哪些成就、面临哪些主要问题? 国外有哪些成功经验值得我们学习借鉴?

(二) 问卷调查内容

根据普通网民、高等学校、政府部门、网络内容提供商和网络内容运营商四类调研对象在网络内容建设中的角色和特点,共设计了 90 个选择题,问卷具体内容见本章第二节"数据分析的结果"图 1—图 90。

第一,普通网民。设计了 30 个选择题,其中单选题 18 个,多选题 12 个。1—5 题主要了解网民的基本情况,包括性别、身份、年龄、政治面貌、文化程度;6—30 题涉及网民对我国网络内容建设取得的成绩、存在的主要问题及成因的看法、对策建议等。

第二,高等学校。设计了 20 个选择题,其中多选题九个、单选题 11 个,1—2 题为性别、身份等基本情况,3—20 题主要涉及师生员工对高校校园网络内容建设取得的成就、存在的主要问题、问题成因的看法及对策建议等内容。

第三,政府部门。设计了 20 个选择题,其中多选题八个、单选题 12 个,主要涉及相关政府部门在网络内容的引导、监督、管理过程中取得的成就、存在的问题及改进的对策等。

第四,网络运营商、网络内容提供商。设计了 20 个选择题,其中多选题 13 个,单选题七个。主要内容涉及网络运营商、网络内容提供商在网络内容建设中的角色、工作重点、采取的措施、存在的问题、取得的成就、产学研情况、行业自律现状以及我国在网络内容建设和管理方面与西方国家的主要差距等。

三、调研的方法

本课题调研主要采取了问卷调查法、访谈法,并辅以实景考察法和文献研究法等。

(一)问卷调查法

包括网上问卷调查和网下问卷调查,以后者为主,在发放的 5550 份问卷中,网上问卷调查仅占 2.7%,其余 97.3%为当场发放问卷,被调查者作答后及时回收。

(二)访谈法

为了更加深入全面地了解我国网络内容建设的现状及国外网络内容建设的经验,对专业性、理论性较强的问题,课题组设计了 17 个问答题,向 23 名网络内容建设领域的专家和学者进行了面对面的咨询。

(三)实景考察法

所谓实景考察法,就是从内容到形式,从文字、图片到视听资料,从结构到功能,从运行机制到监管模式等对政府部门、企业、高校的网站进行全方位的动态跟踪审阅、分析。课题组先后对 50 个政府部门、30 家企业、50 所高校的网站进行了实景考察。

（四）文献研究法

课题组先后对国内外与网络内容建设相关的图书、期刊、调研报告、视听资料等进行了近两年的收集、整理，共查阅中外图书资料 300 余册、报纸期刊文章 500 多篇、相关数据和调研报告 50 余份。

四、调研的过程

整个调研过程大致可以分为以下四个阶段：问卷和访谈提纲的设计、小范围试调研、正式调研、问卷回收分类及访谈提纲的整理等，历时十个月。

（一）问卷和访谈提纲的设计

先由其他 5 个子课题组根据自身研究的需要分别按普通网民、政府部门、高等学校、网络运营商和网络内容提供商四类对象各设计 8—10 个选择题和 5—8 个访谈题，由本课题组汇总、整理、分类，去掉重复的内容、合并相近的内容、补充必要的内容，然后六个子课题组负责人和主要成员集体讨论、修改和完善，再将讨论稿发送相关领域的专家、学者，征询其意见，在综合专家、学者意见的基础上，由本课题组集体修改，最后提交给首席专家审定。该过程前后历时两个月。

（二）小范围试调研

试调研阶段主要选定在湖南省的长沙、株洲、湘潭和岳阳四个地级市进行。其中普通网民共发放问卷 450 份（长沙市 150 份，其余三市各发放 100 份）、回收有效问卷 423 份；政府部门共发放问卷 100 份（长沙市 40 份，其余三市各发放 20 份），回收有效问卷 87 份；高校共发放问卷 500 份（长沙市、湘潭市各 200 份，岳阳市 100 份），回收有效问卷 459 份；网络运营商和网络内容提供商共发放问卷 100 份（长沙市、岳阳市各 30 份、湘潭市 40 份），回收有效问卷 89 份。

在此过程中，共听取了 100 多人填写后的感受，尤其是对问卷的内容、形式等方面的意见。问卷回收后，运用 SPSS 软件进行了分析，并将分析结果发给其他五个子课题组负责人，听取了他们对调查结果的难度、信度、效度的意见并对问卷进行了进一步的修改和完善，最后提交给首席专家审定。该过程前后历时两个月。

（三）正式调研

共分成五个小组，即专家学者访谈组、普通网民、高等学校、政府部门、网络运营商和网络内容提供商问卷调查组，每个小组由一名教师带领二至五名研究生同时分赴全国十个省级行政区，历时五个月，访谈了23位专家学者，发放问卷5550份，回收问卷5308份，问卷回收率为95.6%。

（四）问卷回收分类及访谈提纲的整理

一是对回收的5308份问卷进行分类整理，剔除空白、残次以及不符合要求的问卷，最终得到有效问卷5175份，问卷有效率为97.5%。二是对专家学者访谈的录音及文字材料进行分类整理。该阶段历时近一个月。

第二节 数据分析

一、数据分析的方法

将经过分类、整理之后的5175份有效问卷按普通网民、高校、政府部门、网络运营商和网络内容提供商四类分别进行编码后，用Foxpro9.0进行数据录入，用SPSS16.0进行统计分析，再制作图表。

二、数据分析的结果

（一）普通网民数据分析结果

1. 您的性别是？

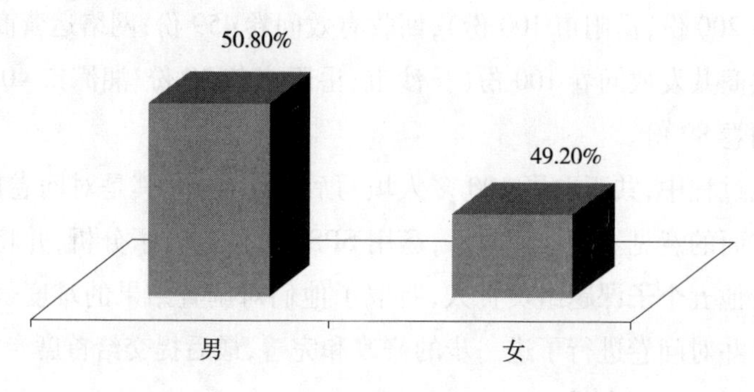

图1

2. 您的身份是？

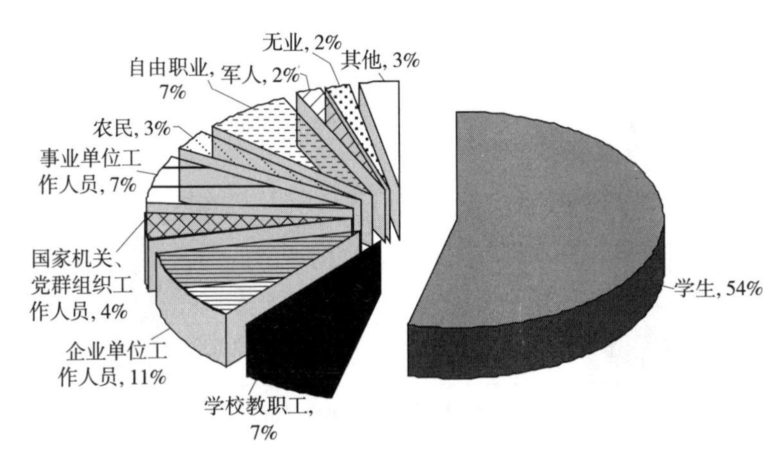

图 2

3. 您的年龄是？

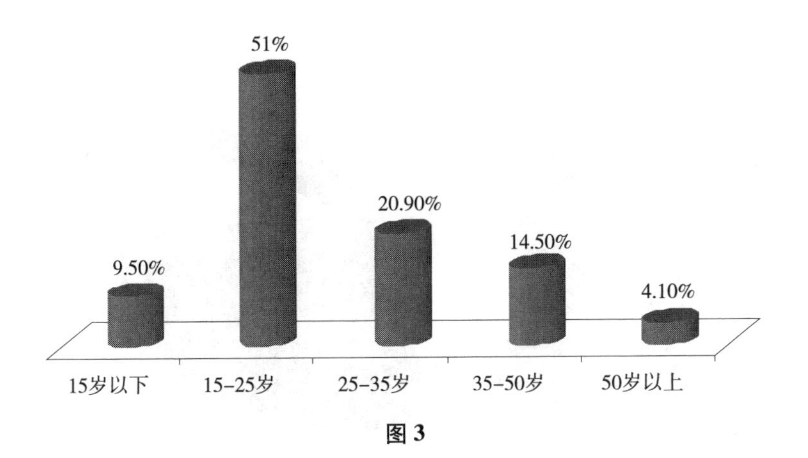

图 3

4. 您的政治面貌是？

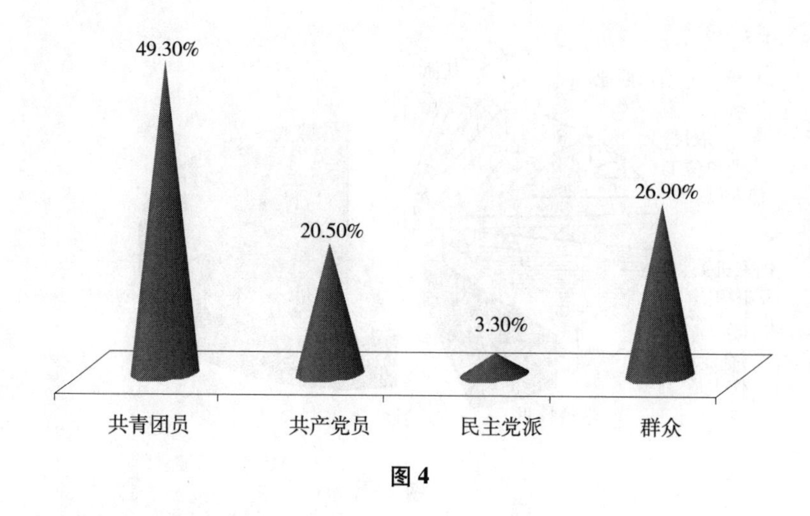

图 4

5. 您的文化程度是？

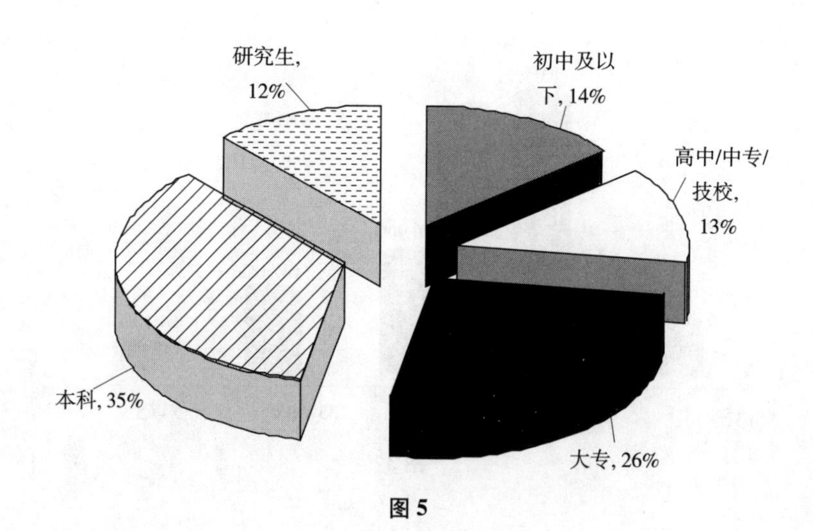

图 5

6. 您常访问的网络内容主要有哪些(可多选)?

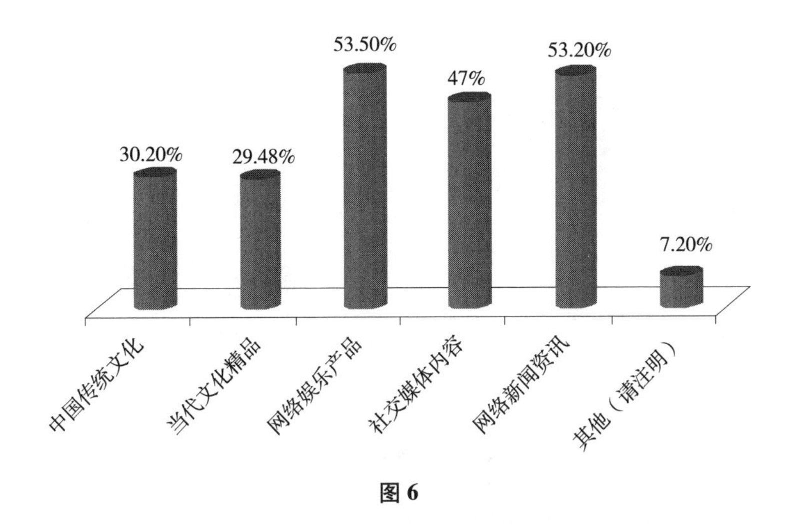

图 6

7. 在您的网络生活中,遇到过以下哪些情况(可多选)?

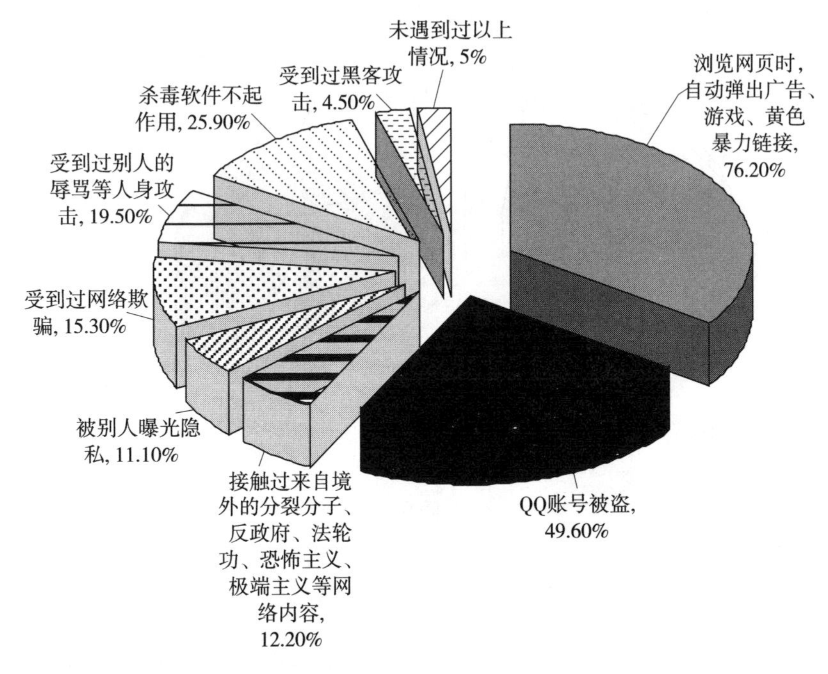

图 7

8. 您认为我国网络内容建设的方向应该是(可多选)?

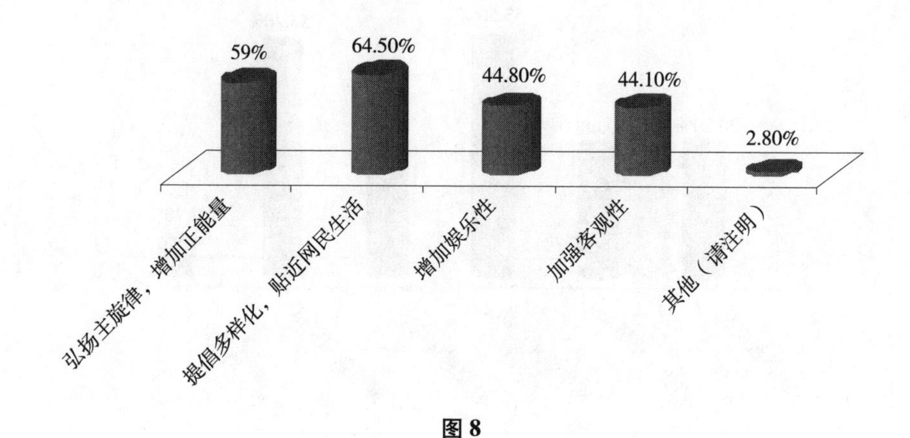

图 8

9. 您认为加强和改进网络内容建设,目前最缺乏的人才是?

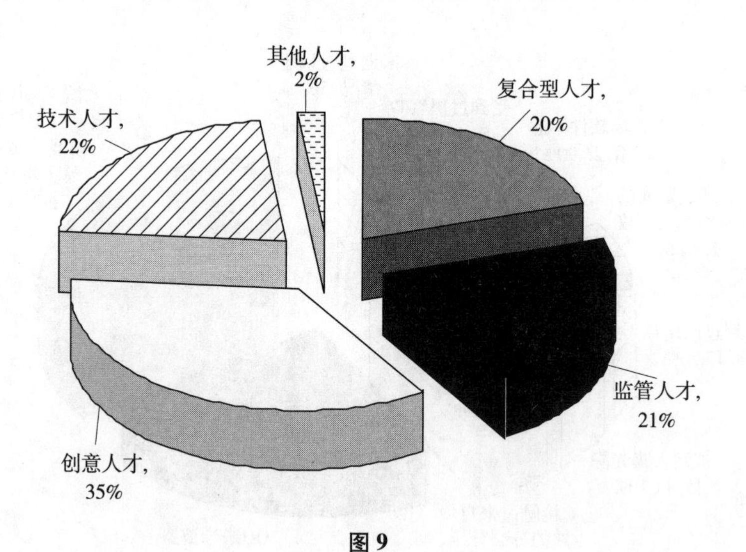

图 9

10. 您如何看待红色网站、主流媒体网站？

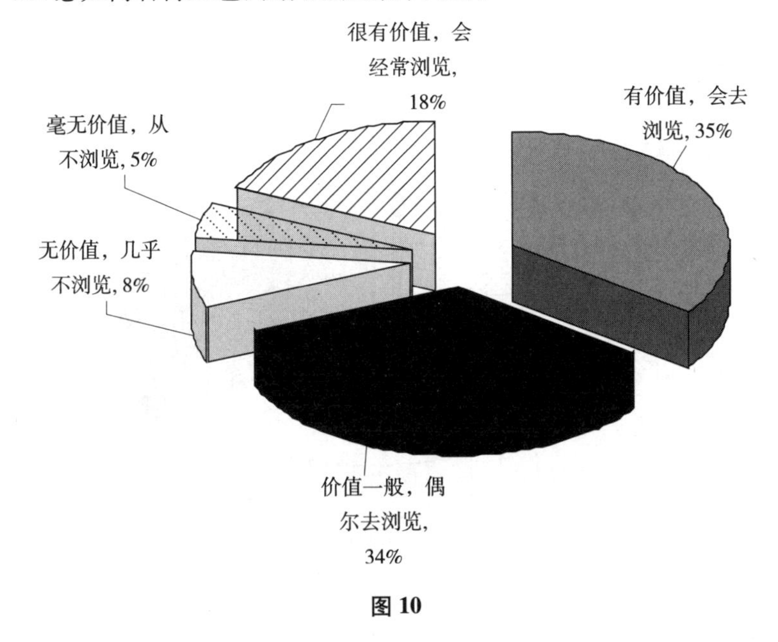

图 10

11. 您认为目前红色网站、主流媒体网站存在哪些方面的问题（可多选）？

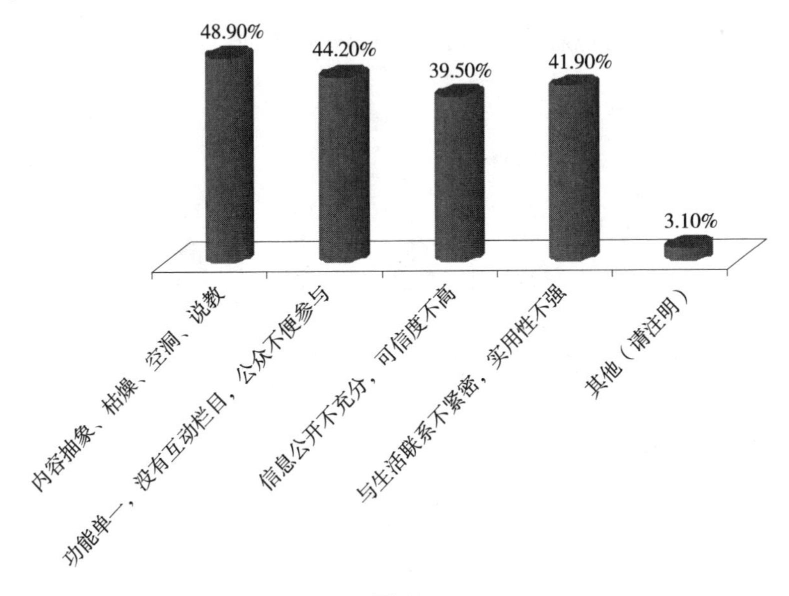

图 11

12. 您认为运用网络开展社会主义核心价值观培育和践行工作,应从哪些方面着手(可多选)?

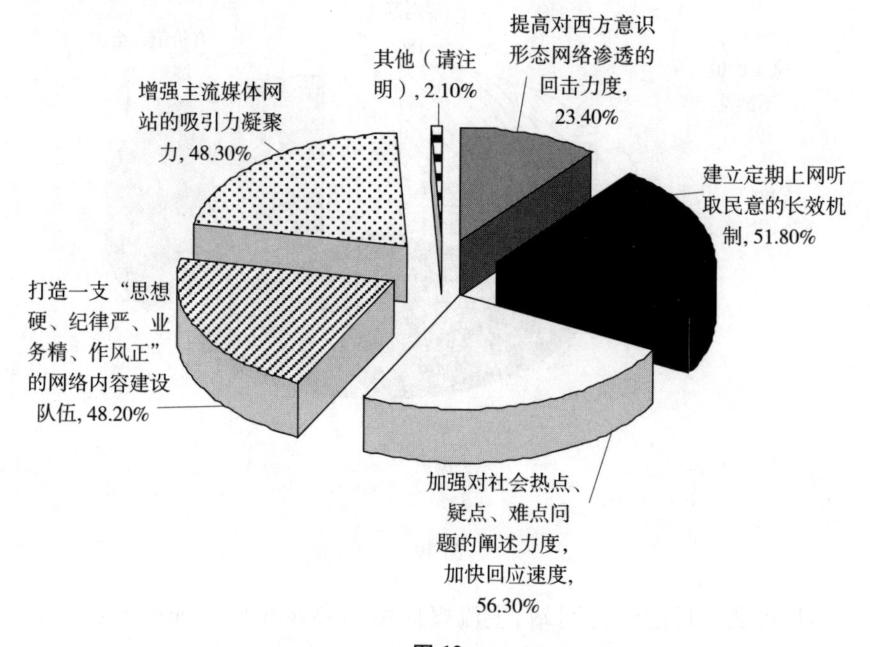

图 12

13. 您认为作为普通网民,在网络内容建设方面应该(可多选)?

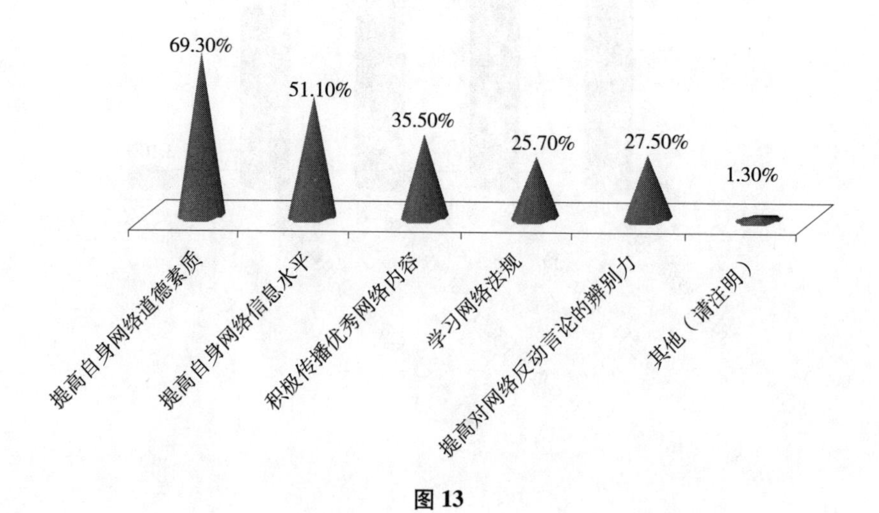

图 13

14. 当您遇到不健康的网络内容时，您会？

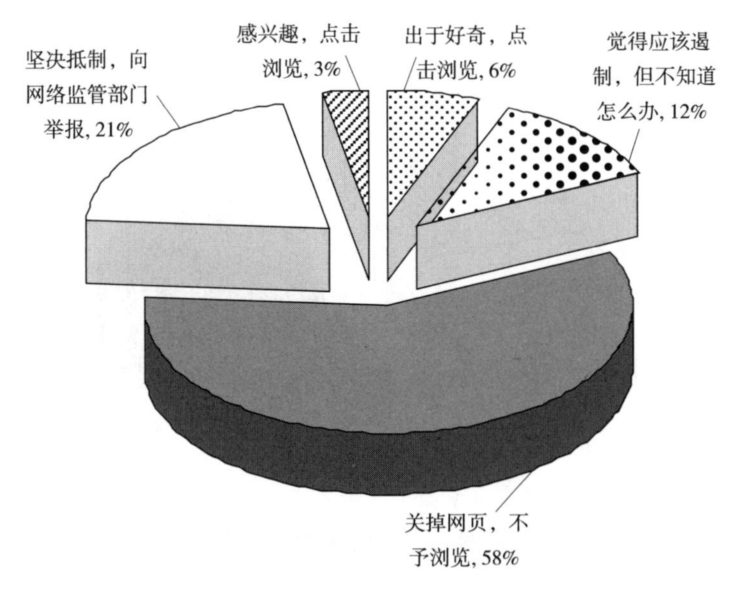

图 14

15. 您身边的人有过以下哪些网络行为（可多选）？

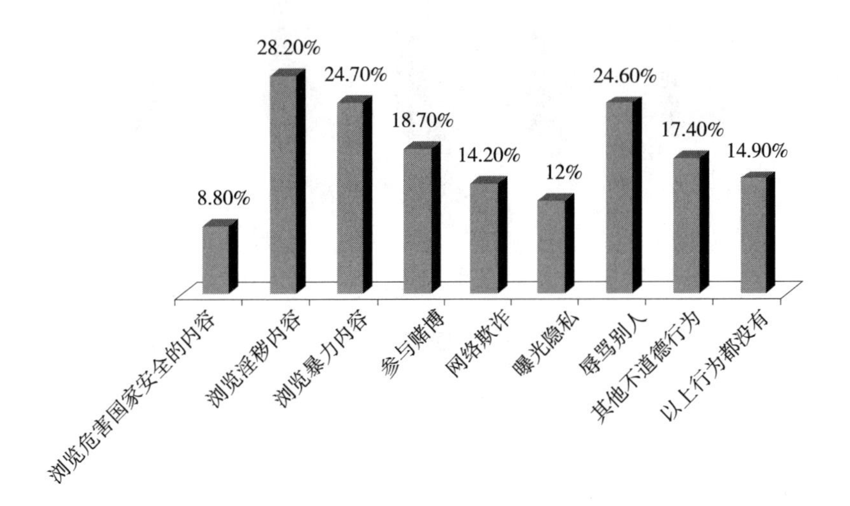

图 15

16. 推行网络实名制或引入网民信用机制,您的态度是?

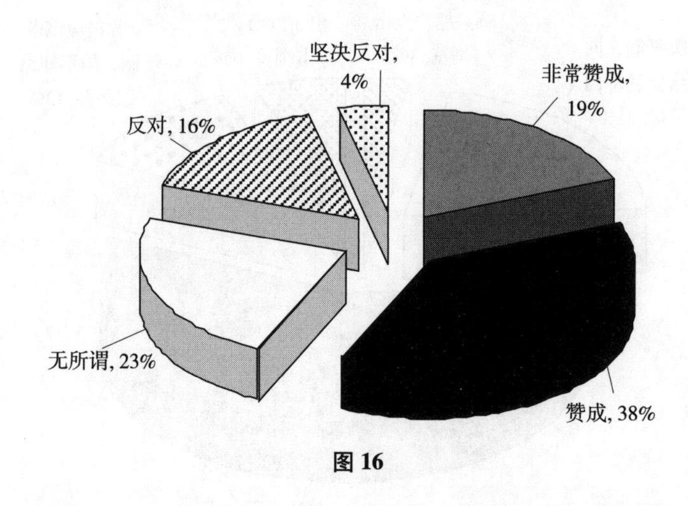

图 16

17. 据您所知,公众参与网络内容监督的渠道有哪些(可多选)?

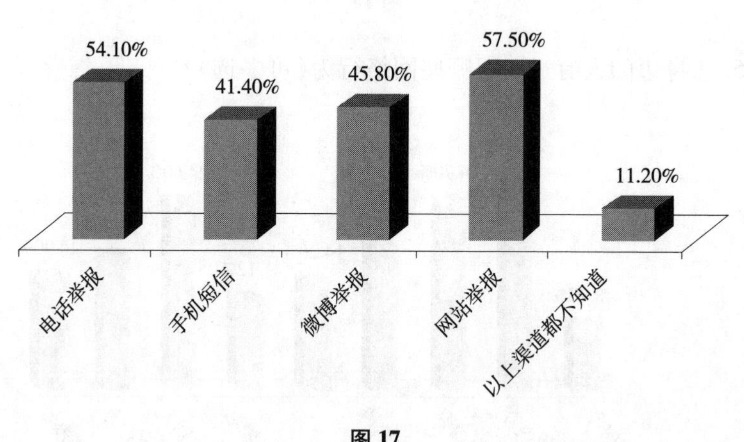

图 17

18. 您主要通过以下哪一途径对社会主义核心价值观进行初步的了解？

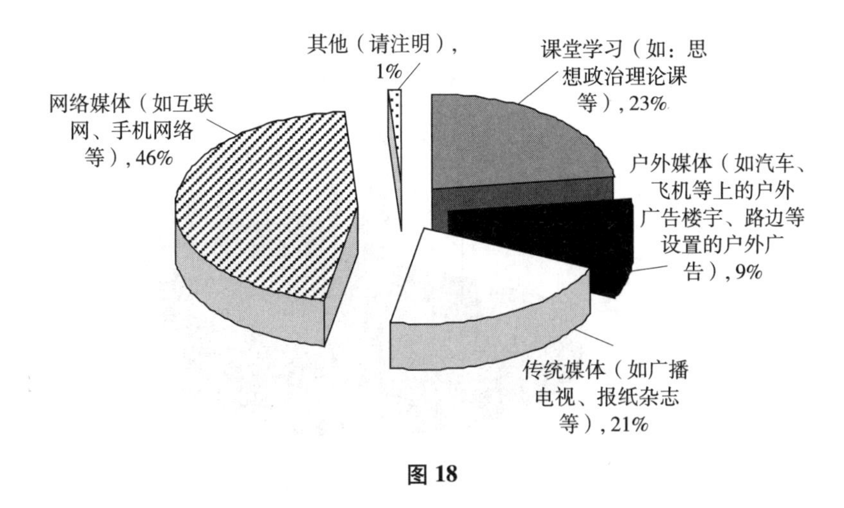

图 18

19. 在您转发、扩散、制作网络内容时，主要根据是？

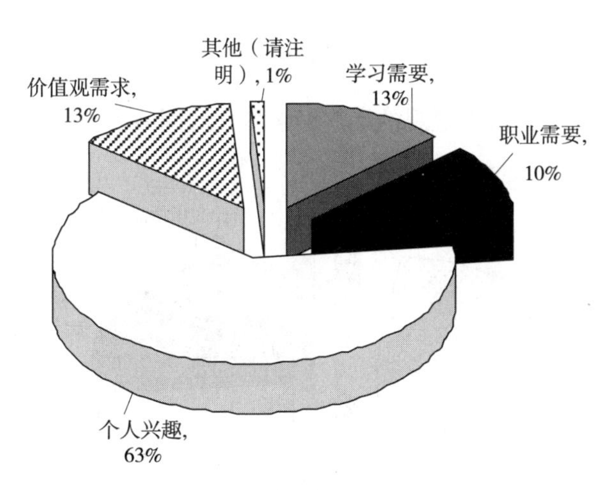

图 19

20. 在您进行创作或传播网络内容时，您最注重以下哪种价值观念？

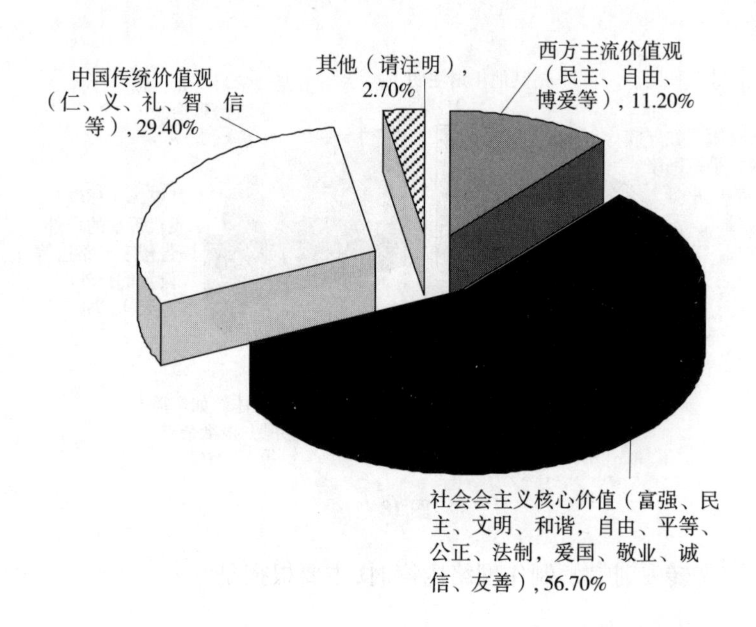

图 20

21. 您认为对自己价值观的形成影响最大的网络内容是？

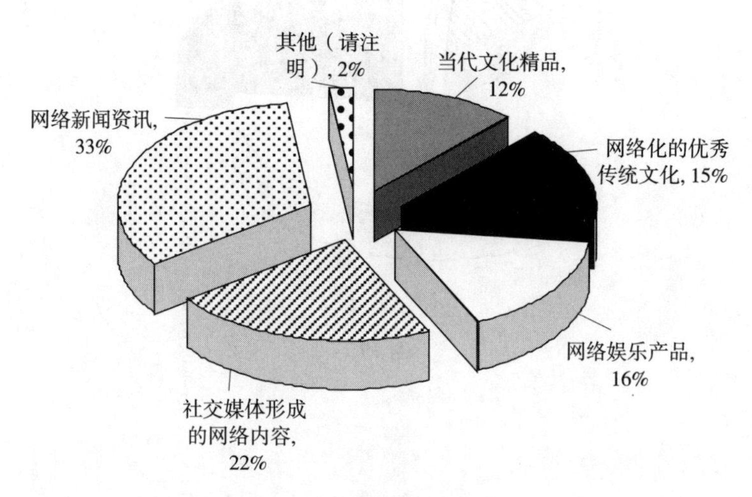

图 21

22. 您认为当前以下网络内容中最能彰显社会主义核心价值观的是？

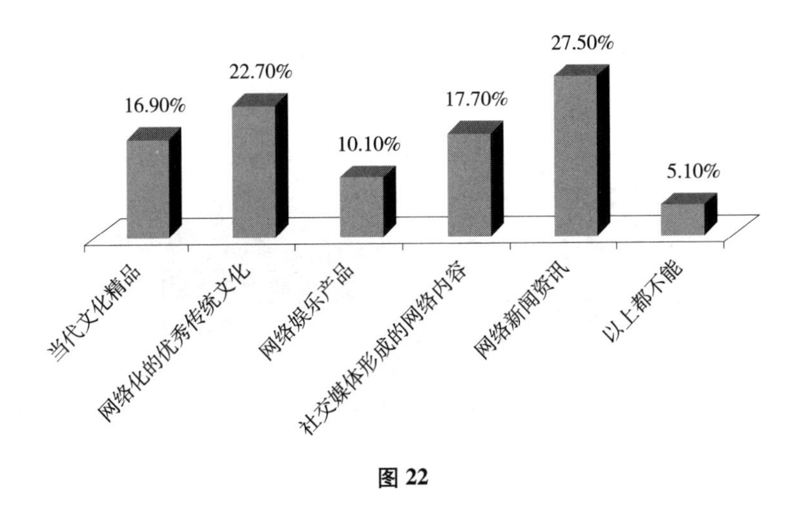

图 22

23. 您认为在当前的网络内容建设中最重要的工作是什么？

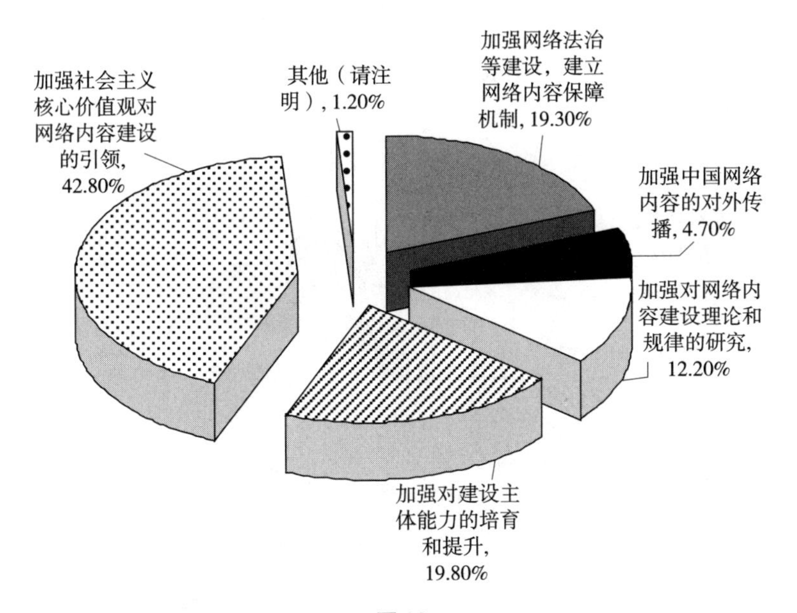

图 23

24. 您认为今后加强网民网络信息传播活动的管理应重点做好的工作是(可多选)?

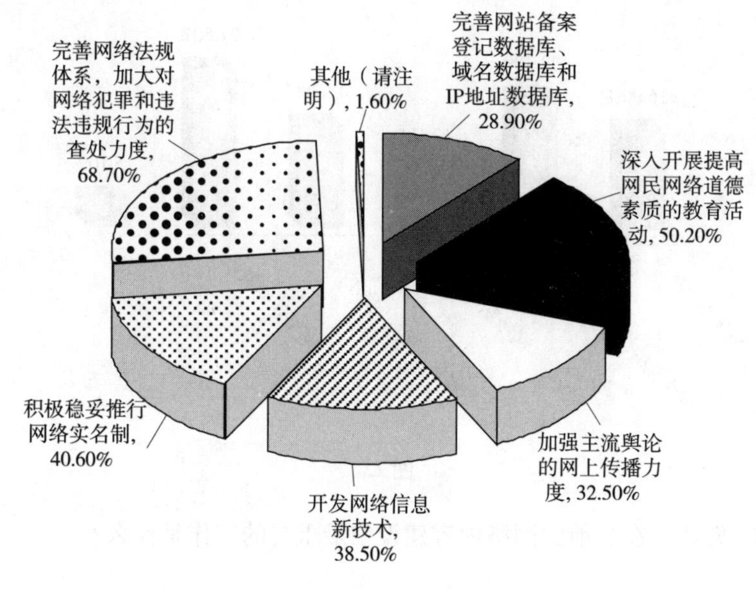

图 24

25. 您认为判断网络内容优劣的标准应该是(可多选)?

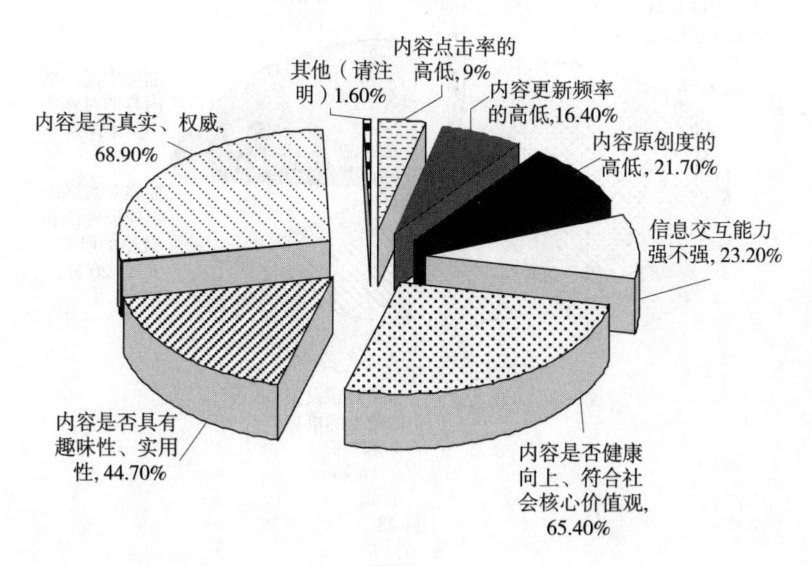

图 25

26. 您访问过国外网站吗？

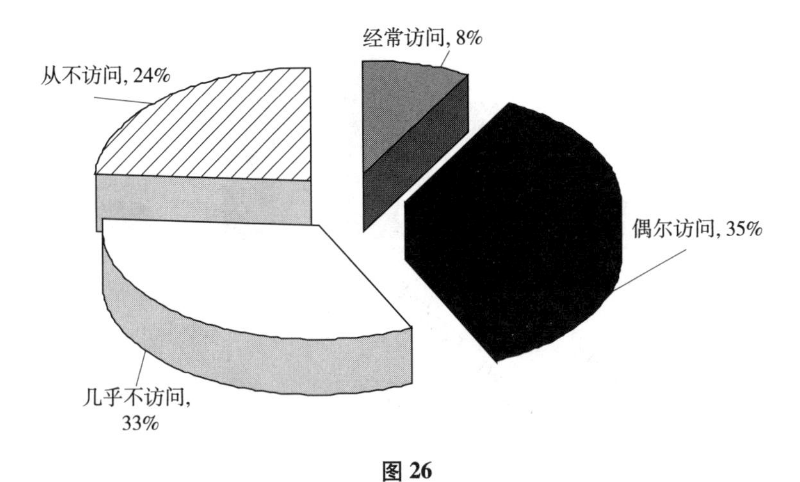

图 26

27. 您喜欢西方网络内容产品，如新闻报道、影视歌曲、游戏动漫等吗？

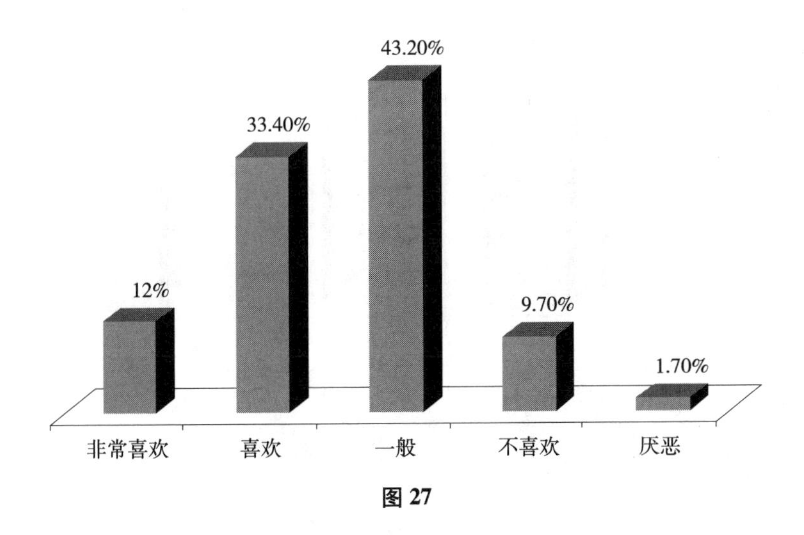

图 27

28. 您是如何看待国外主流媒体网站的?

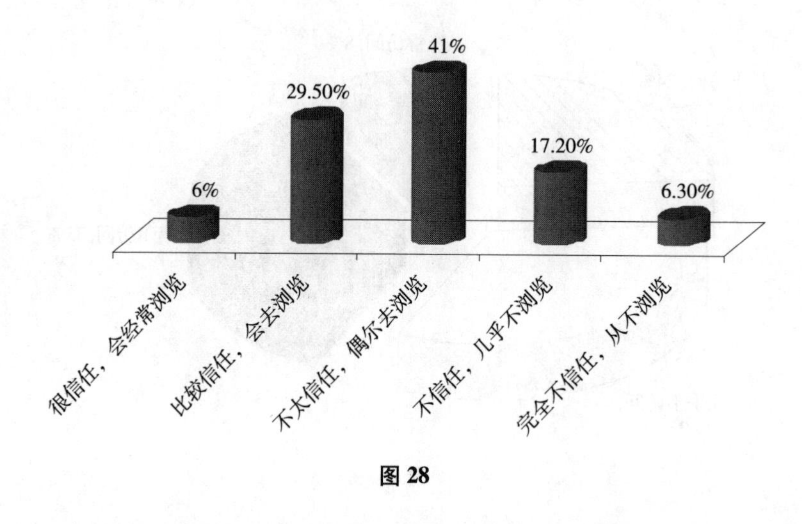

图 28

29. 与西方国家相比,我国网络内容监管方面存在的差距有哪些(可多选)?

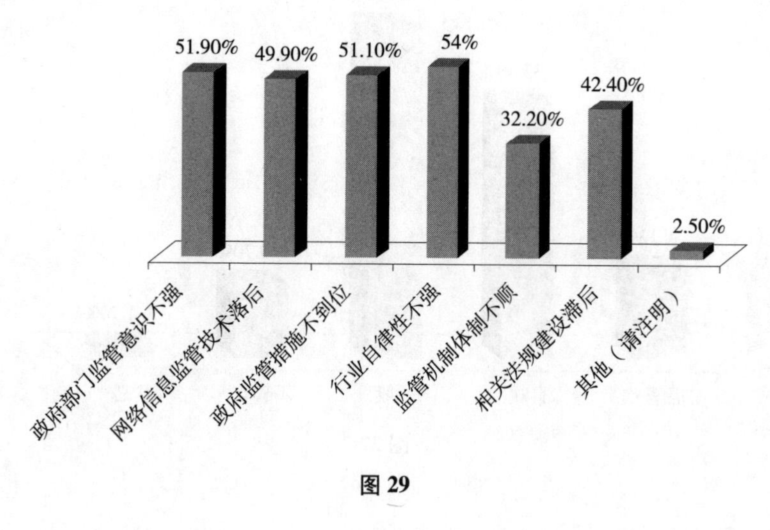

图 29

30. 与西方国家相比,我国网络内容建设方面存在的差距有哪些(可多选)?

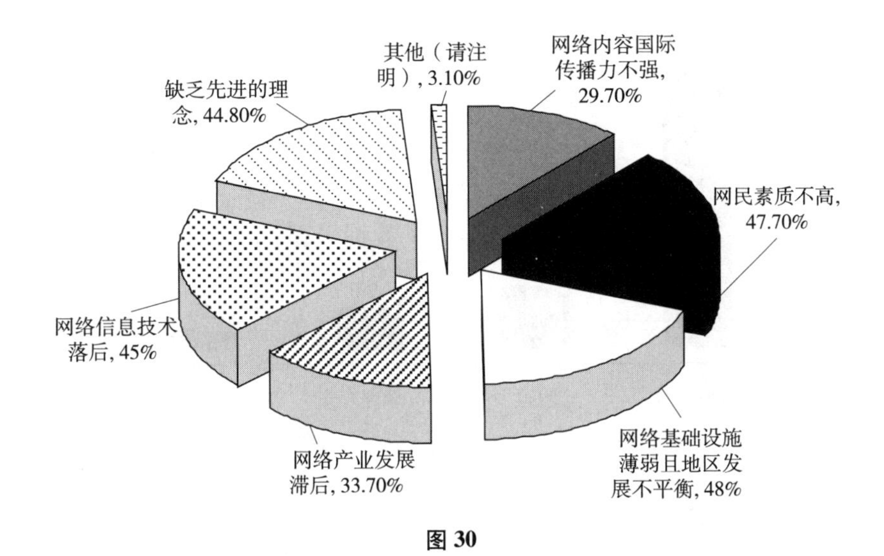

图 30

（二）高校数据分析结果

1. 您的性别是?

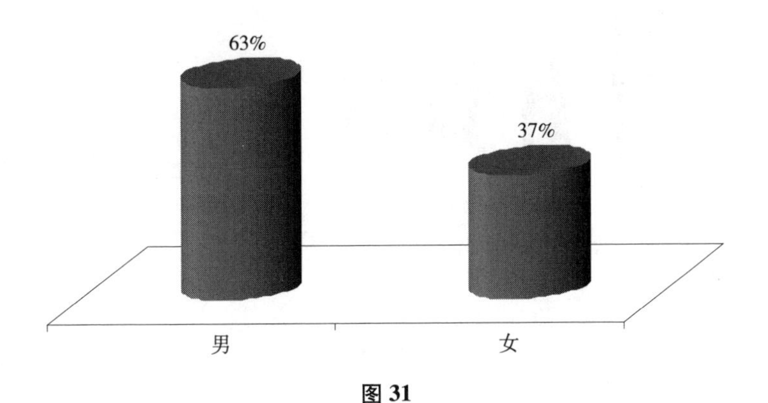

图 31

2. 您的身份是?

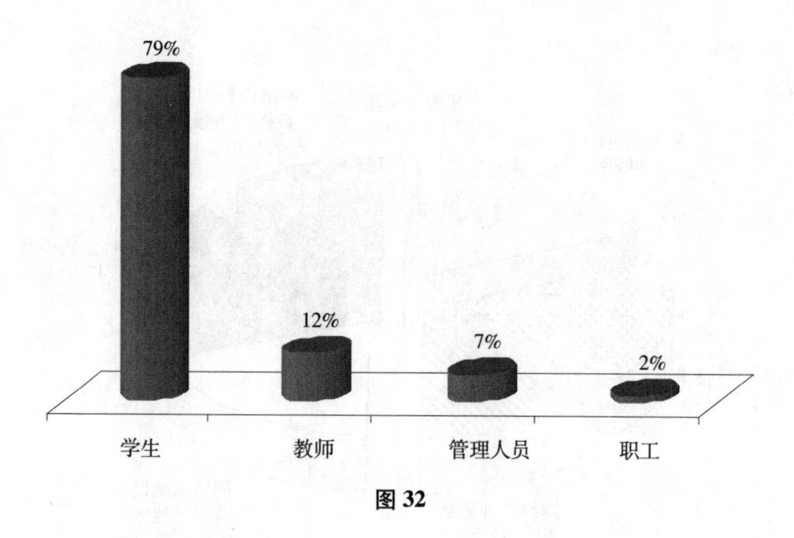

图 32

3. 您最常浏览的网站是?

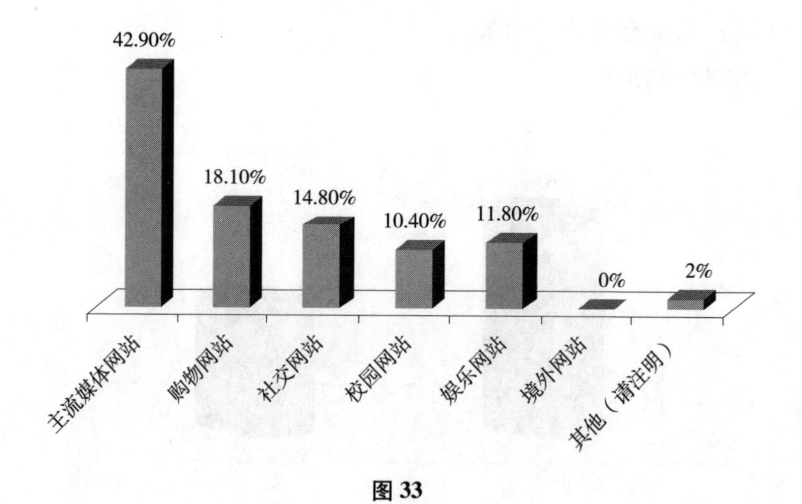

图 33

4. 您上网一般做什么(可多选)?

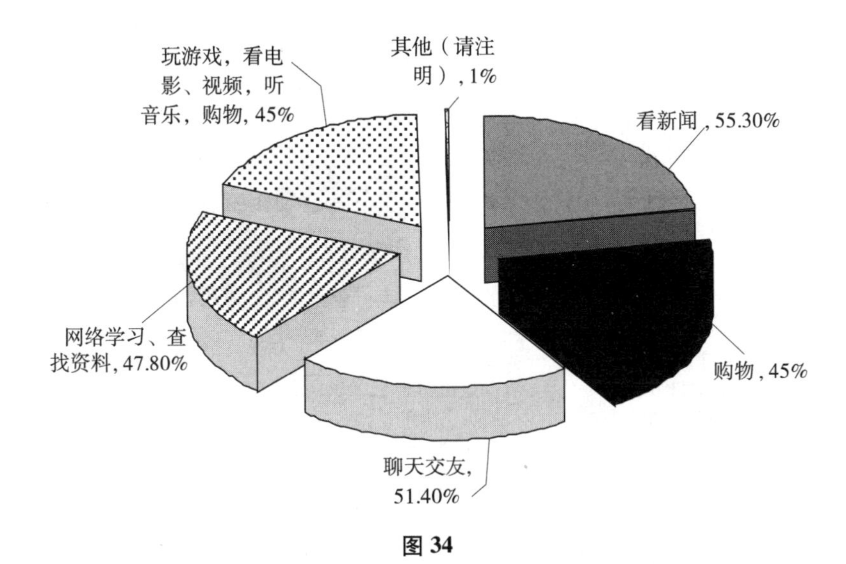

图 34

5. 您访问校园网站的频率是?

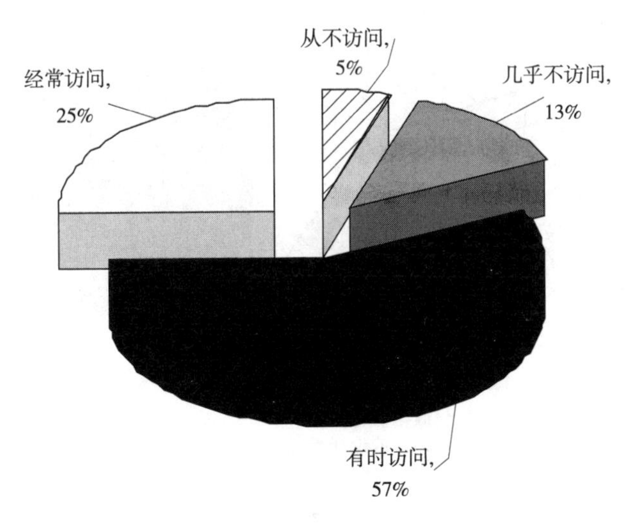

图 35

6. 贵校校园网是否有英文版?

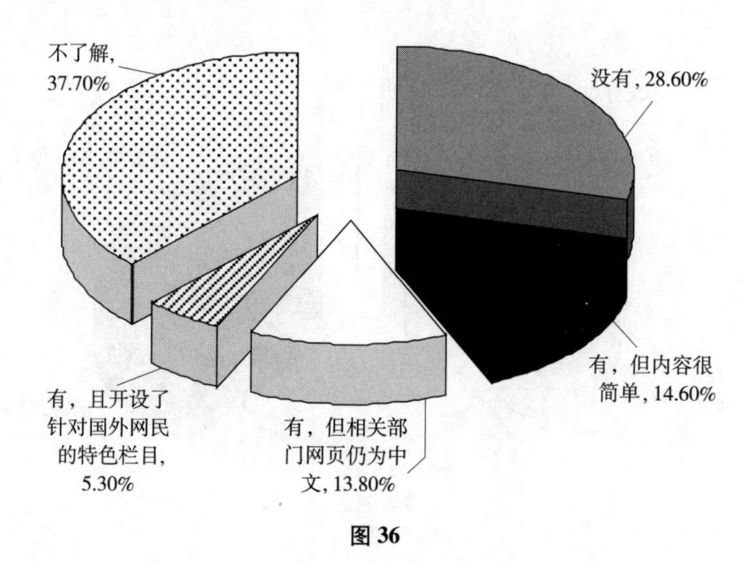

图 36

7. 贵校校园网开设思想政治教育类社区或论坛的情况是?

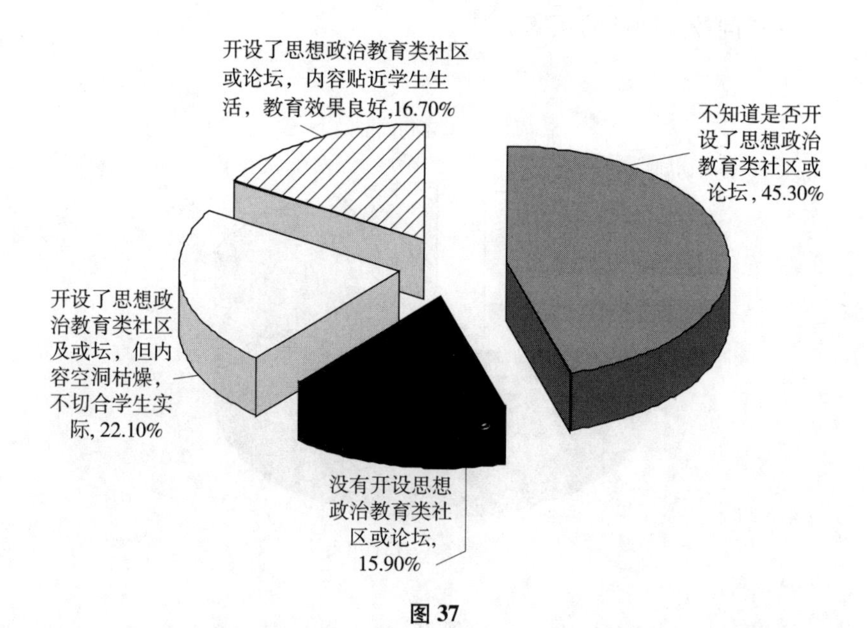

图 37

8. 您所在的学校、年级或班级建立 QQ、微信群并利用其对大学生进行思想政治教育的情况是?

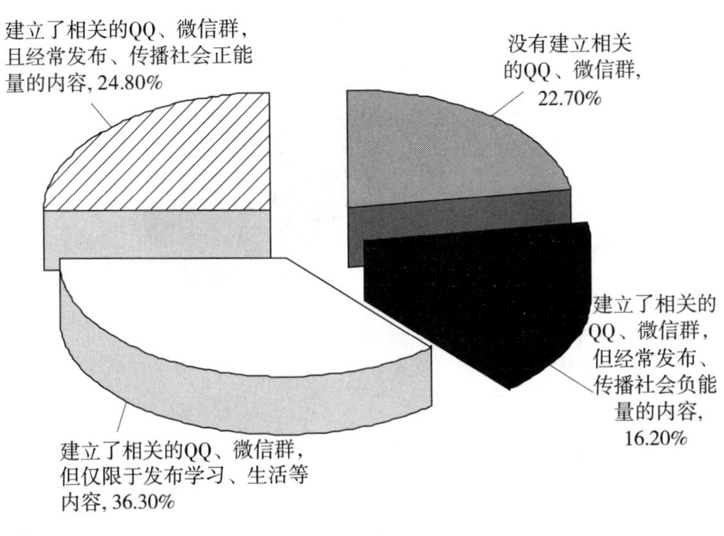

图 38

9. 您认为学校在网络内容建设过程中应该承担什么责任(可多选)?

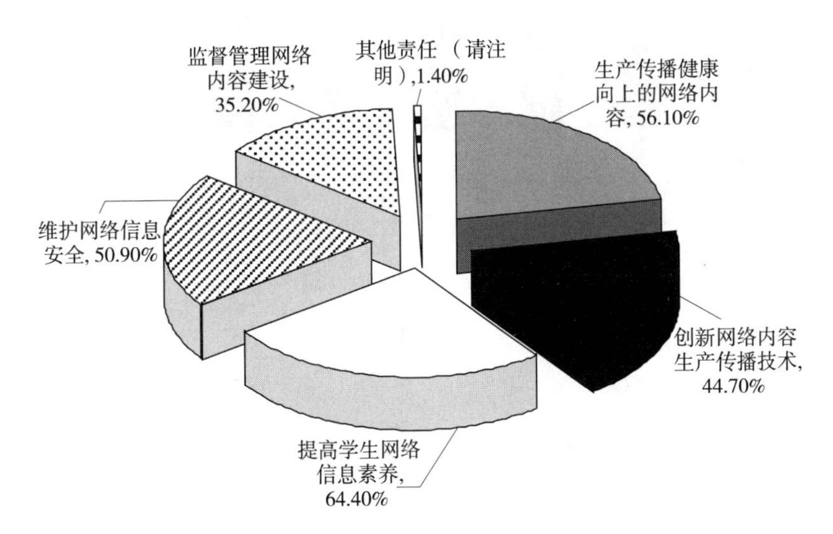

图 39

10. 您对当前校园网络内容建设和管理状况的满意程度是?

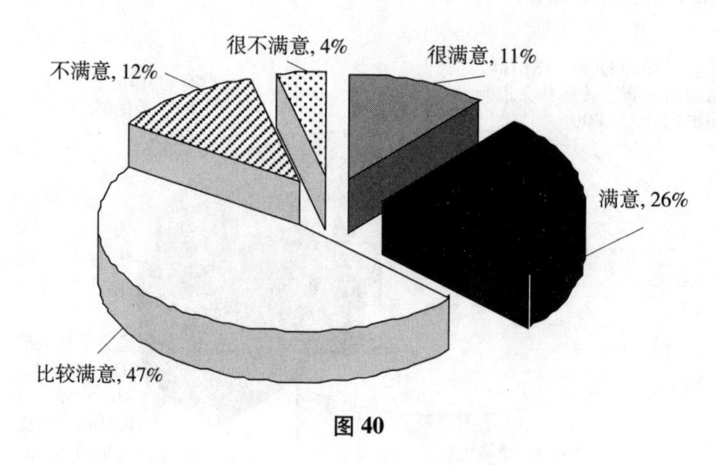

图 40

11. 您认为校园网络内容的主要功能是(可多选)?

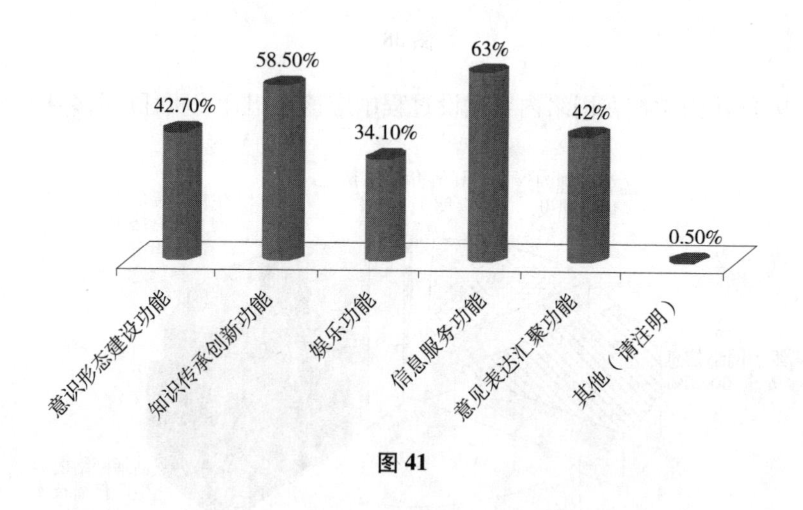

图 41

12. 您认为高校校园网络应该成为?

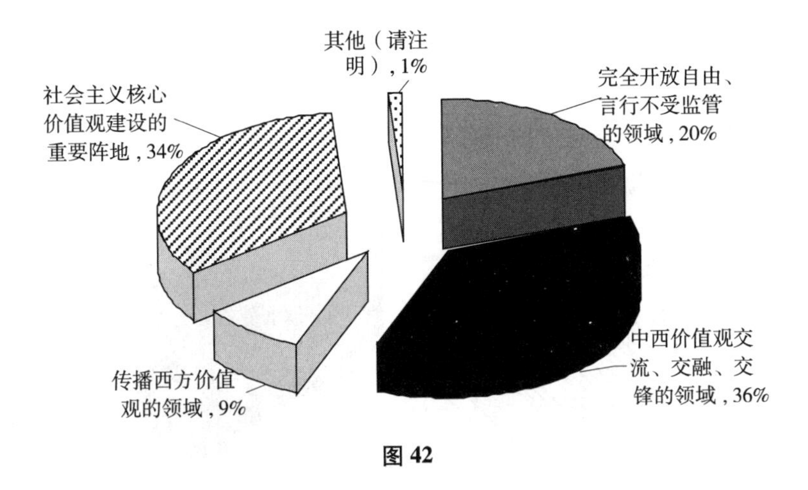

图 42

13. 您有兴趣阅读的校园网络内容是(可多选)?

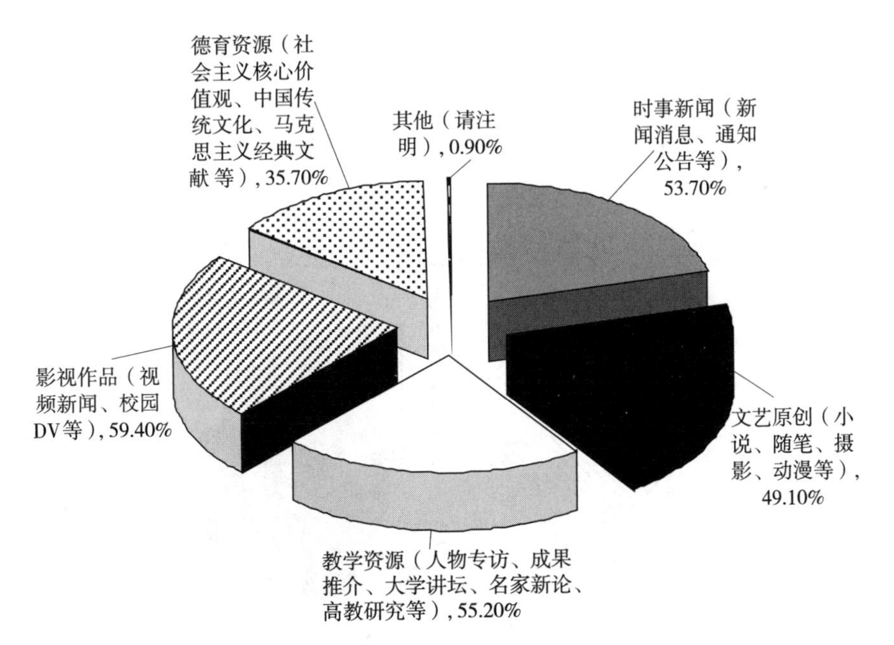

图 43

14. 您认为当前学校网络内容建设和管理取得的主要成效是(可多选)?

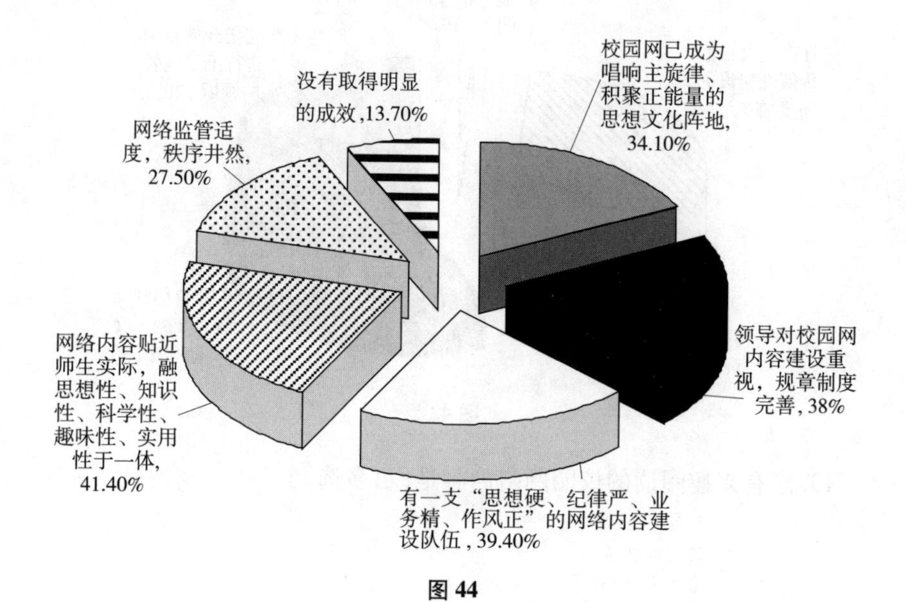

图 44

15. 您认为当前校园网络内容建设和管理中存在的主要问题是(可多选)?

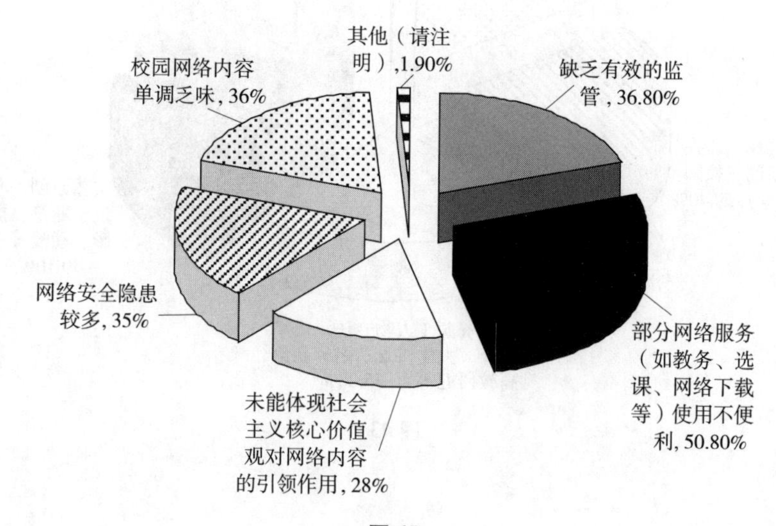

图 45

16. 您认为今后学校在加强网络内容建设方面应重点做好的工作是（可多选）？

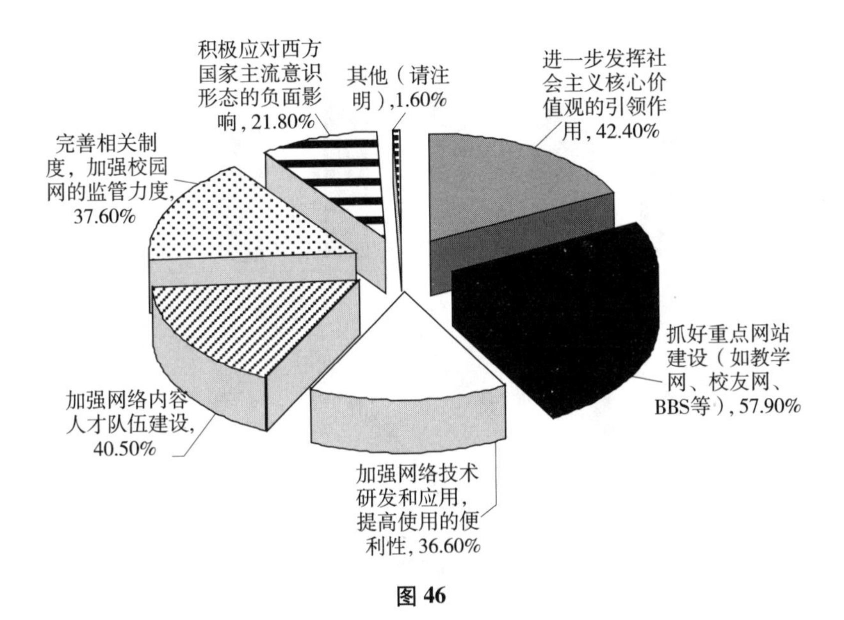

图 46

17. 在网上监控大学生言论，过滤“不和谐声音”。您对此的态度是？

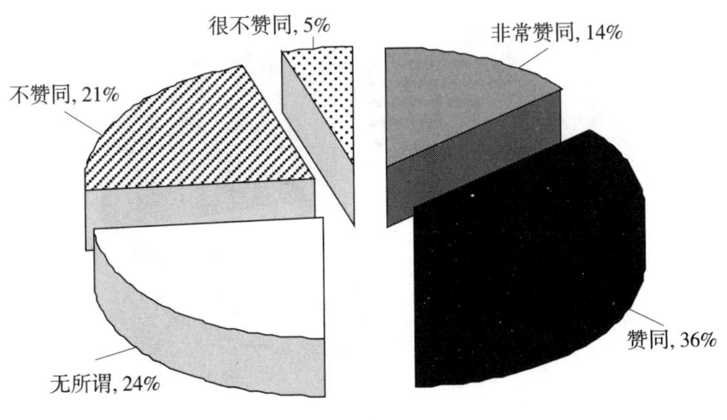

图 47

18. 您认为健全校园网络内容建设保障机制的有效途径是(可多选)?

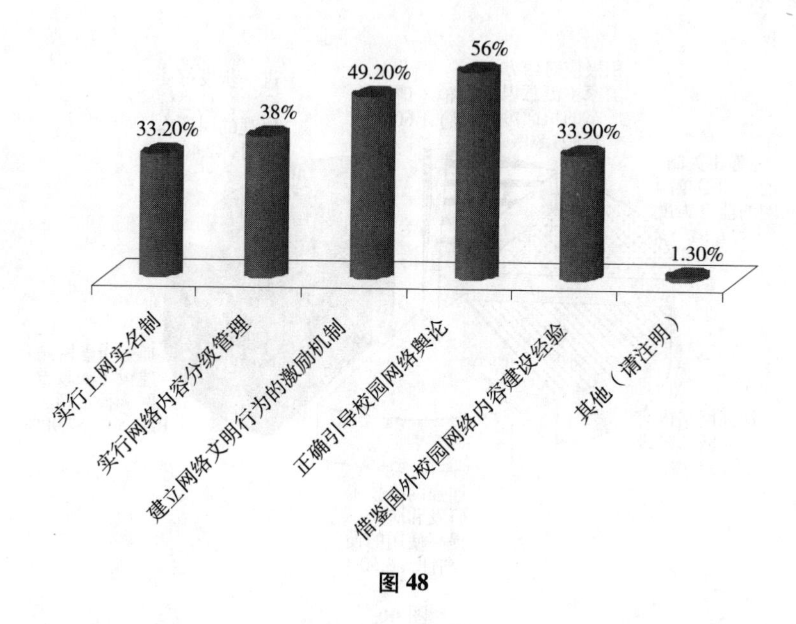

图 48

19. 您浏览西方高校校园网络的频率是?

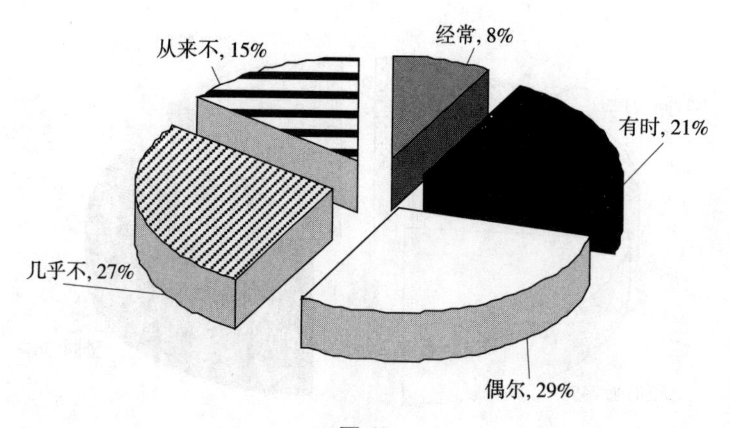

图 49

20. 与西方国家相比，我国校园网络内容建设方面存在的差距有哪些（可多选）？

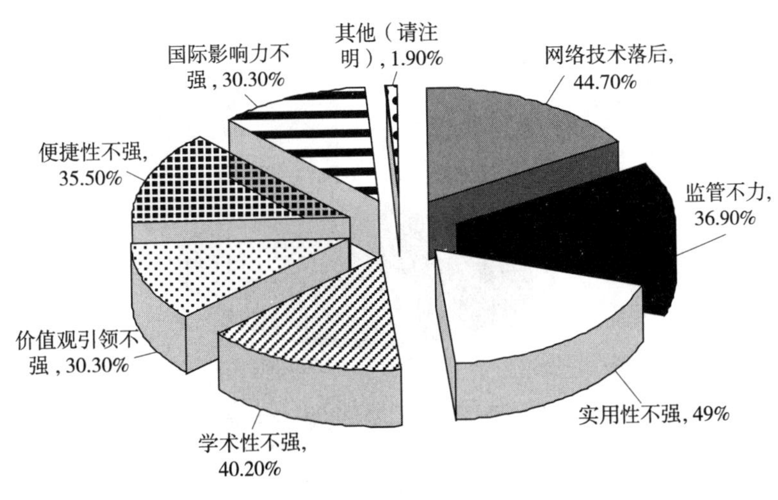

图 50

（三）政府部门数据分析结果

1. 您认为政府在加强和改进网络内容建设中扮演了什么角色（可多选）？

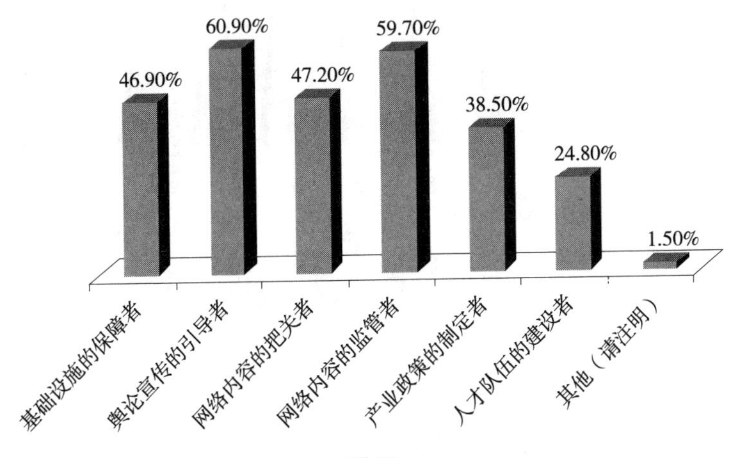

图 51

2. 您认为政府加强对网络内容的引导和监管的主要目标是(可多选)？

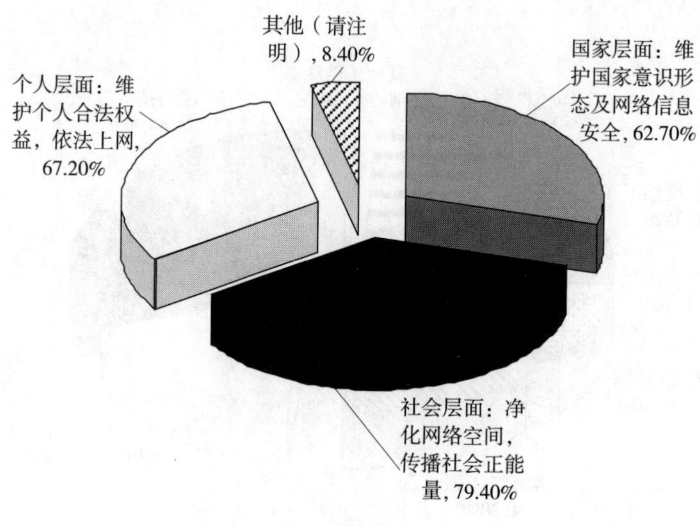

图 52

3. 政府亟须对哪些网络内容进行引导和监管(可多选)？

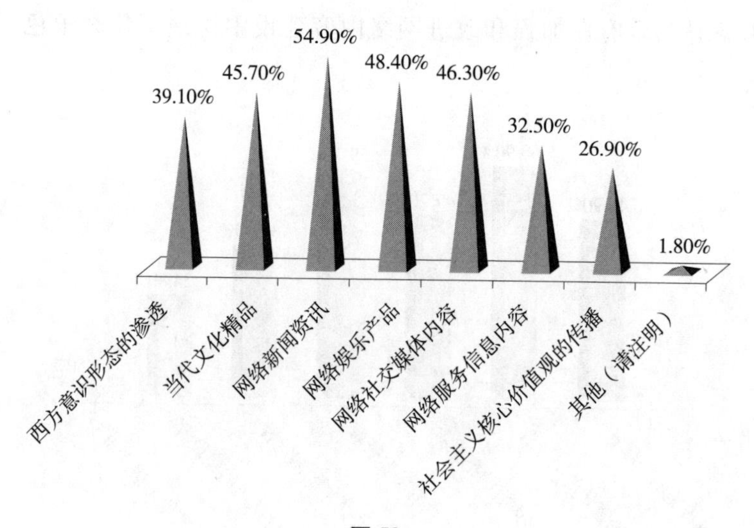

图 53

4. 您认为政府部门对网络内容的引导和监管措施是否到位?

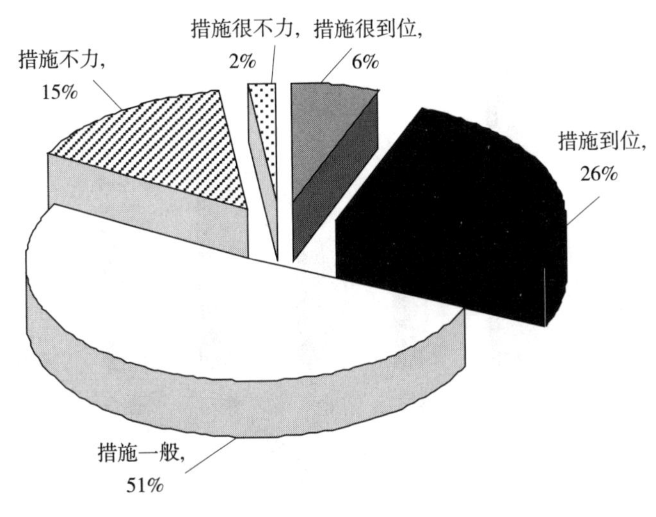

图 54

5. 您认为我国政府在社会主义核心价值观的网络引导方面还需要做哪些努力(可多选)?

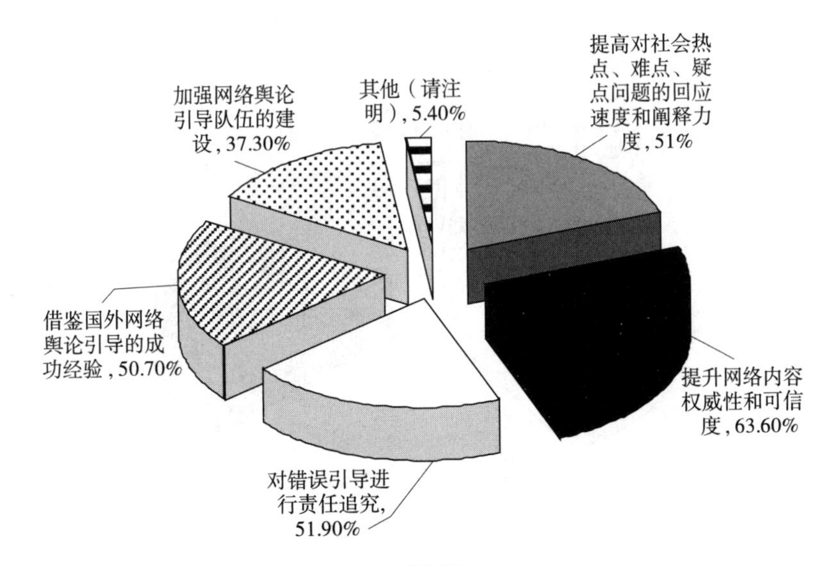

图 55

6. 您认为目前我国网络内容建设的保障机制中,迫切需要加强的方面是(可多选)?

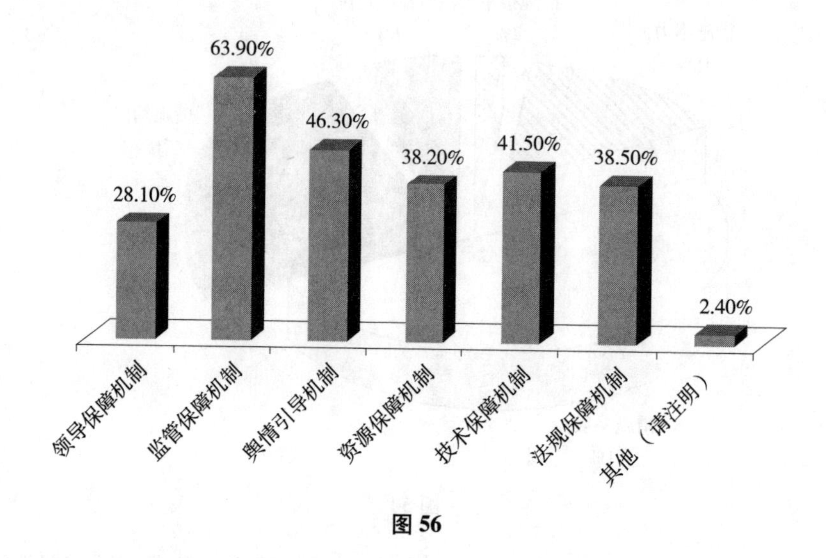

图 56

7. 您认为政府部门在对网络内容进行引导和监管方面存在哪些问题(可多选)?

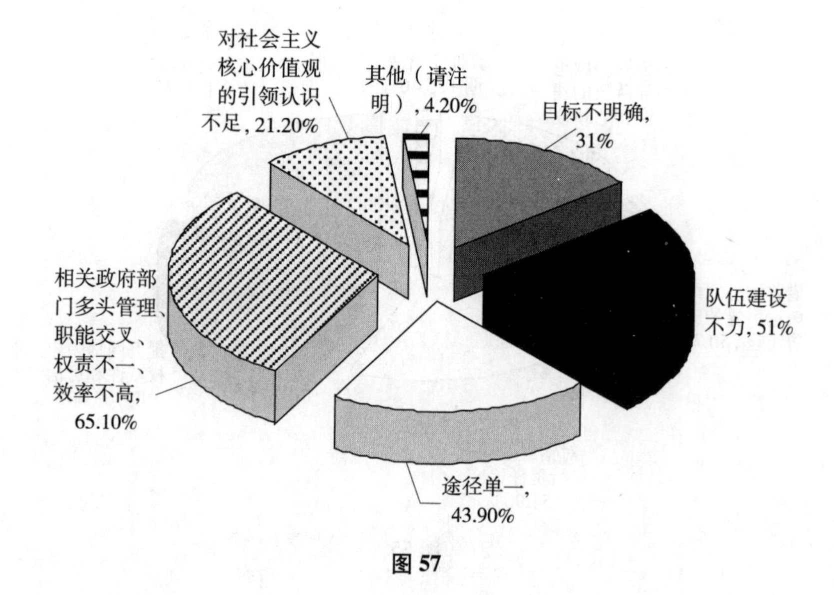

图 57

8. 您认为政府部门在对网络内容进行引导和监管方面存在问题的原因是(可多选)?

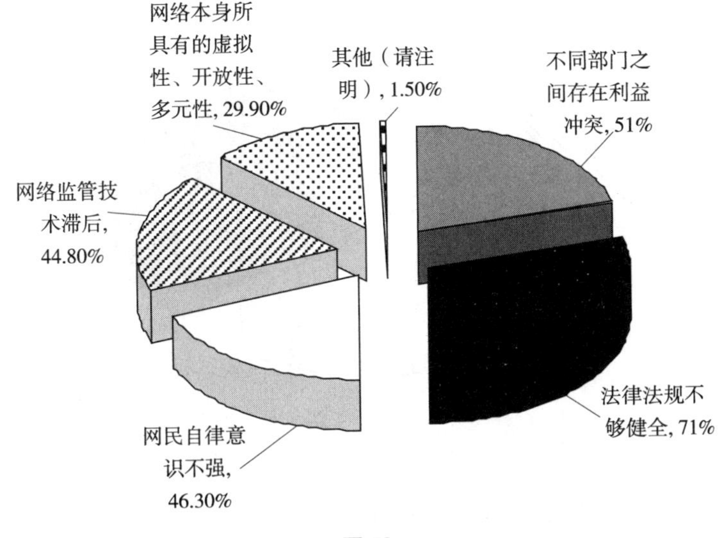

图 58

9. 您认为今后在网络内容监管方面,政府应重点做好的具体工作是(可多选)?

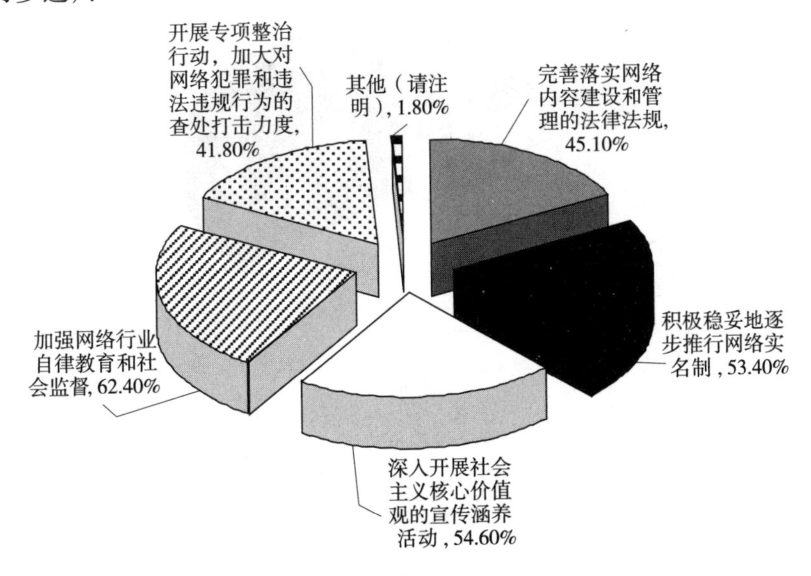

图 59

10. 您所在的部门与其他政府部门交往很频繁。

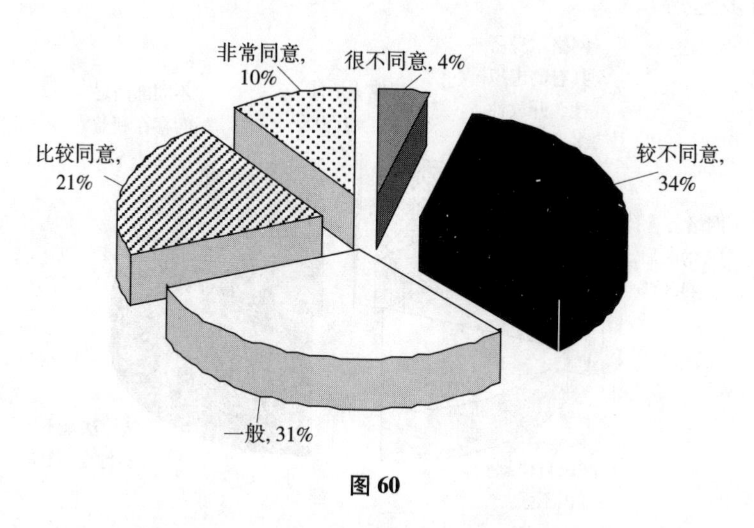

图 60

11. 您所在的部门与金融机构交往很频繁。

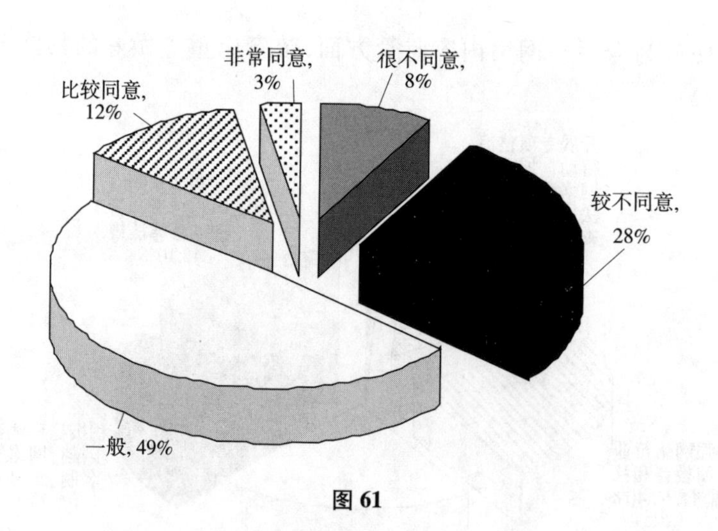

图 61

12. 您所在的部门与高校、科研机构交往很频繁。

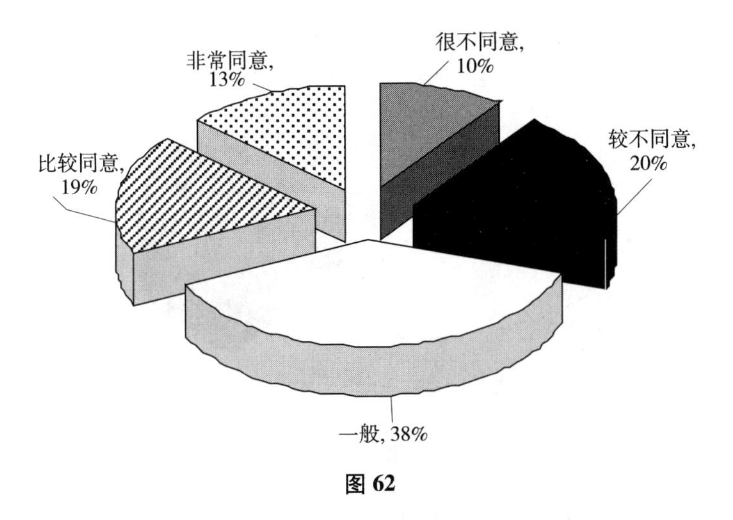

图 62

13. 您所在的部门与互联网行业协会交往很频繁。

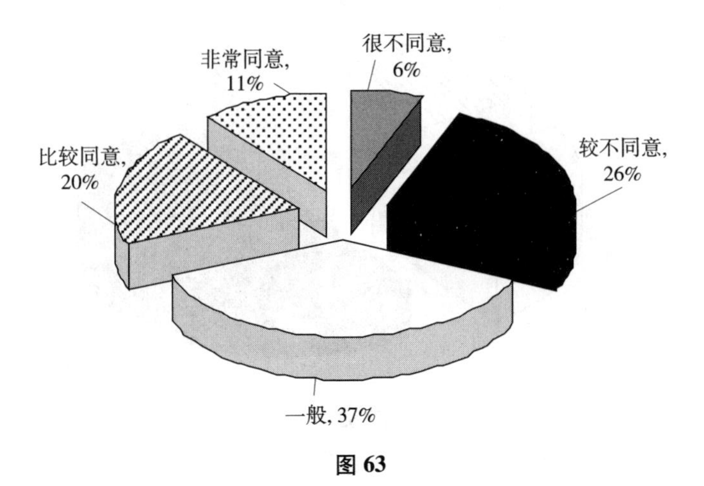

图 63

14. 您所在的部门与网络内容生产商、网络运营商交往很频繁。

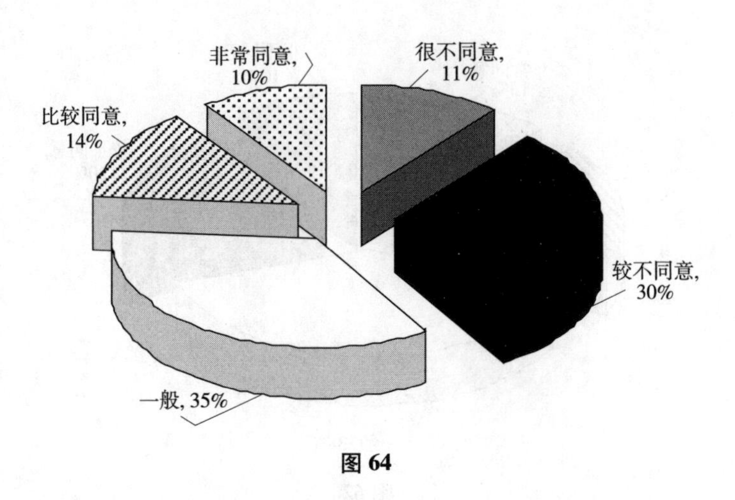

图 64

15. 您所在的政府部门对互联网企业的风险投资给予了政策支持。

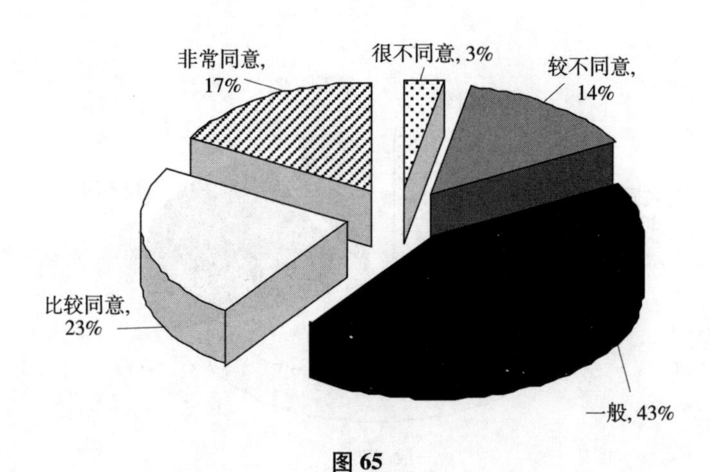

图 65

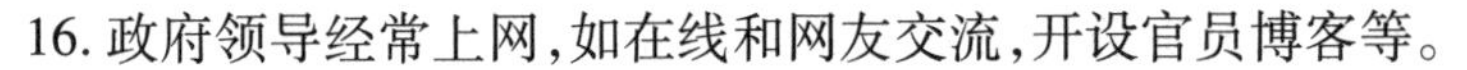

16. 政府领导经常上网，如在线和网友交流，开设官员博客等。

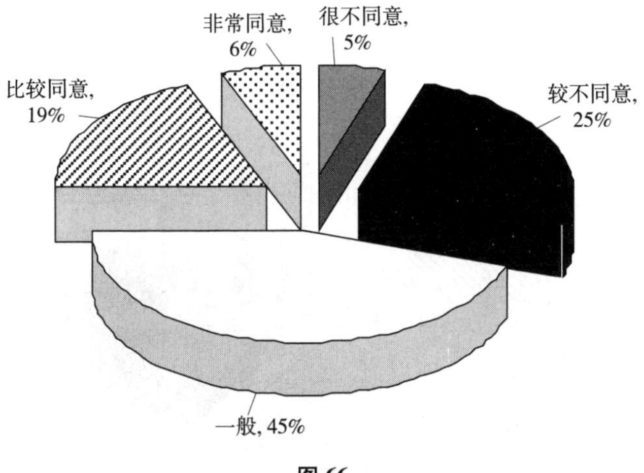

图 66

17. 政府设立了专门的网络新闻发言人，并向社会公开其工作内容和联系方式。

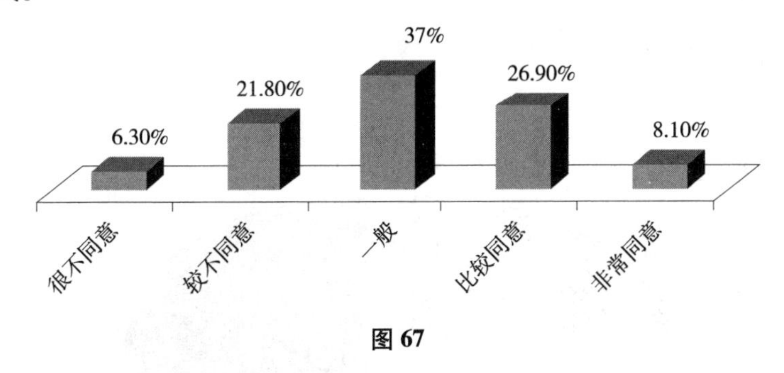

图 67

18. 当出现批评政府的网帖时，没有简单地采取删帖、关闭论坛等方式解决。

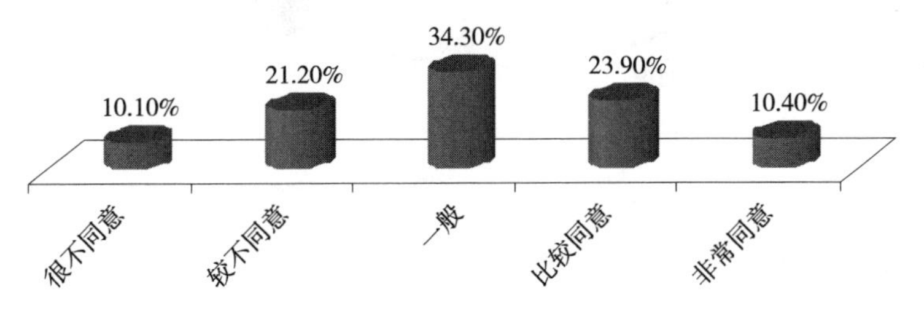

图 68

19. 您所在的政府部门建立了科技中间机构，比如科学理事会，在一对一的基础上与高校、高校集体组织相联系。

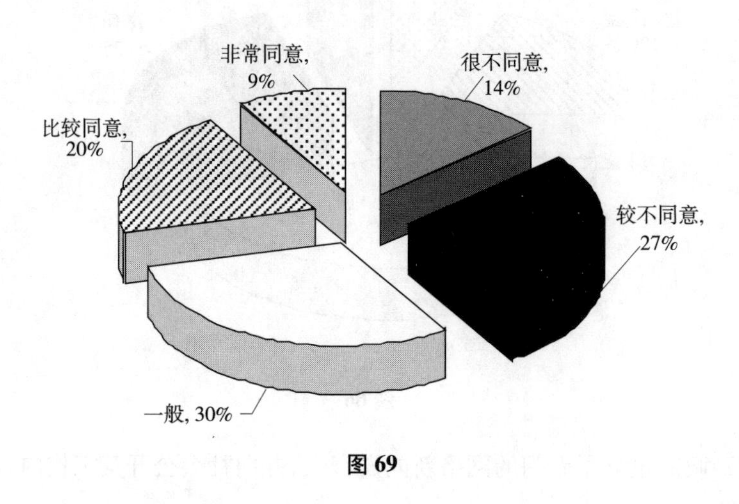

图 69

20. 您所在的政府部门积极推动产学研合作，如高新技术开发区内高校与企业的合作。

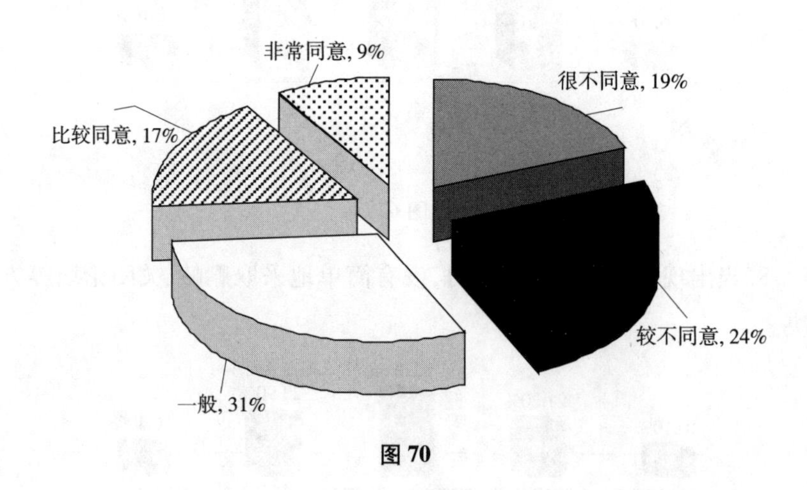

图 70

（四）网络内容运营商、网络内容提供商数据分析结果

1. 您所供职的企业是？

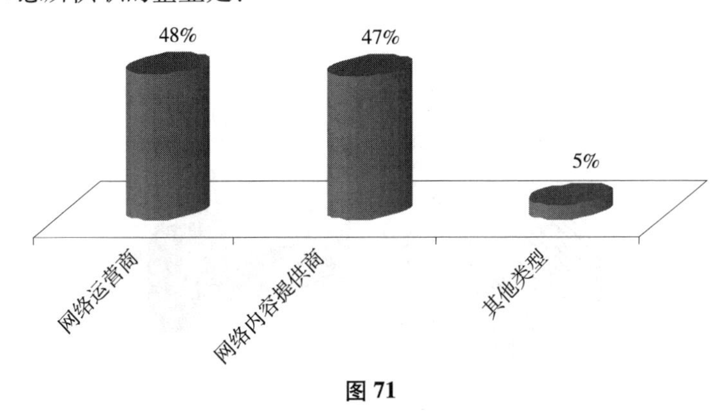

图 71

2. 您所在的企业生产的网络文化产品的消费对象是？

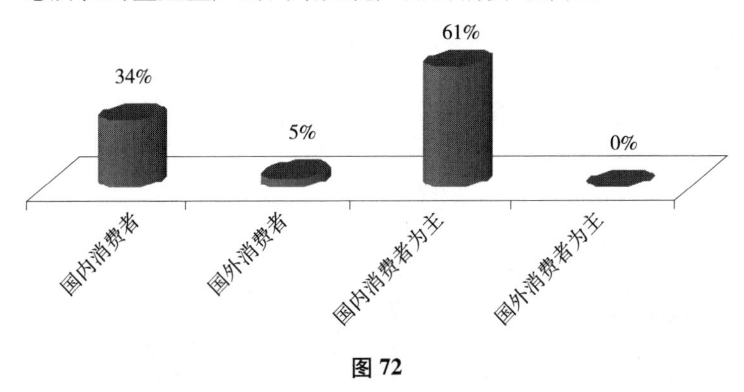

图 72

3. 您所在企业的性质是？

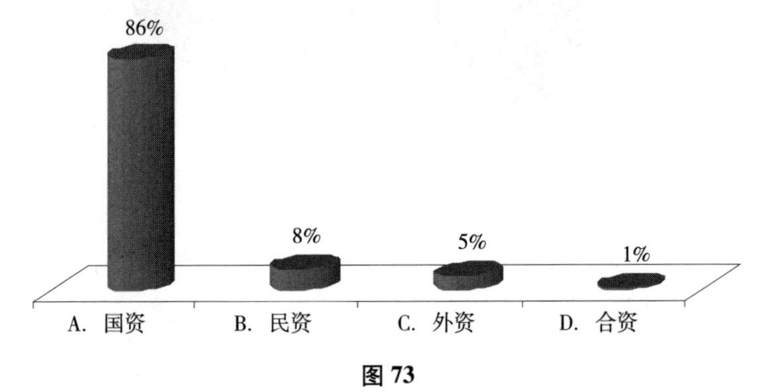

图 73

4. 您认为网络运营商、网络内容提供商在网络内容建设中扮演了什么角色(可多选)?

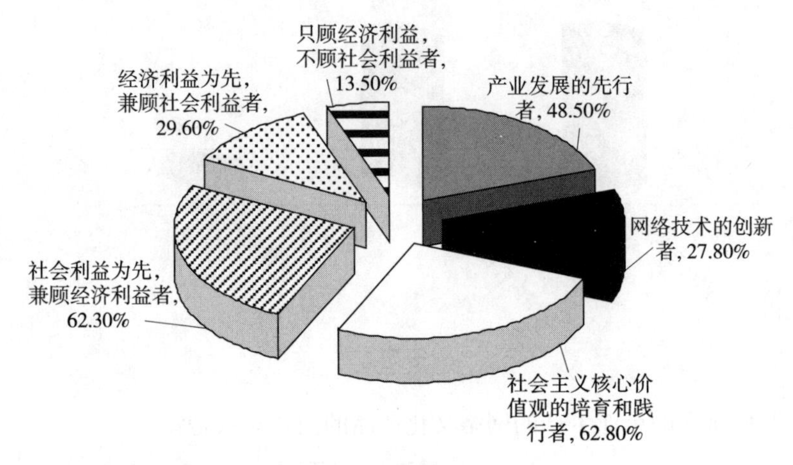

图 74

5. 您所在企业网络内容产品开发主要依靠?

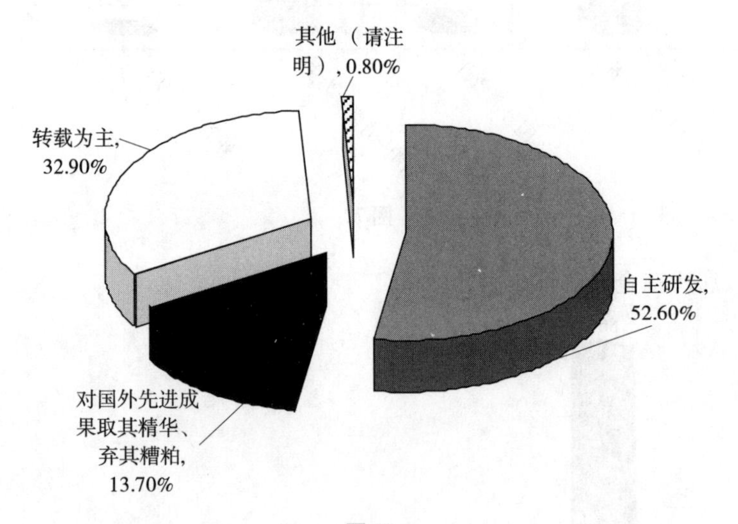

图 75

6. 您所在企业网络内容生产主要立足？

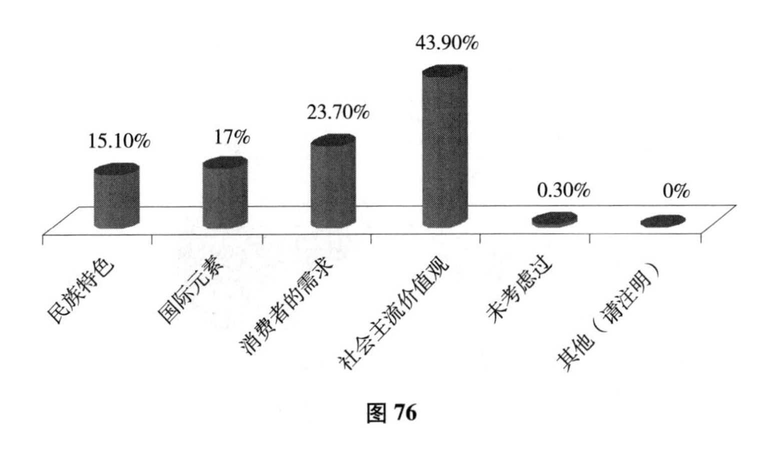

图 76

7. 您所在企业网络内容生产所受的文化影响主要来自？

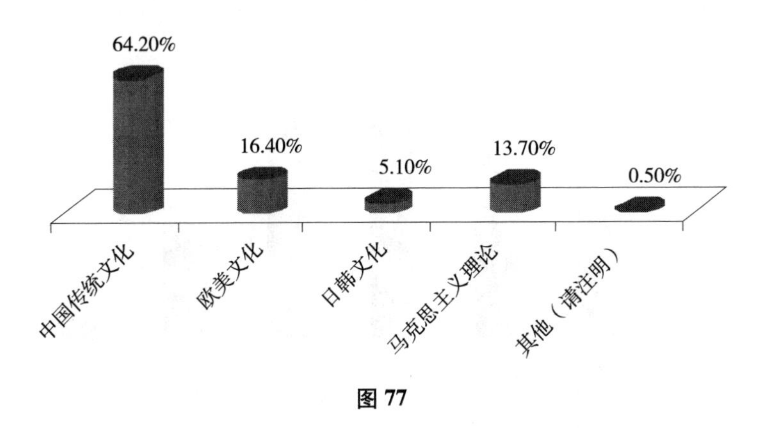

图 77

8. 您所在企业网络内容建设工作的重点有(可多选)?

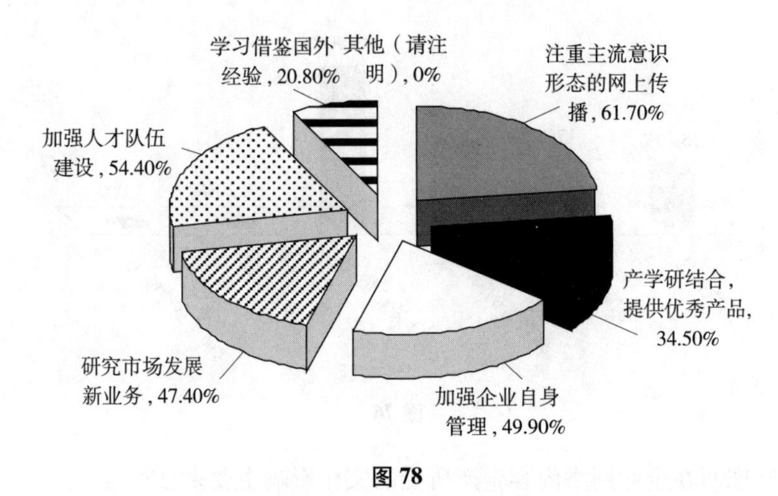

图 78

9. 您认为影响网络产业进一步发展的主要因素有(可多选)?

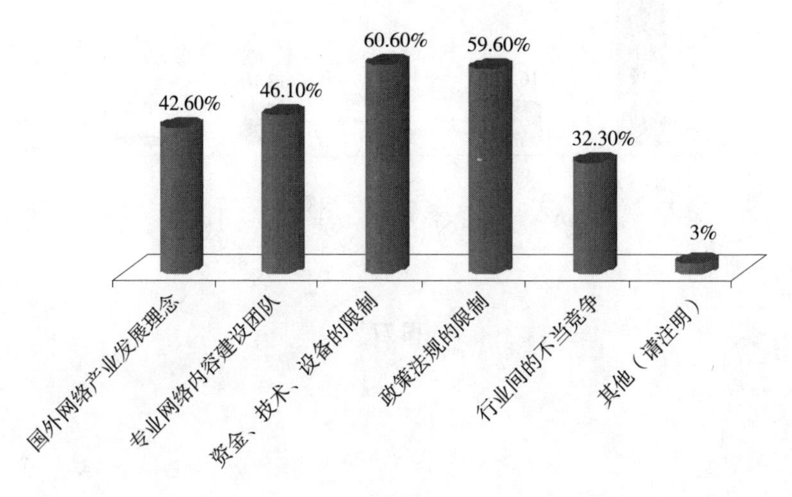

图 79

10. 您认为目前网络产业发展较好的是(可多选)?

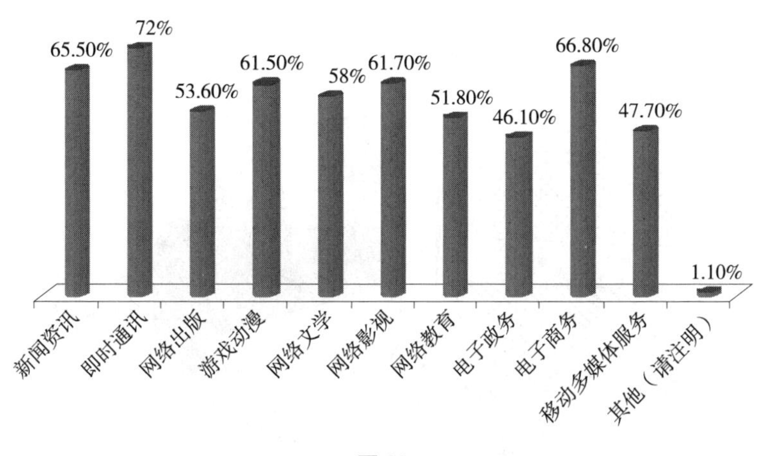

图 80

11. 目前开展产学研合作项目的对接途径有(可多选)?

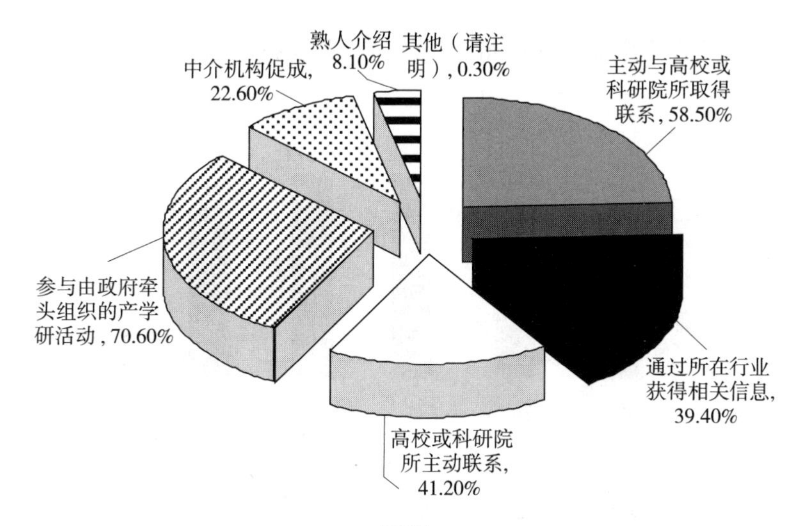

图 81

12. 您认为影响产学研合作的主要不利因素是(可多选)?

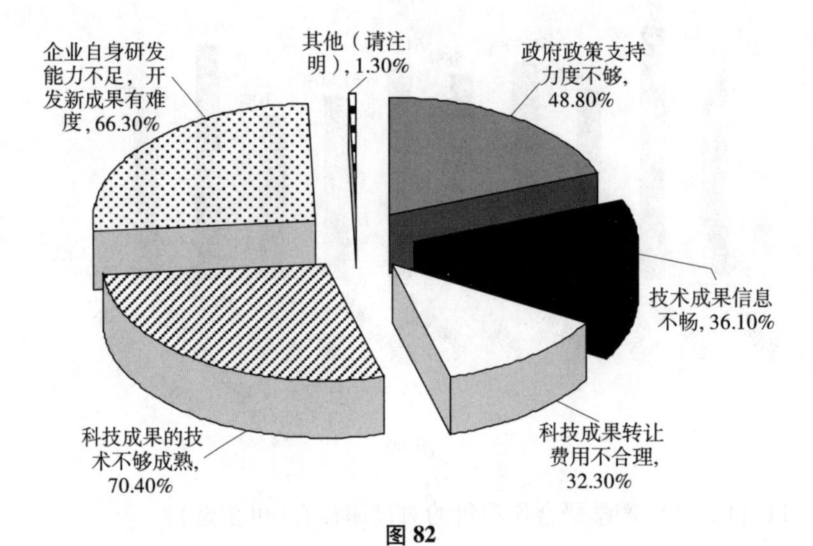

图 82

13. 企业在产学研合作中得到过政府哪些支持(可多选)?

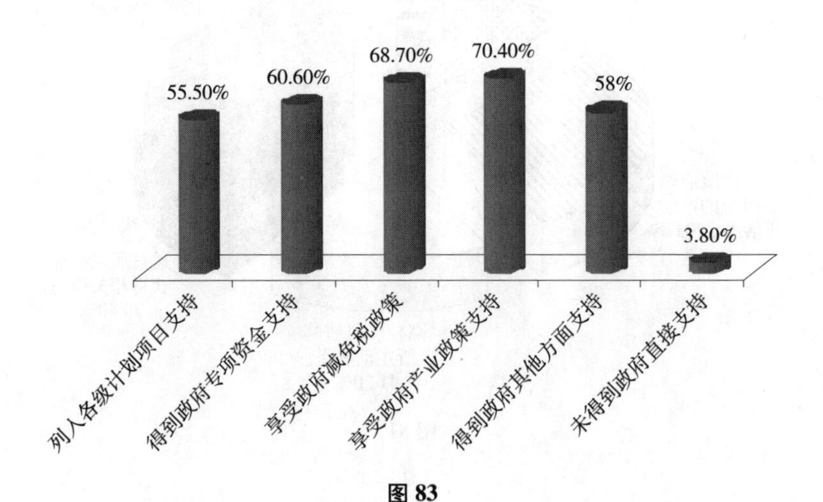

图 83

14. 企业为提高网站内容吸引力所采取的措施有(可多选)?

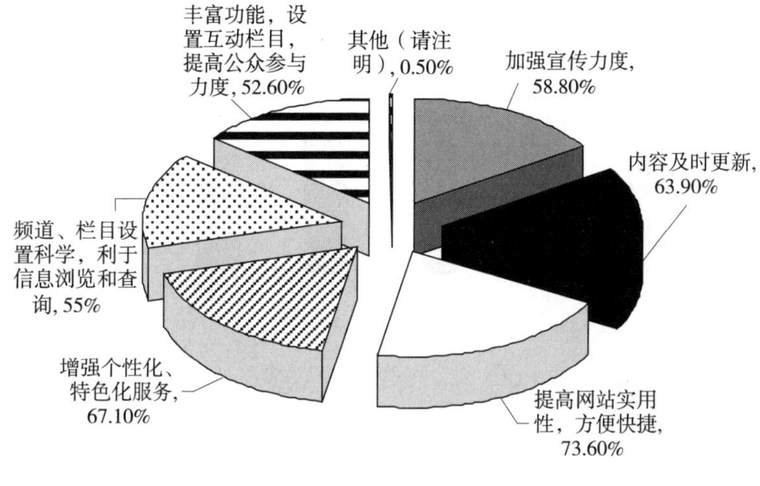

图 84

15. 您认为互联网企业在运营过程中存在较为普遍的现象有(可多选)?

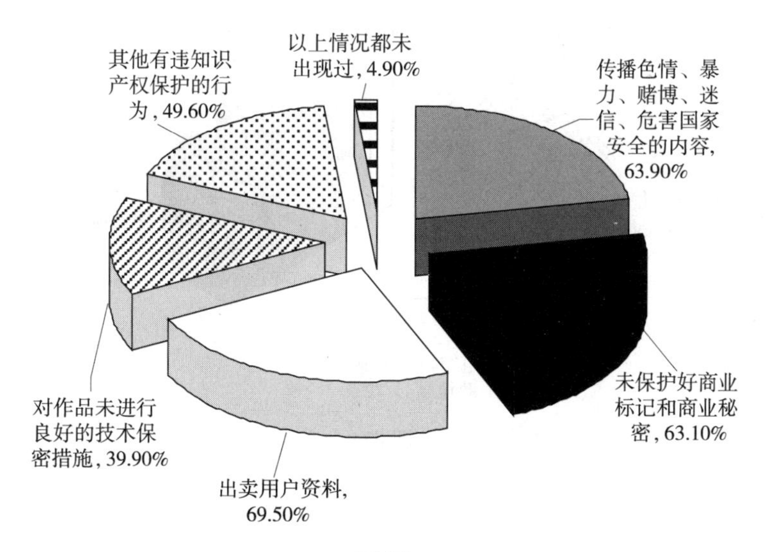

图 85

16. 您认为目前网络内容监管的重点在(可多选)?

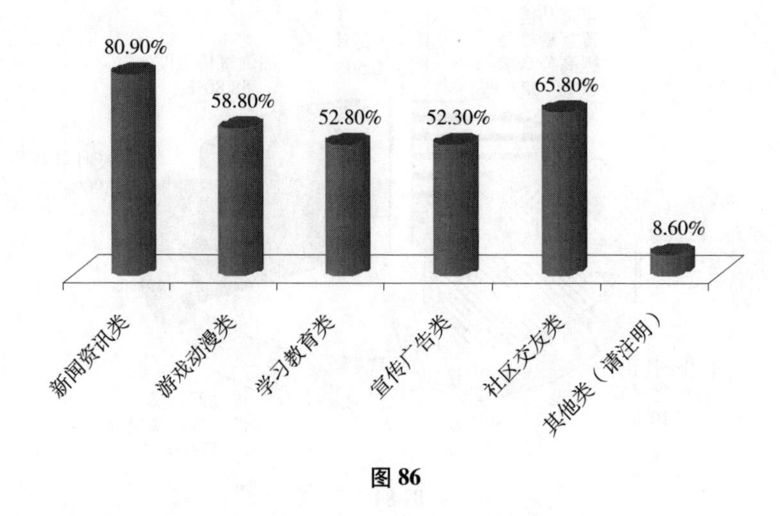

图 86

17. 目前我国网络行业自律方面所采取的措施有(可多选)?

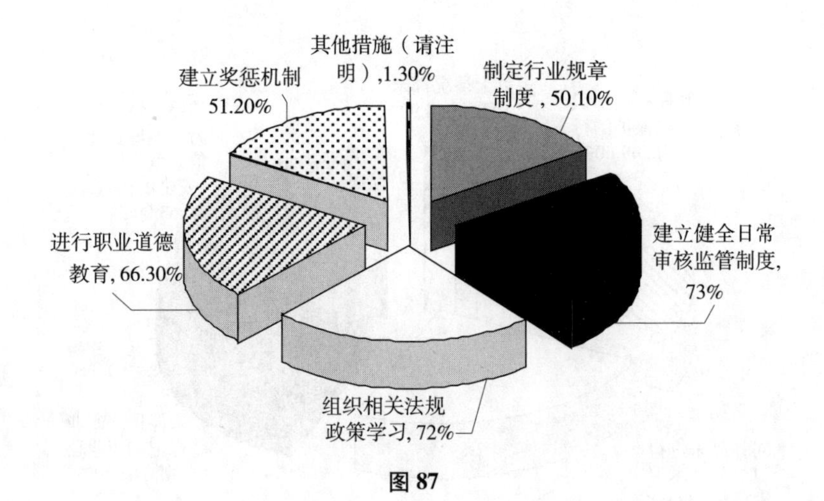

图 87

18. 企业在加强网络内容建设和管理方面取得的主要成效是(可多选)?

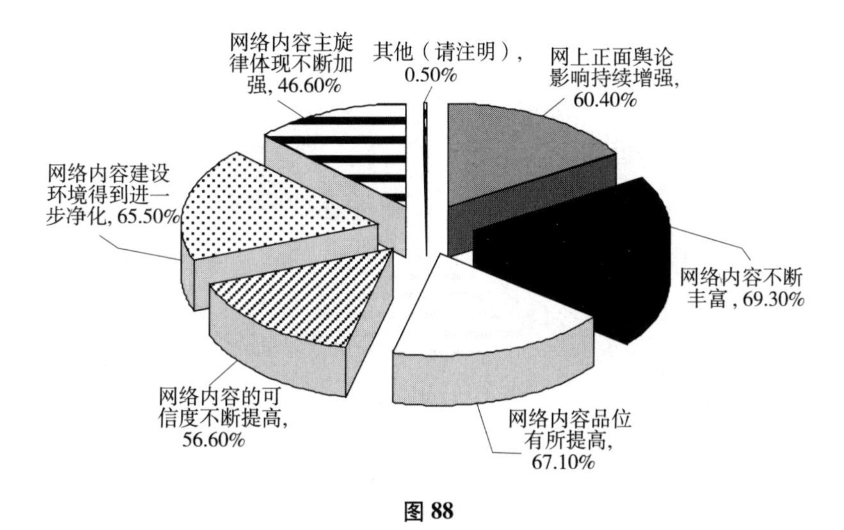

图 88

19. 您认为当前网络内容建设和管理中存在的主要问题是(可多选)?

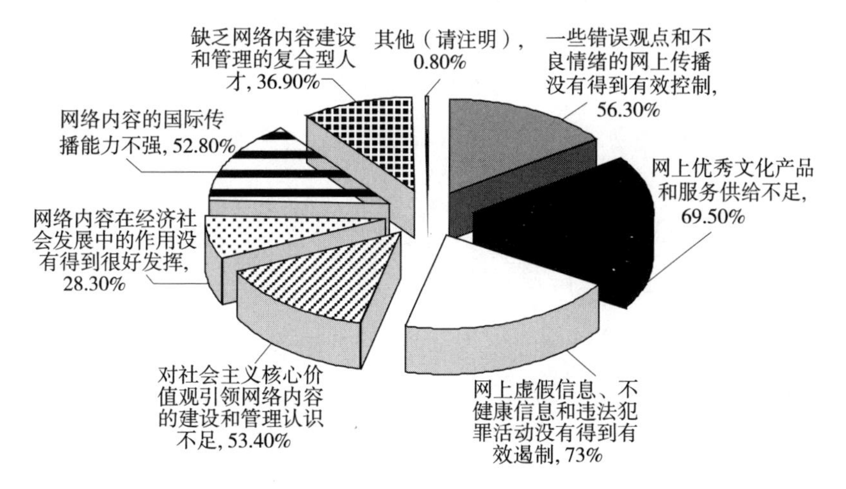

图 89

20. 与西方国家相比,我国网络内容建设和管理方面存在的差距有哪些(可多选)?

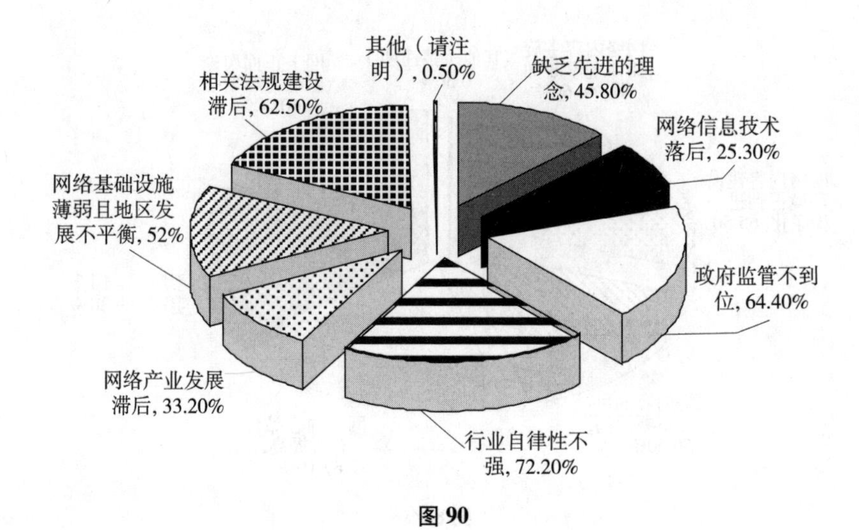

图 90

第二章　网络内容建设的国际境遇与历程回顾

作为互联网后发国家，我国网络内容建设一直面临着以美国为首的西方国家的网络核心技术垄断、网络话语绝对霸权、网络评价双重标准、网络意识形态渗透等多重挑战。在近30年艰难的探索历程中，我国网络内容建设从无到有，从模仿引进到借鉴创新，从自发自在到自主自觉，既取得了举世瞩目的成就，也存在诸多不容忽视的问题。

第一节　网络内容建设的国际境遇

从世界范围来看，我国网络内容建设的外部环境相对复杂。一方面，互联网在全球范围的普及使得每一个国家或地区都面临着网络内容建设的问题，因而我国能够借鉴其他国家网络内容建设的成功经验；另一方面，美国等少数西方国家利用其在互联网技术领域的先发优势，将霸权主义移植到网络空间，为我国网络内容建设的顺利进行设置诸多障碍。因此，从国际环境来看，我国网络内容建设中的机遇与挑战并存，我们应当抓住机遇，但更应当直面挑战，在成功应对一个又一个挑战的过程中推动网络内容建设进程。

一、网络核心技术垄断

网络技术是网络内容建设的基础与后盾，网络内容建设离不开网络技术的支持。从某种程度上讲，二者犹如“鱼水”关系，不同类型的鱼（网络内容）只能适应并生活在特定水域（网络技术）当中。换言之，网络技术的先进性在一定程度上决定了网络内容的类型、数量、表现方式以及影响力。就目前而言，尽管国内网络技术相较于30年前已实现跨越式发展，并在物联网、大数据、云计算、移动互联网等领域紧跟世界前沿，但网络技术中最关键、最基础的核心技术仍然被西方发达国家及其所属的跨国公司所垄断。正是由于网络核心技术受制于人，我国的网络内容建设也因此长期受到西方国家的掣肘。具体而言，西方发达国家垄断的网络核心技术包括硬件技术和软件技术两类。

（一）硬件技术垄断

网络硬件是构成互联网的物质基础，通常可以划分为负责信息处理的计算机设备和负责网络连接及数据传输的通信设备两大类型。前者主要包括：服务器、终端计算机（个人电脑、智能手机、平版电脑等）以及各类附属硬件设备；后者则主要包括各类传输线路（Transmission Circuit）、集线器（Hub）、网络交换机（Switch）、网桥（Bridge）、路由器（Router）和网关（Gateway）等。这些设备中的核心技术大多掌握在发达国家及其少数跨国公司手中。

1. 芯片技术仍处于国外寡头垄断状态

芯片是大多数网络设备的核心部件，是控制设备运行的“大脑”，如个人电脑中的微处理器（CPU）、手机芯片、交换机芯片等，芯片技术也毫无疑问成为最核心的网络技术，而这一技术几十年来一直处于寡头垄断状态。个人电脑与服务器微处理器技术长期被英特尔（INTEL）与超威半导体公司（AMD）两家美国企业所垄断；手机芯片技术则被高通、三星、联发科等少数企业所控制；在交换机芯片技术领域，美国企业思科（CISCO）与博通（BROADCOM）则占据绝对优势地位（见表2-1）。工信部2014年发布的《2013年集成电路行业发展回顾及展望》指出，我国芯片企业“与英特尔、三星、高通等国际企业有很大差距，在通用微处理器、存储器、微控制器和数字信息处理器等通用集成电路（即芯片）和一些高端专用电路上，还存在多处技术空白。2013年，我国共进口集成电路2313亿美元，同比增长20.5%，其进口额超过原油，是我国第一大进口商品，国内市场所需集成电路严重依靠进口局面未根本改善”①。2015 年发布的《2014 年集成电路行业发展回顾及展望》依然认为，“与国际龙头企业相比，我国芯片制造业在先进工艺方面的距离至少差 1—2 代。”②国务院发展研究中心发布的《二十国集团国家创新竞争力黄皮书》也指出，中国关键核心技术对外依赖度高，80%芯片都靠进口。我国一年制造 11.8 亿部手机、3.5 亿台计算机，都是世界第一，但嵌在其中的芯片专利费用却让中国企业沦为国际厂商的打工者。

表 2-1　部分芯片主要生产企业及市场份额

芯片类型	主要生产企业及全球市场份额	数据采集时间
PC 与服务器微处理器（CPU）	英特尔（85.2%）	2013 年
智能手机（安卓系统）芯片	高通（32.3%）、联发科（31.67%）、三星（22.10%）	2014 年
交换机芯片	思科（46.7%）、博通（39.9%）	2014 年

数据来源：由中国新闻网、电子工程网、通信世界周刊的公开报道整理而成。

2. 部分高端网络设备受制于人

自改革开放以来，我国在网络设备制造领域取得快速发展，华为、中兴、锐捷、中芯国际等一批高科技网络设备制造企业先后发展壮大，并在国际市场竞争中取得一席之地。但是，其产品的技术含量与国际领先企业相比仍然有较大差距，除芯片技术外，尚有许多高端网络设备的生产技术仍然无法掌握或无法完全掌握。以高端服务器为例，作为维持网络运行的关键设备，高端服务器技术长期被国际商业机器公司（IBM）、惠普（HP）等美国企业所垄断，相关设备几乎完全依赖进口，直至 2013 年中国第一台高端服务器“浪

① 中华人民共和国工业和信息化部运行监测协调局：《2013 年集成电路行业发展回顾及展望》，2014 年 3 月 11 日，见 http://www.miit.gov.cn/n11293472/n11293832/n11294132/n12858462/15918284.html。

② 中华人民共和国工业和信息化部运行监测协调局：《2014 年集成电路行业发展回顾及展望》，2015 年 2 月 27 日，见 http://www.miit.gov.cn/n11293472/n11293832/n11294132/n12858462/16471122.html。

潮天梭K1系统”才宣告上市。虽然这一重大技术突破在一定程度上打破了国外技术垄断,但仍然无法在短时间内扭转我国高端服务器高度依赖进口的局面。此外,在核心路由器(骨干路由器)领域也面临着同样的局面。目前在我国路由器市场,“核心和骨干路由器的蛋糕基本上是思科和国际商业机器公司对分。”①事实上,受制于国外垄断的不仅包括高端服务器、核心路由器,还包括高端的数据交换设备,地址翻译设备等。总之,在网络设备领域,往往越是“高精尖”的网络设备,越需要大量进口,这一现状显著制约了我国网络内容建设的进程。

(二) 软件技术垄断

软件是实现互联网功能必不可少的支撑要素。长期以来,西方发达国家在软件领域的垄断毫不亚于硬件领域。具体而言,支持互联网正常运行的软件包括操作系统软件、数据库软件、网络通信软件、网络管理软件、网络应用软件等。其中,西方国家对于操作系统、数据库等基础软件的垄断表现得尤为突出。

从操作系统来看,微软“视窗”(Windows)系统在个人电脑(PC)操作系统领域占据绝对垄断地位,在我国市场占有率长期保持在90%以上。“百度统计”的实时监测数据显示,2015年5月,微软“视窗”操作系统在我国的市场份额达到94H34%。② 在智能手机操作系统领域,美国市场研究公司凯度(Kantar)公布的最新数据显示,2015年4月,安卓(Android)系统达到了74%,苹果(IOS)系统为24.4%,微软手机操作系统(Windows Phone)占1%③,三大源自美国的操作系统占据整个智能手机操作系统市场的99.4%(见表2-2)。由此可见,个人电脑和智能手机作为最重要的网络接入终端,其操作系统几乎完全被国外产品所垄断。

① 马燕:《IBM思科垄断我国核心路由器政府军队等将采购国产设备》,《证券日报》2014年3月5日。

② 参见百度统计流量研究院:“百度数据”的实时统计结果,见http://tongji.baidu.com/data/os。

③ 参见美国市场研究公司凯度(Kantar)统计数据,见http://cn.kantar.com。

表 2-2　个人电脑及智能手机主要操作系统及其在我国的市场份额

网络接入设备	操作系统	市场份额(%)
个人电脑(PC)	Windows	94. 34
智能手机	Android	74
	ios	24. 4
	Windows phone	1

数据来源:"百度统计"及市场调研公司"凯度"。

数据库软件与操作系统都是互联网领域的基础软件之一,任何一个网站或网络应用软件的有效运行都离不开数据库软件的支持,特别是随着大数据时代的来临以及云计算技术的发展,此类软件在互联网领域的意义更为突出。但就目前而言,这一领域仍然是国外产品占据主导地位。中国电子信息产业发展研究院发布的报告显示,2012 年,中国的数据库软件市场仍以国外品牌为主,主要厂商有甲骨文(Oracle)、国际商业机器公司、微软、思爱普(SAP)等,其中前三强甲骨文、国际商业机器公司、微软所占份额均超过两位数,分别为 26. 8%、23. 1%、18. 3%;三大厂商所占份额达到整个市场规模的 68. 2%,如再加上思爱普所占的 6%,以及天睿(Teradada)的 2. 1%,国外品牌在国内市场份额超过七成①(见表 2-3)。

表 2-3　2012 年中国数据库市场主要国外品牌及市场份额②

数据库品牌	2012 年销售额(亿元)	份额(%)
甲骨文(Oracle)	14. 2	26. 8
国际商业机器公司(IBM)	12. 3	23. 1
微软(Microsoft)	9. 7	18. 3
思爱普(SAP)	3. 2	6. 0
天睿(Teradada)	1. 1	2. 1

① 中国电子信息产业发展研究院:《中国数据库市场发展趋势报告》,2013 年 5 月 20 日,第 18 页,见 http://www.ccidconsulting.com/rjxxyj/20130520/451.html。

② 中国电子信息产业发展研究院:《中国数据库市场发展趋势报告》,第 16 页。

续表

数据库品牌	2012 年销售额(亿元)	份额(%)
合　计	40.5	76.3

西方发达国家在软件领域的垄断不仅局限于操作系统和数据库等基础软件,在网络应用软件方面同样存在垄断现象,只是在垄断形式上有所区别。具体而言,尽管我国互联网中普遍使用的博客、微博、即时通信软件以及搜索引擎、浏览器等应用性软件(工具)大都以国产为主。例如,在搜索引擎领域,本土的百度、360 搜索、搜狗搜索占据 90%以上的市场份额,在即时通信领域,腾讯 QQ 和微信则长期占据主导地位。但是,大多数类型的软件及相关技术和创意最早都发源于西方国家,例如,搜索引擎创意和技术起源于 1990 年三名美国大学生发明的软件“Archie FAQ”,微博则来源于美国的“推特(Twitter)”。因此,西方国家往往以技术先行者和模式创新者的角色出现,国产软件则往往扮演着技术和创意的“追随者”“模仿者”角色。在这种情况下,西方国家事实上造成了一种新的垄断形式,它们所垄断的并不是某种难以攻克的技术(如高性能芯片、操作系统等),而是技术发展的趋势与潮流,使得包括我国在内的互联网后发国家,只能在西方国家所指出的方向上步步紧追,而无暇探索新的方向。

二、网络话语绝对霸权

自互联网诞生以来,以美国为首的西方国家在互联网领域掌握着绝对的话语优势,这种优势并没有因为互联网在全世界的普及而减弱,反而伴随着网络覆盖范围的扩大而逐步强化。换句话说,越来越多的国家、民族以及个体进入网络空间,看到了网络空间表现出的平等、自由、开放以及去中心化特征,而没有意识到或者没有充分意识到现有网络秩序背后所隐藏的利益倾向与权力倾向,从而在无意识当中承认并接受了西方国家的话语体系,进一步提升了西方国家的话语优势。事实上,西方国家网络话语优势的产生绝非偶然,而是在互联网领域有目的、有计划施行技术霸权、制度霸权与文化霸权的必然结果。

（一）通过技术霸权扼守网络命脉

从根本上讲，互联网首先是一种技术性的存在，技术对于互联网的意义犹如地基对于房屋。离开了技术的支撑，整个互联网平台以及附着于平台之上的各种工具、各类主体、各样信息将完全不复存在。也就是说，技术特别是核心技术不单单影响互联网的运行方式和运行效率，而是直接决定互联网的"生死存亡"。正是由于技术在网络运行中具有决定性地位，使得技术的拥有者获得至高的权力——谁掌握了互联网核心技术，谁就扼住了互联网生存与发展命脉，谁就能够成为掌握网络生杀大权的"统治者"。

以美国为首的西方国家在互联网发展过程中，逐渐认识到技术的权力效应。它们作为互联网技术的先行者，不仅没有坐享其成，反而充分利用其先发优势，长期保持在信息技术领域的庞大投入，从而持续垄断网络核心技术。如上文所述，包括软硬件在内的"核高基"（核心电子元件、通用高性能芯片、基础软件）技术多数掌握在西方国家手中。与此同时，它们还利用自身的技术优势，牢牢掌握着支撑互联网运行的各种基础性资源。以根服务器为例，它既是互联网最核心的基础设施之一，也是互联网运行的大脑和中枢神经，负责全球最高层级的域名解析工作，而目前全部13组根服务器中，有10组设置在美国，另外3组分别设置在英国、瑞典以及日本三个发达国家，13组根服务器均由美国政府授权的非营利机构"互联网名称与数字地址分配机构"（ICANN）统一管理。由此可见，美国等少数发达国家控制了互联网运行的大脑和中枢神经，从某种程度上讲，也就获得了互联网的最终控制权。

事实上，以美国为首的少数发达国家已经开始利用其技术霸权控制互联网。2013年，前美国中央情报局（CIA）技术分析员斯诺登曝光了美国政府已于2007年启动的代号为"棱镜"的秘密监听计划，其中显示"谷歌（Google）、脸书（Facebook）、微软、雅虎（Yahoo）和苹果（Apple）等在内的九家科技公司为美国政府提供服务器接入许可"①。由于这些企业是世界主

---

① 储昭根：《浅议"棱镜门"背后的网络信息安全》，《国际观察》2014年第2期。

流操作系统(Operating System)、搜索引擎(Search Engines)、社交网络(SNS)的制造商,表明美国已经开始将这些软件技术作为控制网络的工具。同年,斯诺登又披露美国国家安全局(NSA)“通过与芯片制造商合作植入‘后门’,或暗中利用现有的安全缺陷,已能进入被某些企业与政府使用的加密芯片”①。或者“直接将后门嵌入主板、硬盘驱动器、SIM 卡等硬件设备,实现物理入侵”②。也就是说,包括芯片技术在内的硬件技术也成为美国控制网络的重要工具。此外,由于根服务器均设置在美国等少数发达国家,在技术上可以轻易将一个国家从互联网上删除。中国工程院院士方滨兴指出:“如果美国决定抛弃哪个国家的互联网,只要简单修改原根域名解析数据,被抛弃的国家基本上无还手之力。据报道,伊拉克、利比亚的顶级域名曾经先后被从原根域名解析服务器中抹掉了数天。”③由此可见,美国事实上通过其技术优势控制着互联网的生杀大权,而且已经通过其实际行动证明这一点。

(二)通过制度霸权建构网络秩序

在实现技术霸权的基础上,美国等西方国家继续追求在互联网制度层面强化其霸权,以建构符合自身利益的网络秩序。如果说技术霸权主要依靠国家“硬实力”的支撑,那么,制度霸权则依赖于“硬实力”与“软实力”的结合。一方面,制度霸权的实现离不开强大的“硬实力”,只有具备强大的经济、政治实力并掌握互联网核心技术及基础资源的国家,其制定的标准和规范才更有可能被全世界所接纳。另一方面,制度霸权的实现更加依赖“软实力”。制度本身就是一种软实力的体现。正如美国普林斯顿大学罗伯特吉尔平所言,“制度霸权国家建立霸权的手段和方式就是建立管理与

① 林小春:《美情报部门攻破加密技术　全球网络通信已经无秘密》,《新华每日电讯》2013 年 9 月 9 日。

② 国家互联网应急中心:《2013 年我国互联网网络安全态势综述》,2014 年 3 月 28 日,见 http://www.cert.org.cn/publish/main/upload/File/2013%20Network%20Security%20Situation.pdf。

③ 方滨兴:《从“国家网络主权”谈基于国家联盟的自治根域名解析体系》,《信息安全与通信保密》2014 年第 12 期。

控制国际事务以及国际体系的各种国际制度并威胁利诱其他国家参加，从而建构其霸权体系。”①

具体而言，所谓互联网制度，主要包括支持国际互联网正常运行的各种组织机构、技术标准以及法律道德规范等。从组织机构来讲，包括国际互联网管理机构的设置、机构运行的原则、方式、程序等，相关组织机构的运行模式直接决定着国际互联网由谁管理、由谁控制的问题。从技术标准来讲，主要包括“链接标准、通讯标准、域名解析标准等等。这些技术标准其实就是互联网规范，体现了标准制定者的理念，是标准制定者理念的结晶”②。从法律道德规范来讲，包括各国制定的互联网运行政策、法规以及国际间关于互联网运行的国际公约，同时，还包括网络参与者应当遵循的道德规范。总而言之，上述制度构成了一个相对完整的网络运行规则体系，而这一规则体系具有内在的利益倾向。从其产生渊源来讲，它是互联网诞生之初，由以美国为首的少数发达国家所制定，并服务于这些国家利益的规则体系。互联网后发国家更多地表现为规则的服从者。

从现实情况来看，目前国际互联网最重要的管理机构为互联网名称与数字地址分配机构（ICANN），它负责全球各国顶级域名与互联网协议（IP）地址的分配、管理与维护，这一机构虽然在表面上以非营利机构的形式出现，但它受美国商务部管理，美国政府在其中具有否决权，其他国家则没有相应的决策权。在这一机构组织框架中，其他国家与美国不是平等关系，美国是这一机构的拥有者，而其他国家更像是机构中的“打工者”。其他国家从美国获得域名的过程，可以看作是从美国“出租”域名的过程，而美国仍然是所有顶级域名和互联网协议地址的所有者，只要它愿意，可以随时收回。从互联网技术标准来看，现有标准同样是由美国等少数发达国家主导制定。以 TCP/IP 协议（传输控制协议/网间协议）为例，它是互联网最基本的通信协议，而这一协议也是由罗伯特·E.卡恩（Robert E.Kahn）和文登·

① 余丽：《从互联网霸权看西方大国的战略实质和目标》，《马克思主义研究》2013年第9期。

② 余丽：《从互联网霸权看西方大国的战略实质和目标》，《马克思主义研究》2013年第9期。

G.瑟夫瑟夫(Vinton G.Cerf)等美国科学家所制定,如今成为全世界互联网参与者所必须遵循的规则。由此可见,美国在现有的互联网制度体系中拥有无可匹敌的话语权,但美国并未满足,而是希望通过一系列的政策措施进一步强化其制度霸权。美国政府2009年发布的《网络空间政策评估》指出:"国际规范对于建造安全、稳定的数字基础设施来说至关重要。美国需要制定一项战略,以便打造国际环境并把对一系列问题有着类似观点的国家聚集在一起。"①在此之后,美国政府2011年出台的《网络空间国际战略》宣称,要在国际互联网管理方面保障全球网络系统,包括域名系统的稳定和安全。由此可见,美国仍然要以互联网领域的管理者和统治者自居,致力于建立符合自身发展的网络秩序。

(三)通过文化霸权控制网络思想

"万维网之父"蒂姆·伯纳斯·李(Tim Berners Lee)曾指出,"公众应该警惕美国政府(及其情报合作者)想要接管互联网的行为。"②就目前来看,这种"接管"不仅包括技术层面和制度层面的控制,而且还包括精神文化层面的"接管"。

首先,用英语信息称霸互联网。自互联网诞生之日起,英语便成为网络第一语言。整个域名系统、软件编写语言均是以英文字母为基础,而网上传播的海量信息也以英文信息为主。据统计,互联网上的英语信息占到了全部信息的90%以上。正如尼葛洛庞帝所说:"在互联网上没有地域性和民族性,英语将成为标准。"③事实上,语言不仅仅作为一种信息交流的工具而存在,也是人的思想及其思维方式的载体,反映着一个国家、民族的文化与价值观念。"语言在网络世界的生存空间实际上反映了一个国家在网络空间中软权力的大小。"④由此

① The White House, Cyberspace Policy Review. May 2009,见 https//www.whitehouse.gov/assets/documents/Cyberspace_Policy_Review_final.pdf.

② 方兴东等:《棱镜门事件与全球网络空间安全战略研究》,《现代传播》2014年第1期。

③ 黄育馥:《信息高速公路上的发展中国家》,《国外社会科学》1997年第1期。

④ 余丽:《论制网权:互联网作用于国际政治的新型国家权力》,《郑州大学学报》2012年第4期。

可见,美国通过英语信息在互联网上的广泛传播,潜移默化地将自己的文化与价值观推广开来,从而促进全世界网络受众接受和认同西方文化特别是美国文化。

其次,利用传媒优势控制网络舆论。美国作为互联网的发起国,不仅掌握着技术优势,而且掌握着十分强大的网络传媒体系,从而拥有引导网络舆论的利器。一方面,一些传统的世界性新闻媒体纷纷建立网站,如英国广播公司(BBC)、纽约时报、美国有线新闻广播公司(CNN)的网站等,这些网站成立后,逐渐成为国际互联网上点击量最大的一批新闻网站;另一方面,在新兴网络传媒方面,美国拥有世界上最大的搜索引擎“谷歌”,拥有世界上最大的视频信息网站“优兔”(Youtube),拥有世界上应用最为广泛的社交网络平台“脸书”“推特”等。通过这些引领互联网潮流的网络传媒,美国可以源源不断地向全世界传播自己的网络信息内容,进而在世界范围内对网络舆论进行引导。

再次,利用强势文化产品吸引网络受众。美国具有发达的文化产业,而互联网诞生以后,美国借助其技术优势和传媒优势,在网上大肆兜售、传播其文化产品,如好莱坞电影、迪斯尼动画、NBA赛事、嘻哈音乐等美国文化的代表通过网络传播,更多更快地被传送到世界各地。由于这些文化产品往往表现出极具震撼的视听效果,因而对其他国家的网络受众也具有强大的吸引力,能够得到广大网络受众的追捧。在这一过程中,这些文化产品所内含的美国式思维方式和价值观念也悄无声息地传播给网络受众,从而在无形中控制网络受众的思维方式和思想观念,使越来越多的网民认同美国文化、服从美国领导,甚至站在美国的立场上思考问题。

三、网络评价双重标准

霸权主义的一个标志性特征就是在评价相关问题时,采取内外有别的双重标准。美国作为当今世界奉行霸权主义的主要国家,长期在反恐问题、民主问题、人权问题等重大问题的评价上执行双重标准。自国际互联网诞生以来,美国在这一领域也延续其“传统”,同样采用了双重标准。

（一）以双重标准评价“网络自由”

美国社会历来将“自由”作为自己的核心价值,在互联网领域同样不遗余力地宣扬“网络自由”。2011 年,美国政府发布的《网络空间国际战略》明确指出:“当数字世界面临罪恶和入侵威胁时,我们将高度重视以下原则:言论和结社自由、珍视个人隐私和信息的自由流动。”①但美国所谓“网络自由”的含义却有对内和对外之分。

网络自由对于美国国内而言,是指在法律规定范围内“有限的自由”。如《网络空间国际战略》指出,“作为一个国家,我们并非对抱有恶意企图的网络使用者视而不见,但要辨别这些不属于网络言论自由的例外之举,我们还需谨慎行事。举例来说,儿童色情、煽动暴乱和策划恐怖活动在任何社会都是被禁止的,因而在网络上也无容身之所。”②在这种“有限自由”原则的指导下,美国政府建立了强大的互联网管控体系。“自 20 世纪 70 年代制定《联邦计算机系统保护法》第一次将计算机系统纳入法律保护范围以来,美国先后出台了 130 多项涉及互联网管理的法律法规,不仅直接约束互联网用户行为,而且为政府利用公共权力管制互联网行为提供了法律基础。”③“9・11”事件爆发之后,美国政府借国家安全之名对互联网用户及网络内容进一步强化监控。《将保护网络作为国家资产法案》赋予联邦政府在紧急状况下,拥有绝对的权力来关闭互联网;《信息安全与互联网自由法》规定,在信息空间的紧急状态,政府可以部分接管或禁止对部分站点的访问。近几年来,随着社交网络等新兴媒体的迅速发展,“推特”“脸书”“维基(Wiki)”等网站成为美国政府新的监控目标。自 2010 年 6 月起,美国国土安全部开始对网上公共论坛、博客(Blog)、留言板等进行常规监控,众多知

---

① The White House, International Strategy for Cyberspace: Prosperity, Security, and Openness in a Networked World.May 2011,见 http://www.whitehouse.gov/sites/default/files/rss_viewer/international_strategy_for_cyberspace.pdf。

② The White House, International Strategy for Cyberspace: Prosperity, Security, and Openness in a Networked World, May 2011.

③ 高婉妮:《霸权主义无处不在:美国互联网管理的双重标准》,《红旗文稿》2014 年第 1 期。

名媒体及热门博客均被列入监控清单。[①] 由此可见,在美国国内,网络自由是有限的自由,公民的网络行为受到各种法律规范的限制。与此同时,政府借国家安全、预防犯罪等名义尽力将各种常规或非常规监管手段合法化,建立起世界上最为严密的网络监管体系。

美国政府在强化国内网络监管,维护国内互联网"有限自由"的同时,用另一套标准,即"无限自由"标准来评价其他国家(特别是中国)的网络监管政策,完全忽视其他国家维护自身互联网秩序的正当要求,一味地对他国进行无端指责。例如,2010 年,美国前国务卿希拉里发表主题为《互联网自由》的演讲,批评中国、突尼斯和乌兹别克斯坦、越南等国加强了对互联网的审查,对信息自由流通造成威胁。批评沙特政府封锁了许多介绍印度教、犹太教、基督教乃至伊斯兰教的网页,指责越南和中国在内的一些国家也利用类似手段限制获得宗教信息的途径。事实上,网络主权也是国家主权的一种体现,每个国家都有根据自身国情制定互联网监管政策的权力。而且,审查或屏蔽一些不符合本国法律法规,或者对本国信息安全、国家安全、文化安全造成威胁的网站或敏感词也是国际社会的通用做法。

由此可见,美国完全使用双重标准来评价网络监管问题,一方面,不顾他国在种族、民族、文化、制度、法律等方面的差异性和具体国情,无端指责其网络监管政策,反对他国采用严格的网络信息审查制度;另一方面,美国国内则强化网络信息审查。例如,2012 年,在民间组织的持续压力下,美国国土安全部被迫披露了他们在监督社交网站及其他在线媒体时所涉及的敏感词,其中不仅包括"基地组织、恐怖主义、谋杀、核袭击及脏弹等"高危词汇,而且包括"猪肉""设备""农业""波浪"等词都成为所谓"敏感词"。

(二)以双重标准评价"网络攻击"

与"网络自由"一样,美国在"网络攻击""网络入侵""网络战"等问题上同样持双重标准。一方面,美国对外谴责网络攻击行为,并且捕风捉影,肆意诬陷他国对美国进行网络攻击;另一方面,美国在实际行动中,却利用

① 高婉妮:《霸权主义无处不在:美国互联网管理的双重标准》,《红旗文稿》2014 年第 1 期。

其互联网软硬件技术优势,大规模开展全球范围的网络攻击和网络入侵行为。

美国在公开政策上声称其反对网络攻击行为。如美国政府发布的《网络空间国际战略》指出,"对所有国家而言,数字基础设施已经或即将成为重要的国家资产。要在最大程度上实现网络化技术可能带给世界的利益,网络系统必须稳定和安全地运作。要使人们对数据安全传输且免遭破坏产生信心。确保信息自由传输、数据库安全和互联网自身的完整性对于美国和世界的经济繁荣、安全以及促进普遍权利都具有重要意义","我们也面临着恶意利用、攻击和入侵等网络挑战。"①与此同时,美国肆意指责他国对美国进行网络攻击。2013 年年初,美国网络安全公司曼迪昂特发布了所谓的"中国军方黑客报告",声称由解放军支持的黑客多次攻击了美国网站,并窃取其机密信息。随后,美国总统奥巴马在接受美国全国广播公司采访时公开宣称一部分来自中国的、针对美国企业和基础设施的网络攻击是"国家支持的"。2013 年 5 月,美国五角大楼发布的年度报告再一次指责中国政府支持网络攻击行为。报告认为,中国政府或军方为了获取机密信息,发动了对美国互联网的攻击和入侵。2014 年 5 月,美国司法部宣布以所谓网络窃密为由起诉五名中国军官。2015 年年初,美国总统国土安全及反恐事务顾问莫纳科发表演讲时,点名指责中国等国家构成网络攻击威胁。同时,有美网络安全公司称,中国黑客曾入侵"福布斯"网站,试图攻击美国国防和金融企业。

从上述情况来看,美国政府似乎强烈反对网络攻击,甚至达到无端指责他国的地步,并把自己扮演成网络攻击的"受害者"角色。然而,一系列证据表明,美国政府事实上是在"贼喊捉贼"。2013 年 6 月,"棱镜门"事件爆发后,据美国"外交政策"网站和斯诺登透露,"美国国家安全局对中国大陆和中国香港的网络和通信系统,开展了长达 15 年有组织有计划有目标的入侵、攻击、窃取、监视等行动。"②"2013 年 6 月 29 日,德国《明镜》周刊报道

① The White House, International Strategy for Cyberspace: Prosperity, Security, and Openness in a Networked World, May 2011.

② 王新俊:《"棱镜门"美竟抢先说"强烈反对"》,《人民日报》(海外版)2013 年 6 月 25 日。

称，美国国家安全局在欧盟总部及其位于华盛顿和联合国总部的建筑物内安置监控和窃听设备，同时对其内部电脑网络进行渗透，这种监听和网络渗透已长达5年之久。2014年3月29日，《明镜》周刊再次发布报道称，美国国家安全局窃听包括中国领导人、德国领导人在内的全球122位政要。”①此外，美国政府对于全球互联网的攻击和入侵行为还包括窃听外国驻美使领馆，入侵各国政府、企业、高校等网站，监控联合国总部等。不仅如此，2010年5月，美军建立网络司令部，统一协调保障美军网络战、网络安全以及与电脑网络有关的军事行动，2014年3月，美国国防部部长哈格尔又宣布，国防部计划于2016年将网络部队人数扩至6000人。由此可见，美国在“网络攻击”问题上仍然采取双重标准，它在表面上反对网络攻击行为，但对自身的行为却不加以约束。按照美国的评价标准，“网络攻击”一词专指其他国家对美国的攻击，而美国对其他国家的网络攻击行为均被视作“维护网络安全”的行为。

四、网络意识形态渗透

网络内容建设是我国意识形态建设的重要组成部分，网络意识形态渗透对我国网络内容建设的方向、重点以及建设方式都有直接影响。具体而言，所谓网络意识形态渗透，就是一个国家或民族充分运用互联网工具向他国或其他民族传播特定意识形态的行为。就目前而言，西方国家对我国的网络意识形态渗透正在持续强化，具体表现在以下三个层面。

（一）网络成为意识形态渗透的主要工具

西方国家对社会主义国家的意识形态渗透从未停歇。自第二次世界大战以后，西方国家便制定了意识形态渗透的总战略——和平演变战略。时至今日，这一战略仍然在不断完善之中，只是其思路和实施方式在逐步调整。冷战初期，西方国家主要采用军事威慑、经济制裁等相对“硬性”的方式推动意识形态渗透，以实现其颠覆社会主义意识形态的目的。然而，这一策略并

① 本刊：《斯诺登事件一周年回顾之网络监控事件》，《保密科学技术》2014年第6期。

未取得预期效果,反而导致意识形态领域的更强硬对抗。因此,冷战后期以及冷战结束后,西方国家越来越侧重于通过外交手段和文化输出等"柔性"方式进行意识形态渗透,而"柔性"渗透方式所采用的具体手段和工具包括支持所谓"异见人士"和反对派组织、直接输出文化产品、成立大量渗透媒体等。这些手段在许多国家已经起到有效作用,例如,通过支持某些国家的反对派,并对其成员进行培训,西方国家已成功策动多起"颜色革命";通过成立"美国之音(VOA)""自由欧洲广播(RFE/RL)"等媒体,几十年来持续对包括我国在内的社会主义国家进行资本主义价值观念的渗透;此外,美国等国家还通过各种流行音乐、图书、电影等文化产品输出其意识形态,在世界范围内培育了一大批好莱坞影迷、美国流行音乐迷等。然而,上述渗透手段也具有其局限性,一方面,支持反对派组织的活动受到被渗透国家法律的禁止,因此,只能是非法的隐蔽的行为,而无法大规模展开。另一方面,西方国家成立的渗透媒体往往受到被渗透国家技术层面和制度层面的抵制,其信息传播范围受到限制。与此同时,各种文化产品也由于相关国家各种审查制度的存在而无法随意输出。因此,西方国家急需一种更新、更有效的手段来推动其意识形态渗透,而互联网的发展恰恰迎合了这一需求。近年来,互联网已经逐渐转变为西方国家进行意识形态渗透最主要的工具之一。

这种转变由互联网的发展现状及其内在特性所决定。其一,互联网的覆盖范围大、受众依赖程度更高。以我国为例,2016 年 2 月,中国互联网信息中心发布《第 37 次中国互联网络发展状况统计报告》显示,随着移动互联网的快速崛起,2015 年 12 月中国网民规模 6.88 亿,网络普及率接近 50.3%,人均每周上网时间达到 26.2 小时(见图 2-1)。

其二,互联网的开放程度高,进入门槛低。长期以来,各国在广播、电视、报纸、书籍等传统媒体层面已经形成相对成熟的监管和审查法规体系,因而,西方国家运用这些传统媒体进行赤裸裸的意识形态渗透的难度相对较大。比较而言,互联网属于新兴产物,包括我国在内的许多国家尚未建立起成熟的监管和审查法规体系,加之互联网具有更加开放的技术特性,因此,无论是采用政策手段还是技术手段,现阶段都无法在保证互联网畅通的前提下,完全隔绝有害信息传入。互联网的开放性一方面极大地促进了国

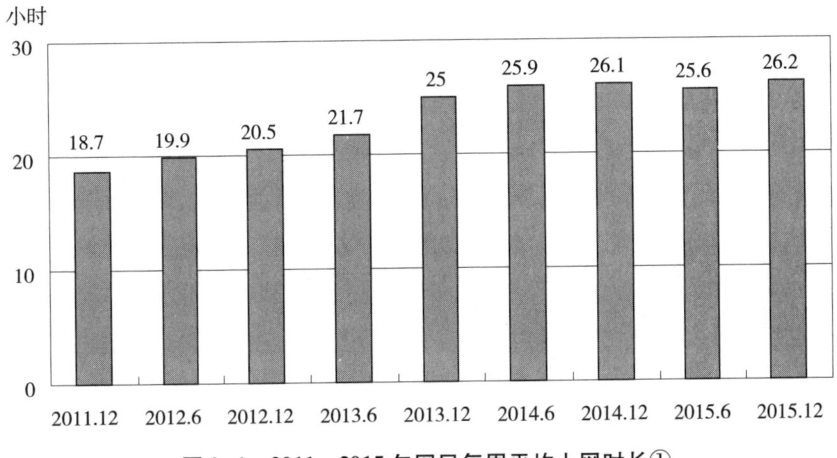

图 2-1 2011—2015 年网民每周平均上网时长①

际间信息流动与社会交往,另一方面,也为西方国家的意识形态渗透提供了便利,能够大大提高其意识形态渗透的效率。

其三,互联网的资源消耗低,对抗风险小。相较于在全球范围内设立意识形态渗透电台、电视台、报社等传统手段,用互联网进行渗透可以依赖现有的网络基础设施,特别是硬件设施。从理论上讲,只要有一台接入互联网的终端设备,就可以进行意识形态渗透。与此同时,由于网络信息传播几乎没有时间和空间的限制,网站一旦建立,就可以在世界范围内不间断地传播信息,不像报社、广播电台等传统媒体,想要扩大传播范围,就必须在靠近传播对象的地方增加大量的硬件和人员投入,所使用的资源大大降低。正是由于网络传播摆脱了空间和距离的限制,意识形态渗透的过程在表现上更加具有非接触性,从而在一定程度上降低了渗透国和被渗透国之间的对抗风险。

鉴于互联网渗透的以上三大优势,西方国家逐步放弃了广播电台等传统渗透工具,转而将网络作为其意识形态渗透的主要工具。自 2011 年以

① 中国互联网信息中心:《第 37 次中国互联网络发展状况统计报告》,2016 年 1 月 22 日,见 http://www.cnnic.net.cn/hlwfzyj/hlwxzbg/hlwtjbg/201601/t20160122_53271.htm。

来，英国广播公司、美国之音、德国之声(Deutsche Welle)三大国外广播电台的中文广播相继停播，至于停播的原因，德国之声在其公开信中直言不讳地指出：媒体技术迅猛发展，尤其是互联网，为其开辟了资讯传播的新途径。

（二）网络意识形态渗透的类型多样

西方国家具有互联网先发优势，掌握着网络技术开发和运用的主导权。同时，对互联网功能的认识与理解更加深刻。因此，当西方国家逐步将网络作为意识形态渗透的主要工具之后，他们能够全方位运用互联网为意识形态渗透服务，充分利用互联网优势开发出系统化、多层次、多类型的意识形态渗透方式。

从具体渗透工具运用的角度来看，西方国家网络意识形态渗透几乎动用了全部现存的网络工具。常规渗透工具包括各类专门性渗透网站、大型新闻网站、视频分享网站、搜索引擎、社交网络等。如由美国国家民主基金会支持的“博讯网”便是专门针对我国的渗透性反华网站，而视频分享网站“优兔”，社交网络“脸书”“推特”以及搜索引擎“谷歌”等网站上，也充斥着大量的反动信息，它们成为美国等西方国家进行网络意识形态渗透的急先锋，2010年“谷歌”退出中国事件已经充分地说明这一点。美国国防部部长盖茨曾指出，谷歌等社交媒体网络是美国极为重要的战略资产。美国前国务卿奥尔布赖特也非常直白地说：“中国不会拒绝互联网这种技术，因为它要现代化。这是我们的可乘之机，我们要利用互联网把美国的价值观送到中国去。”①

从渗透内容的隐蔽程度来看，西方国家在网络意识形态渗透过程中采用双管齐下的策略，即公开渗透和隐蔽渗透相结合。公开渗透即通过公开手段直接输出西方国家的政治观、价值观等，例如，通过在网上撰写文章、发表评论等方式直接宣扬资本主义自由、平等、博爱等价值观，推广所谓普世价值，批评和反对社会主义核心价值观。事实上，在国外社交网站、大型新闻网站上经常可以见到此类文章或评论。隐蔽渗透则是将意识形态内嵌于

① 王涛：《从意识形态安全看互联网的渗透与防范》，《思想理论教育导刊》2013年第1期。

各种网络产品和服务当中,从而在输出网络产品和服务的过程中隐蔽输出其意识形态。例如,网上大量传播的好莱坞电影、英剧、美剧、欧美流行音乐等,均不同程度地内含着西方个人主义、自由主义等价值观念,属于隐蔽渗透的范畴。

从渗透行为的作用方式来看,可以将西方国家的网络意识形态渗透行为划分为直接性渗透和间接性渗透两类。事实上,上文中提到的公开性渗透和隐蔽性渗透匀属于直接性渗透的范畴,也就是说,即便是隐蔽渗透,其作用方式也是直接的。意识形态隐藏于产品和服务之内,二者合二为一,因此,只要消费和使用产品,也就在无意中受到其内含的意识形态的影响。所谓间接性渗透,即相关活动或行为并不直接进行意识形态内容的渗透,而是为内容渗透铺路。间接性渗透包括"规则构建型渗透"和"平台供给型渗透"两类。具体而言,规则建构型渗透就是通过建构互联网规则,从而为意识形态渗透提供便利。例如,美国一直宣扬所谓"网络自由"思想,并发布《网络空间国际战略》,在表面上是鼓励信息的自由流动和保障网民获取信息的自由,实质上是构建一种自由化的网络规则体系,从而便于"向世界其他国家兜售'美式民主'思想,意图通过建立世界范围的网络自由制度延伸其国家利益,是霸权主义在虚拟世界的扩张与体现"①。而平台供给型渗透,则是西方国家将其掌握的网络工具或平台提供给特定国家或地区(特别是爆发政治或社会危机的地区),以煽动当地社会舆论、促成政权更迭或颜色革命的渗透方式,如在2011年突尼斯、埃及等国政治动荡期间,美国等西方国家便动员多个社交网站平台开通针对性服务,帮助反对派煽动舆论。

从渗透内容的表达方式来看,西方国家网络意识形态渗透可以划分为解构性渗透和建构性渗透两大类型。所谓解构性渗透,即通过批判某一国家的意识形态,丑化和妖魔化其政府和执政党等方式进行渗透。以我国为例,西方国家长期利用网络平台诋毁我国党和政府。如西方网络媒体在我国奥运圣火传递、西藏3·14打砸抢事件中采取歪曲事实的报道。又如受

① 王涛:《从意识形态安全看互联网的渗透与防范》,《思想理论教育导刊》2013年第1期。

西方国家资助的“博讯网”大肆传播“中国政府活摘人体器官、活埋人,大批群众到联合国驻华机构外抗议”“上访人员被打晕死,光天化日遭弃街头”“访民哭诉反映问题遭暴打多人受伤”等网络谣言。所谓建构性渗透,是与解构性渗透相对应的渗透方式,这种渗透方式在其内容表达上,不是运用反对、批判、丑化等手段,而是通过正面提出和阐释西方资本主义意识形态的方式进行渗透,近年来西方国家在网络上大力推行的所谓“普世价值”便是最典型的例证。

(三)网络意识形态渗透的负面影响

毫无疑问,西方国家对我国长期的网络意识形态渗透产生了极大的负面影响。从网络内容建设的视角来看,这些负面影响主要体现在以下三个层面。

首先,模糊我国网络内容建设的性质与方向。网络世界以现实世界为基础,是现实世界的发展与延伸。每一位网络参与者均具有自己特定的国籍、民族、文化心理、风俗习惯以及特定的血缘和业缘关系。因此,即便在技术上网络信息可以在世界范围内传播,但在现实生活中,在国家或地区范围内,仍然会形成具有自身特色的互联网生态,而一个国家的互联网生态必然与其社会制度、主流文化相符合。具体到我国而言,我国的互联网生态建立在中国特色社会主义理论、道路和制度的基础上,因此,我国的网络内容建设只有坚持社会主义性质和方向,才能够推动网络的健康发展,才能使网络更好地为我国社会服务。然而,西方国家的网络意识形态渗透使一部分网络内容建设者被所谓“网络自由”(其实质是双重标准前提下的绝对自由)、“网络平等”(其实质是美国网络霸权基础上的表面平等)等虚假口号所迷惑,转而忽视了坚持社会主义性质与方向的重要性,在网络内容建设过程中没有明确的目标和方向,从而使我国网络内容体系中混入大量非社会主义、反社会主义意识形态的内容。长此以往,必然会丧失网络内容建设的主导权,丧失社会主义意识形态的网络阵地。

其次,消解我国网络内容的精神内核。社会主义核心价值观是当前我国社会的主流价值观,也是我国网络内容的精神内核。我国绝大多数网民在网上发布的信息能够与社会主义核心价值观相符合,国内互联网企业所提供的绝大多数网络产品如网络新闻、网络游戏、网络小说等同样符合或不违背社会主义核心价值观的要求。然而,西方国家对我国进行网络意识形态渗透,已经对社会主义核心价值观产生极大的消解作用。资本主义的自由、民主、平等、人权等价值观念,以及在此基础上产生的拜金主义、享乐主义、极端个人主义已开始渗透到网络空间当中。例如,拜金主义和享乐主义的传播使网上"炫富"事件层出不穷;自由主义的渗透使网上出现大量赞扬西方"自由"、污蔑我国"专制"的文章和评论;此外,许多网络"大V"或社会公知,凭借其在网上的影响力,大肆宣扬西方式民主,抨击社会主义制度。由此可见,我国网络内容的精神内核正在受到资本主义价值观念的侵蚀。

再次,降低我国网络内容的公信力与吸引力。保持并强化网络内容的公信力与吸引力是我国网络内容建设最基本的要求之一。但与此同时,想方设法降低我国网络内容的公信力与吸引力却是西方国家对我国进行网络意识形态渗透的主要切入点。一方面,西方国家往往借用互联网夸大并炒作我国社会问题,不断提出与主流观点相悖的论调,从而引发网民对主流观点的怀疑。例如,夸大和炒作我国反腐行动,用"添油加醋"后的所谓事实根据来论证其"大多数官员是贪官"的错误论点,使部分网民逐渐对"大多数官员是好官"的主流认识产生怀疑。另一方面,西方国家还直接通过网络编造和传播谣言。例如,上文中所提到的"博讯网"大肆传播"中国政府活摘人体器官、活埋人,大批群众到联合国驻华机构外抗议""上访人员被打晕死,光天化日遭弃街头"等谣言,完全颠覆了网民对中国政府和中国社会的主流认识,在一定程度上蒙蔽了部分网民,使其信以为真,从而降低我国网络内容的公信力与吸引力。

第二节　网络内容建设的历程回顾

互联网首先作为一种技术而存在,网络技术的发展程度在根本上决定着互联网的功能实现及其发展潜力。具体到网络内容而言,它伴随着网络技术的产生而产生,伴随着网络技术的发展而发展。换言之,我国网络内容建设总体上跟随着网络技术推广和应用的脚步而前进。因此,要回顾网络内容建设历程,可以将重大网络技术的应用作为线索,并以此划分发展阶段。然而,我国网络内容建设又不仅仅是技术引导的自在过程,而是经历了从自在到自为的发展过程,随着整个社会对网络内容建设规律的逐步把握,网络内容建设的过程正在从网络技术引导转向网络战略引导。

一、前期准备阶段(1986—1993)

1986 年到 1993 年是我国网络内容建设的前期准备阶段,这一阶段以 1986 年 8 月 25 日,中国科学院高能物理研究所的吴为民通过卫星链接和远程登录的方式,向位于日内瓦的斯坦伯格(Steinberger)发出一封电子邮件为起始标志。这一封电子邮件的发出,实现了我国网络内容从无到有的突破。随后,1987 年 9 月,在德国卡尔斯鲁厄大学(Karlsruhe University)维纳·措恩(Werner Zorn)教授带领的科研小组的帮助下,王运丰教授和李澄炯博士等在北京计算机应用技术研究所(ICA)建成我国第一个电子邮件节点,并于 9 月 20 日向德国成功发出了一封电子邮件,邮件内容为"Across the Great Wall, we can reach every corner in the world.(越过长城,走向世界)"。自此,我国正式具备了用电子邮件与国际互联网用户沟通的能力,而由文本构成的电子邮件内容也成为我国网络内容建设的第一项重要成果。

然而,在这一时期,由于我国处于互联网技术的探索和试验阶段,网络内容的生产与传播受到网络技术条件的严重制约,国内能够使用电子邮件等工具生产和传播网络内容的人屈指可数。因此,这一时期网络内容建设主要着眼于网络技术层面,着眼于国内网络搭建与国际互联网接入渠道的构建上。如 1988 年年初,中国第一个 X.25 分组交换网"中国公用分组交换数据网"(CNPAC)建成,当时覆盖北京、上海、广州、沈阳、西安、武汉、成都、南京、深圳等城市。1988 年 3 月,中国计算机科技网(CANET)项目启动,旨在组织中国众多大学、研究机构的计算机与世界范围内的计算机网络相连。1989 年 5 月,中国研究网(CRN)通过当时邮电部的 X.25 试验网实现了与德国研究网(DFN)的互联。中国研究网提供电子邮件、文件传送、目录服务等功能,并能够通过德国研究网的网关与因特网(Internet)沟通。1992 年年底,中关村教育与科研示范网络(NCFC)工程的院校网,即中科院院网(CASNET),连接了中关村地区三十多个研究所及三里河中科院院部、清华大学校园网(TUNET)和北京大学校园网(PUNET),全部完成建设。1993年3月2日,中国科学院高能物理研究所租用美国电话电报公司(AT&T)的国际卫星信道接入美国斯坦福大学直线加速器中心(SLAC)的64KDECnet专线正式开通。专线开通后,几百名科学家得以在国内使用电子邮件。①

与此同时,这一时期我国网络内容的生产和传播,还受到美国等少数西方国家的压制。一方面,西方国家通过技术封锁,禁止或限制各种先进的计算机设备、互联网设备以及相关软件出口中国,在一定程度上制约了我国网络平台搭建的步伐,进而制约了网络内容的生产与传播。例如,在1987年北京计算机应用技术研究所发送其第一封电子邮件之前,便遭遇到西方国家的技术壁垒,计算机软硬件难以兼容的问题非常突出。直到1987年7月,措恩教授从德国带过来可兼容的系统软件,研究所的计算机才具备了与国际网络互联及发送电子邮件的技术条件。另一方面,西方国家还设置政治壁垒,阻碍我国直接加入国际互联网。1992年6月,在日本神户举行的INET'92年会上,中国科学院钱华林研究员约见美国国家科学基金会国际联网部负责人,第一次正式讨论中国连入国际互联网的问题,但被告知,由于网上有很多美国的政府机构,中国接入国际互联网有政治障碍。因此,在这一时期,我国机构只能采用"曲线救国"的策略接入互联网,这大大限制了我国网络信息的国际传播。

总而言之,在1986—1993年间,我国互联网处于基础设施的早期探索和搭建阶段,网络内容建设尚未步入正轨,呈现出以下三方面的特征。其一,这一时期所面临的主要问题是网络内容如何从无到有的问题,即通过何种手段或工具才能生产和传播网络内容的问题。因此,相关建设工作的重点并不在网络内容本身,而是集中在网络内容产生的基础——网络技术层面。也就是说,这一时期网络内容建设的主要工作就是通过技术平台的搭

① 参见中国互联网信息中心:《1986年—1993年互联网大事记》,2009年5月26日,见http://www.cnnic.net.cn/hlwfzyj/hlwdsj/201206/t20120612_27414.htm。

建为网络内容的生产和传播做好前期准备。其二,网络内容及其建设主体数量稀少、结构单一。由于这一时期网络内容建设的主要工作是技术平台搭建,因此,相关技术人员也就成为网络内容建设主体,他们在数量上屈指可数,如上文中提到的1993年中国科学院高能物理研究所租用美国电话电报公司的国际卫星信道接入美国斯坦福大学的64KDECnet专线正式开通后,也只几百名科学家得以在国内使用电子邮件。与此同时,这些网络内容建设主体的身份结构也相对单一,他们大多为高等学校以及科研院所的学生或研究人员,基本上属于"专家型"的网络内容建设主体,绝大多数公民尚未接触计算机或互联网。因此,这一时期生产和传播的网络内容在数量上也十分有限,在内容类别上多为学术类、科研类信息。其三,从现有资料来看,这一时期网络内容的生产和传播工具以电子邮件系统为主,辅之以相对初级的文件传输工具和处于萌芽阶段的社交论坛(BBS)。同时,网络内容主要以文本媒介为载体,尚无法进行多媒体呈现。

二、初期建设阶段(1994—2001)

1994年4月20日,中关村教育与科研示范网络工程通过美国斯普林特(Sprint)公司连入因特网的64K国际专线开通,实现了与因特网的全功能连接。这一事件也标志着我国进入网络内容初期建设阶段。这一阶段以网络基础设施的大规模建设为先导,国内四大主干网相继开工建设并开始运营。

1994年8月,由国家计委投资,国家教委主持的中国教育和科研计算机网正式立项。该项目的目标是利用先进实用的计算机技术和网络通信技术,实现校园间的计算机联网和信息资源共享,并与国际学术计算机网络互联,建立功能齐全的网络管理系统。1994年,邮电部主导的中国公用计算机互联网(CHINANET)的建设开始启动,并于1995年1月通过美国斯普林特公司接入美国的64K专线开通,开始通过电话网、数字数据网(DDN)专线以及X.25网等方式向社会提供因特网接入服务。1996年2月,以NCFC为基础发展起来的"中国科技网"(CSTNET)成立。1996年9月,中国金桥信息网(CHINAGBN)连入美国的256K专线正式开通并宣布开始提供因特网服务。1997 年 10 月,中国公用计算机互联网实现了与中国其他三个互联网络即中国科技网、中国教育和科研计算机网(CERNET)、中国金桥信息网的互连互通。① 在此基础上,我国继续推进互联网基础设施建设,2000 年前后,我国开始密集建设中国联通互联网(UNINET)、中国网通公用互联网(CNCNET)、中国移动互联网(CMNET)、中国国际经济贸易互联网(CIETNET)、中国长城互联网(CGWNET)以及中国卫星集团互联网(CSNET)六大网络,并与上述四大主干网一起构成我国十大互联网单位。

正是由于大规模的网络基础设施建设,互联网覆盖范围迅速延伸至全国各地,联网计算机和上网人数呈现井喷式增长。中国互联网络信息中心(CNNIC)于 1997 年第一次发布的《中国互联网络发展状况统计报告》显示,截至 1997 年 10 月底,我国上网计算机数为 29.9 万台,我国上网用户数为 62 万,而第九次《中国互联网络发展状况统计报告》显示,时隔 4 年之后的 2001 年底,我国上网计算机数便达到约 1254 万台,我国上网用户人数则达到 3370 万人,为网络内容的大规模生产和传播奠定了坚实基础。

在互联网技术迅速普及,网络基础设施快速覆盖全国的过程中,各种类型的网络内容伴随着网络载体和工具的产生而产生。1994 年 5 月,国家智能计算机研究开发中心开通中国大陆第一个社交论坛站点“曙光 BBS 站”。此后,各类社交论坛站点快速涌现,成为网络内容生产和传播的集散地。1994 年,中国科学院高能物理研究所设立了国内第一个 Web 服务器,推出中国第一套网页,内容除介绍中国高科技发展外,该栏目开始提供包括新闻、经济、文化、商贸等更为广泛的图文并茂的信息,并改名为《中国之窗》。1997 年 1 月 1 日,人民日报主办的人民网接入国际互联网络,这是中国开通的第一家中央重点新闻宣传网站。1997 年至 1999 年间,我国三大“门户网站”网易(NetEase)、搜狐(Sohu)、新浪(Sina)先后成立,为用户提供全方位的中文信息服务。1999 年 2 月,腾讯公司的即时通信软件 OICQ(即腾讯 QQ)上线,推动网民进行实时的信息沟通。1999 年 8 月,上海榕树下计算机有限公司成立,“榕树下文学网”正式运作,开始向社会提供网络文学作品。总而言之,在我

① 参见中国互联网信息中心:《1997 年~1999 年互联网大事记》。

国正式加入国际互联网的短短几年之内,网络内容在数量上井喷式增长,从严肃的学术类信息到通俗的日常生活信息,从基础的工具类信息到高雅的网络文学作品,从政治经济资讯到文化社会动态,从单纯的文字内容到包括图片与音乐的多媒体内容,各类网络信息与内容如潮水般涌入互联网。

在个人和企事业单位抓住网络基础设施快速普及的机遇,根据社会需求自发提供各类网络内容的同时,政府层面也开始有计划地推动网络内容的生产和传播工作。1999 年 6 月,由清华大学、清华同方发起,并得到我国政府大力支持的"中国知识基础设施工程(CNKI)"开始建设,推动我国知识信息资源的大规模集成整合,并通过中国知识基础设施工程网站(中国知网)实现全社会知识资源的互联网共享。1999 年 1 月 22 日,由中国电信和国家经贸委经济信息中心牵头,联合四十多家部委(办、局)信息主管部门在京共同举办"政府上网工程启动大会",倡议发起了"政府上网工程",推动各级政府向公众提供与政府行政管理工作相关的各类信息,实现信息公开。2000 年 7 月 7 日,中国电信集团公司与国家经贸委经济信息中心共同发起的"企业上网工程"正式启动。2001 年 1 月 1 日,互联网"校校通工程"进入正式实施阶段。2001 年 12 月 20 日,由信息产业部、文化部等部门主办的"家庭上网工程"正式启动,通过"政府上网工程""企业上网工程""家庭上网工程""校校通工程"等的发展和建设,使各类社会主体都能够实现自身信息的网络化,直接通过网络向社会提供社会管理、企业运行、文化教育等各类信息。

由此可见,在社会力量和政府力量的双重推动下,网络内容的数量迅速增长,互联网空间呈现出一片繁荣态势,而与之相伴随的负面影响开始显现,网络内容的质量出现参差不齐的状态。因此,我国政府开始对互联网秩序进行维护。

首先,建立领导与管理机构。如 1996 年 1 月 13 日,国务院信息化工作领导小组及其办公室成立;1997 年 6 月 3 日,中国互联网络信息中心成立,行使国家互联网络信息中心的职责。1998 年 8 月,公安部正式成立公共信息网络安全监察局,负责组织实施维护计算机网络安全,打击网上犯罪,对计算机信息系统安全保护情况进行监督管理。1999 年 12 月 23 日,国家信息化工作领导小组成立。

其次,通过立法规范网络内容的生产和传播秩序。1996 年 2 月 1 日,国务院第 195 号令发布了《中华人民共和国计算机信息网络国际联网管理暂行规定》,开启我国互联网法制化进程。此后,一批部门规章和行政法规相继公布并实施,如 1997 发布的《中国互联网络域名注册暂行管理办法》,2000 年发布的《计算机信息系统国际联网保密管理规定》《中华人民共和国电信条例》《互联网站从事登载新闻业务管理暂行规定》《互联网电子公告服务管理规定》等,它们分别从不同类别、不同层面入手,对网络内容的生产和传播行为进行规范。

再次,发动社会力量共同构建和维护网络内容传播秩序。1999 年 4 月 15 日,国内 23 家有影响的网络媒体首次聚会,通过《中国新闻界网络媒体公约》,呼吁全社会重视和保护网上信息产权。2000 年 12 月 7 日,由文化部、共青团中央等单位共同发起的“网络文明工程”在京正式启动,号召全社会“文明上网、文明建网、文明网络”。2001 年 11 月 22 日,共青团中央、教育部等部门向社会正式推出《全国青少年网络文明公约》,倡议全国青少年遵守《公约》,践行网络道德规范。

三、**快速发展阶段**(2002—2006)

2002—2006 年为我国网络内容建设的快速发展阶段,这一阶段以 2002 年方兴东、王俊秀开通博客中国(Blog China)网站为主要标志。博客的出现开启了中国的 Web2.0 时代。Web2.0 是相对于 Web1.0 而言的,它是以博客、百科全书、网摘、社交网络(SNS)、对等网络(P2P)等技术为核心,以“六度分隔”等理论为基础的第二代互联网发展模式。第二代互联网(Web2.0)与第一代互联网(Web1.0)最大的区别之一就在网络内容的生成机制上。在 Web1.0 时代,网络内容主要依靠网站自身来搜集、编辑和发布,广大网民在多数情况下只是网络内容的消费者,而在 Web2.0 条件下,由于博客等新技术和应用的推出,广大网民能够更加便利地参与到网络内容的编辑、发布过程之中,自由的将自己的兴趣、爱好、知识、经验分享到网络空间,从而为丰富网络内容贡献自己的力量,也真正使得每一个网民不仅成为网络内容的消费者,而且成为网络内容的生产和传播者。事实上,也正是由于每一个网民都可以相对容易地参与到网络内容建设过程中来,大大拓展了网络内容建设主体的范围,广大网民编撰网络内容的能力和潜力获得全面释放,使得短时间内网络内容的类型及数量获得突飞猛进的增长。根据中国互联网络信息中心发布的《中国互联网络发展状况统计报告(2008 年 1 月)》显示,2002 年到 2007 年,我国网页数量从 1.6 亿个增加至 2007 年的 84.7 亿个,年均增长超过 110%(见图 2-2)。

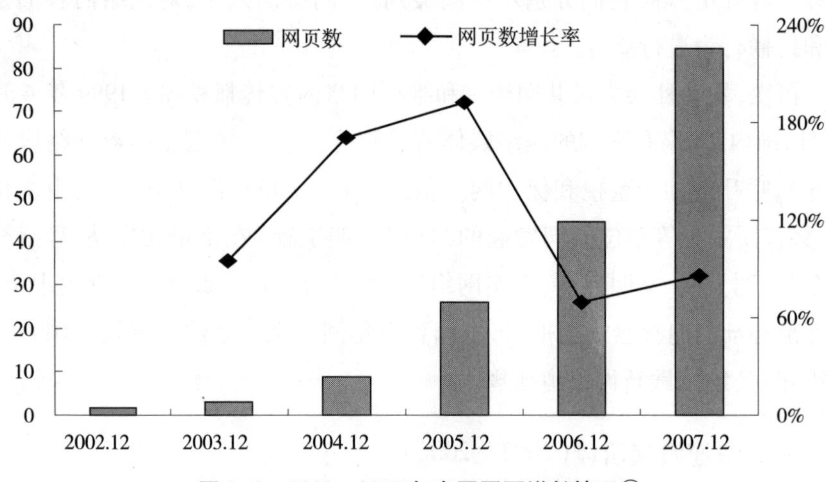

图 2-2　2002—2007 年中国网页增长情况①

具体而言,2002 年,以"博客中国"为代表的第一批博客网站开通,随后,新浪、网易、腾讯、搜狐等主流网站均开通博客服务。作为 Web2.0 技术的典型代表,博客在 2002 年到 2007 年短短六年之内,吸引了 4698.2 万人注册自己的博客空间,博客用户人数占到 2007 年全体网民的 26.1%。② 换

① 中国互联网信息中心:《中国互联网络发展状况统计报告(2008 年 1 月)》,2008 年 1 月 24 日,见 http://www.cnnic.net.cn/hlwfzyj/hlwxzbg/200906/P020120709345342042236.rar。

② 中国互联网信息中心:《2007 年中国互联网博客市场调查研究报告》,2007 年 12 月 27 日,见 http://www.cnnic.net.cn/hlwfzyj/hlwxzbg/200906/P020120709345346080468.doc。

句话说,仅博客一项技术(应用),就使得超过五分之一的网民参与到网络内容创作中来。中国互联网络信息中心的调查数据显示,这些博客的内容类型多样、包罗万象,主要包括:心灵独白或心情记录,个人生活记叙,兴趣爱好,情感关系,笑话、趣事,书评、影评、音乐鉴赏,评论社会热点或社会现象,旅游游记,学术问题探讨,知识普及,向他人寻求资源或技术援助,经济行情分析,其他内容(见图 2-3)。除博客外,社交网络技术同样是 Web2.0 技术的典型代表。在我国社交网络兴起于 2005 年前后,模仿 Friendster、脸书等美国社交网络,校内网(人人网)、豆瓣网、若邻网、天际网等一批社交网站先后上线。由于通过社交网络,可以迅速找回或拓展自己的人际关系,因而在短期内便获得网民追捧。事实上,网站集合了博客自由编撰内容的特征,同时,又具备强大的社交沟通功能,因此,能够使交际圈内的朋友和熟人迅速分享信息并实现互动。相较于博客而言,网民在社交网络中发布的内容更容易被朋友看到,更容易获得熟人的支持和肯定。由此可见,社会网络对网络内容建设的作用在于依靠社交关系所带来的吸引力,进一步激发网民创造和传播网络内容的热情。此外,基于维基技术的“百度百科”于 2006 年 4 月 20 日上线。百度百科与以往由少数作者编撰的百科全书不同,它强调用户的参与意识和奉献精神,充分调动互联网用户的力量,汇聚上亿用户的头脑智慧,共同打造“全球最大的中文百科全书”。2008 年年初,在网民共同努力下,仅仅上线一年半的百度百科就有 100 万个词条诞生,进一步丰富了我国网络内容。

这一时期,网络内容不仅在总量上快速增加,而且对现实社会的影响力日渐凸显。具体而言,随着 Web 2.0 技术的发展,网络自媒体获得飞跃式发展。各种社会现象和社会问题能够突破传统媒体在版面数量、播出时长等方面的限制性因素,通过自媒体形式反映到互联网当中。同时,在短时间内形成网络舆论,而网络舆论作为社会诉求的体现,蕴藏着巨大的社会影响力,往往成为改变社会事件发展进程的重要推动力量。2003 年 3 月 20 日,湖北青年孙志刚在广州被收容并遭殴打致死。事件发生后,我国各类网络媒体积极介入,形成强大的网络舆论,引起社会广泛关注。在这一事件中,互联网发挥了强大的舆论监督作用,促使有关部门侦破此案,并在一定程度

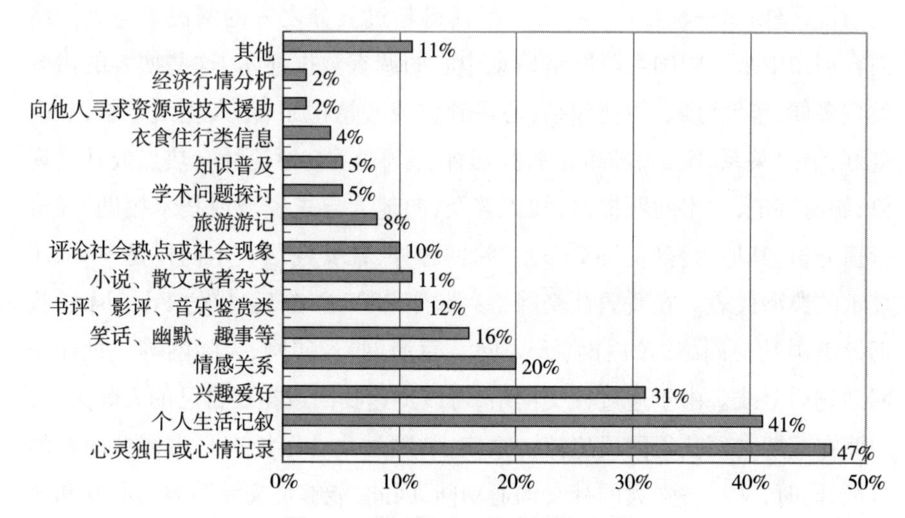

图 2-3 博客作者日志内容分布①

上推动政策调整。事件发生三个月后,国务院发布了《城市生活无着落的流浪乞讨人员救助管理办法》,同时废止《城市流浪乞讨人员收容遣送办法》。又如,2006 年 6 月,“三一集团”执行总裁向文波在其博客中发表《徐工并购:一个美丽的谎言!》等三篇文章,披露凯雷集团收购徐工机械事件,反对外资控股徐工,引起巨大反响。最终,凯雷集团收购徐工机械的价格被从 3. 75 亿美元收购 85%股份改写成 2. 33 亿美元收购 45%的股份,进一步凸显 Web2. 0 时代网络内容的影响力。

随着网络内容总量的快速增加和影响力的逐步扩大,全社会对于推动网络内容健康发展的认识在持续深入。与上一阶段相比,引导和规范网络内容健康发展的方法与措施不仅更加全面,而且更具针对性。

一方面,政府对互联网秩序的监管重点从技术层面向内容层面转化,出台多项针对网络内容健康发展的政策法规:2002 年 5 月 17 日,文化部下发《关于加强网络文化市场管理的通知》;2002 年 6 月 27 日,新闻出版总署和信息产业部联合出台《互联网出版管理暂行规定》;2003 年 5 月 10 日,文化部发布《互联网文化管理暂行规定》;2004 年 9 月 6 日,最高人民法院和最

① 中国互联网信息中心:《2007 年中国互联网博客市场调查研究报告》。

高人民检察院出台的《关于办理利用互联网、移动通信终端、声讯台制作、复制、出版、贩卖、传播淫秽电子信息刑事案件具体应用法律若干问题的解释》开始施行;2005 年 9 月 25 日,国务院新闻办公室、信息产业部联合发布《互联网新闻信息服务管理规定》;2006 年 3 月 30 日,中华人民共和国信息产业部颁布的《互联网电子邮件服务管理办法》开始施行;2006 年 7 月 1 日,经国务院通过的《信息网络传播权保护条例》开始施行。这些部门规章和行政法规分别从各类网络内容的制作、出版、传播、买卖等不同层面和角度,对网络内容进行更有针对性的引导和规范。除制定法律法规外,政府部门开始积极组织各类专项活动对网络内容发展进行引导:2004 年 7 月 16 日,全国打击淫秽色情网站专项行动电视电话会议召开,标志着全国打击淫秽色情网站专项行动的开始;2004 年 7 月 17 日,中宣部、公安部等 14 个部门联合发布《关于依法开展打击淫秽色情网站专项行动有关工作的通知》;2006 年 2 月 21 日,信息产业部启动了“阳光绿色网络工程”系列活动,包括清除垃圾电子信息、畅享清洁网络空间,治理违法不良信息、倡导绿色手机文化,打击非法网上服务、引导绿色上网行为等活动。

另一方面,我国互联网行业自律意识进一步增强,针对网络内容建设的自律性组织相继成立,自律性规范持续出台。从自律组织层面讲,2002 年 11 月 1 日,由中国互联网协会(Internet Society of China)、263 网络集团和新浪共同发起,中国互联网协会反垃圾邮件协调小组在京成立。此举旨在保护中国互联网用户和电子邮件服务商的正当利益,公平使用互联网资源,同时规范中国电子邮件服务秩序。2004 年 9 月 15 日,为积极响应 2004 中国互联网大会“构建繁荣、诚信的互联网”和“坚决抵制网上有害信息”的号召,中国三大门户网站——新浪、搜狐、网易宣布正式成立中国无线互联网行业“诚信自律同盟”,并于 11 月 29 日公布其自律细则。该同盟的成立标志着我国无线信息服务行业的自律工作的深入开展。2005 年 1 月 28 日,中国互联网协会行业自律工作委员会网络版权联盟在北京成立,联盟致力于加强行业自律,推动互联网内容产业的健康、有序发展。从自律规范的层面来讲,2002 年至 2006 年间,仅由中国互联网协会牵头组织研制并发布的各类与网络内容有关的互联网自律规范便有九部,包括:《中国互联网行业自律公约》(2002 年 3 月 26 日发布)、《中国互联网协会反垃圾邮件规范》(2003 年 2 月 25 日发布)等。

四、层次提升阶段(2007—2010)

2007 年至 2010 年是我国网络内容建设的层次提升阶段。这一阶段以 2007 年 1 月 23 日,中共中央政治局就世界网络技术发展和中国网络文化建设与管理问题进行集体学习,以及 2007 年 6 月全国网络文化建设和管理工作会议的召开两件大事为起始标志。胡锦涛在主持政治局学习时指出,能否积极利用和有效管理互联网,能否真正使互联网成为传播社会主义先进文化的新途径、公共文化服务的新平台、人们健康精神文化生活的新空间,关系到社会主义文化事业和文化产业的健康发展,关系到国家文化信息安全和国家长治久安,关系到中国特色社会主义事业的全局。这标志着我国网络内容建设开始上升到国家战略层面。时任中宣部部长刘云山在随后举行的全国网络文化建设和管理工作会议中则指出,建设中国特色网络文化是党中央从中国特色社会主义事业总体布局和文化发展战略出发作出的重大部署,并在会议发言中提出了网络文化建设的指导思想、重要意义、主要内容和总体要求,进一步推动上述战略思想的细化,使得网络内容建设的重点具有了自上而下的战略指导。从这一阶段开始,网络内容建设的类型从技术引导型向战略引导型转变。因而与上一阶段相比,层次提升阶段网络内容建设的自发性与被动性进一步降低,转而具有更强的计划性与主动性。

按照胡锦涛在政治局学习时提出的“积极利用和有效管理互联网”,“真正使互联网成为传播社会主义先进文化的新途径、公共文化服务的新平台、人们健康精神文化生活的新空间”这一战略思想,以及全国网络文化建设和管理工作会议所做出的“加强网络文化产品的创作生产”“加强网上舆论引导”“加强网络阵地建设”“加强网络道德建设”以及“一手抓建设、一手抓管理”这一战略规划,社会各界开始有计划地推动网络内容建设。

从网络内容建设层面来讲,首先,各大互联网企业积极参与。2007 年 5 月开始,千龙网、新浪网、搜狐网、网易网等 11 家网站举办“网上大讲堂”活动,以网络视频授课、文字实录以及与网民互动交流等方式,传播科学文化知识。截至2007年12月底,共举办330多期讲座,累计点击量突破一亿人次。其次,行业组织积极行动。2009年1月6日,由中国互联网协会主办的首届中国网民文化节正式启动,内容涵盖与互联网相关的科技、运动、时尚、文化、动漫等领域。在这次大会上,9月14日被票选为网民节。再次,各级政府积极引导。2007年12月,《国民经济和社会发展信息化"十一五"规划》发布,明确提出要围绕弘扬民族优秀文化,满足人民群众日益增长的精神文化需求,丰富网络内容。同时提出要加强公共文化信息资源开发。加快文学艺术、新闻出版、广播影视等领域的内容数字化进程,开发和创作适应人民群众需求的优秀数字文化产品等。此后,各省、自治区、直辖市分别发布省级《国民经济和社会发展信息化"十一五"规划》,对网络内容建设进行具体引导。

从内容传播平台层面讲,我国有计划推动网络平台建设与升级。《国民经济和社会发展信息化"十一五"规划》明确指出,在网络平台建设方面要按照"三网融合"的方向,破除体制障碍,整合网络资源,推进资源共享,大力发展宽带通信,加快发展下一代互联网,积极发展新一代移动通信。在这一规划指导下,2009年1月7日,工业和信息化部为中国移动通信集团、中国电信集团公司和中国联合网络通信有限公司发放三张第三代移动通信(3G)牌照,推动移动互联网平台的升级换代,方便网络内容更快、更好地在移动互联网平台传播。同时,从2009年下半年起,新浪网、搜狐网、腾讯网等网站纷纷开启或测试微博功能。微博顺应了网络内容创作的碎片化、移动化趋势,吸引大批网民加入,也使其成为网络内容创作的重要"软"平台之一。此外,我国不断加强网络内容传播平台的整合与创新。2010年1月13日,国务院总理温家宝主持召开国务院常务会议,决定加快推进电信网、广播电视网和互联网三网融合。6月30日,国务院三网融合工作协调小组审议批准,确定了第一批三网融合试点地区(城市)名单。2010年3月,国家广播电影电视总局发放首批三张互联网电视牌照,进一步丰富了网络内容的表现形式。

这一时期,随着网络内容建设进程的推进,互联网的"双刃剑"效应进一步显现。一方面,网络内容的正面影响力持续增强。如在四川"5·12"抗震救灾报道中,网络新闻发挥其巨大潜力。截至2008年5月23日,人民网、新华网、中国新闻网、中央电视台网、新浪网、搜狐网、网易网、腾讯网八家媒体累计发布抗震救灾新闻超过25万条,新闻点击量达到116亿次,跟帖量达1,063万条。互联网在新闻报道、寻亲、救助、捐款等抗震救灾过程中发挥了重要作用。同时,网络内容也越来越受到中央政府及党和国家领导人的重视。2008年9月17日,国务院总理温家宝对《有博客刊登举报信反映8月1日山西娄烦县山体滑坡事故瞒报死亡人数》做出批示,要求核查该起重大尾矿库溃坝事故。此外,2010年发生的"王家岭矿难救援""方舟子打假""宜黄强拆自焚""李刚之子醉驾撞人"等一系列事件通过网络曝光后引起社会的广泛关注,进一步证明网络内容的正面影响已上升到一个新的阶段。另一方面,网络内容所带来的负面影响力也愈加凸显。2007年7月,在中国股市热浪中号称"天下第一博客"的"带头大哥777"博主王晓被吉林警方刑事拘留,案件定性为"新型涉众型经济犯罪",表现出博客产品的负面效应,同时也表现出社会舆论形成过程的新的复杂性。2008年年初,一批香港女艺人的不雅照片被泄漏到网上,并迅速流传,被称为"艳照门"事件。该事件引发社会公众对网络环境净化及互联网上个人隐私保护问题的讨论。2011年12月21日,开发者技术社区(CSDN)中600万用户的数据库信息被黑客公开,随后天涯网证实部分用户数据库泄露。用户信息泄露事件,引发网民对网络和信息安全的高度关注。

鉴于此,全国网络文化建设和管理工作会议以及《国民经济和社会发展信息化"十一五"规划》均提出按照一手抓建设,一手抓管理的指导方针,进一步加强对网络内容的监管。

在监管主体方面,实现对行业主管部门的重新组建。2008年3月11日,根据国务院机构改革方案,设立工业和信息化部,将原信息产业部和原国务院信息化工作办公室的职责划给工业和信息化部,成为我国互联网的行业主管部门。同时,对各网络内容监管机构的权责进行明确和细化。如2009年9月7日,中央机构编制委员会办公室印发《中央编办对文化部、广电总局、新闻出版总署〈"三定"规定〉中有关动漫、网络游戏和文化市场综合执法的部分条文的解释》，分别对文化部、广电总局、新闻出版总署在动漫及网络游戏领域的监管职责进行明确界定。

在具体监管措施方面，这一时期最显著的特征在于，监管主体不仅对网络内容进行整体性的规范、监督和引导，而且开始对网络内容进行分类细化管理。如 2007 年 12 月 29 日，国家广播电影电视总局、信息产业部联合发布《互联网视听节目服务管理规定》，对视听类内容进行细化管理；2008 年 2 月 25 日，国家测绘局等八部委联合印发《关于加强互联网地图和地理信息服务网站监管意见》，对地图类信息进行管理；2009 年 8 月 18 日，文化部下发《关于加强和改进网络音乐内容审查工作的通知》，对网络音乐进行专项管理；2010 年 6 月 3 日，文化部公布《网络游戏管理暂行办法》，对网络游戏进行管理。此外，这一阶段与网络内容有关的各类专项治理行动、行业自律行动已经逐步走向常态化。例如，仅 2009 年一年间，相关部门便实施了多项全国性整治互联网低俗信息的专项行动。仅 2007 年一年间，便有《博客服务自律公约》（2007 年 8 月 21 日发布）、《文明博客倡议书》（2007 年 8 月 21 日）等多个有关博客的自律规范出台。

五、全面建设阶段（2011 至今）

从 2011 年开始，我国进入网络内容全面建设阶段。这一阶段以十七届六中全会和十八大召开为主要起始标志。十七届六中全会通过的《中共中央关于深化文化体制改革推动社会主义文化大发展大繁荣若干重大问题的决定》指出，要“实施网络内容建设工程，推动优秀传统文化瑰宝和当代文化精品网络传播，制作适合互联网和手机等新兴媒体传播的精品佳作，鼓励网民创作格调健康的网络文化作品。支持重点新闻网站加快发展，打造一批在国内外有较强影响力的综合性网站和特色网站，发挥主要商业网站的建设性作用，培育一批网络内容生产和服务骨干企业”。第一次以党的重大决定的形式明确提出“网络内容建设”，并指明建设的方向和重点。此后，十八大报告再次强调要“加强和改进网络内容建设，唱响网上主旋律”。如果说在层次提升阶段，我国网络文化建设和管理工作会议初步确定了网络内容建设的战略规划，那么，十七届六中全会以及十八大的召开则明确提出"网络内容建设",从而正式确定了网络内容建设的国家战略,推动网络内容建设工程的全面展开。

首先,国家战略推动新一代网络技术发展,为全面建设网络内容奠定坚实基础。如上文所述,网络技术的发展是网络内容建设的前提和基础,这一阶段之所以称之为网络内容的"全面建设阶段",其中一个重要原因在于,网络内容建设的战略规划不仅局限于网络内容本身,而且覆盖了网络内容建设的基础——网络技术层面。换句话说,网络内容建设战略已经与网络技术发展战略相衔接,通过技术的革新为网络内容建设创造更大的发展空间。一方面,通过对下一代互联网技术的发展进行总体部署,为更深层次网络内容建设搭建新平台。如 2011 年 12 月 23 日,国务院总理温家宝主持召开国务院常务会议,明确了我国发展下一代互联网的路线图和主要目标,即在 2013 年年底前,开展国际互联网协议第六版网络小规模商用试点,形成成熟的商业模式和技术演进路线;2014 年至 2015 年,开展国际互联网协议第六版大规模部署和商用,实现国际互联网协议第四版与第六版主流业务互通。2012 年 3 月 27 日,国家发改委等七部门研究制定了《关于下一代互联网"十二五"发展建设的意见》,提出"十二五"期间,互联网普及率达到 45%以上,IPv6 宽带接入用户数超过 2500 万的目标。另一方面,通过对互联网领域宽带技术、云计算(Cloud Computing)、物联网(IOT)、大数据(Big Data)等重要技术的发展进行专项部署,为网络内容创新与整合创造新机遇。如 2012 年 2 月 14 日,国家工业和信息化部发布《物联网"十二五"发展规划》,提出到 2015 年,中国在核心技术研发与产业化、关键标准研究与制定、产业链条建立与完善、重大应用示范与推广等方面取得显著成效,初步形成创新驱动、应用牵引、协同发展、安全可控的物联网发展格局的目标。2012 年 9 月 18 日,科技部公布《中国云科技发展"十二五"专项规划》,以加快推进云计算技术创新和产业发展。2013 年 8 月 1 日,国务院印发《"宽带中国"战略及实施方案》,强调加强战略引导和系统部署,推动我国宽带基础设施快速健康发展,制定了 2015 年和 2020 年两阶段发展目标。2015 年 7 月 1 日,国务院办公厅印发《关于运用大数据加强对市场主体服务和监管的若干意见》,有计划地推动大数据技术发展。

其次，移动互联网平台升级换代，为网络内容建设开辟“第二主阵地”，从而实现网络内容建设阵地的全面发展。具体而言，这一时期我国移动通信技术实现从2G到3G再到4G的“二连跳”。自2009年我国发放第一批3G运营牌照以来，3G网络逐步走向成熟。工信部数据显示，截至2011年11月底，全国3G用户规模达到1.19亿。同时，4G技术开始逐步推广。2012年1月，由我国主导制定的TD-LTE被国际电信联盟确定为第四代移动通信国际标准之一，2013年年底，我国发放了首批4G牌照，标志着4G网络开始正式运营。此外，三大电信运营商不断加速宽带无线化应用技术（WLAN）的建设，推动无线网络（WIFI）迅速普及，使移动设备拥有更加多元、更加便捷的网络接入途径。随着移动互联网平台的升级和完善，移动互联网迅速成为网络空间中一个重要的内容创作和传播阵地。国家互联网络信息中心数据显示，截至2011年12月底，中国手机网民规模已经达到3.56亿人，占总体网民中的比例达到69.4%。① 仅仅一年之后的2012年12月底，手机网民规模便达到4.2亿人，使用手机上网的网民规模超过了台式电脑。② 这意味着网民的网络行为方式正在发生显著变化，更多的网络参与者开始通过移动互联网来创作、传播或接收网络内容。以个人计算机（PC）为接入终端的互联网平台已经不再是网络内容建设的唯一主阵地，在国家移动互联网战略的推动下，移动互联网平台正在成为网络内容建设的“第二主阵地”。手机QQ、微博（Weibo）、微信（WeChat）等各类促进网络内容在移动互联网传播的软件和应用获得快速发展。互联网新闻网站、视频分享网站、网络文学分享网站等网络内容提供商纷纷进军移动互联网，通过开发手机客户端或者建设适合移动设备浏览的网站等方式，以期占领移动互联网阵地。

---

① 中国互联网信息中心：《中国移动互联网发展状况调查报告》，2012年3月29日，见 http://www.cnnic.net.cn/hlwfzyj/hlwxzbg/201203/P020120709345263447718.pdf。

② 中国互联网络信息中心：《第31次中国互联网络发展状况统计报告》，2013年1月15日，见 http://www.cnnic.net.cn/hlwfzyj/hlwxzbg/hlwtjbg/201403/P020140305344412530522.pdf。

再次，网络内容安全上升为建设重点之一，实现网络内容建设主题的进一步拓展。事实上，网络内容建设的每一个阶段均有其建设主题和重点，如“前期准备阶段”和“初步建设阶段”的工作重点在于想方设法推动网络内容的丰富和繁荣；“快速发展阶段”和“层次提升阶段”增加了新的工作重点，即维护网络内容的健康发展；进入“全面建设阶段”，则进一步将“保障网络内容安全”作为新阶段的工作重点之一，从而使网络内容建设主题更加全面和系统。具体而言，这一转变主要由当前日益严峻的网络内容安全形势所推动。2011 年前后，网络内容安全问题开始凸显。2011 年 12 月 21 日，开发者技术社区中 600 万用户的数据库信息被黑客公开，随后天涯网证实部分用户数据库泄露。此后，信息泄露事件频频爆发，包括我国主流电商、保险公司、社交网络、即时通信软件在内的网站或网络服务商均被爆出存在信息泄露事件。2013 年，与网络内容安全有关的事件进入爆发期，除国内继续密集曝光各类网络内容安全事件外，2013 年 6 月，国外爆发“斯诺登事件”。根据斯诺登向德国《明镜》周刊提供的文件，美国针对中国进行大规模网络进攻，入侵我国政府、企业、高校等网站，窃取大量网络信息。鉴于上述严峻形势，我国政府迅速反应，加快对网络内容安全的战略部署。2012 年 5 月 9 日，国务院总理温家宝主持召开国务院常务会议，研究部署推进信息化发展、保障信息安全工作，会议通过了《关于大力推进信息化发展和切实保障信息安全的若干意见》。2012 年 12 月 28 日，第十一届全国人民代表大会常务委员会第三十次会议通过《关于加强网络信息保护的决定》，要求保护个人电子信息、防范垃圾电子信息、确立网络身份管理制度，并赋予了有关主管部门必要的监管权力。2013 年 7 月 16 日，工信部正式发布《电信和互联网用户个人信息保护规定》。2014 年 11 月 24 日，以“共建网络安全，共享网络文明”为主题的首届国家网络安全宣传周在北京召开。2015 年 7 月 6 日，《中华人民共和国网络安全法（草案）》在中国人大网上全文公布，并向社会公开征求意见。由此可见，我国政府对网络内容安全工作的重视程度日益提高，相关领域的立法层级逐步提升，应对措施趋向多元，维护网络内容安全已经成为当前网络内容建设的核心工作之一。

第三章　网络内容建设的价值引领

网络内容建设是21世纪文化发展的重要组成部分,是人类价值的传承与发展。作为网络时代文化发展的新内容,网络内容必然承载与体现不同价值,也必然面临多元价值的冲突与融合。网络内容建设的价值引领是在网络内容建设过程中,面对多元价值冲突,以特定价值来引导整个网络内容向某一方向运动、发展,以求实现理想价值的活动和过程,体现了网络内容建设主体的价值需求,是一种应然要求,具有前瞻性和理想性。价值引领力求总体上把握网络内容运动的方向,是牵引而非强制,故又具有宏观性和意愿性。同时,网络内容建设的价值引领不是要消除其他价值的网络内容,而是要实现网络内容建设中一元价值与多元价值的统一,具有统一性和包容性。要掌握网络内容建设的价值引领现状,主要从三个方面进行调研:一是网络内容建设主体对网络内容建设价值引领必要性的认识;二是网络内容建设价值引领的实践;三是网络内容建设主体对当前网络内容建设价值引领现状的评价与反思。

第一节　对网络内容建设价值引领必要性的认识

网络时代,全球化大背景下,各国网络内容建设面临前所未有的价值和价值观冲突。一方面网络新内容及其价值对传统价值及价值观造成冲击;另一方面原本多元的价值及价值观在网络空间自由流动,有力冲击着主流价值和核心价值观。社会核心价值观是社会意识本质的反映,涵盖社会发展的各个方面,深刻影响人们的思想观念、思维方式和行为习惯,是引领全社会向前发展的方向和旗帜。价值引领是网络内容建设的灵魂,决定网络内容建设的性质和方向,以社会核心价值观引领多元化的网络内容建设,不仅有利于形成广泛共识,保证主流意识形态稳定,而且有助于解决网络新问题,维护网络安全,凝聚民族精神,促进各国文化持续发展。

一、政府对网络内容建设价值引领必要性的认识

网络内容建设主体包括个人,即网民,也包括由一定互动模式结合而成的个人集合,如企业、网络监管部门、信息技术企业、行业协会等其他组织。政府作为网络内容建设的首要主体,认识网络内容建设价值引领的必要性十分重要。

(一)制定国家安全战略

美国著名军事家詹姆斯·亚当斯(James Adams)在《下一场世界战争》中曾预言:在未来的战争中,计算机本身就是武器,前线无处不在,夺取作战空间控制权的不是炮弹和子弹,而是计算机网络里流动的比特和字节。①不可否认,网络化逻辑正以迅雷之势席卷渗透全球发展,在一定程度上谁控制了网络,谁就控制了未来世界。因此,不少国家从国家安全战略高度来强化本国网络内容建设中核心价值观的主导地位。

美国政府认为,以自由、民主、公平、博爱等为核心的美国价值观与美国国家安全关系紧密,向来十分注重美国核心价值观的对内对外传播。美国是互联网发明国,在国际互联网空间占绝对优势。为把这种网络优势转化为服务美国外交政策和全球战略的现实力量,美国政府很早便开始从国家安全战略高度将互联网打造成美国价值观出口的新"武器"。到目前为止,美国政府已先后出台多项战略计划、报告和法案,逐渐形成日趋成熟的战略框架。2001年的《美国国家利益报告》明确将"在国际信息传播中保持领先地位,确保美国价值观继续积极地影响其他国家的文化"列入国家核心利

① 濮端华:《"制网权":一个作战新概念》,《光明日报》2007年2月7日。

益的范畴①;2005 年《国防战略报告》第一次将网络空间视为与陆、海、空、太空同等重要,且需要维持决定性优势的第五大空间;2010 年的《美国国家安全战略报告》提出:“因特网、无线网络、移动智能手机、卫星、航拍等技术,以及分布式远程感应设施的出现,为促进民主和人权提供了全新的机会……我们还将更好地利用这类技术,有效地把我们的信息传达给世界。”②2011 年《网络空间国际战略》明确提出,将以“开放、自由、透明、民主”等理念划分阵营,联手立场相近的国家,通过网络技术援助的方式影响发展中国家。

为推进国家安全战略,美国还提出了“智慧地球”“互联网自由”等具体行动战略。2008 年 11 月 6 日,国际商业机器公司总裁兼首席执行官彭明盛(Samuel Palmisano)发表题为《智慧地球:下一代的领导议程》的演讲,第一次提出“智慧地球”概念,强调把 IT(信息技术)技术充分运用到社会生产生活的方方面面。“智慧地球”系统的全球部署不仅将为美国带来巨额经济利益,还将切实影响每一个人的思想行为。因此,美国政府把“智慧地球”上升为美国国家战略,奥巴马称:“毫无疑问,这就是美国在 21 世纪保持和夺回竞争优势的方式。”③与此同时,为确保美国价值观网络输出渠道的畅通无阻,美国政府提出并推进“互联网自由”战略。2006 年美国国务院专门成立“全球因特网自由特别事务组”(Global Internet Freedom Task Force)。2010 年 1 月国务卿希拉里首次就“互联网自由”发表讲话,将“连接自由”与言论自由、信仰自由并列,并宣布把促进“连接自由”作为美国的一项基本外交目标。2011 年 2 月希拉里发表了题为《互联网的是与非:网络世界的选择与挑战》的讲话,进一步就“互联网自由”进行阐述,称“标志着美国政府对互联网应用的定位已经超越技术领先、垄断和控制的层面,使之成为推进西方民主、政治渗透与和平演变的意识形态工具”④,并提出美

① 王更喜:《美国输出价值观的新“武器”》,《中国教育报》2012 年 3 月 23 日。

② 王更喜:《美国输出价值观的新“武器”》,《中国教育报》2012 年 3 月 23 日。

③ 东鸟:《美国“智慧地球”战略威胁世界》,2010 年 11 月 5 日,见 http://book.people.com.cn/GB/69399/107423/207171/13141800.html。

④ 王更喜:《美国输出价值观的新“武器”》。

国推动互联网自由战略的一系列措施,包括设立领导机构,加大资金投入,训练网络活动分子,加大对社交媒体工具的利用等等。美国大谈"互联网自由",其真正意图是建立合乎美国价值和利益的网络空间新秩序。

英国是一个非常注重传统价值的国家,英国前首相布莱尔曾说:"英国的历史和国情决定了我们必须珍视自由、宽容、开放、公正、公平、团结、权利与义务相结合、重视家庭和所有社会群体等英国核心价值观。"①2011 年 11 月 25 日英国内阁办公室与国家安全与情报局发布《英国网络安全战略——保护与促进数字世界中的英国》,其总体愿望就是要在自由、公平、透明和法治等英国核心价值观基础上,构建一个充满活力和恢复力的安全网络空间,并以此来促成经济增长以及社会价值增长。战略方案实施细则涉及政策导向、执法体系、机构合作、技术培训、人才培养、市场培育以及国际合作等多方面,具有很强的操作性。

我国向来重视意识形态在文化建设中的引领作用。随着网络影响日益深远,我国政府高度重视网络内容建设的价值引领问题,明确提出要以社会主义核心价值观引领网络内容建设。2006 年《中共中央关于构建社会主义和谐社会若干重大问题的决定》中强调"坚持以社会主义核心价值体系引领社会思潮,尊重差异,包容多样,最大限度地形成社会思想共识"。2011 年《中共中央关于深化文化体制改革的决定》明确指出,要坚持以社会主义核心价值体系引领社会思潮,实施网络内容建设工程,推动优秀传统文化瑰宝和当代文化精品网络传播,制作适合互联网和手机等新兴媒体传播的精品佳作,鼓励网民创作格调健康的网络文化作品。2012 年党的十八大报告指出:"倡导富强、民主、文明、和谐,倡导自由、平等、公正、法治,倡导爱国、敬业、诚信、友善,积极培育和践行社会主义核心价值观。牢牢掌握意识形态工作领导权和主导权,坚持正确导向,提高引导能力,壮大主流思想舆论。"②进一步强调要加强和改进网络内容建设,唱响网络主旋律。2013 年

① 何大隆:《英国:合力传播核心价值观》,《瞭望》2007 年第 22 期。

② 胡锦涛:《坚定不移沿着中国特色社会主义道路前进　为全面建成小康社会而奋斗》,《人民日报》2012 年 11 月 18 日。

《关于培育和践行社会主义核心价值观的意见》,要求建设社会主义核心价值观的网上传播阵地,要把社会主义核心价值观体现到网络宣传、网络文化、网络服务中,用正面声音和先进文化占领网络阵地,尤其是新闻媒体要发挥传播社会主流价值的主渠道作用。

(二) 明确部门引领职责

从战略高度认识网络内容建设价值引领的必要性,这是各国网络内容建设的重要前提。但同时,要将国家宏观战略转变为现实可行的行为准则,还需要政府各相关职能部门达成共识,明确各自的引领职责。我国当前有公安、宣传、教育、工商管理等十几个部门与网络内容建设相关,了解这些部门对于以社会主义核心价值观引领网络内容建设的认知程度,有助于全面掌握我国网络内容建设的价值引领现状。

1. 应在网络内容建设中发挥舆论引导作用

政府作为公共权力机构,是网络内容建设和管理的重要主体,政府不同部门分工不同,职责也不同。美国国务院成立的数字外联小组(Digital Outreach Team)专门负责网络世界中推广具有美国价值观的叙事结构。英国内政部设立儿童网络安全理事会专门负责儿童网络保护工作,军情五处专门负责网络恐怖主义、极端暴力活动和仇恨言论的举报、接受和处理,企业创新与技术部、贸工部则负责包括网络、电信在内的产业政策、网络知识产权保护等。我国政府网络内容建设属于分部门管理,不同部门行使不同职责。例如,文化部文化市场司负责网络音乐、网络动漫等网络内容产品的审批工作,新闻出版总署音像电子和网络出版管理司负责互联网出版的审批和日常监督管理,国务院新闻办以及各级政府新闻办负责对新闻网站及网络新闻进行监督,公安部以及各级公安机关网络安全监察部门负责预防、制止和侦察网络相关违法犯罪活动,等等。2008 年确立外宣办和国务院新闻办作为网络文化的牵头协调部门,总体负责协调网络内容建设和管理。

对我国政府相关职能部门进行调查,“您认为政府在加强和改进网络内容建设中扮演了什么角色?”60.90%的政府受访者认为政府是“舆论宣传的引导者”,59.70%的政府受访者认为政府是“网络内容的监管者”(见图 51)。调查表明,虽然大部分政府工作人员明确政府在网络内容建设中的主要职责为引导和监管,但政府职能部门行使引领职责的自觉程度尚须进一步提高。

2. 引导的主要目标是净化网络空间、传播社会正能量

政府加强对网络内容引导和监管的主要目标是什么?调查显示,79.4%的政府受访者认为是“净化网络空间、传播社会正能量”,62.7%的政府受访者认为是“维护国家意识形态及网络信息安全”(见图52)。

上述数据反映两点:一是绝大多数政府受访者认为政府价值引导职能主要是基于国家、社会宏观层面的引导;二是政府引导的主要目标是维护国家意识形态安全,有明确的政治战略意图。

3. 对社会主义核心价值观传播进行引导

政府亟须对哪些网络内容进行引导和监管?有超过50%的政府受访者选择“网络新闻资讯”,将近50%的政府受访者选择“网络娱乐产品”,只有26.9%的政府受访者选择“社会主义核心价值观的传播”(见图53)。

从政府职能部门在引导角色、引导的主要目标以及亟须引导的网络内容方面的看法来看,总的来说,大部分职能部门对网络内容建设中自身价值引导和监管职能比较清楚,对意识形态引领和监管目标比较明确。在网络内容引导和监管的具体内容方面,政府工作者意识到西方意识形态网络渗透的危机,但只有少数人认为当前政府最亟须引导和监督的网络内容是社会主义核心价值观。由此可见,虽然国家已从战略高度明确社会主义核心价值观在网络内容建设中的引领价值,但从政府职能部门工作人员的认知调查来看,紧迫性不强,实际重视程度不高。

二、企业对网络内容建设价值引领必要性的认识

网络企业是以盈利为目的,运用各种生产要素向市场提供网络商品或服务,实行自主经营、自负盈亏、独立核算的法人或其他社会经济组织。网络企业包括网络内容产品提供商和网络运营商两种主要类型,企业性质有国资、民资、外资和合资之分,商品消费涉及国内外消费者。网络企业从事网络产品的生产、营销、服务等活动,是网络内容建设的重要主体。网络企业一方面要接受来自政府监管部门的价值引导,另一方面又以自身创造和

销售的网络内容产品对消费者进行价值引导。因此，从价值引领与被引领关系来看，网络企业对网络内容建设价值引领必要性的认识可从两方面考察：

（一）企业自主引导意识

网络企业负责网络内容产品生产与运营，是网络内容建设价值引领战略的具体执行者。因此，网络企业对网络内容建设价值引领必要性的认识，直接关系网络内容价值引领的实际效果。英国在网络内容价值引领方面十分注重网络企业行业自律。1996 年 9 月，由网络服务提供商协会、伦敦互联网交流平台和安全网络基金联合颁布了第一个自律性的网络内容规范《R3 安全网络协议》，建立了英国最大的自律机构网络观察基金组织。

我国网络企业在网络内容价值引领方面是否具有自主意识？网络运营商、网络内容提供商在网络内容建设中扮演什么角色？调查显示，62.8%的网络企业受访者认为企业是"社会主义核心价值观的培育和践行者"，62.3%的网络企业受访者认为企业是"社会利益为先，兼顾经济利益者"（见图 74）。

调查显示，虽然有近 30%的网络企业选择在网络内容建设中优先考虑经济利益，但是坚持社会利益优先、强调社会主义核心价值观培育和践行责任的企业仍占多数，所占比例超过 60%。这说明，当前我国多数网络企业在网络内容建设中能够坚持社会主流价值的底线，具有培育和践行社会主义核心价值观的自觉意识。但同时值得注意，当前网络企业价值引领方面的自律意识有待进一步加强。

（二）企业接受政府引导

企业与政府之间关系密切，任何企业都回避不了政府的引导和监管。网络企业在面临政府给予的压力和机遇时往往存在两种选择：一是积极合作。以美国为例，美国向来重视企业价值观与国家价值观的充分结合，美国拥有国际商用机器公司、微软、谷歌等具有全球影响力的科技公司，这些企业与美国全球战略结合，自觉成为美国价值观的重要践行者和推动者；二是消极抵抗。以英国为例，英国军火公司贝宜（BAE）系统一项调查显示，在抵抗网络攻击问题上只有 1/4 的英国企业愿意与政府合作，大多数企业对自身网络安全措施充满信心，对政府能力表示怀疑。①

我国网络企业在自愿接受政府价值引导方面的情况如何？调查显示，接受调查的网络企业当中，86%为国资企业，他们对政府主流价值引领总体持肯定态度。对“您所在企业网络内容建设工作的重点有哪些？”61.7%的企业受访者表示要“注重主流意识形态的网上传播”，支持比例最高（见图78）。可见，我国政府对当前网络企业内容建设的价值引领影响比较深，大部分网络企业能够自觉接受来自国家意识形态层面的指导。

三、高校对网络内容建设价值引领必要性的认识

据《第37次中国互联网络发展状况统计报告》显示，截至2015年12月，中国网民规模已达6.88亿，其中学生群体所占比例最高，为25.2%，具有大学以上学历的网民为19.6%，占网民总数的将近五分之一。可见，学生尤其是大学生是网络内容建设中不可忽视的重要群体，也是当前网络引导和培育价值观的重要目标群体。青少年身心尚未成熟，处于价值观形成的关键时期，学校在培养学生正确世界观、人生观和价值观过程中扮演重要角色。英国教育大臣尼基·摩根（Nicky Morgan）把树立英国核心价值观当作学校教育的重中之重，认为“所有学校应像提升学术标准一样提升基本的英国价值观。让每个孩子懂得英国价值观与学习数学、英语同样重要，这能帮助英国免受恐怖袭击”②。美国同样十分注重青少年价值观培养，推行价值观教育生活化模式，将公民教育与意识形态教育相结合，注意教学方式上深入浅出，将价值观融入网络教学资源，以潜移默化方式增强学生对美国核心价值观的认知与认同。大学生网民是网络活动中最具活力和潜力的群体，根据我国教育部官方网站公布，目前我国高等学校共计2845所，在校大学生数量已超2500万，高校作为网络内容建设的中坚力量，对网络内容建设价值引领必要性的认识尤显重要。

（一）应承担教育与引导职责

培养人才、科学研究、服务社会是高校的三项基本职能，在互联网迅猛

① 白阳：《英国靠行政手段保护网络安全》，《人民日报》2012年9月5日。

② 白阳：《英国靠行政手段保护网络安全》，《人民日报》2012年9月5日。

发展的今天，这三项职能呈现新的内容。调查高校学生、教师、管理人员和职工对网络内容建设价值引领必要性的认识，64.4%的高校受访者在面对“您认为学校在网络内容建设过程中应当承担什么责任?”这一问题时认为，学校首先应当承担教育职责，负责“提高学生网络信息素养”，持这一观点的人数比例在所有选项中最高；其次，有56.1%的受访者认为学校应当负责“生产传播健康向上的网络内容”（见图39）。

值得注意的是，在认同高校责任是承担“提高学生网络信息素养”“生产传播健康向上的网络内容”这两个观点上，学生、教师、管理人员和普通职工没有身份和立场上的差异，表现出高度一致，这说明当前高校在网络内容建设需要方向引导这一问题上已形成较大共识。

（二）把校园网建成核心价值观阵地

高校崇尚自由，追求真理，是各种思潮、观点汇聚之地。网络不受时间和地域限制，更加剧了各种价值观的冲突。高校建有校园网络，对于“您认为高校校园网络应当成为什么?”支持比例最高的一项答案是“中西价值观交流、交融、交锋的领域”，为36%；其次是“社会主义核心价值观建设的重要阵地”，支持人数占34%。选择这两项答案的人数总和占所有受访人数的70%，远远高于持“完全自由、言行不受监管”以及“传播西方价值观”观点的人数（见图42）。可见，在绝大多数高校受访者看来，当前网络环境下高校校园网络可能面临各种价值观冲击，尤其是可能面临中西价值观的交流、融合、交锋。在这种情况下，高校的校园网络应当发挥阵地作用，坚持以社会主义核心价值观引领多元价值观和谐发展。

结合高校不同受访者身份分析发现：学生期望校园网络成为“中西价值观交流、交融、交锋的领域”的占37.2%，高于教师比例30.1%和管理人员比例24.3%。而在期望校园网络成为“社会主义核心价值观建设的重要阵地”的人当中，持肯定态度的管理人员占45.7%，高于教师比例41.9%和学生比例31.9%。这说明大学生思想活跃，愿意接触新事物，面对多元价值观冲击的网络内容，而教师尤其是管理人员则相对保守，在意识形态安全方面更加自觉，相对学生更加清楚社会主义核心价值观引领的重要性。

（三）校园网络内容有意识形态建设功能

高校网络内容建设以校园网络为重点，校园网络内容主要有什么功能？调查显示，在高校受访者当中，认为校园网络内容发挥"信息服务功能"的人最多，占63%；其次是"知识传承创新功能"，占58.5%；再其次是"意识形态建设功能"，占42.7%。结合受访者身份发现，主张校园网络内容发挥"信息服务功能"的人当中，管理人员最高，为75.7%，持同一观点的学生和教师比例分别为62.2%和61.8%；主张校园网络主要发挥"知识传承创新功能"的人当中，学生占60.4%，教师占57.4%，明显高于管理人员的比例42.9%；在赞同校园网络主要发挥"意识形态建设功能"观点的人当中，教师、学生和管理人员所占比例均在42.7%至44.2%之间，相差无几（见图41）。

上述调查反映两点：一是当前我国高校受访者普遍认为校园网络内容应当以提供信息服务、知识传承创新功能为主，意识形态建设功能次之；二是管理人员相对更加注重校园网络内容的信息服务，而学生、教师则更倾向于网络内容的知识传承和创新。造成上述认识的原因很复杂，但基本的原因不外乎两个：一是高校性质，即高校是追求真理、传播知识、自由思考的地方；二是受访者身份，学生以学习知识为本，教师以教书育人为本，管理人员以管理服务为本。

四、网民对网络内容建设价值引领必要性的认识

网民是使用计算机、移动终端等设备接入互联网并进行一定网络活动的人，是网络内容建设中最广泛的群众基础。据国际电信联盟（ITU）发布的全球互联网使用情况报告显示，截至2015年年底，全球网民数将达到32亿。持续壮大的网民基数是互联网在全球日益发挥变革性力量的基础和自信所在，普通网民的言行不仅影响网络内容建设的具体进程，还决定网络内容建设的水平和质量。因此，了解和掌握普通网民对网络内容建设价值引领必要性的看法是十分重要的。

（一）网络内容建设方向是弘扬主旋律、增加正能量

网络内容丰富多彩，复杂多变，各种价值观念鱼龙混杂，相互冲突又相

互交融。身处网络环境中的普通网民能感受到各种价值观念的冲击，自觉或不自觉地寻找自身价值观立足的基础和发展方向。

为了解普通网民是否存在价值迷失和是否需要价值引导，调查专门设计了两个问题：一是网民对于我国网络内容建设总体方向的看法，二是网民对社会主义核心价值观在网络内容建设中地位的看法。对于第一个问题，64. 5%的网民认为网络内容建设方向应该包括“提倡多样化，贴近网民生活”，59%的网民认为应该包括“弘扬主旋律，增加正能量”。这两个选项的人数均超过一半，但是第一项的支持人数多于第二项。这说明，在大部分网民看来，当前网络内容建设需要正能量的引领，但比较而言，网络内容生活化的愿望更加迫切(见图 8)。

结合受访者不同背景分析发现，在支持网络内容建设方向是“弘扬主旋律、增加正能量”的网民当中，一是学生(62. 7%)、教师(62. 4%)、国家机关党群组织(60%)和事业单位(56. 4%)的工作人员比农民(43. 7%)、军人(42. 6%)和自由职业者(50. 6%)的意识更强；二是共青团员(62. 3%)、共产党员(61. 3%)比民主党派(53. 2%)、群众(51. 9%)的意识更强；三是相较于初中(59. 3%)、大专(63. 5%)、本科(57. 9%)、研究生(59. 4%)学历的网民而言，普通高中、中专和技校学历的网民(52. 8%)意识比较薄弱。

(二) 最重要的工作是加强社会主义核心价值观引领

网络内容建设需要主旋律正能量，这个主旋律正能量具体是什么？面对第二个问题“您认为当前网络内容建设最重要的工作是”什么？42. 8%的网民选择了“加强社会主义核心价值观对网络内容建设的引领”，这个比例远远高出其他选项比例。超过四成的网民认为加强社会主义核心价值观引领在当前我国网络内容建设中至关重要，最为迫切(见图 23)。

在支持加强社会主义核心价值观对网络内容建设引领的网民中，身处国家机关、党群组织的工作人员以及学校教师相对更加自觉，支持比例也明显高于其他企事业单位工作人员、学生、农民、军人、自由职业者等。这个不难理解，不同工作生活环境的网民，接受社会主义核心价值观培育的途径和几率不尽相同，所承担的社会角色期望也不一样，必然导致不同身份网民在认识社会主义核心价值观与网络内容建设的关系上持不同观点。总的看来，作为监管者的政府与作为教育者的教师在这一问题上的回答是比较肯定和明晰的。

（三）网民最重要的任务是提升自身网络道德素质

网民意识到网络内容建设方向引领的重要性，但作为网络内容建设的参与者，普通网民在价值引领中的作用是否自觉？在问及“您认为作为普通网民，在网络内容建设方面应该怎么做？”时，69.3%的网民选择了“提升自身道德素质”，51.1%的网民选择了“提升自身网络信息水平”（见图13）。调查说明，在大部分网民看来，个人在参与网络内容建设过程中，存在网络道德方面的困惑，认为自身网络道德素养方面的不足与当前网络内容建设问题存在内在关系。

普通网民这种道德价值的自觉，结合受访者身份进一步分析，发现在支持网络内容建设中需要“提升自身网络道德素质”的受访网民中，一是学生和学校教职工比例最高；二是25岁以下网民的支持度高于25岁以上网民；三是共青团员、共产党员支持比例高于民主党派、群众网民。调查结果再次说明，网民对于主流价值观的重要性认知与接受核心价值观宣传、教育、培育的途径和几率有密切关系。因此，学校、政治组织应当成为传播主流价值观、促进网民道德自觉的重要场所。

第二节 网络内容建设价值引领的实践

关于网络内容建设价值引领必要性的认识，政府部门、网络企业、高校和网民的看法不一，这种认识上的复杂性必然反映到网络内容建设价值引领的实践中。因此，有必要进一步了解和掌握当前网络内容建设价值引领的实践状况，这包括对网络内容建设价值引领主体、客体和平台三个环节的调研。

一、网络内容建设主体的价值引领

马克思主义认为，认识和实践在结构上具有同一性，都是主客关系结构。主体在主客对象性关系中具有主导性，是主客关系的发起者、组织者和引导者。主体在主客互动中体现主体性，即自觉、能动、创造的特点。网络内容建设的主体很多，除了政府、网络企业、高校和网民外，还有非政府组织、学术团体，等等。它们在各自领域以特有方式参与网络内容建设的价值引领活动，起到不同程度的引领效果。网络内容建设的价值引领不是政府或学校单方面的事情，它需要发挥多元主体的引导作用。许多国家和地区在社会核心价值观的培育、传播和弘扬问题上，注重调动广泛的主体力量，发挥各类主体协同合作能力，调动全社会践行核心价值观的积极性。

（一）政府主体的引导

1. 制定法律、制度和政策

社会核心价值观关系国家利益与社会稳定，西方法治国家往往通过严格立法来引导和保障价值观的有效践行。美国政府和政党通过法律、执政纲领、政党章程等法规向大众宣扬美国价值观。2013 年奥巴马在就职演讲中就说过："我们将通过强大的军力和法制保护我们的人民，捍卫我们的价值观。"①美国网络内容建设相关的法规涉及广泛，有宏观规范，也有具体规定，包括行业进入、数据保护、版权保护、色情作品的抑制规则等在内的法规就多达 130 多部。其中，《爱国法》及《国土安全法》包含监控互联网的相关条款，规定政府或执法机构可以监控和屏蔽任何"危及国家安全"的互联网内容。德国 1997 年通过世界上第一部网络专门法《为信息与通讯服务确立基本规范的联邦法》，该法为网络内容和网络行为提供了全面、综合的专门法律规范，规定了网络服务提供商的责任，对未成年人保护作了明确规定。我国重视网络内容相关的法规政策引导。国务院、文化部、信息产业部等相继颁布《互联网文化管理暂行规定》《文化部关于加强网络游戏产品内容审查工作的通知》等互联网内容建设相关的法规，通过对不符合主流价值观的网络内容制定规章、设定许可、监督检查、行政处罚等，促使网络内容健康向上发展。除此之外，我国政府还特别重视政策引导，通过政策宣传使社会主义核心价值观深入人心，引导各类网络主体的行为自觉遵循主流价值标准。党的十八大以来，中央政治局多次进行集体学习，中办还下发了《关于

① 欧阳康、钟林：《美国如何宣传自己的价值观》，《北京日报》2014 年 10 月 13 日。

培育和践行社会主义核心价值观的意见》,向全党全国,各级政府部门、学校、企事业单位推进社会主义核心价值观的培育与践行,用社会主义核心价值观引领网络社会思潮、凝聚网络社会共识。

2. 开展互联网外交

当今世界信息技术高速发展,越来越多的国家和地区把网络空间视为维护和拓展自身价值的重要领域。美国政府制定互联网自由政策后,在网络空间大力推进民主、自由、人权等美式核心价值观。中情局发现,通过网络输送美国的价值观,远比派特工到目标国家或培养认同美国价值观的当地代理人更容易。因此,美国政府借助自身强大的网络优势,联合价值观相近的国家,推行美式价值观。与此同时,与地缘政治战略相结合,策动或激化目标国家的政治和社会动荡,使互联网真正成为"西方价值观出口到全世界的终端工具"。中国作为发展中国家,已意识到意识形态层面的网络安全问题,在抵抗西方网络文化霸权的基础上,开始采取措施运用互联网进行社会主义心价值观的对外输出。例如,加大对进出口网络产品的内容审查,加大优秀原创网络内容产品出口扶持,建设具有中国特色和国际影响力的网络传媒,等等。

3. 公务人员以身作则

公务人员是政府公务的执行者,包括领导和普通员工。韩国、日本、新加坡等国家对公务员有严格法律规定,要求公务员保持良好的道德形象,向社会公众传递正能量的价值观。美国向来重视发挥领导人在社会核心价值观影响中的作用,政府和政党领袖往往通过竞选演讲、工作报告、节庆讲话、记者招待会等方式来阐述和宣扬美国价值观。美国总统奥巴马在就职演说中阐述美国的核心价值观,不仅加深了美国核心价值对民众的影响力,也加强了美国核心价值在国际社会的传播。

我国政府在这方面表现相对薄弱,在调查中,问到对"政府领导经常上网,如在线和网友交流,开设官员博客"和"政府开设了专门网络新闻发言人,并向社会公开其工作内容和联系方式"持什么样态度时,分别有45%和37%的政府受访者回答"一般",远高于持"比较同意"和"同意"看法的人数比例(见图66与图67)。我国政府在充分运用公务人员身份尤其是运用领导人身份进行价值观引导方面还没有形成习惯方式，这与欧美国家做法存在明显差异。

（二）企业主体的引导

1. 政府与企业联合

美国注重企业价值观和国家价值观的结合，美国企业是推动和践行美国价值观的重要力量。美国拥有国际商业机器、微软、谷歌等一大批具有全球号召力的互联网企业，其中，脸书公司在全球拥有用户超过 20 亿，占全球总人口的 1/3。苹果公司的苹果手机全球用户数量超过五亿。这些大型科技公司通过其产品和商业影响力将自由、平等、追求卓越等美国价值观推广到全世界。中国互联网企业正在快速崛起，以百度、阿里巴巴、腾讯、中国电信等为代表的中国互联网企业在全球互联网市场发挥越来越大的影响。要把强大的经济实力转化为强大的文化软实力，这需要政府与企业的紧密联合。

我国政府与网络企业之间的联系情况如何？对于“你所在的部门与网络内容生产商、网络运营商交往很频繁吗”？政府受访者当中，持“一般”态度的占 35%，持“较不同意”和“很不同意”态度的分别占 30% 和 11%。明确表示“同意”与“比较同意”的人数比例只占 24%（见图 64）。

政府与互联网行业协会关系的紧密程度如何？“您所在的部门与互联网行业协会交往很频繁吗?”在政府受访者当中，回答“一般”的占 37%，回答“较不同意”的占 26%，回答“很不同意”的占 6%。明确表示“同意”与“比较同意”的比例总共只占 31%（见图 63）。

这两项调查显示，当前我国政府部门与网络企业之间的联合不算紧密。在大部分政府受访者看来，政府与企业应当保持适当距离，不宜交往频繁，政府对企业应当简政放权。

2. 企业行业自律

英国在网络内容建设方面总的来说轻政府治理，重行业自律。政府负责提供立法和执法的支持保障，将大量日常工作交给像英国互联网自律协会这样的行业自律组织负责。网络企业加入行业协会，受到行业组织规范约束，对不合社会主流价值观的网络内容产品的生产流通起到抑制作用，实现企业在网络内容建设中的价值引领作用。

2004年,我国制定了《中国互联网行业自律公约》,其中第三条为“互联网行业自律的基本原则是爱国、守法、公平、诚信”,凡我国互联网行业从业者接受公约的自律规则,均可申请加入。我国对于加入网络行业自律的网络企业主要采取了哪些措施? 调查显示,在受访网络企业中,选择“建立健全日常审核监管制度”的占73%;选择“组织相关法规政策学习”的占72%;选择“进行职业道德教育”的占66.3%;选择“制定行业规章制度”的占50.1%(见图87)。这几个选项的支持率均超过一半,说明日常审核监管、政策学习、职业道德教育是当前网络企业普遍采用的自律措施。这些行业自律措施在一定程度上促进了企业在网络内容建设中发挥价值引领的作用。

(三) 高校主体的引导

政府引导主要借助法律规范,企业引导主要借助网络内容产品,高校引导则主要借助教育。价值观引领归根结底是意识形态引领,学校教育直接服务于价值观培育工作。英美等国针对青少年制订有专门的核心价值观教育计划,每年投入大量资金促进核心价值观的有效践行。

1. 教学与科研

《美国民主社会中的高等教育》报告书中指出:“普通教育应该给予学生能在一个自由社会里正确完满生活所需要的价值观念、态度、知识和技能。”并明确规定课程目标为“保持与扩大美国社会必需的伦理和社会价值”①。美国学校价值观的教育首先是把价值观教育融入公民教育主题,融入网络教学资源,潜移默化塑造学生价值观。在一些高校,开设了与网络伦理学、网络道德相关的必修课和选修课,在网络伦理、网络价值传播等相关领域进行科学研究,一方面影响学生,另一方面影响学术。我国重视大学生网络思想政治教育,在教学上引导学生,主要是将社会主义核心价值观融入高校思想政治理论课教学。在科研上,政府和学校每年都会设立各类科研项目,鼓励和扶持高校师生开展社会主义核心价值观与网络内容建设相关

① 欧阳康、钟林:《美国如何宣传自己的价值观》,《北京日报》2014年10月13日。

研究。

2. 校园思想政治教育社区或论坛

高校网络内容建设价值引领的第二条主渠道是开设相关网络互动平台，但调查结果显示，实效性不强。“贵校校园网开设思想政治教育类社区或论坛的情况是怎样?”有高达45.3%的高校受访者表示“不知道是否开设了思想政治类社区或论坛”;22.1%的受访者表示本校“开设了思想政治教育类社区或论坛，但内容空洞枯燥，不切合学生实际”;另外，有15.9%的受访者反映本校“没有开设此类社区”(见图37)。可见，当前我国高校大多数校园网络社区或论坛形同虚设，没有发挥价值引领的实效。

3. QQ和微信群

大学生是智能手机运用的主要人群之一，利用移动通讯设备对大学生进行价值观引导已成为我国当前高校网络思想政治工作的重要内容。当前学校、年级或班级建立腾讯QQ、微信群并利用其对大学生进行思想政治教育的情况怎样? 高达77.3%的高校受访者回答建立了相关的QQ或微信群，其中36.3%的人指出仅限于发布学习、生活等内容;24.8%的人表示用来传播社会正能量内容;还有16.2%的人指出经常发布、传播社会负能量的内容(见图38)。

这反映，一方面移动通讯工具在当前大学生中使用率极高，已成为最常用的网络社交工具;另一方面高校在网络内容建设的价值引领活动中并没有很好利用网络社交这一新工具。

(四) 网民主体的引导

当互联网将成为超过30亿人使用的工具时，网络空间已名正言顺地成为人类第二生存空间，进入这一空间的每个人都获得“网民”身份，成为网络社会的一员。网民是网络内容的分享者，也是网络内容的创造者、传播者。因此，网民是网络内容建设价值引领最广泛的群众主体，决定网络内容建设的成败。美国政府全力推行“互联网外交”战略，提出美国的全球外交推动不止靠外交人员，还要靠“全民网络外交”，鼓励美国公民与外国人通过互联网进行互动，通过网民活动自觉推广美国文化，传播美国价值。中国拥有全球最大的互联网使用人群，如果中国网民主动参与网络内容建设，开展社会主义核心价值观引领活动,无疑将是最具震撼的力量,不仅促进网络内容健康发展,还将影响其他国家和地区的网民。

调查显示,63%的网民在回答"在您转发、扩散、制作网络内容时,主要根据是什么?"时选择了"个人兴趣",只有13%的网民选择了主要根据"价值观"来参与网络内容建设活动,而在持这一观点的人当中,国家机关、党群组织工作人员比例又最低,只有5.7%,而学生、企事业单位、学校教职工、农民、自由职业者所占的比例均在10%以上(见图19)。

这反映出两个问题:一是我国绝大部分网民在网络活动中,对于主动进行价值观传播并不自觉,网民的网络活动最直接的原因是基于个人兴趣,而不是社会责任;二是政府工作者作为政策制度的制定者理应最具价值引领的自觉性,但实际却恰好相反,这反映出政府工作者当中可能存在价值认识与价值实践脱离的情况。

网络内容中的价值观复杂多变,普通网民大多数是随大流。网民要在多元价值冲突中做出理性判断和选择需要具备较高网络素质。网民在进行创作或传播网络内容时最注重哪种价值观念?有56.7%的网民选择了"社会主义核心价值观";29.4%的网民选择了"中国传统价值观";11.2%的网民选择了"西方主流价值观"(见图20)。可见,我国网民中最具影响力的价值观仍然是社会主义核心价值观和中国传统价值观。

二、网络内容建设客体的价值引领

客体是相对主体而言的对象,网络内容建设的客体就是网络内容主体指向的对象,即网络内容。网络内容建设主体在网络内容建设主客体关系中处于支配地位,是网络内容的主导者、创造者和运用者,网络内容作为客体是价值观念的载体,不仅反映特定国家或社会的意识形态和核心价值观,而且能够有效引导受众潜移默化接受其价值观,逐渐养成相应的思维方式和行为习惯。

(一)内容要符合相关法规

发达国家普遍重视法律对于规范网络意识形态和思想言行的作用。法律法规通过限制网络主体不规范的网络行为,引导形成合乎主流价值要求的网络内容。2001 年韩国通过《促进利用信息和通讯网络法》规定，由国家信息通信部推广和发展过滤软件，来对未成年人有害的网络内容划分等级。另外，《互联网内容过滤法令》在法制层面上确立网络内容过滤的合法性，对于“侵害公众道德的公共领域”、“可能伤害国家主权”和“可能伤害青少年感情、价值判断能力的有害信息”内容审查过滤。2009 年澳大利亚颁布《国家信息安全战略》，明确将保护价值观确定为维护国家信息安全的六大指导原则之一，而《互联网内容法规》《互联网审查法》等相关法规则确立了网络内容分级体系。纵观各国网络内容建设，可以说，凡合乎主流价值观的网络内容首先必须是合乎网络内容法律法规的内容。①

（二）内容要贴近网民生活

社会核心价值观是意识形态，是用来解释个人和社会应当如何的看法和原则，具有普遍性和抽象性。技术与内容深度融合，网络内容形成新的活动场域，呈碎片状全方位包围受众，潜移默化制约并影响其价值取向和价值创造。大部分网络用户往往对纯粹概念性的价值观说教不感兴趣，而宁可选择具体生动的内容形式，不知不觉在网络活动中被内容所包含的价值观浸润、影响和塑造。因此，对社会核心价值观引领的网络内容进行有效解释，需要贴近网民实际生活，方能发挥价值引领实效。美国非常重视将价值引领的目的和理念以隐蔽、间接、融合的方式在网络内容中呈现，潜移默化向民众意识转换。美国主流价值观在网络空间无处不在，且形式灵活多样。目前，全球 80%以上的数据库集中在美国，人们一旦进入网络空间，实际上就进入了美国所设计的文化环境之中。从网络资讯、网络视频、网络购物到网络教学、网络医疗，网民在自由接触与学习、工作、生活相关的网络内容时，就在潜移默化地重复接受主流意识形态和社会核心价值观的暗示和引导。

当前我国的网络内容是否贴近网民生活？调查显示，对于如何看待我国网络内容建设方向，64.5%的普通网民认为我国网络内容建设应该“提倡多样化，贴近网民生活”，持这一观点的人数比例居于第一位（见图 8）；与此同时，对于另一个问题“您认为当前校园网络内容建设和管理中存在的主

---

① 李春华等：《国外网络信息立法情况综述》，《中国人大杂志》2012 年第 20 期。

要问题是"什么？36%的受访者表示当前我国高校"网络内容单调乏味"，28%的受访者认为"未能体现社会主义核心价值观对网络内容的引领作用"(见图45)。网络内容缺乏吸引力是影响我国当前网络内容建设价值引领实效的一个重要原因，而缺乏吸引力的重要原因是承载社会主义核心价值观的网络内容单一、枯燥、远离生活实际。

企业为提高网络内容吸引力采取了哪些措施？按照选项人数比例由高到低排在前三位的答案依次是："提高网站实用性，方便快捷"(73.6%)，"增强个性化、特色化服务"(67.1%)，"内容及时更新"(63.9%)(见图84)。

可见，社会主义核心价值观引领的网络内容要易于被大众亲近，需要网络内容建设与社会主义核心价值观的深度融合，紧跟网络生活实际，及时更新，以更加个性化、实用化的内容吸引用户重复浏览、传播，从而达到通过网络内容实现培育和践行社会主义核心价值观的目的。

（三）表现形式要丰富

网络内容作为核心价值观的文化载体存在多种形式，网络资讯、网络游戏、网络视频、网络文学等，它们以隐性或显性方式重复、阐释并宣扬核心价值观。国外网络内容的价值引领注重多手段的相互补充和配合。以美国为例，美国向来注重发挥大众文化的价值传播作用，当前网络已成为传播美国文化、意识形态和价值观念的新工具。为了适应不同文化背景受众需求，美国网络内容形式更加趋于大众化、商业化、流行化，呈现丰富多彩的表达形式。其中，网络影视就是美国长期以来悄悄向全球兜售美国生活方式、通俗文化、价值观念和思维方式的载体和主渠道。美国学者约翰·耶马(John Yemma)在《世界的美国化》中说道："美国真正的武器是好莱坞的电影业、麦迪逊大街的形象设计厂、马特尔公司和可口可乐公司的生产线。"①《欲望都市》《越狱》《美国偶像》等美国影视作品通过网络传递到全世界，网民们在欣赏与享受中接受美国价值观影响。亚洲以韩国为例，非常重视网民的道德文化教育，影视剧中重视宣扬正义与友爱，近些年来风靡网络的韩剧

① 欧阳康、钟林：《美国如何宣传自己的价值观》，《北京日报》2014年10月13日。

大多包含忠义、孝道、仁爱、诚信、礼仪和廉耻、爱国等韩国传统价值观。

我国当前网络内容形式发展如何？调查显示，我国当前网络内容众多类型中，以“新闻资讯”与“社区交友”两类最为突出。首先，什么是对价值观形成影响最大的网络内容？33%的网民选择“网络新闻资讯”，22%的网民选择了“社交媒体形成的网络内容”，持这两种观点的人数占到了受访网民总和的55%（见图21）；其次，当前什么网络内容最能彰显社会主义核心价值观？27.5%的网民选择“新闻资讯”，17.7%的网民选择“社交媒体形成的网络内容”（见图22）。很明显，新闻资讯和社交内容是我国当前网络价值引领的两项主要网络内容形式。

针对网络内容提供商和运营商，提问“企业当前网络内容监管的重点是什么”？80.9%的网络企业表示当前最需要监管“新闻资讯”内容，65.8%的网络企业表示需要重点监管“社区交友类”（见图86）。

在问及网络内容的监管部门，政府亟须对哪些网络内容进行引导和监管？54.9%的受访者选择了“网络新闻资讯”，占比居第一；46.3%的受访者选择了“网络社交媒体内容”，占比居第三位（见图53）。网络企业、政府监管部门的调查结果与网民的调查结果高度一致，充分反映出“新闻资讯”和“网络社交内容”在当前我国网络内容建设的价值引领中扮演重要角色，需要引起高度重视。

三、网络内容建设平台的价值引领

网络内容建设平台是网络内容建设主客体关系的中介结构，是为网络主体之间提供信息共享交流的空间场域。网络主体可以利用网络内容建设平台提供的网络基础设施、安全平台、管理平台等共享资源有效开展各种网络活动。网络内容建设平台为网络内容价值引领提供活动空间，是网络内容建设不可或缺的客观条件和管理环境。建立、完善和利用网络内容建设平台的中介功能，可有效促进网络主体对网络内容建设价值引领的实效。

（一）社交平台的政治功能

对网民进行调查，“您主要通过以下哪一途径对社会主义核心价值观进行了初步的了解？”，46%的受访网民选择“网络媒体（如互联网、手机网等）”，23%的网民选择“课堂学习（如：思想政治理论课等）”（见图18）。选择“网络媒体”途径了解社会主义核心价值观的网民数是选择“课堂学习”途径人数的两倍，这充分明，网络媒体正在逐渐取代传统课堂学习和传统媒体宣传渠道，成为培育社会主义核心价值观的新工具和新平台。

互联网社交平台为美国实施全球战略带来契机。美国政府推行“互联网自由”政策，提倡利用社交平台进行意识形态“移动化”渗透，以推特、脸书、“优兔”为代表的新型社交平台成为美国政府实现这一意图的重要工具。为扩大外交接触对象，加强与他国民众广泛接触，更有效地以美式价值观影响他国民众，美国国务院的“推特”先后推出法语、西班牙语、阿拉伯语、波斯语、中文、俄语等不同版本。通过“脸书”、视频共享网站、图片共享网站“推特”等社交平台传递美国信息，扩大人们信息传播、交流的范围，这在一定程度上放大了现实问题，对世界各国社会治理和国际安全形势带来复杂影响。

近年来，美国大力资助发展中国家普及信息技术，建立社交网站，名为帮助发展中国家享受信息技术给经济发展、社会进步带来的益处，实为暗中推动互联网自由、输送美式价值观提供便利。2010年3月，美国财政部宣布放松针对古巴、伊朗和摩洛哥的互联网服务限制，允许向其出口即时信息、电子邮件和社交网站有关的服务和软件。① 优兔、雅虎网络相册（Flicker）等社交平台成为向国际媒体反映各国政治活动的首要选择。面对美国网络意识形态和文化价值的强势进攻，发展中国家努力通过自身平台建设来抵抗这种政治压力。“优兔”视频网站至少在十几个国家遭到临时审查，多次因播出侮辱民族感情、亵渎宗教的视频遭到他国封杀。

（二）主流网站的价值引导

1. 接受国外主流网站情况

美国之音是一家向全球提供45种语言服务的动态国际多媒体广播电台，美国之音每周通过互联网、手机和社交媒体向全球1.64亿民众提供新

---

① 李岩：《美国推销“互联网自由”的谋划》，2011年3月5日，见http://www.lwgcw.com/NewsShow.aspx? newsId=19176。

闻、资讯和文化节目服务，由此将美国价值观念、生活和思维方式传达到世界各地。其中，美国之音中文广播一直充当美国对华意识形态宣传的工具。2011 年美国之音全面停止旗下中文短波、中波及卫星电视广播，将资源用作发展网络及手机传播工具，美国广播理事会战略与预算委员会主席恩德斯·温布什说，在中国收听短波广播的人数过去几年一直微不足道，而中国现在是世界上使用互联网人数最多的国家，所以有必要适应互联网时代的变化调整其内部政治宣传资源的结构，转移营运方针，多利用新媒体科技作广播。①

我国网民对国外主流网站接受情况怎样？调查显示，对于国外主流网站，41%的网民表示“不太信任，偶尔去浏览”；23.5%的网民表示不信任或完全不信任，几乎或从不去浏览；35.5%的网民表示去过或经常去浏览，对于网站比较信任或很信任。由此可见，我国网民对于国外主流媒体网站总体持不同程度怀疑态度的占 64.5%，而总体持信任态度的占 35.5%（见图 28）。这反映出我国网民大多数对国外主流网站价值渗透具有抵抗力，但也有少数人对国外价值观趋之若鹜并甘愿受其影响。

2. 国内主流媒体网站浏览情况

调查显示，在社交、娱乐、购物等诸多网站平台中，我国 42.90%的高校受访者表示最经常浏览的网站是“主流媒体网站”，高于第二位“购物网站”18.10%（见图 33）。这在一定程度上说明高校网络生活与主流媒体网站关系密切。

普通网民对国内主流媒体网站、红色网站接触情况如何？18%的网民表示“很有价值，会经常浏览”；35%的网民表示“有价值，会去浏览”；34%的网民表示“价值一般，偶尔去浏览”；8%和 5%的人分别表示“无价值，几乎不浏览”或“毫无价值，从不浏览”（见图 10）。调查说明，我国大部分网民对于我国当前主流媒体网站的价值引领持肯定支持态度，少数人意见不明，处于犹豫状态，极少数人持明显否定态度。

---

① 欧阳康、钟林：《美国如何宣传自己的价值观》，《北京日报》2014 年 10 月 13 日。

（三）对网站严格审查过滤

为维护和宣传本国社会主流价值观，许多国家和地区在网络内容平台建设方面采取了严格审查过滤措施。例如，美国许多地方过滤播放“拉登”讲话的网站，法国关闭拍卖纳粹物品、宣扬种族主义的雅虎分支网站，德国联邦议院通过屏蔽儿童色情网站的网络审查法案等。亚洲地区以新加坡和韩国的做法最为突出。新加坡法律规定实行网络分类管理制度，管制内容集中于政治和道德两个方面，规定所有网络服务提供商、讨论政治或宗教问题的网络内容提供商、在新加坡注册的政党组织所建网站、经营网上报纸并收费的内容提供商，都必须在媒体发展局登记后方能开始运营。韩国是世界上第一个强制实行网络实名制的国家，网民在网上发言、申请邮箱或注册会员，要事先填写真实姓名、身份证号、住址等详细信息，经系统核对无误后才能拥有账号并发言。2007 年《促进使用信息通信网络及信息保护关联法》生效，对 35 家主要网站实施实名制管理，并且提出《信息通信网利用及信息保护相关法律》以加强对网上留言的监控、向不良网站的运营商和对网络恶评监管不利的运营商征收罚款等。2008 年实名制网络法《信息通信网络法修正案》规定，日点击量超过 10 万的所有网站都需要实行实名制，进一步扩大了网络实名制的范围。① 我国《互联网站从事登载新闻业务暂行规定》规定只有各级国家机关新闻单位依法建立的互联网站才能从事新闻登载业务，其他新闻单位不得单独经营新闻网站，只能在上述新闻网站中建立新闻网页，不得登载自行采写的新闻和其他来源新闻。

第三节　对网络内容建设价值引领现状的评价

全面了解当前我国网络内容建设价值引领现状，需要从认识到实践再到反思，形成调研活动的完整逻辑。除了从认识和实践两个层面阐述我国网络内容建设中价值引领现状外，还需要了解不同受访者对当前认识和实践状况的看法、评价和建议。在调查中，政府部门、网络企业、高校和网民受

① 李春华等：《国外网络信息立法情况综述》，《中国人大杂志》2012 年第 20 期。

访者分别就我国当前网络内容建设价值引领取得的主要成效、存在的主要问题及原因、解决问题的措施发表各自看法,为研究者完整掌握我国当前网络内容建设价值引领现状,进一步开展相关理论研究提供了现实基础和借鉴。

一、网络内容建设价值引领取得的成效

(一)评价标准

对我国当前网络内容价值引领状况进行评价,首先涉及评价标准问题。对网民进行调查,提问"您认为判断网络内容优劣的标准应该是什么?",68.9%的网民把"内容是否真实、权威"作为标准;65.4%的网民把"内容是否健康向上、符合社会主义核心价值观"当作标准;44.7%的网民把"内容是否具有趣味性、实用性"作为衡量网络内容优劣的标准。

值得注意的是,20%左右的网民认为信息交互能力、内容原创度都是衡量网络内容是否优秀的重要标准,而低于20%的网民则把内容更新频率和内容点击率也划入判断标准行列(见图25)。

结合受访网民身份分析,在把"内容是否健康向上、符合社会主义核心价值观"作为判断网络内容优劣标准的网民当中,第一,学生比例最高,占68%,高于政府、企业人员比例;第二,年龄25岁以下的比例(15岁以下67.3%,15—25岁67.4%)明显高于25岁以上的比例(25—35岁60.8%,35—50岁62.7%,50岁以上63%);第三,共青团员(67.7%)、共产党员(64.2%)所占比例高于民主党派(58.7%)、群众(61.5%)的支持比例。

调查结果说明,首先,是否坚持社会主义核心价值观引领是判断网络内容建设的重要标准,但不是唯一标准,任何标准必须同时结合其他标准综合运用;其次,衡量标准具有相对性,不同身份受访者对同一标准的认识不尽相同,因此要统一认识和行为,需要结合不同主体特点因材施教;再次,位于前三位选项的评价标准反映了人类对于真、善、美的基本追求,反映价值合理性。

（二）总体成效

政府作为政策法规的制定者、执行者和监督者，在网络内容建设中发挥主导作用。政府对于自身在网络内容建设价值引领中所做的工作如何评价？对于“您认为政府部门对网络内容的引导和监管措施是否到位？”51%的政府受访者回答“措施一般”，32%的受访者持明确肯定态度，其中26%的受访者认为“措施到位”，6%的人回答“措施很到位”。与此相反，17%的受访者持明确否定态度，认为“措施不力”的占15%，“措施很不力”的占2%（见图54）。可见，当前多数政府工作人员认为自身在网络内容价值引领方面的工作效果不理想，明确肯定和明确否定的人皆占少数，比例相差不大，只有极少数人对政府的工作现状持明确赞扬或者批评态度。

高校在网络内容建设中承担社会主义核心价值观的培育、科研和服务工作，不仅面对充满活力的大学生群体，还面对社会其他网络群体。对于当前我国校园网络建设和管理状态的满意程度，高校受访者中47%的人表示“比较满意”，26%的人表示“满意”，11%的人表示“很满意”，而表示“不满意”和“很不满意”的受访者只占12%和4%（见图40）。这悬殊的比例说明，高校师生和管理者对于当前我国高校校园网络内容建设和管理状况，总体上持肯定态度，只有极少数人表示不满意。

（三）具体成效

网络企业负责网络内容产品生产运营，是网络内容建设价值引领的重要主体。我国网络企业在加强网络内容建设和管理方面取得哪些主要成效？受访企业的选择在五个答案选项中均有体现，按照其支持率由高到低依次为：第一位是“网络内容不断丰富”（69.3%）；第二位是“网络内容品位有所提高”（67.1%）；第三位是“网络内容建设环境得到进一步净化”（65.5%）；第四位是“网上正面舆论影响持续增强”（60.4%）；第五位是“网络内容主旋律体现不断增强”（46.6%）（见图88）。在企业受访者看来，我国当前网络内容建设总体上是健康向上的，网络内容的内在价值也在不断提升。但同时值得注意的是，虽然网络内容发展总体上是积极的，但从受访企业的评价反映来看，当前我国网络内容的主旋律引领有待于进一步明确和加强。

调查反映，除了 13.70%的高校受访者认为没有取得明显成效外，大部分人认为高校在网络内容意识形态的教育、传播和影响方面取得一定成效，主要体现在五个方面：一是“网络内容贴近师生实际，融思想性、知识性、科学性、趣味性、实用性于一体”（41.4%）；二是“有一支‘思想过硬、纪律严、业务精、作风正’的网络内容建设队伍”（39.4%）；三是“领导对校园网络内容建设重视、规章制度完善”（38%）；四是“校园已成为唱响主旋律，积聚正能量的思想文化阵地”（34.1%）；五是“网络监管适度，秩序井然”（27.5%）（见图 44）。

高校受访者对这五个方面取得成效的评价都没有达成较高程度的共识，每项支持人数的比例均未超过一半，尤其是认为“校园已成为唱响主旋律，积聚正能量的思想阵地”的人不多，这在一定程度上说明，当前高校网络内容建设的价值引领虽取得一定成效，但成效不突出。

综上所述，网络内容建设主体对价值引领的效果进行评价，不仅要考虑网络内容的内在价值引领情况，还要结合网络内容的真实性、实用性和趣味性进行综合评价。调查结果说明，受访者对我国当前网络内容建设价值引领的效果评价持肯定意见的人比持否定意见的人多，总体是肯定的。具体而言，所取得的主要成效体现为网络内容内在价值不断提升，总体朝健康向上方向发展，网络内容越来越体现思想性与客观性、实用性、趣味性的融合，价值引领队伍日渐增强。

二、网络内容建设价值引领存在的问题

（一）政府引导权责不明

政府部门在网络内容引导和监管方面主要存在哪些问题？调查显示，反映最多的是“相关政府部门多头管理、职能交叉、权责不一、效率不高”，占受访人数 65.1%；其次是“政府引导队伍建设不力”，有 51%的政府受访者持此观点；再次，43%的政府工作人员认为引导“途径单一”比较突出；31%的政府受访者认为当前政府部门引导“目标不明确”；21.2%的受访者认为政府“对社会主义核心价值观的引领认识不足”（见图 57）。在大部分政府受访者看来，政府对以社会主义核心价值观引领网络内容建设的认识

是比较充分的，主要是政府监督管理实践中客观存在部门职责不清、队伍建设不力、引导途径单一等问题。

值得注意的是，赞同当前政府部门存在多头管理、职责不清、目标不明等问题的人数明显高于其他几个选项的支持人数。结合另一项调查，发现这一问题更加突出。关于政府受访者对所在部门与其他政府部门交往很频繁的态度，有高达38%的政府工作人员表示不同程度的"不同意"；31%的受访者表示"一般"；另外31%的人表示"比较同意"和"非常同意"（见图60）。当前我国政府部门在明确引导权责上问题比较突出，部门间各自为政现象比较严重，缺乏政府部门间的协同合作。

造成当前政府网络内容建设价值引领问题的原因很复杂，其中，71%的政府受访者认为"法律法规不够健全"是最突出的原因；51%的人认为"不同部门之间存在利益冲突"，这是导致政府引导和管理权责不清、目标不明的主要原因；另外，46.3%的人认为是因为"网民自律意识不强"，44.8%的人认为是"网络监管技术滞后"，29.9%的人认为是"网络本身所具有的虚拟性、开放性、多元性"（见图58）。从政府方面看，达成共识的原因有两个：一是法律法规不健全，二是不同部门间存在利益冲突。除此之外，网民素质、技术滞后以及网络自身特点等也都是原因。

（二）企业优秀网络内容供给不足

从网络企业角度看，当前我国网络内容建设价值引领方面存在哪些主要问题？第一，73%的受访企业认为"网上虚假信息、不健康信息和违法犯罪活动没有得到有效遏制"；第二，69.5%的企业认为"网上优秀文化产品和服务供给不足"；第三，56.3%的企业认为"一些错误观点和不良情绪的网上传播没有得到有效控制"；第四，53.4%的企业认为"对社会主义核心价值观引领网络内容的建设和管理认识不足"；第五，52.8%的企业认为"网络内容的国际传播能力不强"；第六，36.9%的企业认为"缺乏网络内容建设和管理的复合人才"（见图89）。

企业受访者反映出我国当前网络内容建设价值引领方面的问题主要集中在：缺乏对不利信息的控制和引导、优秀网络内容产品不足、对社会主义核心价值观引领认识不够、网络内容国际传播力不强。

（三）校园网络内容缺乏吸引力

高校受访者评价当前校园网络内容建设和管理存在的问题分别是：第一，“部分网络服务”（如教务、选课、网络下载等）使用不便利（50.8%）；第二，“缺乏有效监督”（36.8%）；第三，“校园网络内容单调乏味”（36%）；第四，“网络安全隐患较多”（35%）；第五，“未能体现社会主义核心价值观对网络内容的引领作用”（28%）（见图45）。

在高校受访者看来，当前校园网络内容缺乏实用性和趣味性的情况突出。缺乏实用性和趣味性的网络内容会缺乏吸引力，并且影响价值引领功能的发挥。因此，重视大学生、青少年对于网络实用性和趣味性的需求，并将其与社会主义核心价值观引领的网络内容有效融合，这是当前校园网络内容建设面临的难题。

（四）红色主流网站缺乏引领实效

网民是网络内容建设主体，也是网络内容受众，对于当前网络内容价值引领存在的主要问题，受访网民反映主要有四个方面：一是主流媒体“内容抽象、枯燥、空洞、说教”；二是红色网站“功能单一，没有互动栏目，公众不便参与”；三是网络内容“与生活联系不紧密，实用性不强”；四是“信息公开不充分，可信度不高”（见图11）。这四个选项的支持人数相差不大，且每一项支持比例均未超过一半。这说明，网络内容建设中这四个问题普遍存在，但在网民看来，这四个问题又不是特别突出。

综合政府、企业、高校和网民对我国当前网络内容建设价值引领存在问题的看法，比较突出的问题主要有：第一，政府对于社会主义核心价值观引领网络内容建设的认识是比较充分的，但在具体实施中缺乏力度，最突出的问题是政府部门间利益冲突，权责不清，目标不明；第二，企业对于社会主义核心价值观引领网络内容建设的认识不够到位，优秀网络内容产品供给不足，缺乏国际传播力；第三，高校校园网络内容因缺乏实用性和趣味性，导致缺乏吸引力，影响价值引领作用的发挥；第四，红色网站和主流媒体网站的内容因缺乏可信性、实用性、趣味性、互动性，对网民吸引力不强。

三、网络内容建设价值引领的中西差距

网络内容建设主体对价值引领自我评价外,还比较西方建设经验,反思我国在网络内容建设价值引领方面存在的差距,主要体现在以下八个方面:

(一) 网络技术滞后

网络技术是网络内容建设的前提条件,网络内容的价值引领需要先进的网络技术提供保障。调查显示,与西方发达国家相比,44.7%的高校受访者认为我国网络内容建设"网络技术落后"(见图 50);45%的普通网民认为我国"网络信息技术落后"(见图 30);49.9%的网民认为"网络信息监管技术落后"(见图 29)。网络技术滞后成为降低我国网络内容价值引领实效的重要因素。

(二) 监督管理不力

网络内容建设价值引领离不开监督管理制度和措施,对不规范内容的强制约束和限制是引导网络内容价值引领的有力保障。调查显示,我国网络内容建设和管理与西方发达国家相比,64.4%的网络企业受访者认为存在"政府监管不到位"(见图 90);36.9%的高校受访者认为"监管不力"(见图 50);普通网民中,51.9%的人认为"政府部门监管意识不强";51.1%的人认为"政府监管措施不到位";49.9%的人认为"网络信息监管技术落后";32.2%的人认为"监管机制体制不顺"(见图 29)。

(三) 网络自律性不强

网络内容建设的价值引领最终要落实到网络主体的价值观培育和践行上,网络自律是其应有之意。欧美国家在网络内容建设方面普遍重视网络行业协会、网民等网络主体自律精神的培育。调查显示,网络主体认为我国当前网络内容建设与西方国家相比,网络主体的网络自律性存在明显差距。72.2%的网络企业认为"行业自律性不强"(见图 90);54%的网民也认为"行业自律性不强"(见图 29);47.70%的网民认为"网民素质不高",缺乏自律性(见图 30)。

(四) 网络法律法规滞后

西方国家向来重视借助网络法律法规进行社会核心价值观的引导,通

过对网络不法内容和行为的限制、约束、威慑和惩罚来引导合乎社会核心价值观的网络行为与内容。因此，西方发达国家在互联网立法方面比较完善。当前我国相对欧美发达国家而言，62.5%的受访网络企业表示"相关法规建设滞后"（见图 90）；42.4%的网民也认同这一观点（见图 29）。

（五）网络产业发展不强

网络内容产品是网络内容建设价值引领的重要载体，网络产业的发展不仅带来巨大经济效益，而且随着网络产品的创造、营销和消费，将产品包含的社会核心价值观以隐性方式传达给消费者，直接或间接影响人们的价值观念、思维方式。互联网产业作为新兴产业，在西方发达国家发展迅猛。调查中，33.2%的网络企业受访者把"网络产业发展滞后"视为中西网络内容建设的主要差距（见图 90）；33.70%的网民认同这一观点（见图 30）。

（六）网络国际传播力不强

在网络空间展开意识形态、不同价值观的竞争较量，西方国家作为互联网先发国家，具有强大技术优势。欧美等国致力于将这种网络优势转化为意识形态控制力，因此非常注重西方价值观的国际传播。我国作为发展中国家，与西方发达国家网络传播优势相比，处于劣势。30.3%的高校受访者把校园网络内容"国际影响力不强"视为我国与西方网络内容建设的主要差距之一（见图 50）；29.7%的网民认为"网络内容国际传播力不强"是中西差距之一（见图 30）。

（七）网络基础设施薄弱

当今世界，任何国家和地区的政府都无法忽视网络在意识形态宣传、主流价值观培育方面的功能和紧迫性。有效利用网络手段与网络基础设施建设密不可分，网络基础设施的完善程度、普及程度直接影响网络内容的传播速度、范围和接受方式。因此，西方国家普遍在网络基础设施建设方面投入大量资金、人力、物力保障。52%的网络企业受访者认为，与西方发达国家相比，我国存在"网络基础设施薄弱且地区发展不平衡"的问题（见图 90）；48%的网民也认可存在这一差距（见图 30）。

（八）缺乏先进发展理念

调查显示，网络内容价值引领方面存在上述中西差距外，45.8%的网络企业受访者(见图90)、44.8%的网民认为我国网络内容建设与西方相比,“缺乏先进的理念”(见图30)。当前我国网络内容建设需要以更加开放、发展的眼光放眼全球与未来,不断吸收价值引领的新思维、新观念、新方式,与时俱进促进自身网络内容建设。

四、对网络内容建设价值引领的建议

政府、企业、高校和网民受访者分别就发挥现有优势,解决主要问题,缩小中西差距的工作重点、具体措施等问题做了回答。调查结果显示,受访者对我国当前网络内容建设价值引领的建议主要体现在以下几个方面:

(一)抓好重点内容引导

1. 需要对内容引领

调查显示,63.6%的政府受访者认为,当前我国政府在社会主义核心价值观的网络引领方面最需要努力做的工作就是“提升网络内容权威性和可信度”(见图55);56%的高校受访者认为健全校园网络内容保障机制最主要的途径是“正确引导校园舆论”(见图48),肯定了价值引领在保障内容健康发展中的核心作用;42.8%的网民认为当前我国网络内容建设最重要的工作就是“加强社会主义核心价值观对网络内容建设的引领”(见图23)。

2. 亟须引导的类型

政府在网络内容建设价值引领中占主导地位,我国当前亟须引导的网络内容有哪些?在政府受访者中,54.9%的人回答“网络新闻资讯”;48.4%的人回答“网络娱乐产品”;46.3%的人回答“网络社交媒体内容”;45.7%的人回答“当代文化精品”(见图53)。

3. 热点、难点、疑点引导

网络内容浩如烟海,除了从网络内容类型上抓住重点,还可以从网络热点、难点、疑点问题着手。调查显示,51%的政府受访者认为,政府在社会主义核心价值观的网络引导方面最需要努力去做的工作就是“提高对社会热点、难点、疑点问题的回应速度和阐释力度”(见图55);56.3%的受访网民对运用网络开展社会主义核心价值观的培育和践行,支持度最高的建议也是“加强对社会热点、疑点、难点问题的阐述力度、加快回应速度”（见图12）。

（二）借鉴国外经验

如前所述，中国和西方发达国家在网络内容价值引领方面存在不少差距，国外有许多成功经验对我国解决当前问题具有很好的启示。50.7%的政府受访者认为，我国政府在社会主义核心价值观的网络引导方面应该努力“借鉴国外网络舆论引导的成功经验”（见图55）；33.9%的高校受访者认为应该“借鉴国外校园网络内容建设经验”（见图48）。

（三）建好主流网站

网站是网络主体与网络内容互动的平台中介，57.9%的高校受访者建议，学校加强网络内容建设，要“抓好重点网站建设（如教学网、校园网、社交论坛等）”（见图46）；48.3%的网民认为，运用网络开展社会主义核心价值观的培育和践行需要“增强主流媒体网站的吸引力凝聚力”（见图12）；28.9%的受访网民认为，在网络信息传播活动中可重点“完善网站备案登记数据库，域名数据库和IP地址数据库”（见图24）。

（四）应对西方意识形态渗透

1. 抵抗外来渗透

面对西方网络霸权，发展中国家的文化传统，思想观念受到威胁。调查表明，39.1%的政府受访者认为，“西方意识形态的渗透”是我国政府当前亟须引导和监管的网络内容（见图53）；21.8%的高校受访者认为，今后学校加强网络内容建设的工作重点之一是“积极应对西方国家主流意识形态的负面影响”（见图46）。

2. 加强对外传播

应对西方意识形态的网络渗透，除了被动抵抗，还需主动出击，扩大我国社会主义核心价值观对外网络传播能力。23.4%的网民表示，运用网络开展社会主义核心价值观的培育和践行要“提高对西方意识形态网络渗透的回击力度”（见图12）；4.7%的网民认为我国当前网络内容建设中最重要的工作是“加强中国网络内容的对外传播”（见图23）。

（五）加强监管措施

1. 实名制度

内容监管不同于内容引导，但内容引导一旦离开监管就很难实现。通过监管加以引导是网络内容价值引领的方式之一。在调查中，53.4%的政府受访者认为，政府今后应该“积极稳妥地逐步推行网络实名制”（见图59）；33.2%的高校受访者认为，健全校园网络内容建设保障机制需要“实行网络实名制”（见图48）；网民对于推行实名制或引入网民信用机制的看法，表示“赞成”的人数共占57%，其中持“赞成”意见的占38%，持“非常赞成”意见的占19%；16%和4%的受访网民表示“反对”和“坚决反对”。另外，23%的受访网民对于是否推行实名制抱“无所谓”态度（见图16）。

2. 激励机制

51.9%的政府受访者建议，政府在社会主义核心价值观的网络引导方面应努力做到“对错误引导者进行责任追究”（见图55）；41.8%的政府人员认为，政府今后网络内容监管工作的重点是“开展专项整治活动，加大对网络犯罪和违法违规行为的查处打击力度（见图59）”。49.2%的高校受访者认为，健全校园网络内容建设保障机制的重要途径是“建立网络文明行为的激励机制”（见图48）；68.7%的网民认为，在加强网民信息传播活动中重点要“完善网络法规体系，加大对网络犯罪和违法违规行为的查处力度”（见图24）。

3. 内容分级

根据网民年龄、身份等差别对网络内容实行分级管理是西方国家的普遍做法。38%的高校受访者认为我国除了实行实名制，还可以“实行网络内容分级管理”（见图48）。

4. 备案管理

28.9%的受访网民认为，今后加强对网民网络信息传播活动的管理，应该重点“完善网站备案登记数据库、域名数据库和IP地址数据库”（见图24）。

（六）重视人才培养

1. 队伍建设

网络内容价值引领需要网络建设主体的参与、组织和实施，无论是政府、企业、学校还是网民，其建设最终都依靠人的活动来完成。因此，建立能够主动运用网络制作、传播、培育社会主义核心价值观内容的人才队伍是十分重要的。在调查中，37. 7%的政府工作者建议政府在社会主义核心价值观引导方面要“加强网络舆论引导队伍的建设”（见图 55）；高校 40. 5%的受访者认为，今后学校应重点“加强网络内容人才队伍建设”（见图 46）；48. 2%的网民建议，运用网络开展社会主义核心价值观的培育和践行需要“打造一支‘思想硬、纪律严、业务精、作风正’的网络内容建设队伍”（见图 12）。

2. 人才培养

62. 4%的政府受访者认为，政府今后重点要“加强网络行业自律教育和社会监督”（见图 59），强调了网络行业队伍建设的核心是培育网络从业者的自律精神；19. 8%的网民认为，当前网络建设中最重要的工作是“加强对建设主体能力的培育和提升”（见图 23）；50. 2%的网民认为，在网民信息传播活动中要“深入开展提高网民道德素质的教育活动”（见图 24）。

（七）突出技术与法律保障

1. 技术保障

社会核心价值观作为衡量网络内容优劣的根本标准，应用到网络内容建设中，离不开资金、技术、人才、法律等现实条件。在诸多促成社会主义核心价值观引导网络内容建设的条件中，突出的有两个：一是技术，二是法律。调查结果反映，41. 5%的政府工作者认为，目前迫切需要加强网络内容建设的“技术保障机制”（见图 56）；36. 6%的高校受访者认为，学校网络内容建设应该重点“加强网络技术研究和运用，提高使用的便利性”（见图 46）；38. 5%的网民支持“开发网络信息新技术”（见图 24）。

2. 法律保障

38. 5%的政府受访者认为，“法规保障机制”是目前网络内容建设迫切需要加强的（见图 56）；45. 1%的政府工作人员认为“完善落实网络内容和管理的法律法规”是政府今后的工作重点（见图 59）；19. 3%的网民认为，当前网络内容建设中最重要的工作就是“加强网络法治等建设，建立网络内容保障机制”（见图 23）。

本章对网络内容建设价值引领认识、实践和评价三个层面进行了调查分析，总体来讲，我国当前网络内容建设价值引领取得的成效是显著的，人们对于网络内容建设价值引领现状总体持肯定态度。主要经验总结如下：一是政府高度重视社会主义核心价值观的网络引领问题，从宏观层面做出决策，自上而下统一认识。调查显示，无论是政府职能部门还是网络企业、高校、网民，大部分具有底线意识，参与网络内容建设活动拥有社会主义核心价值观的价值自觉；二是确立了政府主导，全社会参与的引领模式。政府在立法、制定制度、教育、资金保障等方面发挥了主导作用，网络企业、学校、网民在政府引导下参与网络内容建设活动，于不同领域各自发挥价值引领作用；三是确立了教育宣传与监督管理相辅相成，一手软一手硬，软硬兼施的引领方式。

调查结果也反映出我国当前网络内容建设价值引领方面不少问题。首先，社会实践层面对国家战略推动不够。政府从战略高度看到全球网络空间意识形态斗争的严峻性，指明了网络内容建设的方向，制定以社会主义核心价值观引领的政策，但具体如何把战略政策落实到网络生活实际，还没有很好解决这个问题；其次，网络内容建设主体间缺乏协同合作，社会自治力量没有充分调动起来。调查发现，政府相关部门不仅存在引导权责不清、目标不明问题，还缺乏与企业、学校、非政府组织协同合作的自觉性和主动性；再次，以社会主义核心价值观引领的网络内容缺乏吸引力，没有很好解决网络内容实用性、趣味性、真实性与价值性之间的融合，造成红色网站、引领内容与大众实际脱节，国际传播能力不强等问题；最后，要保障以社会主义核心价值观成功引领网络内容建设尚需加强各种保障机制建设，尤其是网络技术和网络法规建设。在网络空间意识形态斗争中，网络安全技术是首要利器，网络法规是价值引领的根本保障。然而，我国当前的网络技术发展和网络法规建设相对现实需要而言明显滞后。

调查的目的是为了了解现实，发现问题并解决问题。要解决当前我国网络内容建设中价值引领的问题，一是要借鉴国内外成功经验；二是要将国家战略与实践原则结合起来，把宏观决策与具体行动结合起来，使网络内容建设的价值引领变得更具操作性；三是要推进政府主导下全社会参与的协同合作模式，尤其是要注意社会自治，调动社会力量自觉参与网络内容的价值引领活动；四是要创造更加丰富有趣、贴近生活实际的社会主义网络内容，增强我国网络内容的吸引力，提升其国际竞争力；五是要促进网络技术发展，健全网络立法，为以社会主义核心价值观引领的网络内容建设提供保障。

第四章　网络内容建设的主体

习近平同志在中央网络安全和信息化领导小组第一次会议上强调,网络安全和信息化是事关国家安全和国家发展、事关广大人民群众工作生活的重大战略问题,要从国际国内大势出发,总体布局,统筹各方,创新发展,努力把我国建设成为网络强国。可见,网络内容建设责任重大,意义深远。然而,网络内容建设具有平等参与、多元竞争、环境开放、难以监控等特点,这就决定了政府、企业、高校和网民四大主体在网络内容建设中必须主动介入,明确自身职能,立足各自优势,齐建共管,进一步促进互联网健康发展,不断推进我国网络内容建设的整体进程。

第一节　网络内容建设主体的结构与职能

一、政府的结构与职能

毋庸置疑,政府是我国网络内容建设的核心主体。当前我国政府部门除极少数地区因条件或环境因素限制外,一方面通过建设政府网站、政务微博、政务微信等平台,另一方面通过出台法律法规、运用行政手段和技术手段等,积极投身于我国网络内容的建设和管理。

(一) 政府的结构

根据研究的需要,我们主要从数量结构、纵向结构、横向结构三方面,来分析政府的结构。

1. 数量结构

我国自 1999 年实施“政府上网工程”以来，各级政府纷纷投身于网络内容建设。他们先后通过设立政府网站、开通政务微博、启用政务 APP 和微信公众号、运用基于“大数据”网络化治理系统等形式，推进网络内容的建设进程。具体数据如下：

（1）政府网站数量

政府网站是我国政府实施电子政务的第一门户。全国政府网站普查数据显示，截至 2015 年 8 月 7 日，各地区、各部门通过全国政府网站信息报送系统上报的政府网站为 85309 个，其中地方上报 82068 个，国务院部门上报 3241 个。地方政府上报网站中，省级政府网站 2998 个，市级（含省直管局）政府网站 22714 个，县级（含乡镇街道）政府网站 56356 个；国务院部门上报网站中，国务院部门网站 471 个，部门垂管单位网站 2770 个。① 此外，从中央编办事业发展中心获悉，截至 2013 年 11 月，全国党政群机关和事业单位的网络红页②开通量已达 43.6 万个，有效提升了我国电子政务建设和公共服务水平。③

（2）政务微博数量

针对不同用户的使用习惯和方式，一些政府部门开通了政务微博。截至 2012 年 10 月底，新浪微博认证的政务微博数量达 60064 个，较 2011 年同期增长 231%；2012 年 11 月 11 日，腾讯微博认证政务微博达 70084 个。④

---

① 赵天琪：《国务院发布全国政府网站普查结果》，《时代周报》2015 年 8 月 4 日。

② 网络红页包含机构职能、行政审批事项等经机构编制部门审定的重要内容，是党政群机关和事业单位在互联网上的权威标识，能够肩负起身份标识和业务承载的双重职责。成功注册后即可免费开通，无须支付额外费用，并可永久使用。网络红页由中央编办事业发展中心专业技术团队进行运维保障和技术支撑，能够有效解决网络维护的难题。

③ 张双：《全国党政群机关和事业单位积极开通网络红页》，2013 年 11 月 23 日，见 http://paper.ce.cn/jjrb/html/2013-11/23/content_179647.htm。

④ 卢国强：《截至 2012 年 10 月底新浪认证政务微博总数 60064 个》，2012 年 12 月 4 日，见 http://www.china.com.cn/guoqing/2012-12/04/content_27300996.htm。

(3)政务微信等移动互联网产品数量

目前我国移动互联网用户规模已达近九亿,政府的网络内容建设也在向移动端发展。据2015年4月22日发布的《"互联网+"微信政务民生白皮书》,截至2014年年底,全国政务微信总量达到40924个,政务微信平均每个账号关注用户数为3.6万。公安、医疗、共青团、旅游、党政机关是聚集用户数量最多的五大领域。① 2015年7月22日,微信"城市服务"正式接入北京。至此,微信"城市服务"已接入包括北、上、广、深在内的全国27个城市,覆盖超1.5亿用户。②

2. 纵向结构

从纵向来看,政府结构可以通过以下两条线来分析:一条是纵向建设线,即与现实政府组织结构对应的中央到省、市、县、乡镇各级政府,政府开设的网站、微博、微信等,都是政府进行网络内容建设的呈现形式;另一条则是纵向管理线,即从互联网的主管部门——工信部,网络内容管理执行中心——国信办,再到各省、市、区信息管理中心或网信办组成的纵向线,通过政府职权实现对网络内容的监管。

(1)纵向建设线

纵向建设线的结构图,与各级人民政府组织结构图无异。随着2006年我国政府门户网站的开通,2007年国家电子政务网络中央级传输骨干网络的正式开通,统一的国家电子政务网络框架基本形成,也确立了我国各级人民政府在网络内容建设中的地位。下面以政府网站为例,阐述当前我国各级政府进行网络内容建设的情况。

我国政府主站点是中华人民共和国中央人民政府网站(www.gov.cn),网站以"中华人民共和国国务院"作为中国政府导航站点,下设25个部委行署,再次为各部委的二级机构连接到各省市的政府主机上。各部委主页以"中华人民共和国××部(行、署)"的形式出现,各省市政府的站点以"××省(市、区)人民政府"或"××省(市、区)××局"的形式出现。各政府站点均

① 叶丹:《广东政务微信数量居全国第一》,《南方日报》2015年4月23日。
② 叶丹:《微信"城市服务"功能已覆盖全国27城市》,《南方日报》2015年7月23日。

设机构设置、政府职能、政策法规等基本栏目。从全国政府网站普查数据可知，8.5万多个政府网站已覆盖从中央到省、市、县、乡镇各级政府。目前，103个省部级政府网站已完成整改，8311个基层政府网站申请“关停并转”①，将在内容迁移至上级机关网站平台后关停网站，我国政府网站正朝着集约化建设的方向前进。

(2)纵向管理线

纵向管理线的结构图是在中共中央网络安全和信息化领导小组领导下，由工信部和国信办，再到省、市、县(区)各级网信办组成的结构图。2008年3月11日，新设立工业和信息化部(简称“工信部”)，成为我国互联网的行业主管部门。2011年5月，为进一步加强互联网建设、发展和管理，提高对网络虚拟社会的管理水平，正式设立国家互联网信息办公室(简称“国信办”)。随后，国务院各有关部门以及各省、市、地区均设立专门的“网信办”或“网络事务办公室”。如:2013年6月，外交部宣布设立网络事务办公室，负责协调开展有关网络事务的外交活动。

这一纵向管理线强有力地保障着我国网络内容建设的顺利进行，成果斐然。2014年9月11日，国信办在京召开全国网络举报工作会议，百家网站签署《积极开展举报工作承诺书》，统一向社会公布24小时举报电话。据统计，截至2014年9月11日，中国互联网违法和不良信息举报中心共接受网民举报68万件次，奖励举报人800多人，奖励金额200多万元。其中，受理涉暴恐信息举报9000多件次，奖励金额近20万元。② 2015年1月，国信办联合有关部门启动“网络敲诈和有偿删帖”专项整治工作③；同年2月，国信办联合有关部门在全国范围内启动开展“婚恋网站严重违规失信”专项整治工作。④ 在国信办、相关部门和地方网信办的共同努力下，依法有效

---

① 王琪:《逾六千家政府网站关停》，《人民日报》2015年7月30日。

② 南婷:《全国百家网站公布举报电话》，《攀枝花日报》2014年9月12日。

③ 李林:《我国开展网络敲诈和有偿删帖专项整治工作》，《中国青年报》2015年1月22日。

④ 王莹:《国家网信办开展婚恋网站严重违规失信专项整治》，2015年2月12日，见 http://news.xinhuanet.com/politics/2015-02/12/c_127489514.htm。

打击了当前网络中的乱象,维护了群众的合法权益,促进了网络内容建设的健康发展。

3. 横向结构

从横向结构看,也需要从两个层面来说明,一是国家政府部门结构。前文已述,从纵向结构看,国务院下设的25个部委行署及其二级机构等,都通过建设政府网站等方式积极参与网络内容建设。那么,从横向来看,按照政府部门在网络内容建设与管理中的功能区分,我们又可以将这些主要部门大致分为三类:在网络内容建设中主要担负引导作用的部门,如中共中央宣传部,以及各省、市、县委宣传部等;在网络内容的发展和繁荣中主要担负建设作用的部门,如工业和信息化部、文化部、教育部、商务部等,以及与其有隶属关系的省级、市级部门;在网络内容建设中主要担负管理作用的部门,如公安部、国家安全部、国家工商行政管理总局、国家安全生产监督管理总局、国家知识产权局等,以及与其有隶属关系的省级、市级部门等。以上部门从多视角、多层面相互配合,共同努力,在推进我国网络内容建设和发展中起着举足轻重的作用。因此,本研究中所指的政府主体,主要就是指以上这些政府部门。二是地方政府部门结构。我国地域广阔,同级地方政府部门众多。课题组主要按照地方政府部门所在地所属经济区域,从电子政务发展水平、网络红页覆盖情况、政府网站活跃程度以及建设情况等方面,横向考察了我国地方政府部门网络内容建设的情况。

(1)电子政务发展水平

《2014中国城市电子政务发展水平调查报告》数据显示:2014年全国36个主要城市的电子政务发展指数平均值为52.71,有21个城市超过平均水平。报告显示,中国主要城市电子政务发展指数排名前十的城市依次为:上海、北京、广州、深圳、福州、青岛、厦门、杭州、武汉、南昌。① 显然,这些城市都处于我国经济较为发达的中东部地区。

① 王益民:《2014中国城市电子政务发展水平调查报告》,《电子商务》2014年第12期。

(2)网络红页覆盖情况

从中央编办事业发展中心获悉,截至 2013 年 11 月,贵州、河北、辽宁、河南、广西、吉林和浙江的网络红页覆盖率已经超过 50%。① 除贵州外,其他各省也处于我国中东部地区。

(3)政府网站活跃程度

全国政府网站的普查中还发现,网站更新速度快、活跃程度高的政府网站数量,南、北方之比约为 6 : 1。② 可见,南、北方信息化水平差异显著,南方地区的政府信息化水平相对较高。

(4)政府网站建设情况

以课题组着重进行调研的三个省市人民政府网站(北京市、湖南省以及青海省)为例,他们分别位于我国的东部地区、中部地区、西部地区。

其一,这三个省市的政府网站都能及时地更新和提供最佳的便民信息和便民服务;其二,在各自网站的页尾还附上了其所辖部门和所辖各市州(县)的官方网站链接。这提高了各级政府网站的公信度与权威性,也减少了部分地方政府网站"不更新、不作为"等不良现象。

从上述有关政府结构的情况分析中,我们不难发现,在"互联网+"大潮兴起的背景下,我国政府部门,尤其是国家级、省部级政府部门,以及我国中部、东部经济较为发达地区的政府部门,都十分重视网络内容的建设与管理。

(二) 政府的职能

"所谓政府职能,是指政府在一定时期内根据国家和社会发展的实际需要所应承担的职责和功能。它所涉及的是政府应该做什么、不应该做什么的问题,是政府行为的基本内容,规定和制约着其行为的方向,亦是对政府效能进行分析评估的重要指标。"③一般来讲,政府职能由基本职能和具体职能两部分构成。基本职能即政治统治和社会管理,它是恒定的,很难随时空和社会的具体条件而改变。后者则是政府职能的具体内容,它可以随

---

① 张双:《全国党政群机关和事业单位积极开通网络红页》,2013 年 11 月 23 日,见 http://paper.ce.cn/jjrb/html/2013-11/23/content_179647.htm。

② 王琪:《逾六千家政府网站关停》,《人民日报》2015 年 7 月 30 日。

③ 薛元:《网络条件下的政府职能趋向》,《理论界》2004 年第 4 期。

着时空的变化和现实的要求而改变。正如美国联邦通讯委员会技术政策主任迈克尔·尼尔森所言:“正像信息技术深刻地改变了美国的商业结构一样,我们可以预见计算机技术和信息交流技术的发展将极大地影响政府的结构和职能。”本书所指的政府职能,首先需要界定两点:一是指与网络内容建设、管理和发展密切相关的政府部门,即上文提到的中宣部等 12 个部门以及隶属于这些部门的政府部门;二是指政府的具体职能,即在互联网广泛普及与飞速发展的今天,我国政府的相关部门在承担着原有具体职能的基础上,针对网络内容的建设和管理,还需要承担的具体职责或尽到的义务。从总体上来看,在网络内容建设方面,政府主要应承担以下四种职能:

1. 引领职能

政府身为社会信息的最大占有者和“信息加工企业”,尤其是身为信息的权威发布者,如何充分建设好网络空间,进一步规范、引领网络内容,维护网络秩序,使自己成为真正的网络社会导航者,具有十分重要的意义。具体来说,政府的网络内容引领职能主要体现在以下两个方面:

一是对社会主义意识形态的引领。充分利用政府网站、政务微博、政务微信等官方的电子政务平台,采用人民群众喜闻乐见的形式,及时向社会发布党的路线、方针和政策以及经济、政治、文化和科技信息,将社会主义核心价值观等主流意识形态的内容融入平台之中,实时有效地进行有关内容的宣讲、竞赛、评论等网络活动,使社会主义核心价值观在政府和网民的互动中得以深入人心。

二是对网络舆论的引领。在网络社会中,网民的言论常常具有盲目性,这种盲目性如果不及时加以引导,就很容易出现非理性的“群体极化”现象,甚至导致某种偏执。其后果是破坏管理、扰乱秩序,最后受害的还是网民自己。因为“在利益多元化的社会里,人民分化为各种利益团体,因此,不但需要政治家的智慧去权衡和把握‘天下之大利’,更需要巨大的努力去让民众明其利益所在,激发民众自身之力量。如果人民不能理解其自身的真正利益所在,则利民者反失民心,操纵民意者得民心”①。因此,对于网民

① 钱永生:《墨子人本思想的结构》,《湖南大学学报》(社会科学版)2009 年第 1 期。

可能存在的盲目性，无论是"网络问责"还是"网络谣言"等，都需要政府做出及时反馈，防微杜渐，并及时加以引导，帮助民众尽早揭示庐山真面目。

2. 监管职能

监管职能包括监督职能和管理职能。随着互联网日渐深入地走进人们的生活，各种各样的网络问题也随之产生。为有效地规范、治理网络内容，国家调整设立了互联网行业的主管部门——工信部；2011 年 5 月，成立了"国家互联网信息办公室"，负责"落实互联网信息传播方针政策和推动互联网信息传播法制建设，指导、协调、督促有关部门加强互联网信息内容管理"①等；2014 年 2 月，又成立了"中央网络安全和信息化领导小组"，由习近平同志担任组长，旨在提高网络安全和信息化战略。由此可见，国家层面对网络内容的监管十分重视。这也意味着我国有关政府部门对网络内容进行有效监管责无旁贷。我们认为，政府部门的监管职能主要可概括为以下三个方面：

一是对网民的监管。对复杂多变的网络内容的监管，从根本上说是对网络传播中具有能动性的网民——信息发出者和接收者的监管。因为呈现在各种网站和网页上的网络内容本身是没有能动性的，即使删除已存的不良信息，新的不良信息又会源源不断地产生。因此，政府对网络内容的监管，首先是对网络内容的生产和传播主体——网民的网络行为的监管。

二是对网站的监管。网络内容的密切相关者，除了网民还有网站。"网站(Website)是指在网络上根据一定规则，用 HTML(Hyper Text Markup Language，超文本标记语言)等编译方式制作的用于展示特定内容的网页集合。"②因此，网站是网络上的信息岛屿，规则而系统地集合了具有特定内容的无数网页。网站在网络内容建设中的作用主要有两种。其一，是作为信息的加工者和传播者。这是因为几乎所有的网站都有其内部工作人员和部门，有计划、有组织地从事网络内容的采写和编辑活动，进而有序传播开来。

① 张帆：《国家互联网信息办公室的职责是什么》，2015 年 6 月 26 日，见 http://media.china.com.cn/cmcy/2015-06-26/452604.html。

② 赵子倩：《网络内容控制研究——从宏观到微观》，北京大学硕士学位论文，2007 年，第 12 页。

充当这种角色的网站很多，如门户网站 www.sohu.com，www.sina.com 的新闻频道 http://news.sohu.com/，http://news.sina.com.cn/；教育部 www.moe.gov.cn 的教育要闻频道 http://www.moe.gov.cn/jyb_sy/sy_jyyw/；等等。其二，作为单一的信息传播平台。这些网站不进行网络内容编写等活动，只是为网民提供一个自由发表言论和视听文件的平台。网站管理者只需按照国家有关规定监控网民在该平台上发表的言论和视听文件，删除其中不符合国家规定或网站制度、网站主题的内容等。根据《互联网信息服务管理办法》，我国政府及相关部门对网络的管理主要涉及三方面：许可制度和备案制度的实施、对网络传播行为是否"应当"的认定、对不符合网络传播行为规范的惩罚。可见，对网站的监管是政府监管的一个十分重要的内容。

三是对网络运营商的监管。在网络环境中，网民合法行为或不合法行为的构成，通常都需要网络运营商为其提供技术、硬件、服务器等支持。这就凸显了政府对网络运营商监管的必要性。通常情况下，网络运营商可以简单分为三大基本类型：一是网络接入提供服务商（ISP），主要从事网络的接入、运营维护等技术支撑工作；二是网络内容提供服务商（ICP），主要利用互联网提供信息服务的企业，表现形式上以开办、经营网站提供有偿或无偿信息服务及相关业务服务为特征；三是同时经营网络接入提供服务商和网络内容提供服务商的服务商。无论是哪类运营商，都对通过其传播的网络内容负有不同程度的"监督义务"和"协助调查义务"等①。"中国作为发展中国家，各项社会性基础设施尚不完备，尤其是保障电子商务活动的制度规范和诚信环境的不完备，构成了制约中国电子商务发展最为直接和深层的因素。"②目前，我国"由于缺乏有效监管机制，受利益驱使，有些基础网络运营商已与SP（手机增值业务提供商）和WAP（无线应用通讯协议）网站结成了捆绑利益链。一些手机增值业务提供商与各大基础网络运营商签订代收费协议，不法手机增值业务提供商架设色情内容服务器，限定为只有通

① 韩星：《论网络运营商的法律责任》，山东大学硕士学位论文，2010年，第17—19页。

② 于成龙：《切实发挥政府监管职能　促进网络经济健康发展》，《工商行政管理》2009年第13期。

过无线应用通讯协议网关才能访问的模式，将客户群锁定为手机上网用户，群发色情网站宣传短信。只要手机上网用户点击色情网站的链接，基础网络运营商就能收取 GPRS（通用分组无线服务技术）流量费。基础手机运营商和经营色情无线应用通讯协议网站的不法手机增值业务提供商都能从中获利。由此可见，政府对网络运营商，尤其是对网络接入提供服务商的监管显得十分必要"①。

政府部门要在网络内容建设中全面实现其监管职能，需要在建章立制、言出必行上下功夫。一是网络立法，有效规范网络言行。尽快完善相关立法，运用法律、法规监管网民、网站和基础运营商；二是运用先进的过滤技术完善对基础运营商的监控，从而达到净化网络环境的目的；三是明确各监管部门的管理界限和责任并建立部门间的联动机制。既"监"又"控"，既多管齐下，又职责明晰，避免"政出多门"和"政策撞车"现象的发生，确保监管的效果。

3. 建设职能

政府的网络内容建设职能，具体可概括为三个方面：

一是网络法制建设，即着眼于网络内容健康发展的法律制度建设。自2002 年以来，尽管我国各级政府先后出台了《互联网上网服务营业场所管理条例》等 30 多个条例、规定或办法，但这些制度远远落后于网络内容本身的发展，与发达国家相比也还存在较大的差距。而网络社会的规范有序，现阶段关键是有赖于完备的法律法规来保障。因此，要实现网络社会的法制化，政府还有很远的路要走。

二是网络技术人才队伍建设。众所周知，互联网的发展，是高科技发展的结晶，至今已成为一个关系到国计民生的重大问题，因此，形成有自主知识产权的民族产品和产业显得尤为重要。习近平同志指出：建设网络强国，要有高素质的网络安全和信息化人才队伍。② 但我国目前在核心技术上，

① 宋好好：《关于我国为保护青少年对手机网络内容监管的思考》，全国计算机安全学术交流会论文集，2010 年 2 月，第 396—400 页。

② 沈逸：《互联网助力深化改革，建设网络强国》，2015 年 11 月 2 日，见 http://news.xinhuanet.com/fortune/2015-11/02/c_128385924.htm。

如微处理器等,主要是依赖国外产品。课题组的调查数据显示:关于网络内容的建设,有35%的网民认为最缺乏"创意人才",22%的网民认为缺乏"技术人才"(见图9)。这就需要政府有关部门在网络核心技术人才培养上,改变思路,加大投入,争取早日实现国内信息产品占领国内的主要市场。

三是网络安全建设。习近平指出,"没有网络安全就没有国家安全。"①可见,网络信息安全早已超出了其本身的纯技术问题,是一个涉及国家的军事、经济、政治等多方面的安全问题。因此,政府的网络安全建设显得尤为重要。归纳起来,具体体现在四个方面:即维护网络主权安全、数据安全、技术安全和应用安全,让互联网成为安全之网、放心之网。②

4. 服务职能

十八届四中全会提出,推进政务公开信息化,加强互联网政务信息数据服务平台和便民服务平台建设。李克强在2015年6月主持召开国务院常务会议时也强调,要运用大数据优化政府服务和监管,提高行政效能。由此可见,在网络内容建设进程中,我国政府部门应担负起服务的职能。政府的服务职能,主要体现为以下两个方面:

一是完善以政府网站为代表的电子政务系统内容。要把政府网站内容建设提高到新水平,政府部门就要把握多媒体的传播规律,运用网民喜爱的数字化、图表化、可视化方式制作网络产品,使政府网站变得轻松、亲切、活泼。从简单的网站功能来说,随着国家权力下放,地方政府手中的权力清单在扩容。这些清单有哪些具体内容,新的办事流程是怎样的,每项都有哪些前置条件等等,都需要在政府网站上明确无误公布出来。

二是积极推动电子政务系统向"互联网+"迈进。及时跟踪、充分吸纳网络新技术、新业务,善用微博微信、移动客户端、自适应等新技术,拓展网站新业态,利用云计算、大数据模式来降低政府数据中心的建设成本,形成

① 沈逸:《互联网助力深化改革,建设网络强国》,2015年11月2日,见 http://news.xinhuanet.com/fortune/2015-11/02/c_128385924.htm。

② 杨飞:《应对网络安全是政府的责任》,2014年11月21日,见 http://pinglun.youth.cn/ttst/201411/t20141121_6095013.htm。

立体化、多渠道传播格局。目前,已有地方探索用云计算把政府各个部门、各个领域的数据集中统一管理,实现各类信息的互通、共享、开放。这无疑是解开"证明你妈是你妈"死结的关键一步。更重要的是,大数据时代的网上审批、执法能够做到处处留痕、步步监控,这大大压缩了权力寻租空间,有效地规范公务人员行为,遏制权力任性。

以上是从一般意义上笼统地阐述了政府在网络内容建设和管理中应尽的义务或者说应尽的职责。事实上,网络内容建设是一项复杂的系统工程,涉及许多政府部门和机构,不同的政府部门和机构在具体的实践过程中,其职责分工和作用不同。明确政府相关部门对网络内容的建设和管理的具体职责,既有利于各部门更好地找准自身位置,也有利于网络内容的健康发展。由于受篇幅的限制,这里仅举三例加以说明。

例 1:工业和信息化部工作职责①

工业和信息化部负责网络强国建设相关工作,推动实施宽带发展;负责互联网行业管理(含移动互联网);协调电信网、互联网、专用通信网的建设,促进网络资源共建共享;组织开展新技术新业务安全评估,加强信息通信业准入管理,拟订相关政策并组织实施;指导电信和互联网相关行业自律和相关行业组织发展;负责电信网、互联网网络与信息安全技术平台的建设和使用管理;负责信息通信领域网络与信息安全保障体系建设;拟定电信网、互联网及工业控制系统网络与信息安全规划、政策、标准并组织实施,加强电信网、互联网及工业控制系统网络安全审查;拟订电信网、互联网数据安全管理政策、规范、标准并组织实施;负责网络安全防护、应急管理和处置;加强和改善工业和通信业行业管理,充分发挥市场机制配置资源的决定性作用,强化工业和通信业发展战略规划、政策标准的引导和约束作用;根据职责分工拟订推动传统产业技术改造相关政策并组织实施;加强对促进中小企业发展的宏观指导和综合协调。加快推进信息化和工业化融合发

① 中央编办发〔2015〕17 号:《中央编办关于工业和信息化部有关职责和机构调整的通知》,见 http://www.miit.gov.cn/n11293472/n11459606/n11459642/11459720.html。

展，大力促进电信、广播电视和计算机网络融合，着力推动军民融合深度发展，寓军于民，促进工业由大变强。

例2：国家信息化办公室的主要职责①

国家信息化办公室的主要职责应该包括：一是按照国家信息化领导小组制定的信息化发展战略，制订具体的信息化发展目标、政策、标准、规范等，确保国家信息化发展战略的实现；二是负责全国信息化统筹协调管理工作，指导、协调、督促信息化投资、信息化基础设施保障和产业主管部门及其他相关部门涉及信息化的管理工作；三是对电子政务实行全方位管理和协调，确定电子政务领域的主要任务和重点工程，统筹电子政务工程的投资、立项、监管等；四是制定保障国家信息系统安全的战略、规划、法规、政策等（信息化内容安全除外）；五是在充分利用市场机制的基础上，组织协调关键信息技术和信息系统的开发和攻关等。

例3：国家新闻出版广电总局主要职责②

负责拟订新闻出版广播影视宣传的方针政策，把握正确的舆论导向和创作导向；负责起草新闻出版广播影视和著作权管理的法律法规草案，制定部门规章、政策、行业标准并组织实施和监督检查；负责制定新闻出版广播影视领域事业发展政策和规划，组织实施重大公益工程和公益活动，扶助老少边穷地区新闻出版广播影视建设和发展；负责制定国家古籍整理出版规划并组织实施；负责统筹规划新闻出版广播影视产业发展，制定发展规划、产业政策并组织实施，推进新闻出版广播影视领域的体制机制改革；依法负责新闻出版广播影视统计工作；负责监督管理新闻出版广播影视机构和业务以及出版物、广播影视节目的内容和质量，实施依法设定的行政许可并承担相应责任，指导对市场经营活动的监督管理工作，组织查处重大违法违规行为；指导监管广播电视广告播放；负责全国新闻记者证的监制管理；负责对互联网出版和开办手机书刊、手机文学业务等数字出版内容和活动进行

① 汪玉凯：《中央网络安全与信息化领导小组的由来及影响》，2014年3月6日，见http://theory.people.com.cn/n/2014/0303/c40531-24510897-3.html。

② 孙杨：《中国国家新闻出版广电总局将取消20项审批职责》，2013年7月17日，见http://news.xinhuanet.com/politics/2013-07/17/c_116575747.htm。

监管；负责对网络视听节目、公共视听载体播放的广播影视节目进行监管，审查其内容和质量；负责推进新闻出版广播影视与科技融合，依法拟订新闻出版广播影视科技发展规划、政策和行业技术标准，并组织实施和监督检查；负责对广播电视节目传输覆盖、监测和安全播出进行监管，推进广电网与电信网、互联网三网融合，推进应急广播建设；负责指导、协调新闻出版广播影视系统安全保卫工作；负责印刷业的监督管理；负责出版物的进口管理和广播影视节目的进口、收录管理，协调推动新闻出版广播影视领域“走出去”工作；负责新闻出版广播影视和著作权管理领域对外及对港澳台的交流与合作；负责著作权管理和公共服务，组织查处有重大影响和涉外的著作权侵权盗版案件，负责处理涉外著作权关系和有关著作权国际条约应对事务；负责组织、指导、协调全国“扫黄打非”工作，组织查处大案要案，承担全国“扫黄打非”工作小组日常工作；领导中央人民广播电台、中国国际广播电台和中央电视台，对其宣传、发展、传输覆盖等重大事项进行指导、协调和管理；承办党中央、国务院交办的其他事项。

二、企业的结构与职能

企业，作为网络内容建设重要主体之一，既包括直接作用于网络内容建设的互联网企业，也包括运用互联网开展商业活动的传统企业。尤其是随着互联网与经济活动的全面结合，越来越多的传统企业也积极投身到网络内容的建设中来。

（一）企业的结构

企业，作为我国网络内容建设的第二大主体，他们既掌握着全国的网络经济命脉，又拥有网络内容建设的巨大技术力量。下面试图从数量、行业、产品三方面来呈现其结构。

1. 数量结构

随着我国商事制度改革的实施，我国企业数量快速增长，平均每天新登记企业1.06万户，市场活力进一步激发。[①] 2014年，我国信息传输、软件和

① 陈晨：《2014年新增企业数量多》，《光明日报》2015年1月23日。

信息技术服务业新增 14.67 万户,增长 97.87%,科学研究和技术服务业 26.26 万户,增长 70.32%。① 信息技术等现代服务企业孕育着强大的网络内容建设能力。

(1)企业整体情况

截至 2014 年底,我国实有企业共计 1819.28 万户(含分支机构)②;企业使用互联网办公的比例为 78.7%,实现互联网宽带接入的比例为 77.4%。③ 这些企业日益成为当前我国网络内容建设的重要主体。

(2)地区企业情况

近几年来,我国西部地区经济飞速发展,其所在地区企业计算机与互联网使用状况发展较好,他们的互联网使用率仅次于经济发达的东部地区(85.1%)达到 79.2%④,就是有力的证明。

(3)企业规模情况

从企业规模看,50 人及以上规模的企业,互联网使用比例均超过 80%,100—299 人的大中型企业互联网使用率最高,达到 85.6%;仅 8—19 人小型和 7 人及以下微型企业的互联网使用比例低于全国平均水平,分别为 77.4%和 66.4%。

(4)独立建站情况

全国有 41.4%的企业建立了独立的企业网站,同时有 17.0%的企业利用电子商务平台建立了网店;其中,独立企业网站.com 域名的使用率为 76.2%,.cn 的使用率为 31.9%。

---

① 国务院新闻办公室:《国家工商总局举行 2014 年度全国工商工作情况发布会》,2015 年 1 月 23 日,见 http://www.scio.gov.cn/xwfbh/gbwxwfbh/fbh/Document/1393162/1393162.html。

② 国家工商总局:《2014 年度全国市场主体发展、工商行政管理市场监管和消费维权有关情况》,2015 年 1 月 23 日,见 http://www.saic.gov.cn/zwgk/tjzl/zhtj/xxzx/201501/t20150123_151591.html。

③ 中国互联网信息中心:《2014 年下半年中国企业互联网应用状况调查报告》,2015 年 3 月 16 日,见 http://www.cnnic.net.cn/hlwfzyj/hlwxzbg/hlwqybg/201503/t20150316_51984.html。

④ 中国互联网信息中心:《2014 年下半年中国企业互联网应用状况调查报告》。

2. 行业结构

这里的行业，从广义来看，主要可分为三类：即网络设备生产企业、网络运营企业和网络服务企业。网络运营企业，目前主要有中国移动、中国联通、中国电信、中国网通、中国铁通等。从狭义来看，主要指人们常说的网络运营企业或网络运营商，即在因特网上为信息的传输、发布、搜索、获取等提供服务的商业主体或运营商。根据这些商业主体在整个虚拟网络系统中发挥的作用，当前国际通行的做法，把网络运营商分为两大基本类型①：网络接入提供服务商，网络内容提供服务商。前者多数是从事网络的接入、运营维护等技术支撑工作；后者多数是指利用互联网提供信息服务的企业，表现形式上以开办、经营网站提供有偿或无偿信息服务及相关业务服务为特征。也有研究者详细地将其分为六种类型②：提供网络传输技术的运营企业，既包括提供硬件设施（如电缆、光缆）的网络企业，也包括提供软件支持（如文件的服务器、数据库的服务器等）的网络企业；提供缓存支持的网络运营企业，其目的是提高信息传送的速度，如浏览器缓存；提供信息网络存储空间的运营企业，存储空间事实上是指可以永久存储信息的计算机外部的存储器的容量，信息网络存储空间，通常是指一些大型的一般由网络运营商提供的网络服务器；提供搜索的网络运营企业，如 Google、百度等大型搜索引擎系统；提供链接服务的网络运营企业；直接提供网页内容的网络运营企业，通常又被称为网络媒体。事实上，网络企业的分类方式还有很多，如从它们的服务内容看，又可将其具体分为网络接入服务提供者、网络平台服务提供者、网络内容及产品服务提供者。不管怎么分类，网络企业共同的特点有二：一是能提供丰富、快捷的网络内容信息和平台；二是能为网络内容建设提供坚强的技术支持。因此，这些网络企业是当前网络内容建设中最需要依仗的、最主要的企业主体。可以说，这些网络企业在一定程度上决定着我国网络内容建设和发展的整体水平。

---

① 张晔：《打击网络色情行动中运营商的法律责任》，《信息网络安全》2007 年第 5 期。

② 韩星：《论网络运营商的法律责任》，山东大学硕士学位论文，2010 年，第 6—9 页。

3. 产品结构

这里的产品特指互联网企业生产的互联网产品和相关服务,以及传统企业运用互联网以文字、图片、语音、视频、文件等各种数字形式进行呈现、销售的产品或服务。主要可以分为两大类:一是互联网产品。当前互联网产品十分丰富,主要由搜索引擎、综合门户、即时通信、电子商务四大类构成。这些互联网产品的研发问世,既为人们提供了便利的信息服务平台、信息交流平台,又提供了快捷的网上商务平台、娱乐平台,极大地拓展了人们的生存空间。课题组在对各企业的调查中发现,电子邮件的普及率最高达83.0%;搜索引擎、即时通信等应用的普及率都超过50%;网上银行的普及率也较高;但在线员工培训与网上应用系统等互联网产品的普及率处于较低水平。

二是网上营销产品。企业运用互联网开展的营销活动在不断创新,组合式营销、口碑营销、病毒营销等新术语层出不穷,企业对单一、传统营销方式的依赖度逐渐降低,同时对移动营销出现巨大需求。利用互联网开展过营销活动的受访企业中,使用率最高的是利用即时聊天工具进行营销推广,达64.7%。电子商务平台推广、搜索引擎营销推广依然较受企业欢迎,使用率达48.4%和47.4%。① 在2015年中,使用过互联网营销推广的企业,有22.5%在搜索引擎营销推广方式上的花费最多,其次是电子商务平台推广方式,占比为20.6%。与此同时,分别有21.0%和17.0%的企业认为搜索引擎营销推广和电子商务平台推广方式的效果最好。② 值得注意的是,尽管只有12.5%的企业在即时聊天工具方面的营销推广花费最多,但有16.2%的企业认为这种方式的效果最好,间接反映出即时聊天工具营销推广方式的性价比较高。

(二) 企业的职能

企业职能,原指企业经营者为了实现利润目标,对企业实行有效的经营

---

① 中国互联网信息中心:《第37次中国互联网络发展状况统计报告》。

② 韩星:《论网络运营商的法律责任》,山东大学硕士学位论文,2010年,第6—9页。

管理所必须具有的职责和功能。一般来说,具有销售、制造、筹资、引才四大职能。这里的企业主要指上文中重点强调的互联网运营企业。在网络内容建设中,互联网企业的一般职能并未发生根本性的变化,只是在一般职能的基础上,还被赋予信息监督、行业自律、社会责任、产品研发等新职能。

1. 信息监督职能

网络运营企业的监督职能一是源于其具有这种能力。信息的监督离不开相应的网络技术的支撑,网络运营企业通常都具有相应的技术,因此,根据网络运营商在网络运行中的作用,网络运营商对通过其系统或网络的信息具有实际的监控能力。二是源于网络社会的需要。无论是要保障信息网络传播的正常秩序,还是要维护网民的合法权益,都必须有相应的主体来防止和及时制止侵权行为的发生。因此,立法为网络运营商设定合理的监控义务是必要的。这样既可以激励网络运营商建立自律的机制,又主动采取有效措施来监督他人的侵权行为。网络运营商对他人的监督主要涉及两个方面①:一方面是对他人上载内容的监督。"一是事先审查义务,指在被明确告知侵权信息存在之前,主动对其系统中信息的合法性进行审查;二是事后控制义务,即在知道侵权信息存在后及时采取措施阻止侵权信息继续传播。"②这种职能的承担者主要是主机服务提供者。另一方面是协助调查义务。《保守国家秘密法》第二十八条规定:"互联网及其他公共信息网络运营商、服务商应当配合公安机关、国家安全机关、检察机关对泄密案件进行调查;发现利用互联网及其他公共信息网络发布的信息涉及泄露国家秘密的,应当立即停止传输,保存有关记录,向公安机关、国家安全机关或者保密行政管理部门报告;应当根据公安机关、国家安全机关或者保密行政管理部门的要求,删除涉及泄露国家秘密的信息。"

2. 行业自律职能

所谓行业自律,是指行业从业者要自觉规范自己的行为,从而打造良好

---

① 韩星:《论网络运营商的法律责任》,山东大学硕士学位论文,2010年,第17—19页。

② 薛虹:《网络时代的知识产权法》,法律出版社2000年版,第222页。

的行业发展环境，促进和保障我国网络内容的健康发展。法律建设往往滞后于网络社会的发展，如果仅仅依靠法律的完善来调节和规范网络从业者的行为，势必延缓网络企业和网络内容的发展步伐。根据《中国互联网行业自律公约》的规定，网络企业自律义务包括：不制作、发布或传播危害国家安全、危害社会稳定、违反法律法规以及迷信、淫秽等有害信息，依法对用户在本网站上发布的信息进行监督，及时清除有害信息；不链接含有有害信息的网站，确保网络信息内容的合法、健康；制作、发布或传播网络信息，要遵守有关保护知识产权的法律、法规；引导广大用户文明使用网络，增强网络道德意识，自觉抵制有害信息的传播。总之，无论是网络运营企业还是网络服务企业，都是网络内容建设的重要主体，都应从自身做起，恪守道德底线、把握职业操守、承担社会责任，在做到自觉传播健康向上的网络信息的基础上，积极督促他人传播、创造先进的网络内容。

3. 承担社会责任职能

网络企业作为一个经济组织，诚然在社会中少不了"经济人"的角色。但作为经济组织，如果"为了追逐金钱抛弃社会责任，无疑都是饮鸩止渴的'自杀行为'"①！可见，承担应有的社会责任，网络企业义不容辞。近年来，我国的《电信条例》《互联网信息服务管理办法》《信息网络传播权保护条例》等系列法规对网络运营企业的相关社会责任都作了具体的规定，信息产业政府主管部门更是在其业务范围内，出台了数十部规章以及众多规范性文件，明确了互联网企业在承担社会责任中的地位。这就要求网络企业不仅要履行好信息监督义务，而且要严格按照相关规定，拿出实际行动，切实承担社会责任，从而实现企业经济价值和社会价值的双赢。对此，信息产业部副部长奚国华表示："将进一步强化基础运营企业和接入商的责任和义务，要求其尽快建立发现举报机制和监督考核机制。"②

① 王晓雁：《5大电信运营商重拾社会责任强弓硬弩箭射网络色情死穴》，《法制日报》2007年6月22日。

② 王晓雁：《5大电信运营商重拾社会责任强弓硬弩箭射网络色情死穴》，《法制日报》2007年6月22日。

4. 技术研发职能

习近平同志强调:“建设网络强国,要有自己的技术,有过硬的技术,要有良好的信息基础设施,形成实力雄厚的信息经济。”①互联网企业作为网络内容建设的重要技术主体,无疑应自觉承担起网络技术和网络产品的研发职能。企业的研发职能可以通过与同行、高校、金融机构以及客户的能量转换来实现。

一是同行之间的能量转换。互联网企业可以通过标杆管理向竞争对手学习,通过树立标杆,可以了解竞争对手的技术状态水平,从而构建具体的目标,提升企业的产品研发能力和服务能力。② 以百度为例,百度公司的创始人、董事长兼 CEO 李彦宏在创业之前,曾在美国硅谷的著名搜索引擎公司 Infoseek(搜信)工作三年,积攒了丰富的实践经验,加上自己学习期间获得的搜索专利技术,才有了今天百度的行业龙头地位。

二是与高校的能量转换。一方面,当互联网企业自身研发条件有限时,就必须与具有一批高技术、高科研能力人才的高校或者研发机构进行沟通、互动,实现研发的需求;另一方面,当互联网企业达到一定的规模,就要开始着手构建自己的技术研究院所,专门负责本企业的核心技术研发。百度作为全球最大的中文搜索引擎,掌握着互联网搜索行业最为尖端的技术。他们组建自己的技术学院,目的是根据公司未来发展的需要,着手培养相应的互联网络技术人才。

三是与客户的能量转换。只有通过与客户进行良好的双向互动,才能最大限度地保证双方需求的实现。根据奇虎 360 董事长周鸿祎所言,要先考虑“用户体验”,再谈现实利益。奇虎 360 公司也充分地将这一理念贯彻到了生产和管理的全过程:如“电脑体检”“开机助手”等软件,不仅是网络时代应运而生的产物,更是结合了中国网民使用电脑上网的实际情况,有效

① 沈逸:《互联网助力深化改革,建设网络强国》,2015 年 11 月 2 日,见 http://news.xinhuanet.com/fortune/2015-11/02/c_128385924.htm。

② 中国互联网信息中心:《2014 年下半年中国企业互联网应用状况调查报告》,2015 年 3 月 16 日,见 http://www. cnnic. net. cn/hlwfzyj/hlwxzbg/hlwqybg/201503/t20150316_51984.html。

地对电脑病毒的入侵进行隔离和查杀,并能对有不良网络内容的网站进行拦截。

四是与金融机构的能量转换。无论是技术研发还是产品研发的实现,都需要强大的资金来支撑。通过对百度网发展历程的分析发现,百度网能取得并保持全球最大中文搜索引擎的地位,与其在 2000 年年初、2000 年 9 月以及 2003 年年底的三次融资密切相关。因此,对互联网企业而言,能否与相应的金融机构进行有效互动,以获得足够的资金支持,是决定互联网企业成败的关键一步。

三、高校的结构与职能

高校在国家建设中一直扮演着关键角色。网络信息时代,高校也正利用自身的人才培养、知识技能和科研等优势,为我国网络内容建设发挥着举足轻重的作用。

(一) 高校的结构

教育部最新统计显示,截至 2015 年 5 月 21 日,全国高等学校共计 2845 所,其中,普通高等学校 2553 所(含独立设置民办普通高校 447 所,独立学院 275 所,中外合作办学 7 所),成人高等学校 292 所。① 我国自实施"校校通"工程以来,几乎所有高校都已连接互联网络,并成为网络内容的建设者。本课题组主要围绕普通高等学校的网络内容建设情况进行结构分析。

1. 数量结构

近年来,我国高校数量发展迅速,每年都有新增的高等院校。2015 年我国拥有普通高等学校 2553 所,比上年增加 24 所;2014 年 2529 所,比上年增加 38 所。②

(1)官网建站情况

近年来,随着信息技术和网络技术的高速发展,高校网站已逐渐成为社

---

① 中华人民共和国教育部:《2015 年全国高等学校名单》,2015 年 5 月 21 日,见 http://www.moe.gov.cn/srcsite/A03/moe_634/201505/t20150521_189479.html。

② 中华人民共和国教育部:《2015 年全国高等学校名单》,2015 年 5 月 21 日,见 http://www.moe.gov.cn/srcsite/A03/moe_634/201505/t20150521_189479.html。

会各界获取高校信息的重要门户，高校信息公开网站的建设情况一定程度上能反映出学校网络内容建设的状况。随着"教育信息化"工程和"高等学校信息公开"项目的推进，我国几乎所有高校都在互联网上建立了自己的门户网站。课题组在调研中也发现，除个别高校因为网络或服务器端故障等客观因素导致该校官网无法打开外，大多数官网运行正常，且更新日期靠前。

（2）思政教育建站情况

运用互联网平台开展思想政治教育，将核心价值观等主流意识形态渗透于互联网，是我国网络内容建设的重要目标。调查中我们了解到，近年来，虽然所有高校都设立了自己的官方网站，但设立了思想政治教育网站的高校并不多，有的高校曾经有过专门的思政网站，而如今已无人问津。当然，这并不代表高校就不重视网络思想政治教育，因为有些高校把思想政治教育的内容融入了学校门户网站中；有些把思想政治教育的内容融入了大学生论坛、教师微博、学校微信公众号等新载体中。

2. 层次结构

我国普通高等学校的层次，人们公认的分法有两种：一是本科院校和高职专科院校；另外一种则是以"211 工程和 985 工程"院校为代表的国家重点建设大学和普通高等院校。下面，着重从这两方面分析其结构。

（1）本科院校和高职专科院校

据教育部统计，2014 年普通高等学校本科、高职（专科）全日制在校生平均规模 9995 人，其中，本科学校 14342 人，高职（专科）学校 6057 人。① 在网络内容的建设方面，课题组在全国调研了 16 所高校，其中，14 所本科院校和 2 所高职专科院校。调查中我们发现，"拥有校园网络"的高校总计达到 100%；同时，都"开设了校园思想政治教育类社区或论坛"，并且有专人进行网站维护。另外，随着校园网络内容建设进程的不断加快，高校师生都有自己"专用的校园网络账号"，用以查询、缴费或者获取网络信息；高校

---

① 王晓雁：《5 大电信运营商重拾社会责任强弓硬弩箭射网络色情死穴》，《法制日报》2007 年 6 月 22 日。

师生及管理者“对当前高校校园网络内容建设的满意度”,平均值为84.56%,其中满意度最低的为两所高职专科院校(湖南城建职业技术学院和湖南民族职业学院)。究其原因,可能是由于高职专科院校的经费紧张或师生更趋于关注如“就业”等现实问题,从而弱化了校园网络内容的建设。

(2)国家重点建设大学和普通高等院校

我们在调查中发现,在校园网络内容建设方面,“211 工程和 985 工程”高校与一般普通高校,并没有实质性的差异。16 所高校中,除两所高职专科院校和位于青海的两所高校以外,都有专门的校内上网场所和校园无线网络的覆盖;湖南大学等 13 所高校有英文版的校园网站,比例为 81.25%;湖南大学等 11 所高校拥有校园官方微博或微信,比例为 68.75%。此外,除两所高职专科院校外,都有留学生教育与国际交流栏目。不过,在调研的 16 所高校中,真正实现了网络开放课程(即“慕课”)教学的,多见于发达的一线省市,如北京市、天津市以及广东省等省市的高校。

(二) 高校的职能

高校作为校园网络内容建设的主体,应该履行好哪些职责呢?2013 年 9 月 15 日至 16 日,教育部党组副书记、副部长杜玉波在四川调研高校网络文化建设和管理工作时强调:“要深入学习贯彻全国宣传思想工作会议精神,把网络文化建设和管理摆在高校宣传思想工作更加突出的位置,高度重视,精心实施,抓出实效。”那么如何才能抓出实效呢?杜部长进一步指出:“建好网,掌握高校网络文化育人工作主动权,用好网,掌握高校网络舆论引导话语权,管好网,掌握高校网络管理工作主导权,不断提高高校网络文化建设和管理工作科学化水平。”①据此,我们认为高校在网络内容建设中的职能,正好可以用“建好网、用好网、管好网”这“三好”来概括。

1. 建好校园网

建好校园网,主要有两个方面的内涵。一是要加大投入,确保校园网的

---

① 李蓉生:《高校网络文化建设工作座谈会在蓉召开》,2013 年 9 月 22 日,见 http://www.sctv-8.com.cn/show.php? id=3432。

硬件建设。既要加大人力投入,成立专门部门,配备骨干力量,加强领导,又要加大资金投入,做实条件保障,如服务器的更新改造、校园网带宽的提升、无线网建设等,在谋划全局、建立机制、增强实效上狠下功夫;二是要高度重视,确保校园网的软件建设。一方面,校园网络内容建设是高校信息化发展的必然要求,是高校深化教育改革的重要载体,不能仅仅流于形式,应该将其纳入学校发展的议事日程,纳入校园文化的总体规划布局中;另一方面,就是要牢牢把握学校意识形态工作的领导权、管理权和话语权,把意识形态教育、理想信念教育这一核心任务巧妙地融入高校网络建设与管理工作的重点,确保主流思想和舆论占领校园网络阵地。

2. 用好校园网

用好校园网是建好校园网的直接目的。教育部关于印发《教育部 2014 年工作要点》的通知中指出:各级教育部门要加强网络思想政治教育,并且启动实施中国大学生在线引领工程。可见,用好校园网,促进高校校园网络文化健康、有序、快速地发展,也是国家和相关职能部门对高校提出的客观要求。高校一是要利用校园网络文化的整合功能,逐步实现文化知识教育、思想政治教育、思维方式与行为方式更新的一体化教化;二是要通过校园数字化管理为全校师生和行政人员全力打造高速、适时、实用、全面、周到的服务平台;三是要为全校师生提供贴身的学习、工作、娱乐等虚拟化社区空间、板块,方便师生学习交流;四是要充分发挥校园网络的育人功能,通过开设学习兴趣小组、网络设计大赛、网页设计大赛等活动,丰富校园网络文化,最大限度地发挥校园网的功能。

3. 管好校园网

网络的隐蔽性和虚拟性,网络内容的良莠不齐,与大学生的好奇性交织在一起,可能导致部分学生在网上无所适从、误入歧途甚至肆无忌惮。如有的学生浏览不良网站,有的学生沉迷网络游戏,甚至有学生利用网络犯罪,等等。面对这些严重危及学生正常学习和生活的现象,高校应该尽快健全网络内容的监管机制。一是要加强完善校园网络管理的相关制度和规范,使校园网的管理有章可循。二是要通过技术手段对校园网络进行实时监控。要对校园网络信息进行搜集、分析、处理,把有违社会主义道德、有损党和国家形象等信息言论彻底清除。三是要定期对师生进行网络安全教育和网络道德教育。高校师生既是校园网络文化的创造者,又是校园网络文化的传播者,同时还是校园网络文化成果的使用者。高校作为校园网络内容的监管主体,对其师生进行网络安全教育和网络道德教育,以提高其自身对网络信息的识别能力和对不良信息的分辨、抵制、自控能力,是必不可少的。

诚然,以上三种主要职能,我们是从一般意义上来探讨的。事实上,在网络内容建设和管理的实践中,高校还一直在努力实现其"信息服务"、"知识传承创新"以及"意识形态建设"等多种具体职能。

四、网民的结构与职能

在我国,"网民(netizen)指那些半年内使用过互联网的六周岁及以上中国公民。"①从 1994 年中国互联网时代的正式开启,短短 21 年时间,中国已经成了全球公认的网络大国。下面,我们以《第 37 次中国互联网络发展状况统计报告》数据为基础,结合本课题组在全国范围内对湖南等十个省市的问卷调查情况来分析网民的结构情况。

(一)网民的结构

1. 数量结构

2016 年 1 月,中国互联网络信息中心发布第 37 次《中国互联网络发展状况统计报告》②显示,截至 2015 年 12 月,我国网民规模达 6.88 亿,互联网普及率为 50.3%。与 2014 年年底相比,半年内新增网民 3951 万人,互联网普及率提升了 2.4 个百分点。手机网民规模达 6.20 亿,网民中使用手机上网的百分比为 90.1%(见图 4-1)。

2. 性别结构

据《第 37 次中国互联网络发展状况统计报告》数据显示,截至 2015 年 12 月,中国网民男女比例为 53.6∶46.4,网民性别结构取向均衡。③ 本课题组的

① 百度百科:《"网民"》,2015 年 7 月 23 日,见 http://baike.baidu.com/view/7657.htm。

② 中国互联网信息中心:《第 37 次中国互联网络发展状况统计报告》。

③ 中国互联网信息中心:《第 37 次中国互联网络发展状况统计报告》。

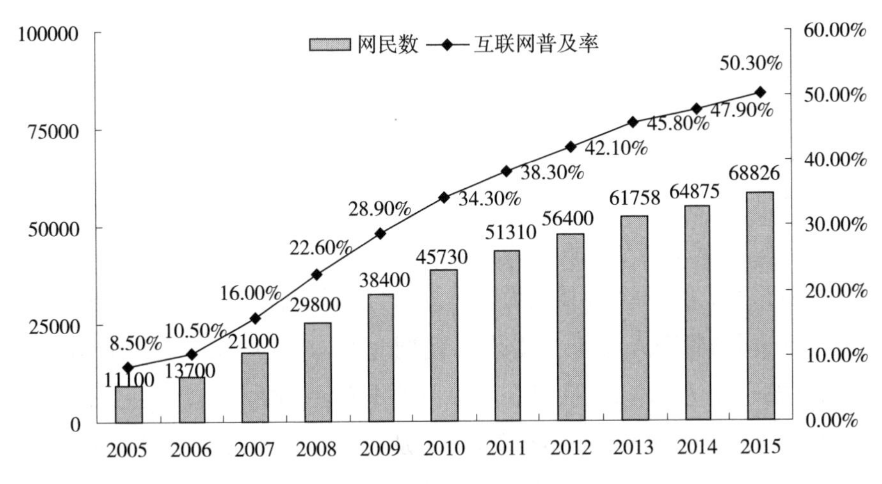

图 4-1 中国网民规模和互联网普及率

数据来源:《第 37 次中国互联网络发展状况统计报告》。

调查样本中,网民男女比例为 50.88∶49.20,性别比例基本持平(见图 1)。

3. 年龄结构

据《第 37 次中国互联网络发展状况统计报告》数据显示,截至 2015 年 12 月,我国网民以 10—39 岁年龄段为主要群体,比例达 75.1%。其中,20—29 岁年龄段的网民比例最高,为 29.9%。① 本课题组的调查样本中:15—35 岁年龄段的网民群体比例为 81.4%,其中 15—25 岁年龄段网民比例最高,达 51%(见图 3)。

4. 学历结构

据《第 37 次中国互联网络发展状况统计报告》数据显示,网民中具备中等教育程度的群体规模最大,初中、高中/中专/技校学历的网民占比分别为 37.4%、29.2%。与 2014 年年底相比,小学及以下学历人群占比提升了 2.6 个百分点,中国网民继续向低学历人群扩散。② 在本课题组的调查样本中,大专及以下学历的上网人群比例最高,为 53%(见图 5)。结合我国实际情况,不难发现,随着计算机和互联网络的普及,网民群体表现出年龄小、

① 中国互联网信息中心:《第 37 次中国互联网络发展状况统计报告》。

② 中国互联网信息中心:《第 37 次中国互联网络发展状况统计报告》。

学历低的特征和趋势。

5. 政治面貌结构

本课题组的调查样本中，共青团员为49.30%；群众为26.90%；共产党员为20.50%；民主党派为3.30%（见图4）。

6. 职业结构

据《第37次中国互联网络发展状况统计报告》数据显示，网民中学生群体比例最高，为25.2%；其次为个体户/自由职业者，比例为22.1%；再次是企业/公司的管理人员和一般职员，比例为15.2%。① 本课题组的调查样本中，在校学生达54%；其次是企业单位工作人员，比例为11%（见图2）。

概言之，无论是从职业结构看，还是从年龄结构和政治面貌结构看，都足以说明在校学生是我国网民的主要组成部分。这更加凸显了我国网络内容建设和管理的重要性和紧迫性。

（二）网民的职能

中国6.88亿网民，无疑是一个巨大的数字。他们通过参与政治、表达意见、提出建议，参与网络投票等网络活动，参与网络社会的水平和程度越来越高，对网络内容建设的影响力亦越来越大，网民介入进而影响现实社会的趋势日益明显。可以说，随着我国网民数量的迅速增加，我国网民的力量亦在迅速积累。网民这股强大力量的正常发挥，无疑会以惊人的速度推动着我国的网络经济、政治、文化和整个网络社会的快速发展和繁荣昌盛。不可否认，大多数网民的是非观正确，网络行为规范，但网络固有的存在方式，客观上使得网民的"畅所欲言""我行我素"失去控制，因此，"网络安全问题也相伴而生，网络攻击、网络恐怖等安全事件时有发生，侵犯个人隐私、窃取个人信息、诈骗钱财等违法犯罪行为依然猖獗，网上黄赌毒、网络谣言等屡见不鲜，已经成为影响国家公共安全的突出问题，人民群众对打击网络有害信息和不法行为的呼声非常强烈。"②这些网络失范言行，小则会影响到网

① 中国互联网信息中心：《第37次中国互联网络发展状况统计报告》。

② 李林：《突出青少年网络安全教育 培育"中国好网民"》，《中国青年报》2015年6月2日。

民的切身利益,大则危及国家安全和发展。正是从这个意义上说,在网络内容的建设中,网民在客观上被赋予了自律、自省等主要职能。

1. 自律职能

所谓自律,是指网民自觉遵守法律法规和社会道德规范,以自我约束、自我监督、自我控制和自我规范的方式从事一切网络活动。网民自律是实现理性使用网络资源、营造健康有序网络环境的最佳策略。网民要实现自律职能,需要从以下两方面努力:

一是要树立自律意识。互联网的开放特征给网民打造了一个良好的参与互动平台,网民在社会生活中政治参与的不足得到改善。网民不仅要通过充分利用网络平台,展示和发挥自身才能,陶冶情操,更要树立自律意识。但当前,借助网络传播谣言、诈骗、盗窃、洗钱等行为并不少见,还有研究者指出:普通网民在网络社会中存在满足于"看客"及盲目跟风等不足。① 上述种种怪象的深层原因是网民的自律意识缺乏。

二是要践行自律行为。目前,网民较为普遍的网络活动主要有三类:电子商务。根据《第 37 次中国互联网络发展状况统计报告》统计数据,截至 2015 年 12 月,我国使用网络进行购物的网民比例已达到 60.6%,并呈现出明显的上升趋势。②

即时通信。常见的 QQ、电子邮件等都是使用最多的即时通信工具;此外,随着智能手机的普及,手机即时通信迅速成为备受年轻网民群体追捧的上网选择。特别是微博、微信等"微产品"的先后出现,不断提高着现代即时通信的速度与效率。

浏览视频。截至 2015 年 12 月,中国网络视频用户规模达 5.04 亿,网络视频用户使用率为 73.2%;手机视频的用户规模和使用率仍然保持增长态势。③ 以上网络活动的平台,可以说是完全开放的。如此大规模网民的

---

① 郭瑞:《中国网民主体特征分析》,湖南师范大学硕士学位论文,2012 年,第 26 页。

② 中国互联网信息中心:《第 37 次中国互联网络发展状况统计报告》。

③ 李林:《突出青少年网络安全教育　培育"中国好网民"》,《中国青年报》2015 年 6 月 2 日。

海量网络行为,完全靠法律来约束或政府的监管,难度很大,更多的有赖于网民的自律。但调查表明,当前网民存在一些不良的网络行为(见图15),如浏览淫秽内容、浏览危害国家安全的内容、参与网络赌博、网络欺诈、进行网络语言暴力等。长此以往,这些不自律的网络行为,不仅将损害我们自身的身心健康,也将危及他人、乃至国家的利益。

2. 自省职能

著名的舆情信息研究专家毕宏音曾指出,当前我国网民普遍具有渴求新知、猎奇探究、彰显个性、娱乐时尚、减压宣泄、跟风从众、追求平等、渴望创新、自我实现九大心理特征。① 不同的心理会产生不同的网络行为。要建设健康向上的网络内容,就需要网民将生活中常用的“自省”运用于网络活动之中,自觉履行自省职能。

网民的自省职能,主要体现在以下几个方面:一是在娱乐、探知中自控。根据我们的调查数据显示,参与调查的网民群体中,经常使用网络娱乐产品的人数达到53.50%;其次以浏览网络新闻资讯类的人数居多,为53.20%(见图6);另外,网民的网络视频使用率达69.1%。然而无论是网络娱乐产品,还是网络视频中,不乏一些不健康的内容。因此,网民在网络中实现自己的心理需求的同时,应及时反省自控,做到娱乐而不沉迷,宣泄而不放纵。二是面对事情不跟风。目前,信息网络技术向着5W的方式转变:即Whoever, Whenever, Wherever, Whomever, Whatever,这意味着任何人可以在任何时间任何地点和任何人通过网络传达任何信息。② 这说明网络生活已成为我国人民日常生活中的常态。但面对网络议题的跟风现象却不少见。例如,近期有大学生在网络上质疑“黄继光堵枪眼是不是为鼓舞士气而虚构的”。面对这一问题,《解放军报》派出记者进行了实地走访和取证,并及时在相应纸媒(《解放军报》)和电子媒体(《中国军网》)上予以公布。但部分网民不仅没有对此话题予以反思和正确的引导,反而在不加思考、不做调研

① 毕宏音:《网民心理特点分析》,《社科纵横》2006年第9期。

② 石敦良:《关于网络监管的制度建设的思考》,复旦大学硕士学位论文,2008年,第36页。

的基础上，随意抛出“雷锋日记都是造假”“邱少云从没炸过碉堡”等不实言论，这是一种典型的不负责任的跟风行为，对网民尤其是青少年网民正确历史观和国家观的培养有百害而无一利。针对以上现象，网民首先要了解事情真相，理性看待网上言论和观点。在了解事情真相后，敢于并善于客观公正表达自己建设性的观点，敢于直面存在的问题，并提出现实可行的意见和建议。既行使好网民的权力，又履行好网民该尽的责任和义务。

总之，网民要严格要求自己，自觉做到“健康上网，上健康的网”。自觉践行社会主义核心价值观，弘扬网上正能量，做一个“有高度的安全意识、有文明的网络素养、有守法的行为习惯、有必备的防护技能”的中国好网民。①

第二节　网络内容建设主体的角色扮演

如果说前文对网络内容建设主体职能的探讨，是从一种静态的视角来思考政府、企业、高校和网民四大主体该做什么与不该做什么，那么，对网络主体角色扮演的调研，则是以一种动态的视角来客观呈现这四大主体实际上在做什么、做了什么以及做得如何等问题。

一、政府的角色扮演

（一）政府扮演着引导者、监管者等多重角色

课题组针对政府在网络文化建设和管理中扮演了哪些角色，进行了问卷调查，统计结果显示：“舆论宣传的引导者”“网络内容监管者”“网络内容把关者”三种角色依次位居前三，比例分别为 60.9%、59.7%、47.2%，但只有 24.8%的人认为政府扮演了“人才队伍建设者”的角色（见图 51），这从一个侧面说明政府在舆论引导、内容监管与把关等方面做出了较好的成绩，但在人才队伍建设方面的工作还需加强。

---

① 李林：《突出青少年网络安全教育　培育“中国好网民”》，《中国青年报》2015 年 6 月 2 日。

（二）政府“监管角色”的认可度不高

监管是保证网络内容朝着健康的方向发展必不可少的有效手段。① 政府不仅是我国网络内容的宣传引导者，更是网络内容的监管者。政府对互联网的监管效度与我国网络内容发展和繁荣的程度息息相关。但从我们课题组的调查结果看，人们对政府“监管角色”的满意度却不尽如人意。主要体现在以下三个方面：

一是对政府监管措施认可度不高（见图54）。在问及“当前政府部门对网络内容引导和监管的力度如何？”时，51%的人认为“措施一般”，有17%的人认为“措施不力或很不力”，只有6%的人认为“措施很到位”。二是对政府的“监管保障机制”认可度不高（见图56）。当问及“您认为目前我国网络内容建设的保障机制中，迫切需要加强的方面是什么？”时，有63.9%的人认为政府的“监管保障机制”亟待加强。三是认为政府在“监管”方面存在的问题较多（见图57）。65.1%的人认为“相关职能部门多头管理、职能交叉、权责不易、效率不高”；51%的人认为“队伍建设不力”；43.9%的人认为政府监管“途径单一”；31%的人认为政府监管“目标不明确”；等等。

（三）政府角色扮演欠充分

可以肯定的是，一直以来，我国政府在网络内容建设和管理方面做出了巨大的努力，也取得了令人瞩目的成绩。如“中国梦”“社会主义核心价值观”等主流意识等对网络内容的引领作用日益显现，国家的相关制度和文件精神，也在网络平台上得到了充分的解读和传播。但不容忽视的是，仍有个别别有用心者，屡屡在网络上“兴风作浪”。我们提倡的，他就反对；我们支持的，他就抵制。这就加大了政府在网络内容建设、舆论引导与监管方面的难度，也决定了政府充分实现其角色的难度。一是对“网络新闻资讯”“网络娱乐产品”等的监管力度不够。当问及“当前亟须政府进行引导的网络内容”时（见图53），54.9%的人认为是“网络新闻资讯”；48.4%的人认为是“网络娱乐产品”；46.30%的人认为是“网络社交媒体内容”。二是政府

---

① 石敦良：《关于网络监管的制度建设的思考》，复旦大学硕士学位论文，2008年，第45页。

网站内容的“权威性”和“可信度”不高。当问及“您认为我国政府在社会主义核心价值观的网络引导方面还需要做哪些努力?”时(见图55),63.6%的人认为是“提升网络内容的‘权威性’和‘可信度’”;有51.9%的人认为是“对误导要进行责任追究”。三是对互联网企业风险投资的政策支持力度不够。在互联网企业风险投资方面,只有17%的人非常认同政府给予了政策支持,23%的人比较认同这一观点。可见,有60%的人认为政府的政策支持力度不够(见图65)。四是政府网站的服务职能未能充分发挥。前文已述,建设高水平的数字化、图表化、可视化的电子政务系统是政府实现服务职能的重要载体。实践中,绝大多数的政府网站内容全面,形式新颖,更新速度快,使用便捷,但也存在“僵尸网站”。① 以《华西都市报》披露的四川省泸州市龙马潭区莲花池街道办事处网站为例:记者点击相关栏目时显示“暂无资料”。显然,政府网站出现“睡眠”“僵尸”现象的重要原因,是一些地方政府建立网站的目的偏离了服务百姓这一目标。对此,国务院已经发布通知,部署从2015年3月至12月,对全国上至国家部委、下至地方乡镇的几万个政府网站进行首次普查,普查的重点为网站的可用性、信息更新情况等,以此来强化政府网站的服务职能。

概言之,政府在我国网络内容建设和管理的过程中,担负着多重角色的重任,并取得了骄人的成绩。但政府角色的实践效果无论是离人们的期待,还是离政府职能的要求,都还有一定的差距。因此,如何更好地、最大限度地实现政府的各种职能,还有很远的路要走。我们认为,目前尤其要重点做好以下两个方面的工作:一是完善并制定关于互联网络发展和管理的法律法规。所谓完善现有的法律体系,旨在保留适应当前网络发展的条款,修改、废止已不适用于现实需要的条文,制定新的网络监管的法律、法规,前瞻性地思考和把握网络内容的发展趋势,最大限度地实现政府权力对网络内容的监督与管理,最大限度地保护好公民的言论自由、隐私权等基本权

① 李林:《突出青少年网络安全教育 培育“中国好网民”》,《中国青年报》2015年6月2日。

利。[①] 二是着重监管和保护未成年人的上网安全。近年来,我国网民逐渐呈低龄化的发展趋势,未成年人已然成为我国主要的网民群体之一。但由于未成年人还未形成稳定而正确的世界观、人生观和价值观,极易受到不良网络内容的影响。因此,政府要优先考虑和维护未成年人的上网安全,营造一个健康向上的网络环境。

二、企业的角色扮演

(一) 网络企业扮演着"双重利益兼顾者"等多重角色,并取得了较好的效果

当问及"您认为网络内容提供商、运营商在网络内容建设中扮演了什么角色?"时(见图 74),62.8%的人选择"社会主义核心价值观的培育和践行者";62.3%的人选择了"以社会利益为先,兼顾经济利益者";48.5%的人认为是"产业发展的先行者";还有 27.8%的人认为是"网络技术的创新者";只有 13.5%的被调查者认为网络企业"只顾经济利益,不顾社会利益者"。这从一个侧面说明了我国互联网企业在网络内容建设中扮演着十分丰富而重要的社会角色,绝大多数企业拥有"兼顾社会利益与经济利益"的正确的价值观,只有极少数网络企业"只顾经济利益,不顾社会利益",这也在一定程度上改变了人们对互联网企业在运营过程中"经济利益至上"的偏见。当问及"企业在加强网络内容建设和管理方面取得的主要成效"时(见图 88),有 50%以上的人认为:"网络内容不断丰富、网络内容品位有所提高、网络环境得到了进一步净化、正面舆论影响有所增强、网络内容的可信度不断提高"等。以上这些内容都是我国党和政府在加强网络内容建设上十分重视的议题。这从一个侧面说明了绝大多数互联网企业在企业运营过程中,不仅能够紧密结合党和政府的政策和精神,而且能够站在积极推进互联网建设的高度来开展相关工作,并取得了较好的效果。

---

① 王哲:《政府网络监管问题研究》,吉林财经大学硕士学位论文,2011 年,第 29 页。

（二）行业自律职能远未实现

不可否认，互联网企业为人们的工作、学习和生活等提供着日益丰富、快捷、周全的信息、技术等服务。但同时也存在“行为失范”等现象。调查数据显示（见图85）：69.5%的被调查者认为互联网企业在运营过程中“出卖用户资料”；63.1%的人认为其“未保护好商业标记和商业秘密”；49.6%的人认为其“有违知识产权保护的行为”；39.9%的人认为其“对作品未进行良好的技术保密措施”；63.9%的人认为其“传播色情、暴力、赌博、迷信、危害国家安全的内容”；等等。另有72.2%的人认为我国互联网企业的“行业自律”不及西方国家互联网企业（见图90）。可见，互联网企业的行业自律职能目标还实现得非常不够。

（三）网络内容监督任重而道远

前文已述，监督职能是互联网企业可以而且应该尽到的义务。我们不能否定，近年来互联网企业无论是在规模还是服务社会的水平和质量上，都有了长足的发展。但其在履行监督职能的过程中，还存在较多的问题。主要表现在网络内容监督方面（如图89）：73%的人认为“网上虚假信息、不健康信息和违法犯罪活动没有得到有效遏制”；56.3%的人认为“一些错误观点和不良情绪的网上传播没有得到有效控制”。

（四）整体建设水平不容乐观

我国互联网络的建设成果主要体现在通信技术、计算机技术与互联网业务的发展上，如3G、4G通讯网络技术的逐步成熟、三网融合、物联网、云计算服务等新兴应用的兴起等。这些成果凸显了我国互联网企业在网络技术研发上已初见成效。从2015年世界五百强企业（见表4-1）看，中国已有九家互联网企业榜上有名。但与世界其他国家相比（见表4-2），我国在互联网络核心技术的掌握和开发上，却还有很长的路要走。具体不足主要表现在以下四个方面（见图89）：一是“网上优秀文化产品和服务供给不足”；二是“网络内容的国际传播能力不强”；三是网络硬件建设落后（如网络基础设施薄弱且地区发展不平衡、网络信息技术落后、网络产业发展滞后等）；四是“缺乏网络内容建设和管理的复合型人才”。

表 4-1 2015 年世界五百强中的中国互联网企业类型 单位:家

企业类别	企业名称	服务对象	排名情况
电信	中国联合网络通信股份有限公司	手机用户	227
	中国电信集团公司	手机用户	160
	中国移动通信集团公司	手机用户	55
计算机、办公设备	仁宝电脑	计算机用户	423
	广达电脑	计算机用户	389
	和硕	计算机用户	355
	联想集团	计算机用户	231
网络、通讯设备	中国电子信息产业集团有限公司	计算机用户	366
	华为投资控股有限公司	手机用户	228

资料来源:《财富中文网》。

表 4-2 2015 年世界五百强的中国互联网企业总数 单位:家

行业名称	企业总数	中国企业总数
电信	18	3
计算机、办公设备	7	4
网络、通讯设备	5	2
信息技术服务	4	0
网络服务和零售	2	0
计算机软件	2	0
计算机周边产品	1	0

资料来源:《财富中文网》。

三、高校的角色扮演

校园网已经成为高校各种言论、声音的集散地。① 大学生是校园网上十分活跃的群体。高校作为校园网建设的重要主体,理应“建好网、用好

① 陈梦薇:《高校网络舆论引导及对策研究》,福建师范大学硕士学位论文,2013年,第 27 页。

网、管好网”。那么,高校在网络内容的建设和管理中,这三种角色究竟扮演得怎样呢?

(一) 高校角色呈多元期待

课题组对全国不同地区16所高校的三类人群(学生、教师、管理人员)展开了调研,当问及“您认为高校在网络内容建设中应承担什么责任?”时(见图39),64.4%的人认为要“提高学生网络信息素养”;56.1%的人认为要“生产传播健康向上的网络内容”;此外,“维护网络信息安全”“创新网络内容生产传播技术”和“监督管理网络内容建设”等呼声也很高。当问及“高校校园网络应该成为什么领域?”时(见图42),36%的人认为是“中西价值观交流、交融、交锋的领域”;34%的人认为是“社会主义核心价值观建设的重要阵地”;还有20%的人认为是一个“完全开放自由、言行不受监管的领域”。可见,人们对高校这一主体的角色期待呈多元化趋势,不仅覆盖了“建好网、用好网”,还要求“管好网”。然而,要全面履行好这三种职能却任重道远。

(二) 高校“建网”的情况喜忧参半

首先,看校园网英文版建设情况。课题组调查结果显示(见图36):仅5.3%的高校建立了“英文版校园网,且开设了针对国外网民的特色栏目”;有28.6%的高校完全“没有”英文版网站。其次,看思想政治教育类社区或论坛开设情况(见图37):仅16.7%的高校不仅开设了思想政治教育类社区或论坛,且内容贴近学生生活,教育效果良好;还有22.1%的高校虽然开设了思想政治教育类社区或论坛,但内容空洞枯燥,不切合学生实际。最后,看与西方国家的差距情况(见图50):49%的认为我国高校校园网“实用性不强”;然后是“网络技术落后”;再次是“学术性不强”和“监管不力”等。此外,尽管84%的人对“校园网络内容建设和管理状况”表示“满意”(见图40),但高校今后在加强网络内容建设方面应重点做好的工作(见图46):一是要“抓好重点网站建设(如教学网、校友网、社交论坛等)”;二是要“进一步发挥社会主义核心价值观的引领作用”;三是要“加强网络内容人才队伍建设”与“网络技术研发和应用,提高使用的便利性”。

不可否认,近年来我国高校校园网发展速度惊人,无论是在硬件建设,还是软件建设方面都取得了骄人的成绩。但高校一方面聚集了各行各业的知识精英,另一方面又肩负着高级专门人才培养的重任,校园网络建设理应处于互联网建设的较高水平。但从我们的调查结果看,"实用性不强""网络技术落后""内容空洞枯燥"等问题,不可小觑。

(三) 高校"用网"情况喜中有忧

一是QQ群、微信群得到了较好的运用。调查数据显示(见图38):有超过60%的学校、年级或班级建立QQ、微信群,且经常传播社会正能量或发布有关学习、生活等内容;二是校园网的四大主要板块广泛被师生运用(见图43)。59.4%的人常观看"影视作品(视频新闻、校园DV等)";55.2%的人常运用"教学资源(人物专访、成果推介、大学讲坛、名家新论、高教研究等)";53.7%的人常阅读"时事新闻(新闻消息、通知公告等)";49.1%的人喜欢阅读"文艺原创(小说、随笔、摄影、动漫等)"。三是利用互联网过滤"不和谐声音"(见图47)。监控校园网上的言论、过滤"不和谐声音",是高校应尽的义务,也是高校的日常性工作。这一做法,虽然有26%的人表示"不赞同",但"赞同和支持"的人几乎是前者的两倍,占比50%。

由上可见,高校校园网已较为广泛地运用于"思想政治教育""信息服务""教学研究""舆论引导"等方面。但令人担忧的是,运用校园网的广度和深度都还不理想。从广度上看,经常访问校园网的师生比仅为25%(图35);从深度上看,校园网的运用还很少涉及大学制度改革、师生科技创新等领域。

(四) 高校"管网"情况任重道远

管好校园网是高校十分重要的职能,但我们的调查结果显示(见图45):36.8%的人认为校园网"缺乏有效的监管";35%的人认为"网络安全隐患较多";50.8%的人认为"部分网络服务(如教务、选课、网络下载等)使用不便利";37.6%的人认为要"完善相关制度,加强校园网的监管力度";21.8%的人认为要"积极应对西方国家主流意识形态的负面影响"(见图46)。可见,高校在网络建设的有效监管方面,还任重道远。

四、网民的角色扮演

信息化进程的迅速推进,使缤纷繁复的网络内容得以呈现,这些都离不开网民的积极投入。那么,网民在我国网络内容的建设中,究竟扮演了怎样的角色、履行了何种职能呢?

(一)“自律意识”与“失范行为”并存

网民身为网络内容的生产者和传播者,其“自律”与“失范”并存主要体现在以下几个方面:

一是表现在其“价值观的选择”上(见图20)。当问及“在进行创作或传播网络内容时,您最注重以下哪种价值观念?”时,56.7%的网民选择了“社会主义核心价值观”;29.4%的网民选择了“中国传统价值观(仁、义、礼、智、信等)”;但不容忽视的是,11.2%的网民选择了“西方主流价值观(民主、自由、博爱等)”。

二是表现在其“转发网络内容的依据”(见图19)上。选择“价值观需求”“学习需要”“职业需要”为依据的比例都相对较低,分别为13%、13%、10%;但选择“个人兴趣”的却高达63%。以个人兴趣为依据来转发网络内容,本无可厚非,但前提条件是不能跨越道德和法律的底线。否则,后果不堪设想。如2012年,全球范围内出现了不少的“超自然”现象,在以“微博”为主要平台的各类新媒体上,“世界末日”一说一时甚嚣尘上;2014年,马航MH370的失事在未得到官方、军方的证实前,也被部分别有用心的网友随意广泛传播虚假信息,导致数以百万的转发和跟帖。此外,部分网民作为网络内容的生产者和传播者引发的网络暴力事件(语言暴力)及其延伸的现实暴力事件也层出不穷。再如,2014年9月开始的“香港占中事件”,在网络上获得了为数不少“港独”支持者甚至明星的支持,他们在“微博”上大肆传播和转发非法的、具有煽动性的言论,进而演绎为现实中大规模的游行,导致约一千人因“非法占中”遭到警方拘捕。

三是表现在“网络生活中”(见图7)。调查结果显示:76.2%的网民浏览网页时,遇到过“自动弹出广告、游戏、黄色暴力”的链接;49.6%的网民“QQ账号被盗过”;19.5%的网民“受到过别人的辱骂等人身攻击”;只有

5%的人表示未遇到过网络的各种失范行为。

诚然,上述各种网络失范行为仅为网络社会中的部分网民所为,但这从一定程度上说明:网民的“自律”行为还亟待规范,“自律”职能还远未实现。

（二）“自省意识”与“自省行为”脱节

前文已述,“自省”应该是每一个网民在网络生活中应尽的重要职责。那么,面对网络这个纷繁复杂而又魅力无限的虚拟空间,网民对自身的角色是否有一个清醒的认识呢?

一方面,网民大多对自身在网络内容建设中“应该如何做”有较正确的认识。调查结果显示(见图 13):69.3%的网民认为应“提高自身网络道德素质”;51.1%的网民认为应“提高自身网络信息水平”;35.5%的网民认为要“积极传播优秀网络内容”;但只有 25%左右的网民认识到了“提高对网络反动言论的辨别力”与“学习网络法规”等的重要性。可见,网民对自己在网络空间该做什么、不该做什么的认识还是比较到位的。另一方面,网民在网络行为中,又显得迷茫甚至越轨。当问及“您遇到不健康的网络内容时,您会如何做”时(见图 14),却只有 21%的人选择“坚决抵制,向网络监管部门举报”,有近 10%的人选择“点击浏览”;当问及“您身边的人有过以下哪些网络行为”时(见图 15),竟有 28.2%的人“浏览淫秽内容”,24.6%的人“辱骂别人”,24.7%的人“浏览暴力内容”。此外,还有 20%的网民“不赞成”实行“网络实名制或引入网民信用机制”(见图 16)。

以上数据在一定程度上说明网民虽然大多具有一定的自省意识,但当面对良莠不齐的网络信息时,部分网民下意识表现出来的猎奇心理与从众心理,常常扰乱他们对网络内容与网络信息的选择与判断,自省职能便大打折扣。

第三节　网络内容建设的人才队伍

我国目前虽然是公认的网络大国,但并非网络强国。习近平同志强调:“建设网络强国,要把人才资源汇聚起来,建设一支政治强、业务精、作风好的强大队伍。‘千军易得,一将难求’,要培养造就世界水平的科学家、网络科技领军人才、卓越工程师、高水平创新团队。”①国务院副秘书长王仲伟曾指出，网络内容建设“没有一支稳定的专业队伍，不可能支撑下来”②。这些都说明，加强和改进我国网络内容建设，把我国建设成为一个网络强国，拥有一支高素质、高水平的强大人才队伍尤为重要和紧迫。

一、舆论引导队伍

舆论是社会公众或社会组织机构对客观社会所表达的意见。舆论引导就是要以传播社会主义先进文化为己任，把人民群众的思想统一到中央的精神和工作部署上来，积极推进物质文明、精神文明和政治文明建设，促进国民经济持续快速协调健康发展和社会全面进步。这里的舆论引导队伍，即运用互联网进行舆论引导的专业人才队伍。习近平同志强调，宣传思想阵地，我们不去占领，人家就会去占领。网络的快速发展深刻改变着舆论格局、拓展着宣传思想阵地。所以，我们就应该牢牢占领网络这一新的宣传思想阵地，牢牢掌握网上舆论工作的领导权、管理权、话语权。

（一）舆论引导队伍的现状调查

1. 舆论引导队伍认同情况

对政府部门的调查结果显示：在大多数人看来，网络社会的舆论引导是十分必要的。有60.9%的人认同“政府在加强和改进网络内容建设中扮演了‘舆论宣传引导者’的角色”（见图51）。37.3%的人认为“政府要加强网络舆论引导队伍的建设”（见图55）。此外，还有研究者提出了“高校网络舆论引导人的缺失在一定程度上导致了高校网络文化浑浊发展”的观点。以上数据说明：在网络内容建设的进程中，人们一方面感受到了网络舆论引导队伍的作用，另一方面又期待进一步加强舆论引导队伍的建设。

2. 舆论引导目标认同情况

在问及“您认为政府加强对网络内容的引导主要目标是什么?”时（见

---

① 程惠芬：《努力把我国建设成为网络强国》，2014年2月27日，见http://media.people.com.cn/n1/2016/0426/c402863-28306205.html。

② 王仲伟：《切实加强网络内容建设　努力办好政府网站》，2014年12月1日，见http://dfhs.yueyang.gov.cn/zcjd/content_429075.html。

图 52),79.4%的人认为政府应“净化网络空间,传播社会正能量”;其次,67.2%的人认为应“维护个人合法权益,依法上网”。另有“维护国家意识形态及网络信息安全”等也被认为是政府加强对网络内容的舆论引导的主要目标。总体来看,网民对网络舆论引导目标的实现现状持肯定态度。

3. 舆论引导措施及效果

问及“您认为政府部门对网络内容的引导和监管措施是否到位?”时(见图 54),51%的网民认为“措施一般”;32%的认为措施到位;其余 17%的认为政府措施不到位;有 51%的人认为“政府部门在对网络内容进行引导和监管方面”存在“队伍建设不力”的问题(见图 57)。概言之,网民对舆论引导队伍及其实现目标都比较认同,但对于舆论引导的措施和效果,认为还有待改进和提高。

(二)舆论引导队伍的问题分析

当前我国舆论引导队伍主要存在以下不足:

1. 舆论引导的“意见领袖”培育不够

意见领袖是指在人际传播网络中经常为他人提供信息,同时对他人施加影响的“活跃分子”。在互联网上,拥有数十万、数百万甚至超千万“粉丝”的意见领袖已是左右舆论走向的重要力量。因此,拥有这样的“意见领袖”团队,在网络内容建设的舆论引导中将起到事半功倍的效果。但在调查中,当我们问及“您对政府设立网络发言人的赞同度”时(见图 67),有 8.1%的人员“非常同意”;“比较同意”该项措施实施的人数为 26.9%;还有 37%的人认为“一般”;另外,选择“较不同意”和“很不同意”的人数分别有 21.8%和 6.3%。可见,有近三成的人没有意识到“意见领袖”的重要性。由此,我们可以预见,政府在贯彻落实政务信息化、公开化的道路上,依然任重而道远。

2. 对舆论引导的意义认识不足

当前,一些政府部门对网络舆论引导工作认识不够,存在着对网络媒体、网络舆论的误读和不适应现象,没有对网络舆情形成收集、研判、引导、应对、应用的工作机制。有的在处置突发事件时,没有第一时间发布新闻,却采取“堵捂盖”,甚至“鸵鸟战术”,放弃主动权,损害了政府的公信力;有的不是去主动引导媒体、网民，而是对网民诉求视而不见；等等。调查中，我们也发现，当问及"您对政府面临网络批评，采取不删帖、不关闭论坛的做法的赞同度"时（见图68），调查数据显示：持"非常同意"和"比较同意"观点的人，总和为34.3%；与该项数据持平的是认为"一般"的人群；另有31.3%的人选择"较不同意"或"很不同意"。这就说明政府部门在面对真相不明的事情时，依然存在舆论引导不及时、不到位的现象。

二、技术研发队伍

所谓技术研发队伍，是指由从事网络内容建设的专业技术以及管理工作、具有专业技术任职资格的人员组成的专业队伍。网络内容建设是基于网络技术、信息技术等为基础的建设。从这个意义上说，技术研发队伍是制约网络内容建设的决定性因素。因此，加强网络内容建设，必须拥有一支专业的技术研发队伍，他们一方面能研发和运用新科技手段抵制有害思想在网上传播，维护良好的网络环境；另一方面，他们是实现"网络强国"战略目标的核心要素。

（一）技术研发队伍的现状调查

1. 政府高度重视网络技术人才成长平台的搭建

近年来，网络技术人才的培养日益被提上国家的议事日程。如，2012年5月，以吸引"千人计划""海聚工程""高聚工程"等高端人才为目标的中关村高端人才创业基地，在北京科技大学天工大厦正式启动。其目的就是要建设中关村参与全球高端人才竞争的桥头堡。其中，在高端人才服务上，基地将配合北京市人力资源和社会保障局落实人才引进政策，重点引进新一代信息技术、新材料、新能源、节能环保等战略性新兴产业的高端人才和急需人才，通过建设一流的空间、打造一流的服务、创造一流的环境、汇集一流的资源、配套一流的政策，来吸引一流的人才研发一流的技术、培育一流的企业。① 2015年3月31日，工业和信息化部发文启动2015年互联网与

---

① 周斐菲：《中关村高端人才创业基地落户北科大校园》，《中国人才》2012年第6期。

工业融合创新试点工作，确定了2015年6个支持试点方向，其中包括：实现资源共享协同的生产组织创新、满足个性需求的制造模式创新、支撑智能绿色的生产运营创新、提升用户体验的产品及营销模式创新、助力企业低成本运营的融资方式创新、支撑全业务全流程互联网转型的集成创新。① 这些平台的打造，在客观上加快了网络技术人才队伍的建设进程。

2. 网络技术研发队伍建设已见成效

首先，表现在国内信息产业重大技术发明方面。"信息产业重大技术发明评选活动"是推进工业和信息化行业知识产权工作的重要举措之一，自2001年起开始举办。这里以2012年的数据为例加以说明。2012年的第十二届信息产业重大技术发明成果共评出七项，其中关于互联网络技术研发的有三项，占总比例的42.86%。

其次，表现在国际相关领域的标志性成果方面。2015年8月，国际电信联盟（ITU）批准了由中国电信主导制定的ITU-T首个大数据标准——《基于云计算的大数据需求与能力标准》（编号ITU-T Y.3600），这标志着中国电信在ITU-T云计算、大数据研究领域处于领先地位。同时，中国电信还牵头制定了国际电信联盟《云计算基础设施需求标准》（ITU-T Y.3510）、《IaaS服务功能需求标准》（ITU-T Y.3513）等多项标准，同时正在牵头制定大数据服务参考架构、云间互联参考架构、桌面服务参考架构等相关国际标准。②

最后，表现在网络技术的发展趋势方面。2015年3月31日，工业和信息化部发文启动2015年互联网与工业融合创新试点工作，确定了六个支持试点方向。金陵华软投资集团董事长王广宇表示，预计到2049年，信息技术产业总规模约130万亿。2015年9月4日，国务院办公厅又印发了《三网融合推广方案》，这不仅有利于加快在全国全面推进三网融合，推动信息网络基础设施互联互通和资源共享，而且有利于促进三网融合关键信息技

① 左盛丹：《新一轮互联网与工业融合创新试点启动》，2015年4月7日，见http://finance.chinanews.com/it/2015/04-07/7189159.shtml。

② 李林：《突出青少年网络安全教育　培育"中国好网民"》，《中国青年报》2015年6月2日。

术产品研发制造，有利于营造健康有序的市场环境。①

3. 网络技术研发队伍建设有待进一步加强

网络技术研发队伍建设虽然取得了长足的进展，但存在的不足也不可小觑。调查结果显示：39.9%的人认为互联网企业对作品未进行良好的技术保密措施（见图85）；36.9%的人认为缺乏网络内容建设和管理的复合型人才；52.8%的人认为网络内容国际传播力不足（见图89）；有35%的网民认为网络内容建设最缺乏“创意人才”，22%的网民认为是“技术人才”（见图9）。此外，从《财富》杂志评选出的2015年“世界五百强企业”榜单看，中国互联网企业上榜名单中，虽然有九家从事互联网络相关产品生产的企业分别在“电信”“计算机、办公设备”以及“网络、通讯设备”三类行业上榜，但在“信息技术服务”“计算机软件”等互联网核心产业和技术的生产上，我国的上榜企业却为零。

以上数据在一定程度上说明，现阶段我国互联网核心技术的掌握程度偏低，网络技术研发队伍的整体实力有待进一步加强，技术研发能力亟待提升。

（二）技术研发队伍的问题分析

当前，人类在计算机网络技术带领下，进入网络信息革命的全新时代。与世界发达国家相比，我国网络内容建设的技术研发水平尚存在一定差距，这与我国当前技术研发队伍中存在的一些问题息息相关。

1. 人才流失严重

当前，我国包含互联网企业在内的高新技术企业研发队伍中，有两种情况比较突出，一是企业过高估计研发人员的能力，让研发人员承担了一些其力所不能及的科研任务，因压力大而自动离职。二是在高端人才的管理与服务方面，尽管一些高新技术企业试图以丰厚的待遇和优越的工作条件甚至以股权等方式来吸引研发人员，但因人才引进政策的落实难以到位、研发团队的组建机制还不健全等，导致高端人才的流失问题未能得到明显的

① 王政琪：《国务院办公厅印发〈三网融合推广方案〉》，《人民日报》2015年9月5日。

改善。

2.“产学研”政策走形式

近年来，政府在推动包含服务产业在内的高新技术产业发展过程中，提出了“产学研”结合的政策。但在实际操作中，大多数互联网企业与高等院校和科研院所的产学研合作还不够深入，个别企业甚至利用政策走过场，搞形式，让政策的目标大打折扣，等等。

三、监督管理队伍

所谓监督管理队伍是指以政府、企业和网民等为主体对网络内容建设进行监督、管理的队伍。其中，政府要充分发挥其监督管理网络内容建设的行政作用，互联网企业要充分发挥其监督网络内容建设的技术优势，网民要充分发挥其监督网络内容建设的自觉作用。随着网络内容信息问题的日益突出，加强对互联网上的信息内容的监管已经成为政府、管理机构、企业和网民的迫切要求，建立一支高效率、高水平的监督管理队伍有利于推动网络内容建设的健康有序发展，有利于网络文明和社会主义道德风尚的全面形成。

（一）监督管理队伍的现状调查

1. 政府监管队伍

当前，我国网络内容建设的监管主要是以政府为主导的。但我们在调查中发现政府部门在对网络内容进行引导和监管方面，突出存在“相关政府部门多头管理、职能交叉、权责不一、效率不高，队伍建设不力，途径单一，目标不明确”等问题（见图 57）；21%的普通网民认为，目前加强网络内容建设，最缺乏的是“监管人才”（见图 9）。由此可见，政府监管队伍亟待加强。尤其应强化对“新闻资讯类”“社区交友类”“游戏动漫类”等内容的监管（见图 86）。值得欣慰的是，当前政府网络监管的重点内容与网民的期待值基本一致（见图 53）。

2. 行业监管队伍

调查结果显示：一方面目前我国网络行业自律方面所采取的措施有很多（见图 87），如“建立健全日常审核监管制度”“组织相关法规政策学习”

“进行职业道德教育”“建立奖惩机制”“制定行业规章制度”等等。另一方面,仍有73%的人认为“网上虚假信息、不健康信息和违法犯罪活动没有得到有效遏制”;56.3%的人认为“一些错误观点和不良情绪的网上传播没有得到有效控制”;36.9%的人认为企业“缺乏网络内容建设和管理的复合型人才”(见图89)。可见,围绕网络内容的建设和发展,网络行业监管队伍虽然做了大量的工作,但离健康有序的网络社会的目标还相差甚远。这说明行业监管队伍还有待进一步强化。

3. 网民监管队伍

课题组在中国互联网络信息中心官网“互联网大事记”中①摘录的以下几个案例,无一不显示着在网络内容建设进程中,网民的监督功能日益显现,逐渐形成了一股势不可当的强劲力量。

2003年3月20日,湖北青年孙志刚在广州被收容并遭殴打致死。该事件首先被地方报纸媒体曝光后,我国各大网络媒体积极介入,引起社会广泛关注,互联网发挥了强大的媒体舆论监督作用,促使有关部门侦破此案。6月20日,国务院发布《城市生活无着的流浪乞讨人员救助管理办法》,同时废止《城市流浪乞讨人员收容遣送办法》。网络媒体的影响力与地位逐步提高。

2006年6月,向文波在其博客中发表《徐工并购:一个美丽的谎言!》等三篇文章,披露凯雷集团收购徐工机械事件,引起巨大反响。凯雷集团收购徐工机械的价格被从3.75亿美元收购85%股份改写成2.33亿美元收购45%的股份,凸显小众传播的影响力。

2008年9月17日,国务院总理温家宝对《有博客刊登举报信反映8月1日山西娄烦县山体滑坡事故瞒报死亡人数》做出批示,要求核查该起重大尾矿库溃坝事故。互联网的舆论监督功能进一步受到党和国家领导人的重视。

2009年,互联网的舆论监督价值被广泛认知,“躲猫猫”“邓玉娇”“天

---

① 中国互联网信息中心:《互联网大事记》,2015年8月31日,见http://www.cnnic.cn/hlwfzyj/hlwdsj/。

价烟""钓鱼执法"等一系列事件因为网络曝光而成为社会关注的热点。

2010年,网络舆论的社会影响力加深,"王家岭矿难救援""方舟子打假""宜黄强拆自焚""李刚之子醉驾撞人"等一系列事件通过网络曝光后引起社会的广泛关注。

2011年年初,"微博打拐"活动发起,"随手拍照解救乞讨儿童"的微博行动引起全国关注,形成强大舆论传播力量。7月23日"甬温动车事件"通过微博快速传播,引发热议。

综上所述,正如国务院新闻办网络局副局长刘正荣所说,中国政府对互联网的监管正处在不断摸索与完善阶段,"政府在监管过程中注意不断创新和汲取他国成功经验,近年来更是充分发挥了行业自律和公众监督的巨大作用。"①

(二)监督管理队伍的问题分析

信息技术的飞速发展,使得监督管理队伍的价值越来越凸显。同时,监督管理队伍仍存在的诸多问题,应引起我们的高度重视。

1. 法律法规滞后,监管各行其是

与西方发达国家相比,当前我国有关网络内容监督管理的法律、法规建设存在滞后、真空地带等现象,且缺乏一套较为完备的法律、法规执行标准。因此,这在客观上加大了监督管理工作的难度,也导致工作中存在主观、随意现象,这不利于网络内容建设的健康发展。调查数据显示(见图90):我国网络内容建设和管理与西方国家相比,72.2%的人认为"行业自律性不强";64.4%的网民认为"政府监管不到位";62.5%的网民认为"相关法规建设滞后"等。此外,"相关政府部门多头管理、职能交叉、权责不一、效率不高"(见图57)等问题亦较为突出。

2. 行业自律性不强,网络违法行为持续不断

近年来,因行业自律不强,导致网络违法的案件层出不穷。"2014年查处网络商品交易及有关服务行为案件8694件,其中,查处违反不正当竞争

---

① 刘正荣:《中国网络监管:在探索中起步》,2010年3月4日,见http://www.cnnic.cn/hlwfzyj/hlwfzzx/wlmt/201003/t20100304_26973.html。

法规案件3026件、违反广告法规案件1833件、违反网络交易办法案件1074件，共计占网络商品交易违法行为案件总量的68.2%。网络传销等新型传销形式案件增长很快，共602件，同比增长49.01%。网店的违法案件的比重有所上升，以网店为违法载体的案件2572件，占立案查处网络违法案件的33.29%，较去年同期上升了5.49个百分点。”①调查中我们也发现，网民普遍反映“网上虚假信息、不健康信息和违法犯罪活动没有得到有效遏制”（见图89）等问题。

四、复合人才队伍

所谓复合型人才，俗称一专多能或多专多能的人才，指具有丰富的专业知识、多种能力和发展潜能，同时还具备较高的相关技能和文化修养的人才。② 这里的复合型人才，是指集擅长网络舆论引导、网络技术研发和网络监督管理于一身的信息化高级人才。海尔、联想等信息技术成功的案例无不说明：无论是企业还是政府，拥有一批既懂管理业务又懂技术研发的复合型高级人才，是决定网络时代一个政府或企业能发展到何种程度的关键。

（一）复合人才队伍的现状调查

课题组调查发现，在实施网络内容建设进程中，复合型人才十分匮乏。

1. 政府部门情况

当前，政府部门，尤其是地方基层政府部门，存在相当数量的政治立场坚定、思想正派、擅长舆论引导的公务人员，然而他们对网络资源认知水平却不高。他们对互联网的运用大多限于浏览新闻、发送邮件、QQ通知、在线学习、观看视频等，对丰富的网络资源的全面、深层的运用和开发能力还很不够。

2. 高校情况

与基层政府部门不同，当前高校中有相当一部分教师和学生不仅精通

① 邢政：《工商总局：去年查处网络传销等形式案件同比增长49%》，2015年1月22日，见http://finance.people.com.cn/n/2015/0122/c1004-26433299.html。

② 王守龙：《复合型人才与专业创新型人才比较研究》，《西南农业大学学报》（社会科学版）2013年第1期。

网络技术，而且工作热情高、责任心强，且在网络社团、微信群、QQ群等中具有很强的号召力，但他们大多以热血青年居多，易冲动，阅历不足，对一些事情的发展态势的预估力和研判力又显得不足。一旦遇到突发状况，容易乱阵脚，很难及时准确地采取必要的措施。

3. 企业情况

与政府和高校比较，企业最大的优势是技术人才多，但技术人才往往又不擅长做舆论引导等思想工作，或者说他们的个人兴趣和工作重点不在舆论引导和监督管理方面。

（二）复合人才队伍的培育策略

显然，复合型人才是掌握多学科知识和技能的复合交叉型人才，因而复合型人才培养是一个复杂的系统工程，需要国家、企业和高校协同努力，其培养也应是多渠道、多专业、多规格、多层次的。我们认为，复合型人才培养，需要从以下几方面着手。

1. 制定复合型人才资源开发规划

在网络和数字技术裂变式发展的时代，互联网企业要把复合型人才发展机制置于互联网事业发展的“制高点”，要根据互联网发展的趋势和目标，科学预测未来相关人力的供给需求状况。一是有计划有步骤地依托行业自身力量集中培训；二是借助高校人才资源联合培养；三是借助国际力量合作培训。

2. 盘活现有人才结构

在引进新鲜“血液”的基础上，更要“挖掘”和“盘活”现有人才队伍。无论是政府，还是互联网企业，要认真研究人才队伍的现状，破除陈旧的、束缚人才的观念、做法和体制，制定新的激励复合人才脱颖而出的建设规划。积极引导业内职员转变观念，通过网络内容建设和管理理念的“转型”和技术的“升级”，逐步实现现有人才的全面发展。

3. 设置多学科渗透的人才培养方案

人才培养方案是人才培养的指导性文件。复合型人才的培养，需要高校打破专业壁垒，进行交叉学科课程的设置，注重理论知识与实践技能的融合。这就要求高校科学设置多学科渗透的人才培养方案，从源头上培养网络社会所需要的复合型人才。此外，还应增强实践性教学环节，提高学生应用知识的能力；实行主辅修制，以拓宽学生的知识面，改善学生的知识结构，为其成为时代所需要的复合型人才打下坚实的基础。

总之，没有一支政治强、业务精、作风好的强大人才队伍，没有一支具有世界水平的网络信息科技创新团队，就不可能实现网络强国的宏伟目标。因此，无论是政府、企业还是高校，都必须高度重视高素质、高水平的专业人才队伍建设，争取早日实现网络大国向网络强国的转变。

第五章　网络内容产品建设

网络内容产品是将图像、字符、影像、语音等要素数字化处理，并通过互联网整合运用的网络信息载体，具有不可损耗、可分割、快速传播等特点，人们通过使用、消费不同网络内容产品满足个性化需求。不同于数字内容产品，网络内容产品虽然以比特流方式运送，但强调的是数字内容与网络技术的融合。在互联网时代，数字内容产品主要体现为网络内容产品，包括网络游戏、网络动画、网络出版、网络学习、网络影音、移动内容、网络服务、网络软件等在内的产品类型。随着经济全球化的深入发展以及网络技术的广泛应用，网络内容产业不仅成为各国经济发展的重要增长点，还承担着弘扬民族文化，塑造、提升国家形象的责任。我国网络内容产品建设起步较晚，但从目前市场规模和增长速度来看，发展潜力巨大。2009 年国务院办公厅印发的《2006—2020 年国家信息化发展战略》将数字内容产业列为国家重要发展战略，明确到 2020 年文化产业将成为国民经济支柱性产业。2014 年《国务院关于推进文化创意和设计服务与相关产业融合发展的若干意见》明确要求重点推动文化产品和服务的生产、传播、消费的数字化、网络化进程。

第一节　网络内容产品的创造

黑格尔曾说："内容非他，即形式之转化为内容；形式非他，即内容之转化为形式。”①内容是构成事物一切要素的总和，与形式存在辩证关系。任何内容都必须以一定形式来表现自己，而任何形式又必然是一定内容的表达，网络内容亦不例外。网络内容产品是网络内容的载体和表现，是将输入转化为输出的相互关联或相互作用活动的结果。与网络作品不同，网络内容产品面向市场，是商品化的作品。因此，网络内容产品建设不能离开产品供给与消费两个基本环节，也必然要遵循市场经济发展的基本规律。

一、网络内容产品生产动机

网络内容产品生产是网络内容提供商、运营商根据用户需求创造网络内容产品的活动和过程。网络内容提供商、运营商可以是大型企业组织，也可以是个人为单位的独立创业者，关键是他们都要为用户提供网络内容产品。调查网络内容产品建设的现状就是从了解网络内容产品的生产动机或目的开始的。

（一）国家利益

网络内容产品的核心是内容，内容反映特定社会意识形态和核心价值观。提供更多承载本国文化传统和价值理念且具有国际竞争力的网络内容产品是各国大力扶持本国网络内容产业的重要目的。2010 年年初，俄罗斯政府提出建设全球首个国家搜索引擎，并强调不允许外资加入，因为搜索引擎是一种影响公众舆论的手段，将其纳入国家基础设施建设符合俄罗斯国家利益。美国政府历来重视国家利益与企业发展的捆绑关系，近年来美国政府与高科技利益集团之间的联系日趋紧密。2010 年谷歌公司宣布退出中国市场，美国国务院随即发表声明力挺，指责中国网络监管损害了美国企业利益。美国政府大力推销“互联网自由”战略，实际上是为美国公司全球扩张开路。谷歌、脸书、苹果等企业的产品行销世界各地，也将美国文化和价值观“无意识”植入全球用户的日常生活。

此次调查，受访的网络企业 86%为国有企业，8%为民营，5%为外资，1%为合资。面对提问“您认为网络运营商、网络内容提供商在网络内容建

---

① 黑格尔著，贺麟译：《小逻辑》，商务印书馆 1980 年版，第 278 页。

设中扮演了什么角色?”62.8%的企业受访者表示网络企业应当担当“社会主义核心价值观的培育者和践行者”(见图74)。大部分以国资为主的网络企业自觉意识到企业在我国网络内容建设中扮演的角色和应当承担的社会责任。这种自觉是我国网络企业积极开展网络内容产品生产,参与国内外市场竞争的动力之一。

(二)社会利益

市场经济条件下,企业在发展中必然面临社会效益与经济效益如何取舍的问题。对这一问题的不同回答,将直接影响企业产品生产和服务的方式和质量。如图74所示,62.3%的网络企业受访者表示,网络内容提供商和网络运营商在网络内容建设中应当是充当“社会利益为先,兼顾经济利益者”。

(三)经济利益

互联网自由不仅事关意识形态安全,更是实实在在的经济利益。法国为推动国民经济复苏,大力扶持数字内容产业,促进互联网与实体经济融合。美国高度重视互联网产业,推出“高速互联网计划”,与“苹果”“脸书”等信息技术高管讨论经济复苏和就业问题,将互联网创新视为重振经济的新引擎。

网络企业作为独立核算、自主经营、自负盈亏的经济实体,受市场价值规律支配调节,追求经济利益是其生存本能。如图74所示,48.5%的受访企业表示,网络企业应当是“网络产业的先行者”,互联网成为当前不少企业的主动选择;29.60%的受访企业表示网络企业应当扮演“经济利益为先,兼顾社会利益者”;另外,13.50%的受访者认为企业应当是“只顾经济利益,不顾社会利益者”。由此推断,在当前网络内容产品研发、制作、生产、运营过程中,我国大部分网络企业会坚持国家利益、社会利益优先原则,但也有不少企业在面临经济利益与社会利益冲突时,会选择经济利益优先,而少数企业在产品生产中可能唯利是图,完全不顾国家和社会利益。

(四)个人兴趣

网络是一个开放型、交互式的大系统,用户是内容产品的消费者,亦是内容产品的生产者和提供者。网络降低了个人创业门槛,任何对互联网抱有热忱的人都可以在网络上开始自己的事业。一个网络初创公司开始往往只有一两个人,然后因为互联网平台,创业者经过对人、硬件、软件、信息等各类资源的有效融合获得成功。由于相对不需要投入太多成本,又可以谋求资源的最大化利用,网络创业成为当前不少年轻人的选择。

调查显示,当问及普通网民平时在转发、扩散和制作网络内容时主要根据什么？高达63%的网民选择了“个人兴趣”,这一答案支持率远远高于“学习需要”“价值观需要”等其他选项,只有10%的网民选择主要根据“职业需要”(见图19)。值得注意的是,在选择主要根据“个人兴趣”来制作网络内容的网民当中,35岁以下人群比例高出35岁以上人群比例近十个百分点。由此可见,对于大部分从事网络内容作品或产品制作的网民来说,尤其是对于青少年网民来说,个人兴趣和爱好是支持他们从事网络内容产品制作的原初动力。

二、网络内容产品生产基础

(一)政府支持

网络内容产品的生产运营离不开人、财、物等基本条件,离不开良好的产业发展环境。政府的战略定位、政策引导和扶持是推进网络内容产业持续、健康发展的重要条件和基础。

1. 产业政策

美国、英国、欧盟、日韩、台湾等国家和地区在网络内容产业发展上处于领先地位,已形成相对完善的内容产业政策,为推进网络内容产品建设奠定了基础。2000年欧盟颁布了《关于在全球网络发展欧盟电子内容与信息社会发展多样化语言的决定》,目标是利用全球互联网发展欧盟电子内容,提高欧盟数字内容产品竞争力和使用率;英国贸工部陆续发布《英国数字内容产业发展行动计划》和《英国游戏软件产业竞争力研究报告》等政策,对英国信息时代内容生产进行了详细规划;日本自然资源贫乏,尤其重视内容产业发展,2004公布的《内容产业促进法》是振兴日本内容产业的根本政策依据,其中提出了关于内容制品创造、保护、活用和振兴的一般性政策措施;我国台湾地区颁布《加强数字内容产业发展推动方案》,希望从“环境建制与法规”“人才培训与延揽”“促进投资与金融辅助”“研究发展与应用”“产业资讯与行销”“推广策进”六个方面推动台湾数字内容产业发展。美国是全球网络内容产业发展的领跑者，在产业政策上采取自由竞争政策，鼓励厂商之间自由竞争来刺激产业加速发展。

2006年我国《国民经济和社会发展第十一个五年规划纲要》中明确提出“鼓励教育、文化、出版、广播影视等领域的数字内容产业发展，丰富中文数字内容资源，发展动漫产业”，2009年国务院通过《文化产业振兴规划》，将加快文化创意、振兴数字内容产业纳入第一项工作重点。2014年《国务院关于推进文化创意和设计服务与相关产业融合发展的若干意见》明确要求推动文化产品和服务的生产、传播、消费的数字化、网络化进程，强化文化对信息产业的内容支撑、创意和设计提升。2014年以来先后出台《关于推动网络文学健康发展的指导意见》《关于传统出版与新兴出版融合发展的指导意见》等行业政策指导文件，在产业政策引导上更加精准到位。在调查中，关于我国网络企业在产学研合作过程中得到过政府哪些支持？70.4%的受访企业表示“享受政府产业政策支持”（见图83）。

2. 资金帮助

网络内容产业科技含量高，要求网络企业前期在承担较大风险情况下，对设备、人才引进和研发过程进行大量投入，一旦产品研制成功，便可以低成本复制，产生巨大经济回报。资金对于发展技术、创造就业岗位、培养创意人才，完善业态环境等至关重要。因此，为加速本国网络内容产业发展，各国一方面加大政府财政投入，另一方面努力改善本国投融资环境，发挥资本市场对网络内容产业发展的支持作用。韩国根据《2015年内容产业振兴实施计划》，政府2015年将投入4522亿韩元（约合人民币26.52亿元）全面推进内容产业发展，同时，还将建构一系列内容产业方面的国际基金，如“韩中国际合作基金”，该基金由韩、中两国政府及两国民间机构出资，总融资规模达2000亿韩元。此外，还将推出融资规模达1000亿韩元的数字内容基金，推动数字化在内容产业中的发展。韩国政府希望通过这一计划，实现产业销售额102万亿韩元（约合人民币5982亿元）、海外输出额61亿美元（约合人民币380亿元）及创造63万个工作岗位的年度目标。① 英国政府积极为从事内容业务的中小企业提供投资来源指导，通过银行信贷、融资租赁、经纪公司和风险投资等方式帮助中小企业融资，建立贷款衔接资金，为企业提供前期运作资金，研究税收对内容产品生产成本、产品创新等方面的影响，从而合理调节交易增值税。台湾地区除了帮助网络内容从业者吸引外资，提供税收优惠之外，还推出了"数字内容鉴价与融资担保制度推动计划"，制定《数字内容产业与文化创意产业优惠贷款要点》，以拓展内容产业的投资融资渠道。

我国政府在扶持网络内容产业发展资金上持续加大力度。互联网文化产业作为当前文化产业最重要的发展方向，市值占比已达到70%。截至2015年3月，中国人民银行对文化产业的中长期贷款达到2421亿元，同比增长25.1%，截至2015年4月，文化产业通过债权市场融资规模为4703亿元。② 同时，政府为企业发展提供财政、税收等方面的扶持政策，例如《国务院办公厅转发财政部等部门关于推动我国动漫产业发展的若干意见的通知》对符合规定的动漫企业提供增值税、所得税、营业税等税收方面的优惠政策。此外，政府在文化资源配置中发挥市场机制的作用，对网络内容企业发挥杠杆和撬动作用，2015年度文化产业发展专项资金拟支持项目共834项。

调查显示，政府部门是否对互联网企业的风险投资给予了政策支持？43%的政府受访者表示"一般"支持，17%和23%的政府受访者表示"非常同意"和"比较同意"支持，14%和3%的政府受访者表示"较不同意"和"很不同意"（见图65）；从企业受访者角度看，68.70%的网络企业表示产学研合作中"享受政府减免税政策"，60.6%的企业表示曾经"得到政府专项资金支持"（见图83）。

3. 基础设施

网络内容产业是依托网络基础设施和市场销售渠道向消费者提供产品

---

① 宋佳煊：《韩国五大政策振兴内容产业　目标直指6000亿元》，《中国文化报》2015年1月19日。

② 方海平：《文化产业投资远超其他行业　互联网文产占比超70%》，2015年8月23日，见http://money.163.com/api/15/0823/13/B1N4O9CE00254TFQ.html。

和服务的新兴产业,网络基础设施是网络内容产品供给的基本条件。“网络设施的衡量是由网络使用普及率,宽带使用者构成的比例等决定的。但是与此同时网络基础建设还包括了网络对人的服务程度和易得程度等。”① 英国政府深知宽带对创意产业发展的重要性,将扩展超高速互联网服务纳入基础设施财政预算。通信部长艾德·瓦兹伊宣称英国投资了7.9亿英镑以确保到2017年95%的英国地区都能接入超高速宽带,其中,2010年,英国政府拨款5.3亿英镑用于“宽带传播英国”(BDUK)项目中农村高速宽带的部署,另外政府投资1000万英镑探索在偏远地区部署超高速宽带网络的办法。2015年8月英国政府对外公布在乡村超高速宽带项目努力下,全国已有300万座楼宇被覆盖24Mbps及以上的宽带。②

信息网络基础设施战略地位日益凸显,我国组织实施“宽带中国”专项行动,网络基础设施建设全面提速,加速向无线、移动、宽带、泛在下一代国家网络基础设施演进。我国现已建成全球最大规模的宽带通信,截至2015年3月,长途光缆线路长度接近93万公里,全国93.5%的行政村开通宽带,4G用户超过1.6亿。③ 根据中国互联网信息中心《第37次中国互联网络发展状况统计报告》,截至2015年12月,我国互联网普及率为50.3%,网民规模达6.88亿,其中农村网民占比28.4%,规模达1.95亿。通过台式电脑和笔记本电脑接入互联网的网民比例分别为67.6%和38.7%;手机上网使用率则为90.1%;中国域名总数为3102万个,其中“.cn”域名总数为1636万个,占中国域名总数比例为52.8%;中国网站总数为423万个。④ 2015年9月,国务院办公厅印发《三网融合推广方案》,加快全面推进三网融合,推动信息网络基础设施互联互通和资源共享。我国政府在推进网络基础设施建设和新技术普及方面成果显著,为网络内容产品生产和销售提供了良

① 陆地等:《网络文化产业蓝皮书——中国网络文化产业发展报告》,新华出版社2010出版,第11页。

② 晓镜:《英国宽带发展的瑜与瑕》,《人民邮电报》2015年8月19日。

③ 黄锐:《全国网络基础设施建设提速》,2015年5月20日,见http://news.enorth.com.cn/system/2015/05/20/030243586.shtml。

④ 中国互联网信息中心:《第37次中国互联网络发展状况统计报告》。

好基础。

（二）专业人才

网络内容产业是高附加值的创意产业，是高度融合数字科技、文化内容和市场元素的复合型产业，不仅需要产品创意设计、技术研发人才，还需要产品营销、管理等复合型人才。可以说，网络内容产品的竞争在一定程度上体现为专业人才的竞争。英国是世界上第一个提出“创意产业”的国家，早在2001年英国政府发布《文化与创新：未来10年的规划》绿皮书，强调文化创意人才的教育和培养。英国政府采取设立人才再造工程，联合高校、研究机构建立创意人才培养基地，促进青少年艺术教育和创意能力培养，加强国际间合作等措施。目前，英国创意产业从业人员超过150万人。我国台湾地区针对数字内容产业人才匮乏现象，大力引进外来优秀人才，建立有效人才培育机制，成立数字内容学院总部和区域资源中心，与企业、学校、培训机构以及行业协会合作培育专业人才。

调查显示，35%的受访网络企业认为，当前我国网络内容建设中最缺乏的人才是“创意人才”。此外，有22%的受访者认为最缺乏的是“技术人才”；21%的受访企业认为最缺乏“监管人才”；20%的人则认为当前最缺乏“复合型人才”（见图9）。

据统计，目前我国数字内容产业人才紧缺，尤其是缺少高层次的创意人才。例如，根据领英发布的《2015中国游戏行业人才库报告》，我国网络游戏从业人员数仅占全球游戏从业人数的4.6%。杭州市《2015年度信息（智慧）经济产业紧缺人才需求目录》显示，数字内容产业紧缺人才净雇佣前景指数在50%以上。我国上海市多年来采取各种措施吸引和培养网络游戏产业人才，创造适合各种人才生活、居住、就业和创业的业态环境，经过多年努力，创造了网络游戏产业人才集聚的优越条件，上海已逐渐成为中国数字内容产业发展的核心地区之一。

（三）文化内容

网络内容产品是网络技术与文化内容融合的产物，技术是手段，内容是根本。日本与韩国网络内容产业发达，注重内容产品传统性与现代性的融合。日本发展网络娱乐产品，注意将传统日本元素与国际流行元素融入网络内容产品中,独具日本特色的网络动漫和音乐受到全世界人们的欢迎。韩国注重将儒家文化传统与现代时装、美容等内容结合,融入网络游戏、网络影视剧创作之中,形成独具影响力的“韩流”文化。我国有上下五千年历史,民族文化多元,历史人文传统悠久深厚,这是网络内容产品建设的巨大优势,关键是如何将丰富的文化资源转化为优秀的网络内容产品。

调查显示,“您所在企业网络内容生产所受的文化影响主要来自”什么? 64. 2%的网络企业受访者选择“中国传统文化”;16. 4%的受访者选择“欧美文化”;13. 7%的受访者选择“马克思主义理论”;只有 5. 1%的企业受访者选择“日韩文化”(见图 77)。

这说明,一方面我国绝大部分网络企业以中国传统文化作为网络内容产品生产的内容基础,有利于创造具有中国特色的网络内容产品,容易被国内用户接受;但另一方面反映出网络内容产品生产缺乏国际元素,不利于网络内容产品走出国门,对外输出。

三、网络内容产品创造生产

不同于传统产品生产过程,网络内容产品的生产流程是无形的。一个好的网络内容产品,需要经过创意设计、制作生产和营销服务三个基本环节才最后落到用户手中。

(一) 创意设计

1. 创意为王

约翰 · 霍金斯在《创意经济》一书中提醒人们对创造无形资产价值的重视,指出全世界创意经济每天创造 220 亿美元,并且以 5%的速度递增。网络内容产业作为创意经济的重要组成部分,创新是其生命线。网络内容产品的创新离不开网络信息技术与文化内容的融合两个方面。当下网络游戏、网络动漫、网络短信、手机视频、网络音乐等网络内容产品不断涌现,靠的就是源源不断,远离重复的创意和想法。传统创意产品多表现为物质性产品,网络内容产品则是无形的精神文化产品。网络内容产品的创意过程体现在技术创新、内容创新以及将二者创新组合上。创意人才负责把各种数据信息、文化资源和内容素材组合在一起,形成新的设计,然后再将其制作成满足各种需要的网络内容产品。这一过程边际成本低,协同效益高,但对设计者的创新能力却有很高的要求。如前所述,当前我国网络企业最缺乏的就是创意人才。

2. 自主创新

创新不是模仿和复制,是对既有状况的超越和改变。网络内容产业作为新兴产业,其发展没有现成模式可循,对网络内容产品的创意开发投入有较高风险。我国企业网络内容产品创造主要依靠自主创新还是引进、模仿和依赖他人核心技术和设计?调查显示,有52.6%的受访企业表示主要依赖"自主研发";32.9%的受访企业表示依据"转载为主";另外,13.7%的受访企业表示"对国外先进成果取其精华,弃其糟粕"(见图75)。我国当前只有一半左右的网络企业立足内部突破,依靠自身智慧和力量创新研发产品核心环节,而另外近一半网络企业则选择通过代工、生产他人产品谋求市场发展。

自主创新之路充满风险和艰辛,在这一过程中,我国网络企业是孤军奋战,还是得到政府、高校、科研机构的帮助?调查显示,对于政府积极推进产学研合作,例如推进高新开发区内高校与企业合作,31%的政府受访者的态度是"一般";24%和19%的政府受访者表示"较不同意"和"很不同意";只有17%和9%的受访者表示"比较同意"和"非常同意"(见图70)。

调查结果充分暴露出我国当前网络内容产品生产原创性不足,缺乏自主创新能力的弊端。同时,也反映出企业在自主创新道路上孤军奋战现象比较严重,政府在促进产学研合作方面重视不够,没有很好发挥利用、整合社会资源的作用。

3. 立足需求

网络内容产品设计创造应从用户需要出发,任何偏离市场需求的创意产品都不可能是成功的创意产品。网络时代,随着人们生活水平的提高和消费主义的蔓延,用户对网络精神产品的需求越来越高。不同层次、不同个性的用户需求介入网络内容产品的生产过程,形成互联网特殊的定制化生产。立足用户需求是网络企业进行产品生产最基本的前提。

在调查中,关于我国企业网络内容产品生产锁定的目标消费对象,61%

的受访企业表示“以国内消费者为主”;34%的受访者表示只针对“国内消费者”;只有5%的受访企业表示以“国外消费者”为对象;没有受访者选择“以国外消费者为主”(见图72)。

另一项调查,企业网络内容生产主要足于什么内容? 43.9%的网络企业受访者回答“社会主流价值观”;23.7%的人表示立足于“消费者的需求”;17%的企业立足于“国际元素”;15.1%的企业立足于“民族特色”(见图76)。

两项调查显示,一方面,我国绝大多数企业目前以国内市场为主进行网络内容产品生产,国际市场很少考虑;另一方面,缺乏对国内消费者需要的分析,产品的民族元素和国际元素都考虑不足。这是造成我国当前网络内容产品整体缺乏品牌形象,国际竞争力弱的两个重要原因。

(二) 制作生产

网络创意、内容和市场需求都是很观念、很抽象的,要把好的创意变成有使用价值的产品,还需要经历产品制作与生产环节。网络内容生产者通过运用技术和设备将产品创意付诸实践,把经过整合的内容素材进行数字化、网络化处理,从而形成各种网络内容产品。不同于产品创意设计环节,内容产品的制作生产过程特别强调制作者、生产者、技术、设施等各生产要素的协同配合。面对不断增长的网络内容产品市场,我国网络企业从“创意内容”出发,逐步扩大到“产业基地”,用现代工业化流水线生产方式,大批量制作网络游戏、网络文学等网络内容产品。为加快这一产业化进程,企业通过产学研合作,获得产品制作生产方面更多资金、技术、人才等方面的支持。调查中,70.6%的网络企业表示,对于当前我国网络企业在开展产学研合作项目时的对接途径是“参与由政府牵头组织的产学研活动”,58.5%的受访企业表示“主动与高校或科研院所取得联系”(见图81)。

网络内容企业进行流水线式作业,具有标准的工业化大生产特征。北京、上海、广州、深圳、杭州等各地建有网络内容产业相关基地,具备资金、人才、设备等良好条件,可以从事研发、制作到生产的系列活动。一般中小企业主要从事代工和制作业务,也可以独立生产内容比较丰富且形式简单的产品,例如网络视频、广告等网络内容产品。总的来说,缺乏创意的产品制作和生产，利润低且竞争力弱，难以产生巨大经济效益。具有创意的制作和生产从生产运作角度看，也并不是简单将创意观念进行技术集成，而是要结合网络特点，对网络内容素材进行选择性改造，并对内容进行深化和延伸。

随着 Web2.0 技术的出现，社交网络日益普及，网络用户独立参与制作网络内容产品的热度日益提高。如前所述，有 63%的网民基于“个人兴趣”，10%的网民基于“职业需要”参与转发、扩散、制作网络内容。网络用户制作者对游戏、视频、文学等不同领域内容信息进行采集整理，通过原创、复制或修改制作具有个性化的网络内容产品。然后，YouTube、My Space 等网站为这种开放式的、全民性的网络内容产品提供展示平台。随着智能手机功能不断升级，网络用户可以随时利用手机制作图片、视频和文字，然后通过移动电子商务平台进行产品交易。可以说，移动互联网的快速发展为这种新潮的内容产品制作、流通方式提供了最好的展示和流通渠道。

（三）营销服务

网络内容产品的经济效益很大程度上取决于市场规模，用户人数越多，增加的边际成本就越低。因此，好的网络内容产品必须有好的营销渠道加以宣传推广。网络产品营销服务是传统产品营销的继承、发展，在网络环境下，营销服务必须不断创新，才能应对瞬息万变的市场需求。

1. 营销展示

成功的产品必须有良好的营销渠道保证其价值顺利实现，如何引导、培育、组织消费者更好地了解和接受自己的产品是网络企业必须考虑的问题。调查显示，在问及“企业采取了哪些措施提高网站内容吸引力”时，受访企业中，73.6%表示通过提高网站实用性使网站使用更加方便快捷；67.1%选择增强个性化、特色化服务；63.9%选择及时更新内容；58.8%表示会加强宣传力度；55%表示通过科学设置频道、栏目以利于信息浏览与查询；52.6%表示通过丰富功能，设置互动栏目来提高公众参与力度（见图 84）。可见，网络企业在通过企业网络平台对产品进行宣传时，最重视平台操作的实用性、互动性。

当前，内容生产商可以直接将内容产品送达消费者，不再必须通过网络运营商。国内外创意和制作方面具有实力的龙头企业，往往自建营销渠道，直接通过自己的展示平台为消费者提供服务，并且通过延伸产业链进行品牌版权贸易，开发各类衍生产品。这些企业根据自身的网络内容特点开发特定终端，通过终端下载产品进行收费，而购买终端的客户就会形成固定用户群。例如，苹果公司开发了 iPhone、iPad 终端和 iBooksauthor、iBooks、iTunes U 等工具，用户通过苹果的 iPod 使用苹果网上商店的应用程序下载服务及其他各种业务，扩大了苹果公司的收入来源。我国腾讯公司的腾讯平台为 QQ 游戏、动漫、腾讯影视等产品提供渠道，以同时提供包括微信、微博、移动等各种内容增值服务。

2. 移动增值服务

网络内容生产商离不开与网络运营商的合作，我国大多数内容提供商都将网络内容产品托管在电信、网通等主流运营商，通过网络运营商租用接入网络服务。网络运营商作为代理型企业，最重要的工作就是拓展渠道，增强渠道营销能力。网络运营商提供接入平台，参与网络内容产品的推广营销，网络运营商向终端生产商定制终端（智能手机、平板电脑等），并进行内容产品的推广，向用户收取内容定制费或者月租费。与此同时，随着移动互联网技术的发展和智能手机的普及，网络运营商将提供更多移动增值服务。按照移动网络内容需求结构来分，可以将目前移动增值业务分为资讯服务、娱乐服务、交流服务和交易服务四大类，包括短信、彩信、移动音乐（音乐、铃声等）、游戏、广告等。

3. 公共服务平台

网络内容产品的推广销售，除了企业自身努力外，还可以通过政府和社会组织搭建的公共服务平台。英国政府重视民间团体组织在推动创意经济发展中的作用，为促进网络内容出口，成立专家市场执行委员会，建立行业网站和论坛加强企业间交流与协作，政府加强对数字内容论坛的宣传，展示英国出口商的网络内容产品。台湾地区创意经济发达，但用户市场有限，为了拓宽国际市场，政府数字内容产业推动办公室下设“国际合作组”，专门负责开拓网络内容产品的国际营销与合作渠道。政府为台湾网络内容产业发展搭建服务平台，出面举办各种产品推广活动，例如办理国际合作商谈会、筹组国际大展、举办国际研讨会及产业论坛、建立海外据点，等等。我国上海市成立上海数字内容产业发展中心，旨在推进上海乃至长三角地区的卡通动画、网络游戏、手机游戏等内容产业发展，为企业与企业、企业与市场、企业与政府之间搭建桥梁与纽带，为网络内容产品走出国门提供支持。

第二节　网络内容产品的消费

消费是再生产的重要环节，也是最终环节。网络内容产品消费是网络用户使用网络内容产品以满足其各种需要的活动和过程。掌握和分析我国当前网络内容产品消费情况，有利于调整网络内容产品再生产，促进我国网络内容产业持续快速发展。

一、网络内容产品消费者

（一）消费者结构

1. 以国内消费者为主

调查显示，关于网络内容产品的生产，我国有61%网络企业立足于以“国内消费者为主”；34%的网络企业完全立足于“国内消费者”；5%的企业完全立足于“国外消费者”；没有企业生产以“国外消费者为主”（见图72）。很显然，当前我国网络内容产品是以国内消费者为主，国外消费者有待增加。

2. 国内消费者基数大

截至2015年12月，我国网民规模达6.88亿，超过全球网民总数1/5，位居世界第一。互联网普及率为50.3%。其中，农村网民占比28.4%，规模达1.95亿，较2014年年底增加1694万人，增幅为9.5%。① 这样一个超级庞大且上升势头迅猛的市场规模，消费能量和潜力都是巨大的。这是我国网络内容产品建设的重大优势。

3. 青少年为最大用户群

据统计，截至2015年12月，网民中20—29岁的用户比例最高，占29.9%；其次是10—19岁的用户，占21.4%；再次是30—39岁的用户，占

① 中国互联网信息中心：《第37次中国互联网络发展状况统计报告》。

23.8%。另外,网民中学生群体所占比例最高,为25.2%;其次为个体户/自由职业者,比例为22.1%;企业/公司的管理人员和一般职员占比共计达15.2%。①

4.月收入2001—5000元用户最多

截至2015年12月,网民中月收入3001—5000元的群体占比最高,为23.4%;其次是收入2001—3000元的用户群,为18.4%;再次是月收入500元的人群,为14.2%。② 可见,月收入2001—5000元间的网民用户共占41.8%。

(二)个性化需求

网络内容产品生产和销售需要依赖消费者信息,根据消费者偏好进行网络内容产品开发、生产和销售。确立"以用户为中心"的理念,重视用户地位,关注用户需求,挖掘用户潜在创造力,促进网络内容产业日趋人性化、个性化。互联网时代,传统精英和权威诠释模式遭遇解构,人既是用户,又是创制者,更多个性需求诉诸网络空间,网络内容产品消费也尤其崇尚个性化。在调查中,问到网民主要根据什么来转发、扩散和制作网络内容,有高达63%的网民答案是"个人兴趣",这一比例比其他答案的比例高出50%。可见,对于普通网民来说,个性得到尊重、珍视和发挥是极其重要的。每个人都有自己的兴趣、爱好和习惯,个性化需求复杂多样,随着互联网技术和内容的日新月异,个性化需求将更加多变,这为网络内容产品供给提出了更高要求。

二、网络内容产品消费选择

网络内容产业迅猛发展,消费者面对无限丰富的网络内容产品,根据不同需要进行自主选择。调查显示,当前我国网络内容产品消费类型主要有:

(一)网络社交类

1.即时通信

即时通信是网络在线实时交流的工具,快速、高效的信息互动是即时通

① 中国互联网信息中心:《第37次中国互联网络发展状况统计报告》。

② 李林:《突出青少年网络安全教育 培育"中国好网民"》,《中国青年报》2015年6月2日。

信的特点，具有人际交流、在线销售和服务功能。国外著名的即时通信产品有 Yahoo，Messenger，MSN Messenger 等，国内以腾讯公司的微信、QQ 为代表。截至 2015 年 12 月，我国网民中即时通信用户的规模达到了 6.24 亿，占网民总体的 90.7%，其中手机即时通信用户 5.57 亿，占手机网民的 89.9%。①

调查显示，51.4%的高校受访者表示，平常上网一般会选择“聊天交友”（见图 34）。另外，77.3%的高校受访者明确表示自己所在学校、年级或班级建立了 QQ、微信群并利用其发布学习、生活内容等内容；只有 22.70%的高校受访者表示没有建立相关的 QQ 和微信群（见图 38）。

QQ、微信成为当前人际网络交流沟通最常用、最重要的一种网络社交产品。以微信和 QQ 为代表的通信工具不断创新营销和服务模式。例如，开发“摇一摇”营销功能，为京东商城、微信理财、滴滴打车等提供服务平台，为满足用户出行、购物、理财、信贷、娱乐等生活需要提供更全面的服务。

2. 微博客

微博客是一种基于用户关系分享信息的广播式的社交网络平台，用户通过发布和分享即时信息，实现自我表达和人际交流的愿望。美国政府推行互联网外交，主要通过推特、脸书等全球影响最大的社交网站实行“全民外交”，推行美国全球战略。中国主要以新浪微博客、腾讯 QQ 空间等为代表，而其中使用新浪微博的用户为 69.4%，占据绝对优势。截至 2015 年 6 月，我国微博客用户规模为 2.04 亿，网民使用率为 30.6%，手机端微博客用户数为 1.62 亿，使用率为 27.3%。手机端微博客用户占总体的 79.4%。②

（二）网络资讯类

网络资讯是人们通过网页浏览器访问网站获取的资讯或者享受网站提供的相关服务。在丰富的网络资讯需求中，新闻资讯用户应用最多。53.2%的受访网民表示经常访问的网络内容是“网络新闻资讯”（见图 6）；55.3%的高校受访者平时上网一般会选择“看新闻”（见图 34）。截至 2015

① 中国互联网信息中心：《第 37 次中国互联网络发展状况统计报告》。

② 中国互联网信息中心：《第 36 次中国互联网络发展状况统计报告》。

年12月,我国网络新闻用户规模为5.64亿,网民中的使用率为82%。其中,手机网络新闻用户规模为4.82亿,网民使用率为77.7%。① 我国网络新闻使用率仅次于即时通信,排在第二位。

获取网络资讯的手段很多,可登录门户网站、新闻网站,也可通过即时通信、社交媒体转发、讨论相互交流,但当前用户使用率最高的还是百度、360等搜索引擎。截至2015年12月,我国搜索引擎用户规模达5.66亿,使用率为82.3%,手机搜索用户数达4.78亿,使用率达77.1%。②

（三）网络娱乐类

1. 网络音乐

网络音乐是目前使用率最高的网络休闲娱乐产品,"它是音乐产品通过互联网、移动通信网等各种有线和无线方式传播的,其主要特点是形成了数字化的音乐产品制作、传播和消费模式,主要是由两个部分组成:一是通过电信互联网提供在电脑终端下载或者播放的互联网在线音乐;二是无线网络运营商通过无线增值服务提供在手机终端播放的无线音乐,又被称为移动音乐。"③据中国互联网信息中心统计,截至2015年12月,我国网络音乐用户规模为5.01亿,网民使用率为72.8%;手机端用户数为4.16亿,使用率为67.2%。④ 在网络音乐和服务用户中,主流用户群在18—25岁,其中流行音乐是重点。据文化部《2014年中国网络音乐市场年度发展报告》,2014年中国网络音乐市场总体规模达到75.5亿元人民币。由于我国网络音乐市场盗版侵权现象严重以及用户长期养成的听歌不付费习惯,我国庞大的网络音乐用户市场与实际获得收益规模不匹配。

2. 网络视频

随着Web2.0及其相关技术、网络带宽、终端设备的发展,网络视频得到迅猛发展,目前已成为仅次于网络音乐的第二大休闲娱乐产品。网络视频产品是网络视频运营商免费或收费的视频产品,包括电影、电视、教学等

---

① 中国互联网信息中心:《第37次中国互联网络发展状况统计报告》。
② 中国互联网信息中心:《第37次中国互联网络发展状况统计报告》。
③ 文化部:《关于网络音乐发展和管理的若干意见》,2006年11月20日。
④ 中国互联网信息中心:《第37次中国互联网络发展状况统计报告》。

各种内容视频。网络视频打破了传统影像传播格局,以其丰富、便捷的视频信息迅速获得用户青睐。据统计,截至 2015 年 12 月,中国网络视频用户规模达 5.04 亿,较 2014 年增加 7093 万人,网络视频用户使用率为 73.2%,比 2014 年上升了 6.5 个百分点。其中,手机视频用户规模为 4.05 亿,与 2014 年相比增长了 9228 万人,增长率为 29.5%。① 根据企鹅智库和腾讯视频发布的《2015 年中国网络视频大数据报告》,网络视频行业市场规模 2014 年大幅增长,市场规模约 239.7 亿元,增长率达到了 76.4%。②

3. 网络游戏

网络游戏是各国网络内容产业的重要组成部分。据统计,截至 2015 年 12 月,我国网民中网络游戏用户规模达到 3.91 亿,较 2014 年年底增长了 2562 万人,占整体网民的 56.9%,其中手机网络游戏用户规模为 2.79 亿,较 2014 年增长了 3105 万人,占手机网民的 45.1%。③《2014 年中国网络游戏市场年度报告》显示,我国网络游戏市场整体销售收入为 1062.1 亿元,移动游戏市场销售收入为 268.6%亿人民币,比 2013 年增长了 109.1%。其中,由中国自主研发的互联网游戏产品在国内市场的运营收入为 669.5 亿元,同比增长 37.8%,国产游戏出口收入达 26.8 亿美元,比 2013 年增长 194.5%。网络游戏产品包含复杂的文化内容,对使用者的思想观念、行为习惯产生潜移默化的影响。网络游戏虚拟、审美、趣味的情景体验满足了用户休闲娱乐需要,学生是网络游戏的主要使用人群。45%的高校受访者表示,平时上网最常做的就是“玩游戏,看电影、视频,听音乐,购物”(见图 34)。

4. 网络文学

随着移动互联网及移动智能终端的发展及普及,全民阅读时代到来。网络文学通俗易懂,符合快餐式文化潮流,为用户提供具有吸引力的内容资源,迅速成为数字阅读领域的主流内容类型。截至 2015 年 12 月,我国网络文学用户规模达到 2.79 亿,占网民总体的 43.1%,其中手机网络文学用户

① 中国互联网信息中心:《第 37 次中国互联网络发展状况统计报告》。

② 企鹅智库和腾讯视频:《2015 年中国网络视频大数据报告》,2015 年 6 月 10 日,见 http://www.199it.com/archives/354737.html。

③ 中国互联网信息中心:《第 37 次中国互联网络发展状况统计报告》。

规模为2.59亿,占手机网民的41.8%。① 网络文学作品数量众多,良莠不齐,少数优秀作品被出版或改编成影视剧,大获成功。例如,《致我们终将逝去的青春》《甄嬛传》《蜗居》等被改编成影视剧,取得了巨大经济效益,也产生了良好社会效益。根据《2015年Q1中国网络文学报告》,预计2015年国内的网络文学市场规模可达70亿元,环比上涨25%。网络文学作品类型繁多,最受用户关注的小说类型前三位依次是:玄幻/奇幻类、仙侠/武侠类、都市/校园类。参与在线阅读的读者的年龄主要是20—39岁群体,占到了整体的78%,其中20—29岁人群占到30%,30—39岁人群接近全部的一半,占比48%。此外19岁以下人群占比7%,40—49岁人群占比12%,50岁以上阅读人群占比3%。在线阅读的人群中男性占比76%,女性占比24%。②

(四)网络交易类

网络交易是发生在信息网络中,企业之间、企业和消费者之间以及个人与个人之间通过网络通信手段缔结交易。③ 网络交易形成虚拟交易场所,为产品生产者、中间商与消费者之间提供交易服务平台。网络交易属于网络服务类产业,是网络内容产业发展中不可或缺的组成部分。当前,网络购物主要是采取"网上交易,网下服务",互联网交易平台与传统产业相结合的形式。在淘宝等电子商务平台也可以看到网络音乐、网络广告、网络音频、视频制作、剪辑、生产与消费等个性化网络内容产品的定制与消费。网络交易平台为网络内容产品提供网络支付交易服务。网上支付提供了满足资金流通需求的基本服务。网络支付企业不断探索创新消费金融产品,推出供应链金融、网络银行、P2P贷款、网络信用卡等服务。截至2015年12月,我国使用网上支付的用户规模达到4.16亿,与2014年12月相比,我国网民使用网上支付的比例从46.9%提升至60.5%。与此同时,手机支付增长迅速,用户规模达到3.58亿,网民手机支付的使用比例由39%提升

① 中国互联网信息中心:《第37次中国互联网络发展状况统计报告》。

② 李国琦:《速途研究院:2015年Q1中国网络文学报告》,2015年6月24日,见http://www.sootoo.com/content/651132.shtml。

③ 中国电子商务协会:《网络交易平台服务规范》,2005年4月。

至57.7%。①

三、网络内容产品消费方式

（一）互动消费

网络内容产品生产者与消费者具有同一性，消费者亦是生产者。技术发展也不断推动消费创新变革，提升用户消费体验。传统内容产品生产中消费者是被动的，并不主动参与生产过程，但在网络内容产品生产中，消费者可以参与到产品生产中去，尤其是在一些互动水平高的产品生产中。以网络小说创作为例，读者往往参与作者的整个创作过程。作者定期或不定期更新内容，读者通过留言、评论、奖励等方式与作者保持互动，向作者表达对未完成故事情节发展的期望和建议，而网络文学作者往往为了提高点击率和关注度，会尊重和考虑读者意见，对作品进行相应调整。即使有些作者正文不做修改，也会在作品完结之后以“番外”形式一定程度满足读者需要。

（二）移动消费

随着智能手机价格走低，手机终端大屏化和手机应用体验不断提升，网民消费行为逐渐向移动端迁移和渗透。如前所述，截至2015年6月，我国手机网民规模达5.94亿，网民中使用手机上网的人群占比88.9%。网络内容产品用户由过去依赖电脑、平板电脑和笔记本电脑接入网络，转移为主要依靠手机移动上网。移动终端的使用一定程度上改变了内容产品的使用方式。移动终端的即时性、便捷性使用户可以在产品使用时间和地点上更加灵活。例如，用户可以在睡觉前、等候时、乘坐交通工具时利用空闲的、碎片化的时间阅读网络文学作品，玩手机游戏，浏览资讯等等。另外，移动商务成为拉动经济增长新引擎。截至2015年6月，手机支付、手机网购、手机旅行预订用户规模分别达到了3.58亿、3.40亿和2.10亿。②

① 中国互联网信息中心：《第37次中国互联网络发展状况统计报告》。

② 中国互联网信息中心：《第37次中国互联网络发展状况统计报告》。

（三）付费消费

1.“免费”消费

用户在使用即时信息、新闻资讯、微博客等网络内容产品时不需要另外付费，但其实，任何人进入网络空间就已经进入了市场，看似免费使用的内容产品已经由网络运营商通过月租等形式代收费用。另外，免费提供网络资讯、网络影视、网络音乐、网络文学等内容产品的网站，是后端广告主付费。网站通过在内容内插入图片、文字、链接等形式的广告，广告商已经按照用户的点击量或用户数量向网站支付了广告费。当前，网络广告仍旧是中国网络内容产业的主要商业模式，绝大部分网站都把网络广告作为最主要的盈利渠道。

2. 试用消费

网络内容产品消费中还有一种常见方式，先向用户免费提供局部的或是一定时间段的内容产品免费使用，如果要获取更深入、更细致的内容信息，或者过了规定的免费使用期限后，用户就需要付费。这一消费方式已被广泛应用于电子报纸、在线游戏、网络音乐、网络视频、网络文学、无线增值业务等领域。例如，虾米音乐网提供免费音乐下载，但有些音乐下载需要付费；爱奇艺视频提供免费影视，但 VIP 频道中的电影则需要付费；晋江文学网站提供大量免费网络文学作品，但有些小说前部分章节实行免费，待作品渐入佳境，吸引了足够读者关注后便上架销售，向读者收费。值得注意的是，目前我国大部分网络用户消费习惯倾向于免费，对付费消费网络内容产品意愿不大。

3. 付费消费

网络内容产业不断创新营销模式，网络支付产业不断发展，用户付费消费方式也越来越多样化。常见付费方式有四种：一是直接通过网络支付平台对购买的网络内容产品进行付费。例如，在淘宝上购买网络学习软件，通过网银支付或第三方支付宝支付；二是订阅收费模式。传统产品消费必然消耗产品，但是网络内容产品消费具有共享性和永久性，不存在产品折旧和磨损问题。网络内容产品一经生成，一人消费与一万人消费没有区别，复制一个内容产品的成本几乎为零。因此，用户只需要支付固定费用就可以得到特定内容的无限使用权。例如爱奇艺 VIP 包月、包年用户，只要付了相应费用就可以在规定期限内不限次观看网络视频；三是付费购买相应网络币种，每购买一件内容产品，便扣去相应币值。例如虾米音乐网，用户通过网上支付购买虾币，下载付费音乐作品时就扣除相应虾币数量；四是虚拟货币支付服务费。例如，网络游戏、百度文库等产品消费中需要以虚拟货币付费，虚拟货币可以换购虚拟装备、虚拟礼物，还可以购买一些个性化的增值服务。目前流行的网络虚拟货币不下十种，如 Q 币、百度币、酷币、魔兽币、银纹等，其中 Q 币使用最为广泛。

第三节　网络内容产品的监管

网络内容产业快速发展正深刻改变着传统生活方式，对人们固有思维观念、行为方式产生深刻影响。网络内容产品虽然数量丰富，但良莠不齐，产品内容自身以及产品生产、运营和消费过程都存在各种不安全、不健康问题，并由此衍生到对现实秩序的破坏。因此，加强对网络内容产品的监督管理，是规范网络市场，促进网络内容产业健康发展的必然要求。

一、政府对网络内容产业的监管

（一）政府监管职能

政府在网络内容建设中扮演什么角色？调查显示，59.7%的政府受访者的答案是“网络内容的监管者”，47.2%的政府受访者认为政府是“网络内容的把关者”（见图 51）。政府作为网络内容产业政策、法规的制定者、执行者，在网络内容产品生产、运营和消费等环节理应发挥引导、监督和管理作用。

政府对网络内容产品进行监管的目标是什么？79.4%的政府受访者选择“社会层面：净化网络空间，传播社会正能量”；67.2%的受访者选择“个人层面：维护个人合法权益，依法上网”；62.7%的受访者选择“国家层面：维护国家意识形态及网络信息安全”（见图 52）。

政府主管部门认为合格的网络内容产品应当具备三个特点：绿色、安全、合法。绿色要求内容产品有利于使用者身心健康发展;安全要求内容产品不会造成内容产品自身存在及运行的损害;合法则要求内容产品的各项指标是合乎网络市场法律法规的。

(二) 政府监管重点

网络内容产品生产、流通环节复杂,涉及面广,政府监管能力有限,不能面面俱到。基于网络内容产品所产生的不同影响力,政府需要抓住主要的、重点的内容产品领域,以点带面对整个网络内容产业进行引导、监督和管理。

当前,政府监管重点内容产品有哪些?调查中设计了两个相关问题。第一个问题是"政府亟须对哪些网络内容进行引导和监管?"54.9%的政府受访者认为监管重点是"网络新闻资讯",此项占比最高;其次是"网络娱乐产品",支持者占48.4%;再次是"网络社交媒体内容",支持者占46.3%(见图53)。

第二个问题是"您认为目前网络内容监管的重点在哪里?"网络企业受访者中,80.9%的受访者认为是"新闻资讯类";65.8%的受访者认为是"社区交友类";58.8%的受访者认为是"游戏动漫类"(见图86)。调查显示,这两个问题所问对象不同,但答案却是一致的,即认为当前网络内容监管重点前三位分别是:网络新闻资讯、网络社交、网络娱乐产品。

据中国互联网信息中心发布的《第36次中国互联网络发展状况统计报告》显示,网络社交类产品即时通信的用户量最大,网民使用率达90.8%;其次是网络新闻,网民使用率达83.1%;网络音乐、网络视频、网络游戏等网络娱乐产品网民使用率紧跟其后,均高于网络购物的网民使用率。这充分说明,当前网络社交、网络新闻、网络娱乐的确是用户接触最频繁、使用率最高的网络内容产品,也是网络内容产品监督的重点对象。

(三) 政府监管措施

1. 设置机构

韩国政府专门设置情报通信部和文化观光部负责管理数字内容产业的开发和振兴。台湾"经济部工业局"和"行政院"直辖的"文建会"及"新闻局"负责数字内容产业的推动,其中,"经济部工业局"重点管理和服务游戏、动画、数字影像等网络内容产业发展，“文建会”负责推动文化与创意相关产业发展，“新闻局”则主要负责数字电视和数字广播的推动和管理。同时，“经济部”成立“数字内容产业推动办公室”负责协调政府、学界、企业、社团等共同推动数字内容产业发展。① 同样，日本设置不同机构各司其职，又强调机构间的协同管理。日本经济产业省主要负责产业支持、内容制作支援等政策，总务省主要负责推动宽频内容制作和销售等，同时专门设置通产省负责各部门综合管理和跨部门调节。目前，我国网络内容产业的管理职能分散在发展改革委员会、工业和信息化部、文化部、广电部门、新闻出版部门、公安部门、工商部门等十多个部门，但缺乏统一协调管理的专门机构，在管理职能上存在多头管理、职责不清、重复管理等现象。

2. 加强立法

许多国家以立法手段直接介入网络内容产品的生产、销售和消费等活动。德国提出《信息与通讯服务法》监督网络传输中的违法内容，包含猥亵、色情、恶意言论、谣言、反犹太人等宣扬种族主义的言论，尤其是严格规范了关于纳粹的言论思想与图片等相关信息的传播。新加坡《国内安全法》规定了国家机关拥有的调查权与执法权，以及互联网服务提供商的报告义务，明确了禁止性文件与禁止性出版物。《广播法》与《互联网操作规则》规定网站禁止发布危及公共安全和国家防务、破坏种族及宗教和谐以及违反公共道德的内容；《行业内容操作守则》和《个人信息保护法案》则规定保护个人信息不被盗用或滥用于市场营销等途径。我国政府向来重视内容刊载、传播管制。《中华人民共和国计算机信息网络国际联网管理暂行规定》与《计算机信息网络国际联网出入口信道管理办法》明确规定任何单位个人不得自行建立或使用其他信道进行国际互联网。《互联网信息服务管理办法》与《互联网电子公告服务管理办法》则明确规定，未经批准，任何单位、个人都不得擅自实行经营性信息服务，而非经营性信息服务也需要备案。2015 年 6 月，第十二届全国人大常委会第十五次会议初次审议了《中

---

① 范丽莉、单瑞芳：《我国台湾地区数字内容产业的发展举措及启示》，《情报理论与实践》2006 年第 6 期。

华人民共和国网络安全法(草案)》,规定“任何个人和组织使用网络应当遵守宪法和法律,遵守公共秩序,尊重社会公德,不得危害网络安全,不得利用网络从事危害国家安全、宣扬恐怖主义和极端主义、宣扬民族仇恨和民族歧视、传播淫秽色情信息、侮辱诽谤他人、扰乱社会秩序、损害公共利益、侵害他人知识产权和其他合法权益等活动”。

网络内容产品具有不可破坏的特点,在售出后很容易被复制、修改、组合,而不改变产品原样。内容产品的知识产权保护问题成为政府立法监管的重点。为保障网络内容产品创意者和制造者利益,创造自由、公平的市场环境,美国不断修改和完善版权法,先后通过《版权法》《半导体芯片保护法》《跨世纪数字版权法》《电子盗版禁止法》等一系列法规。以《域名权保护法案》为例,规定了域名与商标保护统一,不得冒用、非法注册或使用与他人域名十分相似的域名进行网上商业活动。我国在保护网络内容知识产权方面制定和出台一系列法规及司法解释。其中,《关于维护互联网安全的决定》明确规定利用网络侵犯他人知识产权构成犯罪,《信息网络传播权保护条例》对著作权人、表演者、录音录像作者的网络传播权的保护作了详细规定,进一步明确了利用互联网侵犯著作权行为的刑事责任。①《著作权法》及《著作权实施条例》修改,增加信息网络传播权的规定,作品未经允许,不能上网传播。另外,《知识产权解释》明确规定通过信息网络向公众传播他人作品的行为,视为“复制发行”,并以侵权品制售数量作为可选择的定罪量刑标准。②

3. 审查内容

政府相关部门依法对网络内容产品监督包括两个方面:一是产品内容质量,二是制造、传播和消费产品的网络行为。参考国际普遍采用的电影分级制,不少国家和地区建立了网络内容分级制。我国台湾地区从 2005 年起开始启用网络分级制度,将网络内容分为“限级”与“非限级”两种,所有人

---

① 管瑞哲等:《网络环境下知识产权刑法保护问题》载,《江苏警官学院学报》2008 年第 1 期。

② 李林:《突出青少年网络安全教育　培育“中国好网民”》,《中国青年报》2015 年 6 月 2 日。

均可以浏览非限制级的网络内容,但过多描述犯罪行为、自杀过程、暴力及色情裸露,有害儿童及青少年身心发展的网络内容则被列为"限级",未满18岁者不得浏览。

美国、英国对网络内容进行技术监听计划。从"斯诺登"事件所披露信息及相关资料来看,美国国家安全局行动部门长期对国内外网络设施和个人、内容和行为进行了秘密监听。2008年,英国内政部提出"监听现代化计划",即利用技术手段监听并保留英国互联网上所有人的通信数据。英国政府还不断扩大执法机关和情报部门对网络通信的监督权,将社交网站和网络即时通信工具也纳入监管范围,对涉及恐怖活动和极端暴力活动、仇恨的信息、图片、视频的内容进行严控。

《中华人民共和国网络安全法(草案)》规定了中国实行网络安全等级保护制度,但真正的网络内容分级制度还没有建立,尚处研讨阶段。另外,政府鼓励大力发展网络安全技术,推动网络安全技术在公安、宣传、工商等相关管理部门中的应用,不断完善相关职能部门网络安全监测能力,从内容和技术上严把网络内容产品质量关。

4. 打击犯罪

美国作为拥有世界上网络安全立法数量最多、内容最全面的国家,强硬的执法力度体现了政府维护网络市场秩序的决心。美国境内网络犯罪行为日益猖獗,为有效遏制和打击网络犯罪,政府加大各执法部门合作,建立"区域性计算机取证实验室",为各执法部门追踪网络犯罪嫌犯和组织提供网络犯罪的各种数据分析。同时,加强国际间合作,展开联合专项行动,对跨境犯罪行为施以打击。我国针对网络内容产品生产、销售和消费不法行为,展开各种专项治理行动。2015年7月起公安部展开了"净网行动",侦办包括入侵网站盗取信息、贩卖公民个人信息、传播黄色内容以及实施网络诈骗等网络犯罪案件超过7400起,逮捕共计1.5万余人。① 针对我国严峻的网络知识产权保护问题,尤其是网络侵权盗版问题,国家版权局展开"剑网2015"专项行动,针对网络音乐版权、网络云存储空间版权、移动终端第

① 霍志坚:《公安部重拳打击网络违法犯罪》,《政府法制》2015年第25期。

三方应用程序侵权盗版、网络广告、网络转载版权等当前突出的网络版权问题进行专项整治。

二、企业对网络内容产品生产销售的监管

（一）监管的主要责任

政府是网络内容产品把关人，网络内容提供商和运营商则是网络内容产品的创造者。企业在网络内容生产流通中应当承担怎样的责任？美国《国土安全法》明确提出在调查机关要求下，企业有义务向美国政府提供用户的相关信息和背景；如果出现“危及国家安全”的情况，当局可以无须征得法院同意即可监视电子邮件和互联网上相关信息。可见，政府与企业虽然分工不同，但殊途同归，监管目的都是保障为社会提供安全、健康的网络内容。

在维护国家安全和利益这一大背景下，我国企业监管责任主要反映在三方面：一是履行自审义务，即网络内容生产商和运营商在产品生产运营活动中具有不可推卸的法律责任，必须守法自律，洁身自好；二是报告义务，企业一旦发现违法信息有义务及时举报，且有义务协助政府屏蔽或删除非法内容；三是协助执法义务，网络企业对网络内容产品的监督，不仅要做到主动安全防御，还要与政府执法机关互相合作。企业有义务配合政府相关管理部门检查，提供检查所需要的网络内容产品，在紧急情况下，警方可监视互联网上包括个人电子邮件在内的信息来往。

（二）监管的不良现象

当前我国网络企业在内容生产过程中存在一些不良现象，突出问题是创意设计和制作生产中的侵权盗版问题。网络内容产品进入销售运营阶段后，企业面临更加开放的市场元素，需要控制和监督的因素更多。调查显示，对于当前我国互联网企业运营中普遍存在哪些不良现象？网络企业受访者当中，69. 5%的认为存在“出卖用户资料”现象；63. 9%的认为企业存在“传播色情、暴力、赌博、迷信、危害国家安全的内容”；63. 1%的认为企业“未保护好商业标记和商业秘密”；49. 6%的认为还存在“其他有违知识产权保护的行为”；39. 9%的承认“对作品未进行良好的技术保密措施”；另

外,4.9%的表示“以上情况都未出现过”(见图85)。可以推断,网络内容产品提供商和运营商当前面临监管的任务主要有三个:一是把产品内容控制在安全、合法、健康的范围内,重点控制暴力、色情、不安全等内容;二是保护知识产权,杜绝违反知识产权的行为;三是保护商业信息和个人隐私,防止产品运营过程中的信息泄露。

(三) 自我监管的措施

我国网络行业主要采取哪些自我监管措施?在对网络企业的调查中,73%的受访者选择“建立健全日常审核监管制度”;72%的受访者选择“组织相关法规政策学习”;66.3%的受访者选择“进行职业道德教育”;51.2%的受访者选择“建立奖惩机制”;50.1%的受访者选择“制定行业规章制度”(见图87)。

调查显示,当前我国网络企业对网络内容产品的监管措施主要有两种:一是建立和完善企业监管制度,包括日常审核制度、奖惩制度、行业规章制度;二是建立和完善企业内部劝导性自律机制,通过组织学习政策法规,进行道德教育提升员工网络内容安全意识、道德意识等。在现实生活中,网络企业除了企业内部自我监督和管理外,还通过参与行业协会、与政府合作来加强自身管理。

三、网民参与网络内容产品的监管

(一) 参与监管的责任

网民是网络内容产品的监督管理者,具有监督他人与监督自己的责任。网民是内容产品的使用者,在参与网络内容产品流通的过程中,需要懂得安全知识,自我保护,对错误有害的行为以及可能侵害公众道德、影响国家安全的内容拒绝、批评和举报;网民又是内容产品的生产者,对制作、传播的网络内容产品和行为具有不可推卸的责任,在监督他人的同时,对自我具有监督义务。

网民作为网络内容产品的使用者和生产者,有义务接受政府、社会各界的监督管理。调查显示,对于网上监控大学生言论,过滤“不和谐声音”,表示“赞同”和“非常赞同”的受访大学生比例为36%和14%;而明确表示“不赞同”和“很不赞同”的比例为21%和5%;另外,24%的受访者持中立态度,表示“无所谓”(见图47)。

网民是否接受推行实名制或引入网民信用机制?表示“赞成”或“非常赞成”的网民为38%和19%;而“反对”和“坚决反对”的网民比例为16%和4%;另外23%的网民持中立态度,表示“无所谓”(见图16)。

上述两项调查反映,当前我国网民对是否接受政府监控没有形成高度统一的意见,虽然赞成者占多数,但反对者也不少,相当数量网民态度犹豫、不明确。

(二)需要监管的内容

网民在使用和创造网络内容产品过程中,会遇到各种不良网络内容和网络行为,这些是网民发挥日常监督功能的重点所在。在网络生活中,76.2%的受访网民表示遇到过“浏览网页时,自动弹出广告、游戏、黄色暴力链接”;49.6%的受访网民遇到过“QQ账号被盗”;另外,遇到过“杀毒软件不起作用”的网民比例为25.9%;“受到过别人的辱骂等人身攻击”的网民比例为19.5%;“受到过网络欺诈”的网民比例为15.3%;曾“接触来自境内外的分裂分子、反政府、法轮功、恐怖主义、极端主义等网络内容”的网民比例为12.2%;“被别人曝光隐私”的网民比例为11.1%,5%的受访网民表示“未遇到过以上情况”(见图7)。

网民对不良内容反映最多的问题是:一是网络广告骚扰;二是涉及网络犯罪的产品内容(网络偷盗、泄露隐私、网络欺诈、病毒攻击等);三是影响国家安全的产品内容。

网民在网络生活中常遇到过哪些不良行为?根据受调查网民反映,有28.2%的网民“浏览淫秽内容”;24.7%的网民“浏览暴力内容”;24.6%的网民“辱骂别人”;18.7%网民“参与赌博”;17.4%的网民有“其他不道德行为”;14.2%的网民参与过“网络欺诈”;12%的网民“曝光隐私”;8.8%的网民“浏览危害国家安全的内容”;“以上行为都没有”的网民为14.9%(见图15)。

因此,网民被监督和主动监督的不良行为有:一是网络违法行为(欺诈、暴露隐私、赌博);二是缺乏网络自律的不道德行为(浏览淫秽、暴力、不安全内容,网络不文明行为等)。

(三) 参与监管的做法

调查显示,面对不法、不道德和不安全的网络内容,58%的受访网民选择“关掉网页,不予浏览”;21%的网民选择“坚决抵制,向网络监管部门举报”;12%的网民“觉得应该遏制,但不知道怎么办”;另外,6%和3%的网民会“出于好奇,点击浏览”或“感兴趣,点击浏览”(见图14)。这说明,我国网民面对不良网络内容,绝大多数采取了拒绝,自我保护的被动方式,而积极举报,主动参与社会监管的意识则有待加强。

如图14所示,12%的受访网民有参与监督的意愿,但不知道如何参与监督。调查显示,关于网民参与网络内容监督的渠道,57.5%的受访网民表示知道通过“网站举报”;54.1%的网民知道通过“电话举报”;45.8%的知道“微博举报”;41.4%的知道通过“手机短信”举报;另外,还有11.2%的受访网民表示“以上渠道都不知道”(见图17)。网络是当前我国网民参与网络内容监督的主渠道,这说明不仅需要进一步拓宽网民监督渠道,还需要提升网民主动参与监督的意识以及对监督渠道的认知。

第四节　网络内容产品建设的评价

为全面掌握当前我国网络内容产品建设现状,在调查中,针对网络内容产品生产者、管理者和消费者等不同角色,设计了与内容产品创造、生产、销售、运营以及消费、监管相关的问题,同时还基于不同参与者切身经验,进一步了解他们对我国网络内容产品建设现状的评价和建议,为进一步的理论研究提供现实基础和启示。

一、网络内容产品建设取得的成效

(一) 内容产业快速发展

我国网络内容产业快速发展,逐渐形成北京、上海、深圳等重点发展区域,建立了不少软件产业、动漫制作中心、网络游戏制作中心、手机游戏制作中心为代表的产业基地。目前我国网络产业发展较好的领域有哪些? 在对受访网络企业的调查中,答案的支持比例从高到低依次是:即时通信(72%)、电子商务(66.8%)、新闻资讯(65.5%)、网络影视(61.7%)、游戏动漫(61.5%)、网络文学(58%)、网络出版(53.6%)、网络教育(51.8%)、移动多媒体服务(47.7%)、电子政务(46.1%)等(见图 80)。

据清华大学国家文化产业研究中心发布的《世界数字内容产业研究报告 2014》统计,2013 年全球数字内容产业总体规模达 570 亿美元,同比增长 30%。我国凭借用户市场优势成为全球内容产业增长点。例如,2014 年我国数字出版产业收入规模为 3387.7 亿元,比 2013 年增长 33.36%。数字出版产业收入在新闻出版产业收入的占比由 2013 年的 13.9%提升至 17.1%,其中,移动出版和网络游戏的收入分别为 784.9 亿元和 869.4 亿元,互联网广告 1540 亿元。[①] 除此之外,网络音乐、网络视频等其他网络内容产品市场规模增长迅速,发展潜力巨大。

(二)内容质量不断提高

调查中,大部分受访网络企业对我国企业在加强网络内容产品建设方面给予充分肯定,认为产品内容质量在不断提高,具体情况为:"网络内容不断丰富"(69.3%);"网络内容品位有所提高"(67.1%);"网络内容建设环境得到进一步净化"(65.5%);"网络正面舆论影响持续增强"(60.4%);"网络内容的可信度不断提高"(56.6%);网络内容主旋律体现不断加强(46.6%)(见图 88)。

(三)内容监管基本到位

政府是网络产业政策法规的制定者、执行者,对规范网络内容产品市场承担主导性监管责任。调查表明,大部分政府受访者认为当前政府部门对网络内容的监管基本到位。26%和 6%的受访者分别表示"措施到位"和"措施很到位";15%和 2%的受访者表示"措施不力"和"措施很不力";另外,51%的受访者表示"措施一般"(见图 54)。结合当前我国网络内容产业快速发展的现状来看,政府对网络内容产品的监督方面基本到位。但相对

---

① 史竞男等:《我国数字出版产业年收入突破 3 千亿元》,2015 年 7 月 14 日,见 http://news.xinhuanet.com/fortune/2015-07/14/c_1115923800.htm。

市场日新月异的变化而言,当前的监管措施还很不够,有待进一步完善。

二、网络内容产品建设存在的不足

(一)主要问题

1. 政府部门权责不清

调查显示,65.1%的政府受访者表示,我国政府部门在网络内容监管方面存在“相关政府部门多头管理、职能交叉、权责不一、效率不高”的问题。同时,31%的政府受访者认为当前我国政府部门在行使网络内容引导和监管职责时存在“目标不明确”的问题(见图57)。

2. 政府保障机制不全

政府作为公共权力行使者,在网络产业活动中同时扮演管理者和服务者角色,发挥规范网络市场,为网络企业生产和销售提供服务,引导网民进行产品选择。完善的政府保障机制是促进网络产业持续健康发展的条件。在调查中,63%的政府受访者表示当前我国网络内容建设最迫切需要加强政府“监督保障机制”;其次是舆情引导机制和技术保障机制,支持人数比例分别是46.3%和41.5%;再次是法规(38.5%)、资源(38.2%)、领导(28.1%)等保障机制(见图56)。

3. 存在不法不良内容

网络企业作为网络内容产品生产者、运营者和销售者,对当前网络内容产品质量进行评价,反映最突出的问题是存在诸多不法不良的网络行为和内容。73%的网络企业受访者认为“网上虚假信息、不健康信息和违法犯罪活动没有得到有效遏制”;56.3%的网络企业受访者认为“一些错误观点和不良情绪的网上传播没有得到有效控制”(见图89)。

4. 优秀产品供给不足

我国网络用户数量位居世界第一、消费市场巨大是网络内容建设的重大优势,同时也有可能暴露网络内容产品建设的劣势。根据调查,69.5%的网络企业受访者认为,“网上优秀文化产品和服务供给不足”是我国当前网络企业面临的突出问题。这里所指的供给不足是相对不足,相对于广大网络用户不断增长的网络精神文化生活需要而言,存在优质内容产品的供不应求。这在需求量大的网络娱乐产品市场很明显，例如网络文学作品市场，产量高、类型多，但兼具经济与文学价值的精品却很少（见图89）。

5. 缺乏产品建设人才

网络内容产业属于知识密集型产业，对从业者素质要求甚高。世界各国把网络内容产业作为引发21世纪经济发展的新引擎，需要大量创意人才、技术人才、销售人才、管理人才以及复合型人才。我国网络内容产业虽然发展迅猛，但总体起步较晚，在人才队伍建设上存在较大缺口。如前所述，网民认为当前我国网络内容建设中最缺乏的人才是“创意人才”，其次是“技术人才”，然后是“监管人才”；36.90%的企业受访者表示，当前网络企业主要面对“缺乏网络内容建设和管理的复合型人才”的问题（见图89）。

6. 产品国际传播不力

从网络内容产品营销来看，52.8%的网络企业受访者认为，我国当前网络内容产品国际传播力不强（见图89）。这从网络企业生产立足国内市场和中国传统文化可以看出，网络内容产品在设计、创造、生产和营销各环节缺乏对国际元素、现代元素的考虑，这是导致产品国际竞争力弱的重要原因。

（二）中西差距

全球网络内容产业蓬勃发展，以美国、英国、日本、韩国等为代表的发达国家在国际内容产品竞争中占据优势。我国虽然拥有庞大用户市场，但是与上述发达国家相比，我国的网络内容产品建设仍然存在不少差距。

1. 基础设施发展不平衡

调查显示，52%的网络企业受访者认为，与西方国家相比，我国“网络基础设施薄弱且地区发展不平衡”（见图90）；另外，48%的受访网民对此持同一观点（见图30）。基于经济发展条件，我国网络基础设施发展水平总体不如发达国家，同时，与西方发达国家相比，基础设施建设还存在中部与西部、农村与城市发展不均衡的问题。

2. 网络内容产业法规滞后

以美英为代表的法治国家，非常重视法律法规在网络产业发展中的重要作用。通过建立和完善数量众多,涉及面广的相关网络法律法规来规范市场,为网络内容产品提供自由、公平的竞争环境。62.5%的受访网络企业(见图90)与42.4%的受访网民(见图29)表示,与西方国家相比,我国"相关法规建设滞后"。

3. 行业与网民自律性不强

72.20%的网络企业受访者表示,与西方国家相比,我国网络内容建设和管理"行业自律性不强"(见图90),54%的受访网民对此持同一看法(见图29)。同时,47.7%的受访网民表示,与西方国家相比,我国"网民素质不高",缺乏网络自律精神(见图30)。

4. 政府监管不力

调查显示,64.40%的企业受访者认为,与西方国家相比,我国网络内容建设和管理方面"政府监管不到位"(见图90),一半的受访网民赞同这一观点(见图29)。政府监管不到位主要体现在哪些方面?与西方国家相比,51.9%的网民认为我国"政府部门内监管意识不强";51.1%的网民认为"政府监管措施不到位";32.2%的网民认为"监管机制体制不顺"(见图29)。

5. 网络技术发展落后

网络内容产品是网络技术与文化内容的融合,网络技术至关重要。调查显示,25.30%的网络企业受访者表示,我国与西方国家相比"网络信息技术落后"(见图90),45%的受访网民表示赞同这一观点(见图30)。同时,49.9%的受访网民表示,与西方国家相比,我国"网络信息监管技术落后"(见图29)。

(三)影响因素

网络内容产品创造生产是形成和决定内容产品质量的关键环节,当前我国存在诸多不利因素影响产学研合作,影响产品生产水平。根据调查,首先,70.4%的网络企业受访者认为是因为"科技成果的技术不够成熟";其次,66.3%的网络企业受访者认为是因为"企业自身研发能力不足,开发新成果有难度";再次,48.8%的网络企业受访者认为主要是因为"政府政策支持力度不够"(见图82)。

另外,对于影响整个网络产业进一步发展的主要因素,调查显示,网络企业受访者认为第一是“资金、技术、设备的限制”，占比60.6%；第二是“政策法规的限制”，占比59.6%；第三是“专业网络内容建设团队”，占比46.1%；第四是“国外网络产业发展理念”，占比42.6%；第五是“行业间的不当竞争”，占比32.3%（见图79）。

三、网络内容产品未来建设的重点

针对当前网络内容产品建设中存在的问题与差距，调查中的受访者表达他们对我国未来网络产品建设工作重点的看法。综合调查结果，未来建设的重点主要有：

（一）加强社会主义核心价值观对网络内容产品建设的引领

54.6%的政府受访者认为，今后在网络内容监管方面，政府应重点做好的具体工作是“深入开展社会主义核心价值观的宣传涵养活动”（见图59）；32.5%的受访网民认为，今后加强网民网络信息传播活动的管理应重点做好的工作是“加强主流舆论的网上传播力度”（见图24）；同时，42.8%的受访网民表示当前的网络内容建设中最重要的工作是“加强社会主义核心价值观对网络内容建设的引领”（见图23）。可见，加大社会主义核心价值观培育力度，将其自觉融入网络内容产品生产、流通、消费和管理活动是当前社会的现实需要。

（二）加强网络行业自律与社会监督

62.4%的政府部门受访者认为，今后在网络内容监管方面，政府应重点做好的具体工作是“加强网络行业自律教育和社会监督”（见图59）；19.8%的受访网民认为当前网络内容建设中最重要的工作是“加强对建设主体能力的培育和提升”（见图23）；50.2%的网民认为今后在加强网民网络信息传播活动的管理中应该重点“深入开展提高网民网络道德素质的教育活动”（见图24）。

（三）积极稳妥推行网络实名制度

调查显示，要求推行网络实名制度的呼声愈加强烈。53.4%的政府部门受访者认为，政府今后加强网络内容监管，工作重点是“积极稳妥地逐步推行网络实名制”（见图59）；40.6%的受访网民支持这一观点，其中军人和机关网民比例最高，分别为48.2%和42.1%；同时，28.9%的网民进一步认为，今后在加强网络内容传播活动中应重点“完善网站备案登记数据库、域名数据库和IP地址数据库”（见图24）。

（四）完善网络内容产业政策法规

45.1%的网络企业受访者认为，政府未来加强网络内容监督的工作重点是“完善落实网络内容建设和管理的法律法规”（见图59）；19.3%的受访网民表示在当前网络内容建设中最重要的工作是“加强网络法治等建设，建立网络内容保障机制”（见图23）。

（五）加大查处违法行为力度

41.8%的政府受访者认为，在今后网络内容监管方面政府应当重点“开展专项整治行动，加大对网络犯罪和违法违规行为的查处打击力度”（见图59）；68.7%的网民表示，今后加强网民网络信息传播活动的管理应重点是“完善网络法规体系，加大对网络犯罪和违法违规行为的查处力度”（见图24），其中，在持这一观点的网民中，女性比例略高于男性比例，分别为70.6%和66.5%；另外，学历程度高的网民所占比例明显高于学历程度低的网民，本科与研究生学历的分别占70.7%和68.4%、大专学历占69.9%、高中/中专/技校学历的占65.4%、初中及以下学历的占61.1%。

（六）促进网络技术新发展

38.5%的受访网民表示，在今后加强网民信息传播活动管理中，应重点做好“开发网络信息新技术”（见图24），其中，持这一观点的网民中，学生、自由职业者和学校教职工所占比例最高，分别为41.2%、39.9%和39.8%；其次是企业网民，为35%；在国家机关党群组织工作的网民赞成比例较低，为30%。

（七）加大产品对外传播力度

调查显示，4.7%的受访网民认为，当前网络内容建设中最重要的工作是“加强中国网络内容的对外传播”（见图23），持这一观点的网民中，企业与国家机关工作者所占比例明显高于其他人群，分别为8.7%和8.6%；其次是农民和事业单位工作者，分别为6.8%和6.1%；自由职业者、学生和学校教职工比例最低，分别为4.9%、3.60%和1.7%。

综上所述，本章从产品生产链的基本环节创意设计、制作生产、运营销售到个人消费,对网络内容产品生产流通过程进行了调查分析,通过对网络内容产品生产者、运营者、消费者和管理者的调查,掌握了大量我国网络内容产品建设现状信息。总的来说,我国网络内容产业发展起步较晚,但市场规模增长迅速,产品类型愈渐丰富,已成为我国 21 世纪经济发展新的增长点。从全球范围来看,虽然我国尚不属于网络内容产业发展强国,但经过长时间发展摸索后,我国网络内容产品建设成效明显,也积累了不少经验。归结起来主要有:首先,国家大力扶持。政府不断完善产业政策,加快基础设施建设步伐、加大资金投入、提供相关创意条件、建设创业基地,进行人才培养等,为当前网络内容产业发展奠定了基本格局;其次,不断规范和完善网络内容产品市场。深化社会主义市场经济体制改革,政企分开,网络企业成为独立核算、自主经营,自负盈亏的经济实体,遵循市场规律。政府转变职能,通过健全相关法律,严格执法规范市场,为网络企业提供了一个相对自由的竞争环境;再次,重视网络内容产品的社会效益。从政府、企业到个人,全社会总体形成了对安全、合法、健康网络内容产品的期望,认同社会主义核心价值观对于网络内容产品建设的引领。

我国拥有庞大的网络用户市场以及悠久的文化传统,这是网络内容产品建设的两大优势。但是从调查来看,当前网络内容产品建设并没有很好发挥这两项优势,存在诸多问题:一是优秀网络内容产品供给不足,网络内容产品缺乏国际竞争力。企业缺乏高水平创意人才,自主创新能力弱,内容产品同质化严重,缺乏原创性。产品设计、生产没有很好解决技术创新与内容创新、优秀文化传统与国际、现代元素融合的问题;二是政府监管机制不顺。从调查来看,我国政府监管部门林立,权责不清,存在监管意识不强、监管措施不到位等问题;三是没有很好发挥社会劝导和自律性调节机制的作用。网络内容产业是一个庞大的产业体系,涉及行业领域广泛,需要调动的社会力量很多,但从调查结果来看,我国相关行业协会不够活跃,民间组织、网民等社会力量主动参与制作、监督的意愿不强烈。

针对当前我国网络内容产品建设存在的问题与差距,未来建设可从政府、市场、企业、网民四个方面着力改进:一是政府继续加大投入,为促进产业发展提供政策、资金、技术、人才培养、基础设施等方面的保障;二是进一步完善和规范网络内容产品市场，不断调整产业结构，促进网络内容产业持续健康发展；三是网络企业要加强产学研合作，加大产品自主创新力度，努力创造具有中国特色和国际竞争力的网络内容产品；四是以社会主义核心价值观引领网络内容产品建设，加强行业自律，提升网民素质，监督不良产品内容和行为，引导网络内容产业健康向上发展。

第六章　网络内容监管

互联网之父蒂姆·伯纳斯·李(Tim Berners-Lee)曾指出:"随着互联网的发展,它已经到了必须控制和管理的时代,因为网上充满了错误的信息、虚假的信息和非民主的信息。"①在"内容为王"的年代,强化对网络内容的监管,杜绝各种不良信息在网络空间的传播,无疑是加强和改进我国网络内容建设必须解决的重大理论和现实问题。本章主要对我国网络内容监管的对象、主体、依据、机制等问题进行比较全面、客观的审视,总结监管经验、揭示存在的问题及原因,从而为进一步加强和改进我国网络内容监管工作提供有益的参考。

第一节　网络内容监管的对象

按其表现形式,我们可以将网络内容分为网络文本信息、网络视听信息、网络图片信息三种类型。加强网络内容监管的重点是监督、管理网络文本信息、网络视听信息、网络图片信息,加大对其中的虚假、淫秽、色情、低俗、反动、暴力等内容的打击、处置力度。

① 北京网康科技有限公司:《中国互联网"不良信息"研究报告(2008)》,2009 年 2 月 18 日,见 http://www.docin.com/p-69996877.htm。

一、网络文本信息

网络文本信息指互联网中一切具有阅读意义的文字信息。文字作为表示一定内容的符号，是网络内容的重要载体，也是网络内容的重要表现形式。网络文本信息监管的重点对象是网络淫秽色情文学与网络虚假新闻等。

（一）网络淫秽色情文学

随着互联网平台的逐步完善，网络文学得到快速发展。截至2015年12月，我国网络文学用户规模为2.97亿，占网民总体的43.1%，其中手机网络文学用户规模为2.59亿，占手机网民的41.8%。①

随着网络文学的快速发展，大量网络淫秽色情文学充斥着网络空间。用百度搜索引擎，输入"网络淫秽文学"关键词，得到约984万条数据信息；输入"网络色情文学"关键词，得到约641万条数据信息。而截至2015年12月，我国网民以10—39岁年龄段为主要群体，达到75.1%。其中20—29岁年龄段的网民占比最高，达29.9%。② 青少年作为浏览网络文学的重要群体，网络淫秽色情文学对他们的身心健康构成严重威胁。鉴于此，对网络淫秽色情文学进行监管是加强网络内容建设的重要工作。

根据新闻出版总署对网络文学的总体监测情况，目前网络文学作品存在的主要问题表现在三个方面：部分网络文学作品明目张胆地宣扬淫秽色情内容；部分网站用挑逗性的标题，或带有侵犯个人隐私性质的内容吸引网民点击阅读；部分网站和作品不顾社会公德的约束，大肆宣扬一夜情、换妻、血腥暴力等内容。③ 新闻出版总署、全国"扫黄打非"工作小组办公室于2007年8月27日联合发出了《关于严厉查处网络淫秽色情小说的紧急通知》，公布了四十部淫秽色情网络小说名单和登载淫秽色情小说的境内网站名单。2011年"西陆网""言情小说网"等网站登载了《风流逸飞》等网络

① 中国互联网络信息中心：《第37次中国互联网络发展状况统计报告》。

② 中国互联网络信息中心：《第37次中国互联网络发展状况统计报告》。

③ 吴越：《"禁令"当前，低俗网络文学依旧很"淡定"》，2010年6月17日，见http://whb.eastday.com/w/20100617/u1a760247.html。

淫秽色情小说共43部,被依法查处。2014年"烟雨红尘小说网""翠微居小说网""91熊猫看书网"等知名网络文学网站,涉嫌传播淫秽色情信息,已被依法取缔或关闭。

从已被依法查处或取缔的网络文学网站和网络淫秽色情小说情况来看,网络淫秽色情文学正以各种各样的方式充斥着网络空间。这不仅扰乱了网络出版的正常秩序,也危害着广大青少年网民的身心健康,诱发违法犯罪。严格控制网络淫秽色情文学在网络空间的传播不仅关系着青少年的健康成长,也是加强网络内容建设的必要举措。

（二）网络虚假新闻

在"您认为对自己价值观的形成影响最大的网络内容是什么?"的调查中,33%的网民认为"网络新闻资讯"对自己价值观的形成影响最大(见图21);当问及"您常访问的网络内容主要有哪些?"时,53.2%的网民选择网络新闻资讯,仅次于网络娱乐产品(53.5%),排第二(见图6)。调研结果说明,浏览网络新闻是人们网络生活的重要内容之一,同时网络新闻资讯亦是对人们价值观影响最大的网络内容。

通过对《新闻记者》自2001年至2014年连续14年评选出的"十大假新闻"的统计分析发现,网络正成为虚假新闻生产和传播的重要渠道,如表6-1所示。

表6-1 2001—2014年不同类型媒体"十大假新闻"分布情况

始发报纸类型年份	传统媒体	广播电视	网络媒体	网络假新闻所占百分比
2001	7	0	3	30%
2002	9	0	1	10%
2003	9	0	1	10%
2004	9	0	1	10%
2005	10	0	0	0%
2006	10	0	0	0%
2007	7	2	1	10%
2008	6	0	4	40%
2009	7	0	3	30%

续表

始发报纸类型年份	传统媒体	广播电视	网络媒体	网络假新闻所占百分比
2010	6	0	4	40%
2011	1	0	9	90%
2012	9	0	1	10%
2013	2	0	8	10%
2014	5	0	5	50%

表6-1统计数据显示,从消息来源来看,源于网络的虚假新闻比例呈现波浪式上升趋势。“北京房地产商建议炸掉故宫改为建筑用地”一文,出自网易网友“乱弹”;“孙中山是韩国人”一文最初来源于天涯社区“国际观察”版的一个帖子;广东“推普废粤”的消息,是对广东一位政协委员提案的无端猜测。①

2014年的“郭美美澳门欠2.6亿赌债”是国内部分纸媒以及权威媒体网站以“网传”为依据,转发了香港媒体的报道;“湘潭县妇幼保健院产妇死亡事件”,先是由湖南一家新闻网站发布一则关于“湘潭产妇手术台上死亡”的报道,随后这则新闻被全国网络媒体大量转载。

加强对网络新闻的监督和管理是全社会,尤其是政府、企业义不容辞的职责。在对政府部门的问卷调查中,当问及“政府亟须对哪些网络内容进行引导和监管?”时,54.9%的被访者选择的是“网络新闻资讯”(见图53)。

在对互联网企业“您认为目前网络内容监管的重点是什么?”的问卷调查中,80.9%的被访者选择的是“新闻资讯类”(见图86)。

网络新闻是人们了解社会的一个窗口,网络虚假新闻不仅混淆视听,损害当事人和相关部门的形象、声誉,对社会舆论带来消极影响,也会扰乱社会秩序。因此,采取有效措施防止虚假新闻的产生与传播是网络内容监管的一项重要工作。

① 刘晓明等:《割除假新闻泛滥的社会毒瘤》,2015年5月19日,见http://www.shekebao.com.cn/shekebao/2012skb/sz/userobject1ai3138.html。

二、网络视听信息

2004年6月,国家广播电影电视总局发布的《互联网等信息网络传播视听节目管理办法》对视听节目作出了界定:指在表现形式上类同于广播电视节目或电影片,由可连续运动的图像或可连续收听的声音组成的节目。此类信息监管的重点对象包括网络色情、暴力游戏、网络淫秽色情电影及网络淫秽色情有声小说。

(一) 网络色情、暴力游戏

随着网络游戏用户规模的壮大及网络游戏用户资金投入的增加,网络游戏开发商与运营商受经济利益的驱动,为追求游戏粘性、吸引游戏用户,游戏中包含着大量色情、暴力等低俗和违法违规内容。

2005年7月,文化部、信息产业部颁布的《关于网络游戏发展和管理的若干意见》指出,我国网络游戏存在不容忽视的问题之一就是网络游戏产品中存在淫秽、色情、赌博、暴力、迷信、非法交易敛财以及危害国家安全等违法和不健康内容。用百度搜索引擎,输入“色情游戏”关键词,可以得到约163万条数据信息;用百度搜索引擎,输入“暴力游戏”关键词,可以得到约1000万条数据信息。

网络色情、暴力游戏给消费者尤其是青少年身心健康带来不利影响。根据美国《消费者报告》杂志评选出的2014年最暴力游戏排行显示,目前主流游戏中充斥着暴力、色情等不健康成分,最“少儿不宜”。

网络游戏中存在的暴力、色情等不健康内容容易引发青少年违法犯罪等问题。根据北京海淀区人民法院少年法庭的调查显示,“在青少年犯罪中,与网络游戏直接相关的超过了60%,其中的色情暴力等不良内容对青少年的影响和伤害尤其巨大。”①上海警方在一些涉及青少年的案件中发现,80%以上的青少年犯罪与暴力网络游戏有关。如一名拦路抢劫的中学生被警方抓获后说:“当时我已经玩了五个小时的格斗类游戏了,处于高度

---

① 宋小花:《青少年网络游戏成瘾的预防研究》,太原科技大学硕士学位论文,2010年,第2页。

的亢奋中,脑子里都是打啊、杀啊。身上没钱了还想玩。我已分不清游戏和现实了,一走出网吧,正看到一个单身女青年路过,就跟了上去,还是打、杀、抢……"①

调查结果显示,政府与企业都认识到了加强网络游戏监管的必要性和重要性。在对政府部门"政府亟须对哪些网络内容进行引导和监管"的调查中,48.4%的被访问者认为政府亟须对网络娱乐产品进行引导和监管(见图53)。在对互联网企业"您认为目前网络内容监管的重点是什么?"的调查中,58.8%的被访问者认为目前网络内容监管的重点是"游戏动漫类"(见图86)。

(二) 网络淫秽色情电影

电影、电视剧等是目前视频用户在各终端最爱看的内容,也是各大视频网站花费投入最大的视频内容。②

作为一种新兴网络文化产业,网络电影发展迅猛,有些网站为了吸引眼球、增加点击率、提高经济效益,网络电影中隐含着淫秽色情等内容。用百度搜索引擎,输入"网络淫秽色情电影"关键词,可以得到约265万条数据信息。

2013年年底,北京市公安局和版权部门在执法检查中查扣了快播公司管理的四台服务器,仅部分服务器中就存储淫秽色情视频3000多部。2014年3月,有关部门在对快播公司相关应用和栏目进行监测中,也发现大量淫秽色情视频。③ 新浪拍客等视频节目中,也登载了《女子交响乐团》等4部色情网络视听节目。④ 色情网站"风艳阁"也大肆传播淫秽电影,江苏徐州网警从该网站共下载淫秽电影700部。⑤

① 李林:《突出青少年网络安全教育 培育"中国好网民"》,《中国青年报》2015年6月2日。

② 中国互联网络信息中心:《第35次中国互联网络发展状况统计报告》。

③ 璩静:《快播公司传播淫秽信息被查处》,2014年5月16日,见 http://news.xinhuanet.com/newmedia/2014-05/16/c_126507631.htm。

④ 许路阳:《扫黄打非办:新浪网涉嫌传播淫秽色情信息》,2014年4月24日,见 http://www.bjnews.com.cn/news/2014/04/24/314357.html。

⑤ 田浩、杨梅花:《没有硝烟的战场——徐州"风艳阁"淫秽网站覆灭记》,2008年2月14日,见 http://www.chinacourt.org/article/detail/2008/02/id/288131.shtml。

网络淫秽色情电影不仅给听觉、视觉带来冲击,而且其中包含的诱惑性和挑逗性的内容极易诱发强奸、猥亵等违法犯罪。如一个年仅15岁的少年因沉溺色情电影,强奸当时只有13岁的亲生妹妹,此后又先后强奸13岁妹妹三次①;男子看一夜色情片后性侵杀害14岁少女②;15岁少年网吧看色情电影,回家打死并性侵姐姐③;90后少年看色情电影后把持不住,强奸四岁女童。④ 这些都是典型的由淫秽色情电影引发的青少年违法犯罪。

已被查的网络淫秽色情电影仅仅是冰山一角,大量的网络淫秽色情电影以极其隐蔽的方式存在于网络空间。严格控制网络淫秽色情电影在网络空间的制作、传播是网络内容监管的重点工作之一。

(三)网络淫秽色情有声小说

网络有声小说是指以声音为主要展示形式,以听觉方式阅读的网络小说。网络有声小说与网络文本小说一样,内容鱼目混珠,其中也充斥着淫秽色情、暴力、反动的内容,通过冲击人的听觉来影响人的身心健康及行为。

《深圳晚报》于2009年11月4日报道了全国首例淫秽音频网站"动听中国"大量传播淫秽音频的案件。"动听中国"网站收集淫秽小说,招募录音人员进行配音,先后为《金麟岂是池中物》等四部淫秽小说进行配音。不仅将录制的淫秽音频上传至互联网供网友收听、下载,还将录制的音频传送给华凡公司,插入相关广告后上传至"都市夜话"栏目,并对相关淫秽音频进行更新。后经上海市公安局淫秽物品鉴定小组鉴定,"都市夜话"栏目中831个音频文件系淫秽物品。自从"有声有色"的"都市夜话"栏目开设后,"动听中国"网站的访问量显著提升。至案发前,短短几个月的时间,该网

---

① 黄兆轶:《哥哥沉溺色情电影不能自拔,一年强奸13岁妹妹4次》,2015年1月27日,见http://news.qq.com/a/20150127/017331.htm。

② 田德政、陈永辉:《陕西:男子看了一夜色情片 早晨性侵杀害14岁女孩》,2014年12月18日,见http://news.ifeng.com/a/20141218/42741323_0.shtml。

③ 赵蕾:《15岁少年网吧看色情电影,回家打死并性侵姐姐》,2012年10月19日,见http://henan.qq.com/a/20121019/000051.htm。

④ 吴涛:《90后少年看色情电影后把持不住 强奸4岁女童被捕》,2014年10月24日,见http://society.people.com.cn/n/2014/1024/c136657-25901802.html。

站注册会员数就已达50余万，其中网站收费会员数为三万余人、手机充值会员数达两万余人。①

从目前已查处的情况看，这类信息虽不像网络淫秽色情文本小说那样数量惊人，但如果此类网站没有被查处和打掉，此类信息没有被禁止，越来越多的此类信息会出现在网络空间，越来越多的人会去收听、下载这些淫秽有声读物，人们的精神会受到这些淫秽有声读物的荼毒。能否遏制此类不良信息在网络空间的制作与传播同样影响着网络内容的建设，因此，网络淫秽色情有声小说也是网络内容监管的重点对象。

三、网络图片信息

所谓“一图胜千言”，作为视觉信息传播的主角，图片的表达比文本更加直观。相关数据显示，人们获得的外界信息有70%来自视觉。网络图片信息监管的重点对象有网络淫秽色情图片与网络虚假图片。

（一）网络淫秽色情图片

百度区分了淫秽图片与色情图片。色情图片是指以引起性兴奋为目的，而展示或描述人类身体或人类性行为的图片表现形式。色情图片与淫秽图片的区别仅在于是否暴露性器官。

随着互联网图片数据规模的日益庞大，人们面临大量淫秽色情图片对视觉所带来的冲击。卡内基梅隆大学的一项研究显示，USENET新闻组中存储的数字图像有83.5%含有淫秽内容。② 据有关资料显示，目前互联网上大约有100万个黄色电脑文件，其中大部分是短篇小说、录像剪辑和图片。在诸如天涯、猫扑等论坛上可以看到很多暴露身体私密部位的图片。由于监管不力等原因，很多图片流入色情网站、一些色情影像通过链接的方式在社交论坛内大量出现。这些链接以网址的形式出现，网民点击这些链接就会跳转到相关的淫秽网站或色情内容，网络色情图片

---

① 杨金志：《动听中国网站传播淫秽音频》，2009年11月4日，见http://news.lyd.com.cn/system/2009/11/03/000722616.shtml。

② 董开坤等：《基于图像内容过滤的防火墙技术综述》，《通信学报》2003年第1期，第84页。

大量传输,以网络为媒介对无辜者进行性引诱、性骚扰,从而造成恶劣的社会影响。①

前面提到的色情网站“风艳阁”共查处了1.5万多张淫秽图片。2005年公安部门破获了网络色情第一案“久久情色论坛”。经查,截至2004年11月15日17时,该网站主论坛板块注册会员共7.57万名,刊载淫秽图片共计4.2万张,淫秽文章4700多篇,发布淫秽视频文件4000多个。② 再如网络流传的“兰州警花不雅照”,94张图片为淫秽图片,其尺度之大,完全超出了法律和道德的底线。

淫秽色情图片给人的视觉带来冲击,影响人的身心健康,对社会造成恶劣影响。尤其是这类图片如果被青少年所浏览,对其身心健康的影响更是巨大。因此,对这类信息进行监管也是净化网络环境,加强网络内容建设的必然要求。

(二) 网络虚假图片

随着网络信息技术的进步,图片造假变得越来越容易。我国网络虚假图片事件屡见不鲜,使得“眼见未必为实”,从而扰乱了社会秩序。

一是虚假摄影图片。如《影响2006·CCTV年度十大新闻图片》铜奖作品《青藏铁路为野生动物开辟生命通道》;2006年第二届华赛经济与科技类金奖作品《中国农村城市化改革第一爆》;2007年第十二届中国国际摄影艺术展金奖作品《无情之火》;2008年第16届年度中国新闻摄影“金镜头”评选活动中的《为什么不回家》《喜马拉雅的枪声》;2009年6月26日刊登在《人民日报》第14版的“广西南宁被誉为中国绿城,人与自然和谐共处”等,这些图片都涉及造假。

二是虚假新闻图片。如大家熟知的“华南虎”照片事件,后经专家组鉴定分析,得出三个结论:网易公司提供的40幅影像不是真正的照相机原始文件,但确实是公开传媒上所能见到并广泛传播的,作为华南虎存在证据的

---

① 李伦:《网络传播伦理》,湖南师范大学出版社2007年版,第38页。

② 钟欣:《中国网络色情第一案开审》,2005年5月12日,见 http://www.ycwb.com/gb/content/2005-05/12/content_899943.html。

影像;40 幅影像是具有一定摄影经验的人拍摄或者指导拍摄,不应是一个毫无摄影经验者独立拍摄的;根据目前影像呈现的效果进行摄影学分析,40 幅影像作为华南虎存在证据属性的影像是不真实的。①

2013 年 8 月,遭遇超强台风"尤特"袭击的华南两广地区和东北三省的洪水被全国关注,网络论坛、微博、微信等流传很多洪水灾区图片。然而,四张被网民转发数万次的图片均被验证为虚假图片。其中,一微博认证网友发布的"辽宁抚顺清原县南口前镇受灾"的照片,实为 2011 年菲律宾洪灾的图片。②

2013 年 12 月 3 日 12 时许,网上发布一则"真给中国人丢脸! 东北大妈假摔讹诈外国小伙"的新闻图片。但当天晚上公布的视频显示,是外国小伙先撞倒的东北大妈,并用一口流利的"京骂"对东北大妈恶言相向,事情真相一出,舆论哗然,然而之前的假图片新闻对东北大妈造成的名誉和精神上的伤害已难以挽回。

2014 年 6 月 11 日下午,眉山闹市区商业东街一名女店员被杀案告破后,一名"90 后"男子为博得 QQ 空间点击量,散布虚假命案图片。③ 2015 年 6 月 1 日,偃师市某男子用微博发布了一系列车祸现场照片,其中一张照片上一名女子躺在血泊中,画面甚为血腥。后证实这张照片是男子从网络上下载的,此次车祸中并无人受伤。④

网络虚假图片虽不如淫秽色情图片给人带来视觉上的冲击,但这类图片使人们获得错误认识的同时,会严重破坏新闻媒体的公信力,降低公众的社会信任度。可见,此类信息也应严格控制。

---

① 蒋理:《新闻图片在网络传播中的伦理问题》,《学理论》2011 年第 13 期。

② 安力:《辟谣平台首次发布洪灾地区虚假图片》,2013 年 8 月 22 日,见 http://report.qianlong.com/33378/2013/08/22/118@8892163.html。

③ 蒋麟:《发布虚假命案照片　网友被拘 3 天》,2014 年 6 月 15 日,见 http://e.chengdu.cn/html/2014-06/15/content_474420.html。

④ 李钰:《偃师男子发布虚假车祸图片　画面血腥引发恐慌》,2015 年 6 月 3 日,见 http://henan.sina.com.cn/news/s/2015-06-03/detail-icrvvqrf3915805.shtml。

第二节　网络内容监管的主体

网络内容监管的主体主要包括政府、企业、高校和网民，其中政府部门是监管的主导者，互联网企业是自律者，高校是大学校园网内容把关者，网民是网络内容监管的协作者。

一、政府在网络内容监管中的职责

法国前总理诺斯潘曾说："互联网给人以自由，但政府必须确定自由的限度。"①网络不良信息给政府职能增添了新的内容和挑战，也对政府加强网络内容监管提出了更高的要求。

（一）相关政策法规中政府作为网络内容监管主体的识别

通过对 26 条与网络内容监管密切相关的政策法规的梳理分析，共识别出 20 个发布机构，涉及许多政府职能部门与机构，如表 6-2 所示。

表 6-2　20 个网络内容监管政府机构

序号	政策法规颁布机构	政策法规名称	颁布时间
1	国务院	互联网上网服务营业场所管理条例	2002 年
2	文化部、信息产业部	关于网络游戏发展和管理的若干意见	2005 年
3	国家食品药品监督管理局	互联网药品信息服务管理办法	2004 年
4	文化部	互联网文化管理暂行规定	2003 年
5	最高人民法院、最高人民检察院	最高人民法院、最高人民检察院关于办理利用互联网、移动通讯终端、声讯台制作、复制、出版、贩卖、传播淫秽电子信息刑事案件具体应用法律若干问题的解释	2004 年

① 东鸟：《网络战争：互联网改变世界简史》，九州出版社 2009 年版，第 341 页。

续表

序号	政策法规颁布机构	政策法规名称	颁布时间
6	国家广电总局	互联网等信息网络传播视听节目管理办法	2003年
7	新闻出版总署、信息产业部	互联网出版管理暂行规定	2002年
8	文化部、公安部、信息产业部、国家工商行政管理总局	关于开展“网吧”等互联网上网服务营业场所专项治理的通知	2002年
9	信息产业部	互联网电子公告服务管理规定	2000年
10	信息产业部、公安部、文化部、国家工商行政管理局	互联网上网服务营业场所管理办法	2001年
11	教育部	教育网站和网校暂行管理办法	2000年
12	国家药品监督管理局	互联网药品信息服务管理暂行规定	2001年
13	卫生部	互联网医疗卫生信息服务管理办法	2001年
14	国务院新闻办公室、信息产业部	互联网站从事登载新闻业务管理暂行规定	2000年
15	国家广电总局	关于加强通过信息网络向公众传播广播电影电视类节目管理的通告	1999年
16	电子工业部	中国金桥信息网公众多媒体信息服务管理办法	1998年
17	国务院	互联网信息服务管理办法	2000年
18	国务院信息办公室	计算机信息网络国际联网管理暂行规定实施办法	1998年
19	信息产业部	中国互联网络域名管理办法	2004年
20	第九届全国人民代表大会常务委员会	维护互联网安全的决定	2000年
21	国务院新闻办公室、信息产业部	互联网新闻信息服务管理规定	2005年

续表

序号	政策法规颁布机构	政策法规名称	颁布时间
22	信息产业部	互联网骨干网间互联服务暂行规定	2001 年
23	信息产业部	关于进一步做好互联网信息服务电子公告服务审批管理工作的通知	2001 年
24	国家广电总局、信息产业部	互联网视听节目服务管理规定	2008 年
25	最高人民法院、最高人民检察院	最高人民法院、最高人民检察院关于办理利用互联网、移动通讯终端、声讯台制作、复制、出版、贩卖、传播淫秽电子信息刑事案件具体应用法律若干问题的解释(二)	2010 年
26	国家广电总局、国家互联网信息办	关于进一步加强网络剧、微电影等网络视听节目管理的通知	2012 年

通过对《互联网新闻信息服务管理规定》《互联网电子公告服务管理规定》《互联网站从事登载新闻业务管理暂行规定》《计算机信息网络国际联网管理暂行规定实施办法》等与网络文本信息监管相关政策法规的梳理分析,发现对网络文本信息进行监管的政府部门主要有:国务院新闻办公室及省、自治区、直辖市人民政府新闻办公室;信息产业部及省、自治区、直辖市电信管理机构;公安部及省、自治区、直辖市公安厅(局),地(市)、县(市)公安局;省、直辖市人民政府等。

通过对《互联网视听节目服务管理规定》《互联网等信息网络传播视听节目管理办法》《关于进一步加强网络剧、微电影等网络视听节目管理的通知》等与网络视听节目监管相关政策法规的梳理,发现对这类网络内容进行监管的主体主要有:国家广播电影电视总局及地方人民政府广播电影电视主管部门、信息产业部及地方电信管理机构。

通过对《维护互联网安全的决定》等综合性政策法规的梳理分析,发现网络内容监管的主体主要有:文化部及省、自治区、直辖市人民政府文化行政部门;新闻出版总署及省、自治区、直辖市新闻出版行政部门;国务院信息产业主管部门和省、自治区、直辖市电信管理机构；公安部、工商管理部门、新闻、出版、教育、卫生、药品监督管理、人民法院、人民检察院、国家安全机关、教育等有关主管部门。

通过以上的梳理分析，从中可以发现，国务院新闻办公室、信息产业部、公安部、文化部是网络内容监管的核心主体；国家工商行政管理总局、国家广播电影电视总局、国家新闻出版总署等也是比较重要的监管机构；同时，教育部、卫生部、药品监督管理等机构都能对网络内容进行相应领域的监管。

（二）政府对网络内容监管主体的角色认知

相关政策法规确定了政府部门在网络内容监管中的主体地位、应承担和履行的职责。那么，政府部门对自身在网络内容监管中角色的认知情况又如何呢？

在对政府“您认为政府在加强和改进网络内容建设中扮演什么角色？”的调查问卷中设置了六种角色（见图 51）。调查结果显示，被访问者选择的结果按照百分比大小排列依次是：舆论宣传的引导者（60.9%）、网络内容的监管者（59.7%）、网络内容的把关者（47.2%）、基础设施的保障者（46.9%）、产业政策的制定者（38.5%）、人才队伍的建设者（24.8%）。近六成的被访者认为政府在加强和改进网络内容建设中扮演网络内容监管者的角色。

可见，政府部门对自身作为网络内容监管主体的角色有一定认知，认识到自身在网络内容监管中所担当的角色及肩负的责任。

（三）政府履行网络内容监管职责的现状

政府作为网络内容监管的主体，在实际监管过程中是否切实履行了监管职责呢？在对“您认为政府部门对网络内容的引导和监管措施是否到位？”的调查中，51%的被访问者认为措施一般，26%的被访问者认为措施到位，15%的被访问者认为措施不力，2%的被访问者则认为措施很不力（见图 54）。

调查结果显示，政府采取了一些应对措施来加强网络内容的监管，这说明政府部门作为网络内容监管的主体还是在努力履行其监管的职责。

政府部门履行监管职责的情况主要体现在三个方面。第一，颁布政策法规,使网络内容监管有法可依。前面所提及的相关政策法规明确了网络内容监管的主体及职责,明确规定了哪些内容不得在互联网上制作、发布、传播、复制,对违反相应行为会受到何种处罚也作了明确规定。这些政策法规对规范网络内容运营商、网络内容提供商及网民在互联网上制作、传播信息的行为起到了一定规范作用。第二,开展各项打击网络不良信息的专项行动,有力查处、关闭了一批不良网站,删除了大量网络不良信息。第三,建立多个不良网络信息举报平台,为公众协助网络内容的监管提供便利,从而加大了网络内容监管的力度。

二、企业在网络内容监管中的责任

网站不仅是信息汇集的平台,更是切除网络不良信息的要隘。互联网企业与政府部门共同承担内容监管义务。

(一)相关政策法规中企业作为网络内容监管主体的识别

通过对 11 条与网络内容监管相关政策法规的梳理分析,共识别出 11 个名称不完全相同的互联网企业,如表 6-3 所示。

表 6-3 11 个网络内容监管企业

序号	政策法规名称	涉及企业名称
1	关于网络游戏发展和管理的若干意见	网络游戏企业
2	互联网文化管理暂行规定	互联网文化单位
3	互联网等信息网络传播视听节目管理办法	信息网络经营者
4	互联网上网服务营业场所管理条例	互联网上网服务营业场所经营单位
5	北京市网络广告管理暂行办法	互联网信息服务提供者
6	互联网站从事登载新闻业务管理暂行规定	互联网站
7	互联网电子公告服务管理规定	电子公告服务提供者
8	关于进一步加强网络剧、微电影等网络视听节目管理的通知	互联网视听节目服务单位
9	最高人民法院、最高人民检察院关于办理利用互联网、移动通讯终端、声讯台制作、复制、出版、贩卖、传播淫秽电子信息刑事案件具体应用法律若干问题的解释(二)	电信业务经营者、互联网信息服务提供者、网站建立者

续表

序号	政策法规名称	涉及企业名称
10	中华人民共和国电信条例	电信业务经营者
11	中国金桥信息网公众多媒体信息服务管理办法	多媒体信息接入服务经营者、多媒体信息源提供者、多媒体信息服务业务经营者

通过对《关于网络游戏发展和管理的若干意见》《互联网文化管理暂行规定》《互联网上网服务营业场所管理条例》《中华人民共和国电信条例》《互联网等信息网络传播视听节目管理办法》《关于进一步加强网络剧、微电影等网络视听节目管理的通知》等相关政策法规中互联网企业作为网络内容监管主体的梳理分析，发现作为网络内容监管主体的互联网企业可概括为两类，即网络运营商和网络内容提供商。

总的来说，互联网企业在网络内容监管中负有监听、监看、审查、巡查、报告以及删除的义务，不为网络不良信息提供土壤和传播渠道。

（二）企业对网络内容监管主体的角色认知

互联网企业不仅是“经济人”，也应是有社会责任担当的“道德人”，“任何传媒，不管是传统媒体还是新兴的网络媒体都须讲究社会责任，这是传媒作为社会公共媒介必须承担的义务。”①

2009 年 11 月 14 日，中央电视台等媒体就“大量色情网站出没手机网络”进行了报道。中国移动相关负责人表示，“中国移动坚决支持打击淫秽网站和淫秽内容，并依法采取措施治理无线互联网上的不良信息。”②“打击不良信息是一种义务，繁荣信息产业则是我们的责任。”③

中国联通董事长常小兵认为，“正如媒体所说，手机互联网上的淫秽色

① 张蓉：《网络电视正在改变网络媒体非主流印象》，2008 年 2 月 13 日，见 http://m.pchome.net/article/562455_p2_all.html。

② 陈敏：《中国移动公布手机网站不良信息三种举报方式》，2009 年 1 月 20 日，见 http://tech.163.com/09/1120/11/5OIFITSP000915BE.html。

③ 赖少芬：《中国移动广东公司构筑抵制不良信息的坚强防线》，2007 年 9 月 26 日，见 http://net.china.com.cn/txt/2007-09/26/content_1791683.htm。

情信息是侵入并藏身于信息网络的‘毒瘤’。也正像任何人都不愿意‘毒瘤’缠身一样,运营商也迫切希望清除淫秽色情信息这个网络‘毒瘤’。”“无论从我们国有企业承担的政治责任、社会责任上讲,还是从企业依法经营、控制商业风险方面来讲,清除淫秽色情信息,对我们都是责无旁贷的任务。”①

中国互联网协会副理事长高新民在接受人民网专访时表示,互联网企业要承担一定监管责任,“过去有人追究过卖假药,曾经有人追究过百度,报纸上也登过,卖假药,在百度做广告,出了多少钱。我了解这个情况,百度说那个人到我这里卖药,但没有说是卖假药,是利用平台监管的漏洞到百度上卖。当时有媒体的采访,我说平台有平台的责任,违法的本人有本人的责任,这两个东西还是不能混淆,还是要区别。第一种人肯定是违法的人,但是平台疏于监管,也是需要承担责任。”②

优视网 CEO 李竹日认为:“对于社会责任,我个人认为这对互联网视频网站来说是应该首先要考虑的事情。”③

2014 年 6 月 12 日,中国互联网协会与人民网联合主办了“2014 中国互联网企业社会责任论坛”,邀请了腾讯、百度、奇虎 360、新浪微博、道客巴巴等互联网企业相关负责人,他们分别介绍了企业社会责任履行情况。从这次论坛的主题及参会人员的发言来看,互联网企业对他们应承担的社会责任认识比较深刻。

总之,互联网企业认识到自身不止是运营商、服务商,也是网络内容的监管者,对网络内容的传播负有义不容辞的监管责任。

(三) 企业履行网络内容监管责任的现状

国内许多著名的互联网企业虽然认识到自身的角色及所承担的社会责任,积极完善自身的各项制度和管理措施,但还存在着监管不力与自律性不

---

① 王政:《专访联通董事长常小兵:网络“毒瘤”要坚决清除》,2010 年 1 月 6 日,见 http://net.china.com.cn/ywdt/zjgd/txt/2010-01/08/content_3334916.html。

② 曾亮:《高新民:互联网企业社会责任非常重要》,2014 年 6 月 20 日,见 http://it.people.com.cn/n/2014/0620/c1009-25175749.html。

③ 张蓉:《网络电视正在改变网络媒体非主流印象》。

强等问题。

2007 年 8 月 27 日,新华社中国图片总汇、人民图片网、中国新闻图片网、五洲传播图片库、东方 IC 图片中心等五家图片网站(图片库)发出联合公告,抵制虚假图片。①

根据 2012—2014 年度“中国互联网行业自律贡献奖”获奖入围单位名单,新华网、中国网、百度、阿里巴巴、腾讯、360 公司、UC 优视等 30 家企业入选。在获奖入围单位事迹说明中,列举了这些互联网企业在网络内容监管过程中所采取的措施。如新华网为社会大众开设了违法举报通道和典型案例“曝光台”,严格采编流程管理,建立了防范不良信息的长效机制。中国网建立了严格的发稿流程和编辑制度,坚持稿件“三审制”,对论坛、博客等互动栏目严格执行先审后发制度,建立和完善清理不良信息的长效机制。百度发起了“打击互联网不良信息、共建和谐网络环境”的“阳光行动”。腾讯针对敏感事件和淫秽色情类等有害信息,专门设置客服渠道,接受用户举报监督等措施。360 公司与北京市网信办共同推出“360 儿童桌面”,屏蔽不良网站,保护少年儿童身心健康,满足少年儿童安全上网的需求。UC 优视完善内容审核把关机制,规范网络转载。②

与此同时,互联网企业在监管中还存在监管不力与自律性不强等问题。

第一,监管不力。中国科学院科技政策研究所网络信息安全课题组对淫秽色情手机网站浏览量进行监测后发现:仅 2010 年 11 月,某淫秽色情手机网站的访问量就从每天 4000 多人骤增到近四万人,增长了将近九倍。早在 2009 年 12 月之前,中国科学院相关课题小组同样随机抽样监测了 2000 个手机网站,其中淫秽色情手机网站 167 个,占比 8.3%,一年后这一比例增至 9.9%。2010 年 11 月 2 日,央视记者用短信向电信某运营商举报了两个淫秽色情手机网站,但截至记者发稿时,这些淫秽色情手

① 甄学宝:《五大图片网站联合发出抵制假新闻照片公告》,2007 年 9 月 6 日,见 http://media.people.com.cn/GB/40606/6224231.html。

② 中国互联网协会行业自律工作委员会:《2012—2014 年度“中国互联网行业自律贡献奖”获奖入围单位事迹说明》,见 http://www.isc.org.cn/wzgg/listinfo-30228.html。

机网站依然畅通。① 北京市公安局网络安全保卫处副处长指出,公安机关在打击整治互联网淫秽色情信息的工作中发现,一些基础电信运营商及电信增值服务商,只顾追求经济效益而忽略了社会责任和法律义务,没有依法落实安全技术措施和管理措施,助长了淫秽色情信息在互联网上的传播。②如湖南互联星空网站,只需支付30元,"成人片场"里的大量淫秽色情影片即向所有人开放,无论老幼。③

中国科学院博士李强在《移动梦网(CMWAP)互联网服务调查报告》中指出:"充斥着淫秽色情和反动信息的无线应用通讯协议网站历经严打而难以根除,甚至越来越多,绝不是各部门整治的力度不够,其根本原因在于运营商没有针对移动梦网互联网服务存在的问题进行有效的接入控制。"④

第二,自律性不强。在对互联网企业"您认为互联网企业在运营过程中存在较为普遍的现象有哪些?"的调查中,63.9%的被访问者认为互联网企业在运营过程中存在传播色情、暴力、赌博、迷信、危害国家安全内容等问题(见图85)。

可见,互联网企业作为网络信息传播的渠道和第一关,在积极采取应对措施加强网络内容监管的同时,还存在监管不力与自律性不强等问题。

三、高校在网络内容监管中的角色

高校是网络最为密集的地方之一,也是互联网用户人数众多的地方,高

① 张璐:《淫秽色情手机网站不降反升　运营商被指不作为》,2011年5月30日,见http://b2b.toocle.com/detail-5788561.html。

② 王雪飞等:《低俗信息人人喊打》,2009年12月26日,见http://media.people.com.cn/GB/10656045.html。

③ 杨健:《网络扫黄,运营商当"责"为先》,2007年6月25日,见http://paper.people.com.cn/rmrb/html/2007-06/25/content_13205310.html。

④ 孙海华、田国垒:《手机色情成毒瘤　运营商与网站捆绑利益链》,2009年9月2日,见http://www.ce.cn/xwzx/gnsz/gdxw/200909/02/t20090902_19918961.shtml。

校在网络内容中的监管角色就显得尤为重要。

(一) 相关政策法规中高校作为网络内容监管主体的识别

关于高校作为网络内容监管主体的相关政策法规比较少。中共中央、国务院《关于进一步加强和改进大学生思想政治教育的意见》中指出:要运用技术、行政和法律手段,加强校园网的管理,严防各种有害信息在网上传播。

《教育网站和网校暂行管理办法》第18条规定:教育网站和网校应遵循国家有关法律、法规,不得在网络上制作、发布、传播、泄露国家秘密、危害国家安全等信息内容。如发现,应及时向有关主管部门报告,并采取有效措施制止其扩散。

《高等学校计算机网络电子公告服务管理规定》(以下简称《规定》)与《教育部、共青团中央关于进一步加强高等学校校园网络管理工作的意见》(以下简称《意见》)对高校网站的监管则作了更为具体的规定。《规定》要求各大学建立网络信息工作领导小组,负责对本校学生或教职工依托学校网络,设立开展的社交论坛及全校的电子公告服务进行管理和监督,学校发现社交论坛的电子公告服务系统中出现《规定》中禁止性的内容,应即时通知站务管理人员删除,情况紧急,也可先由网络中心暂停该社交论坛的服务。《意见》强调,高校要综合运用技术、行政和法律手段,全面加强高校校园网络管理。要加大高校校园网络信息技术防范和行政监管力度。要加强对校园社交论坛的规范和管理,及时发现和删除各类有害信息。对有害信息防范不利的要限期整改,对有害信息蔓延、管理失控的要依法予以关闭。要建立和完善校园网络安全防护、信息过滤、信息实时监测与跟踪、路由路径控制等系统,构建网络技术防控体系。

总之,高校作为网络内容监管主体主要是对校园网络内容加强监管,达到净化校园网络环境,提升网络内容品质的目的。

(二) 高校对网络内容监管主体的角色认知

互联网时代,高校是网络伦理道德的教育者、网络舆论的引导者,同时也是网络内容的监管者。

在对“你认为学校在网络内容建设过程中应该承担什么责任?”的调查

中设定了五个选项，针对不同性别（表 6-4）、不同身份（表 6-5）的人进行了调查。

表 6-4　不同性别的人对学校在网络内容建设过程中承担的责任看法情况（%）

责　任	男	女
生产传播健康向上的网络内容	54.1	57.1
创新网络内容生产传播技术	44.3	45.4
提高学生网络信息素养	60.4	68.4
维护网络信息安全	46.0	59.0
监督管理网络内容建设	34.6	36.5

从性别上看，在设定的五个选项中，男性和女性都把“监督管理网络内容建设”这一项排在第五位。

表 6-5　不同身份的人对学校在网络内容建设过程中承担的责任看法情况（%）

责　任	学生	教师	管理人员	职工
生产传播健康向上的网络内容	59.1	56.1	55.4	57.1
创新网络内容生产传播技术	42.9	48.5	57.1	50.0
提高学生网络信息素养	65.7	64.4	66.2	63.1
维护网络信息安全	52.1	46.3	45.7	46.2
监督管理网络内容建设	35.6	34.6	35.7	26.9
其他责任	1.5	0.7	1.4	3.8

从身份上看，在设定的六个选项中，学生、教师、管理人员、职工都把“监督管理网络内容建设”这一项排在第五位。

在对高校“在网上监控大学生言论，过滤‘不和谐声音’。您对此的态度是什么？”的调查中，有五成的被访问者持肯定态度，将近三成的被访问者持否定态度，有 24%的则表示无所谓（见图 47）。

调查结果显示，高校对自身在网络内容监管中的角色认识还不够，还需增强角色意识。

（三）高校履行网络内容监管责任的现状

高校履行网络内容监管责任的状况,可以通过高校采取哪些监管措施及师生员工对校园网络内容建设和管理状况的满意度体现出来。

不少高校采取上网行为管理软件来加强校园网络内容监管。如上海大学等数十所高校采用了由上海新网程信息技术有限公司自主研发的网络督察上网行为管理系统;首都师范大学采用旁路镜像部署模式在核心交换机处部署了一台网康上网行为管理产品 NS-ICG;武汉理工大学采用的是侠诺双核旗舰产品 SQF9150;中央财经大学采用的是山石网科上网行为管理产品。

部分高校建立内容审查制度来加强校园网络内容监管。如清华大学、中国人民大学、北京师范大学、桂林理工大学、哈尔滨商业大学等高校建立了校园网络内容审查制度。

高校普遍采取网络实名制来加强校园网络内容的监管。如河北工业大学、中国传媒大学、聊城大学等高校实行网络实名制来监管校园网络内容,要求每个用户都要预先拥有一个账号,上网之前使用自己的账号进行身份认证,认证通过后才能上网,同时记录上网的各种行为。

高校针对校园网络内容监管采取了各种措施,监管效果又如何?“您对当前校园网络内容建设和管理状况的满意程度”的调查结果如表 6-6 所示。

表 6-6 不同身份的人对校园网络内容建设和管理满意度情况（%）

满意度	学生	教师	管理人员	职工
很满意	10.9	8.1	11.4	7.7
满意	21.6	40.4	47.1	50.0
比较满意	49.1	41.2	32.9	30.8
不满意	13.2	9.6	8.6	7.7
很不满意	5.2	0.7	0.0	3.8

从身份来看,学生、教师、管理人员、职工对这一问题的看法存在一些差

距,学生与教师当中比较满意的比例较高,管理人员与职工当中满意的比例较高。学生与教师当中不满意的比例比管理人员与职工要略高些,管理人员当中很不满意比例为零。从数据来看,学生与教师比管理人员与职工的满意度要低,不满意度要高。但总的来说,不同身份的人的满意度高于不满意度。

调查结果显示,高校积极采取了相应措施来加强校园网络内容的监管,并取得了一定成效,但作为监管主体的角色意识还有待加强。

四、网民在网络内容监管中的义务

网民作为一个庞大的群体,不仅是网络内容的生产者和网络内容的传播者,也是网络内容的监管者。

(一)相关政策法规中网民作为网络内容监管主体的识别

相关政策法规中主要是把网民作为网络内容监管的对象来规定,把网民作为网络内容监管主体的规定比较少。

《互联网站禁止传播淫秽、色情等不良信息自律规范》第 9 条规定:对利用互联网电子公告服务系统,短信息服务系统传播淫秽、色情等不良信息的用户,应将其 IP 地址列入“黑名单”,对涉嫌犯罪的,应主动向公安机关举报。

《互联网等信息网络传播视听节目管理办法》第 21 条规定:各级广播电视行政部门应通过监听监看、建立相应的公众监督举报制度等方式对信息网络传播视听节目进行监督管理。

《互联网新闻信息服务管理规定》第 25 条规定:互联网新闻信息服务单位应当接受公众监督。国务院新闻办公室应当公布举报网站网址、电话,接受公众举报并依法处理;属于其他部门职责范围的举报,应当移交有关部门处理。

《互联网视听节目服务管理规定》第 21 条规定:广播电影电视和电信主管部门应建立公众监督举报制度。公众有权举报视听节目服务单位的违法违规行为,有关主管部门应当及时处理,不得推诿。

《关于开展“网吧”等互联网上网服务营业场所专项治理的通知》第 10

条规定:要通过公布有关部门的举报电话、建立必要的表彰奖励制度等方式,广泛发动人民群众参与,形成全社会共同抵制、打击违法违规经营“网吧”等互联网上网服务营业活动的良好氛围。

《互联网上网服务营业场所管理条例》第 3 条规定:互联网上网服务营业场所的上网消费者,应当遵守有关法律、法规的规定,遵守社会公德,开展文明、健康的上网活动。

《中国金桥信息网公众多媒体信息服务管理办法》第 16 条规定:计算机信息网络多媒体信息服务的用户使用网络时,应当遵守国家有关法律、法规,不得制作、查阅、传播和发布妨碍社会治安和淫秽色情等有害信息,应当严格执行国家安全保密制度,不得利用多媒体信息服务系统从事危害国家安全、泄露国家秘密等违法犯罪活动。

这些政策法规中虽没有直接规定网民作为网络内容监管的主体,但从针对网民的一些禁止性规定及建立公众监督举报平台、倡导公众举报不良信息的内容来看,网民负有间接的监管网络内容的义务。因此,网民不止是网络内容的监管对象,也可以成为网络内容的监管主体。

(二) 网民对网络内容监管主体的角色认知

互联网的管理不完全是政府部门和相关企业的工作,社会各相关方面都应该参与,其中网民的作用是不可忽视的,一定要把广大网民吸引到互联网监管这一项工作当中来。①

表 6-7、表 6-8、表 6-9 为我们对网民“当您遇到不健康的网络内容时,您会怎么办?”的调查结果。

表 6-7　不同性别的网民遇到不健康网络内容的反应情况(%)

	男	女
坚决抵制,向网络监管部门举报	22.6	19.6
关掉网页,不予浏览	50.8	66.3

① 侯康腾:《名人演讲稿专访刘正荣:互联网发展与网络媒体作用》,2010 年 4 月 14 日,见 http://www.yjbys.com/news/186793.html。

续表

	男	女
觉得应该遏制,但不知道怎么办	14.9	9.4
出于好奇,点击浏览	7.8	3.4
感兴趣,点击浏览	3.9	1.3

表 6-8 不同政治面貌的网民遇到不健康网络内容的反应情况(%)

	共青团员	共产党员	民主党派	群众
坚决抵制,向网络监管部门举报	22.4	17.8	32.6	20.0
关掉网页,不予浏览	60.7	61.2	30.5	52.6
觉得应该遏制,但不知道怎么办	9.9	12.6	23.9	16.5
出于好奇,点击浏览	4.7	6.5	6.5	7.3
感兴趣,点击浏览	2.3	1.9	6.5	3.6

表 6-9 不同教育程度的网民遇到不健康网络内容的反应情况(%)

	初中及以下	高中/中专/技校	大专	本科	研究生
坚决抵制,向网络监管部门举报	27.9	27.6	23.2	17.4	15.8
关掉网页,不予浏览	48.8	51.3	56.4	63.0	63.8
觉得应该遏制,但不知道怎么办	13.0	13.4	11.6	12.1	12.2
出于好奇,点击浏览	6.3	5.7	6.1	5.5	4.9
感兴趣,点击浏览	4.0	2.0	2.7	2.0	3.3

从性别来看,男性和女性差别不大,五成以上选择“关掉网页,不予浏览”,其次是选择“坚决抵制,向网络监管部门举报”。

从政治面貌看,不管是共青团员、共产党、民主党派还是群众多数选择“关掉网页,不予浏览”,其次是选择“坚决抵制,向网络监管部门举报”。

从教育程度看,不管是初中、高中还是大专、本科或研究生,都是将近五成或超过五成的人选择“关掉网页,不予浏览”,其次是选择“坚决抵制,向网络监管部门举报”。

调查结果显示,不论性别、政治面貌、教育程度,多数网民遇到不良网络信息时选择的是关掉网页,其次是向网络监管部门举报。可见,网民作为网络内容监管主体之一,对于自身在网络内容监管中的角色认知还有待进一步加强,必须进一步强化网络内容监管人人有责的网民意识。

(三)网民履行网络内容监管责任的现状

虽然一部分网民能积极主动参与到网络内容的监管中来,但仍有不少网民不仅对自身作为网络内容监管主体的角色认识不够,而且还成为网络不良内容的制作者、传播者等。

在对网民“您身边的人有过以下哪些网络行为”的问卷调查中,浏览过淫秽内容的达28.2%,浏览过暴力内容的达24.7%,辱骂别人的达24.6%,而没有任何违反法规和网络道德行为者仅有14.9%(见图15)。

有些网民不仅浏览网络不良信息,甚至制作、散布网络不良信息。如网名为“立二拆四”的杨秀宇,以造谣的方式制造了“天仙妹妹”等一系列网络虚假新闻。网名为“秦火火”的秦志晖,利用互联网蓄意制造传播谣言、恶意侵害他人名誉,制造了“雷锋生活奢侈”等一系列令人震惊的虚假新闻。

但同时,越来越多的网民通过各种方式举报不良网络信息,参与网络内容的监管。根据国信办的统计,在“扫黄打非·净网2014”专项行动期间,网民举报不良信息,总量每日近3000条。① 《中国新闻出版报》记者从国家网信办了解到,网民举报网上各类有害信息的积极性不断提高,举报量逐月增加。2015年5月,国家网信办所属中国互联网违法和不良信息举报中心、各地网信办举报部门和主要网站共收到网民举报174.8万件。经审核,有效举报141.9万件,共处置122.8万件,举报受理量首次突破百万件,处置率达86.6%;通过各类渠道向网民反馈处置结果121.9万件,回复率达85.9%。各地网信办举报部门受理网民有效举报5561件,处置4148件,处

① 史竟男:《国信办谈净网行动,网民日均举报不良信息三千条》,2014年6月4日,见 http://media.people.com.cn/n/2014/0604/c40606-25099667.html。

置率 75.2%;中央重点新闻网站受理网民有效举报 990 件,处置 976 件,处置率 98.6%;主要商业网站受理有效举报 137.9 万件,处置 119 万件,处置率 86.3%。①

总的来说,作为网络内容监管者,越来越多的网民不仅认识到了网络不良信息所带来的社会危害,认识到自身在网络内容监管中的角色,而且积极主动参与到网络内容监管中来,为抑制不良网络内容的传播履行自己的义务。

第三节　网络内容监管的依据

网络内容监管的依据与判断网络内容优劣的依据具有相关性。在进行网络内容监管的实践中,就是要提倡、鼓励、褒奖、弘扬优秀的、健康向上的网络内容,监督、制止、查处、打击低劣、不健康的网络内容。判断网络内容优劣的依据是什么? 调查显示,68.9% 的人认为内容是否真实、权威;65.4%的人认为内容是否健康向上、符合社会核心价值观;44.7%的人认为内容是否具有趣味性、实用性;23.2% 的人认为信息交互能力强不强;21.7%的人认为内容原创度的高低;16.4%的人认为内容更新频率的高低;9%的人认为内容点击率的高低是判断网络内容优劣的标准(见图 25)。

一般来说,政策法规、行业公约、伦理道德的要求既是判断网络内容优劣的依据,亦是网络内容监管的主要依据。

一、政策法规

不良的网络内容一部分是属于违反政策法规类的网络信息。我国出台的一系列政策法规中给出了清晰判断不良信息的标准,这是依法监管网络内容的主要依据。

(一)关于网络文本信息监管依据的政策法规

目前针对网络文本信息的国家法规依据主要有五个,分别是:《互联网

① 李雪昆:《互联网违法和不良信息月举报受理量首超百万件》,2015 年 6 月 24 日,见 http://www.chinaxwcb.com/2015-06/24/content_319929.html。

新闻信息服务管理规定》《互联网站从事登载新闻业务管理暂行规定》《互联网电子公告服务管理规定》《中国互联网络域名管理办法》《计算机信息网络国际联网安全保护管理办法》。

这些国家法规主要针对以下十类内容作了禁止性规定:(一)违反宪法确定的基本原则的;(二)危害国家安全,泄露国家秘密,颠覆国家政权,破坏国家统一的;(三)损害国家荣誉和利益的;(四)煽动民族仇恨、民族歧视,破坏民族团结的;(五)煽动颠覆国家政权,推翻社会主义制度的;(六)破坏国家宗教政策,宣扬邪教和封建迷信的;(七)散布谣言,扰乱社会秩序的;(八)散布淫秽、色情、赌博、暴力、恐怖或者教唆犯罪的;(九)侮辱或者诽谤他人,侵害他人合法权益的;(十)含有法律、行政法规禁止的其他内容的。

(二) 关于网络视听信息监管依据的政策法规

目前针对视听节目信息的政策法规依据主要有四个,分别是:《互联网视听节目服务管理规定》《关于加强互联网视听节目内容管理的通知》《互联网等信息网络传播视听节目管理办法》《关于加强通过信息网络向公众传播广播电影电视类节目管理的通告》。

这些政策法规主要针对以下十类内容作了禁止性规定:(一)反对宪法确定的基本原则的;(二)危害国家统一、主权和领土完整的;(三)泄露国家秘密、危害国家安全或者损害国家荣誉和利益的;(四)煽动民族仇恨、民族歧视,破坏民族团结,或者侵害民族风俗、习惯的;(五)宣扬邪教、迷信的;(六)扰乱社会秩序,破坏社会稳定的;(七)诱导未成年人违法犯罪和渲染暴力、色情、赌博、恐怖活动的;(八)侮辱或者诽谤他人,侵害公民个人隐私等他人合法权益的;(九)危害社会公德,损害民族优秀文化传统的;(十)法律、法规规定禁止的其他内容。

(三) 关于综合性网络信息监管依据的政策法规

目前为止,还没有专门针对网络图片信息的政策法规,对这一块内容进行监管的依据主要渗透在综合性的政策法规之中,相关的政策法规主要有八个,分别是:《互联网文化管理暂行规定》《最高人民法院、最高人民检察院关于办理利用互联网、移动通讯终端、声讯台制作、复制、出版、贩卖、传播淫秽电子信息刑事案件具体应用法律若干问题的解释》《互联网上网服务营业场所管理条例》《互联网上网服务营业场所管理办法》《互联网出版管理暂行规定》《互联网信息服务管理办法》《互联网新闻信息服务管理规定》《教育网站和网校暂行管理办法》。

这些政策法规主要针对以下十类内容作了禁止性规定:(一)反对宪法确定的基本原则的;(二)危害国家统一、主权和领土完整的;(三)泄露国家秘密、危害国家安全或者损害国家荣誉和利益的;(四)煽动民族仇恨、民族歧视,破坏民族团结,或者侵害民族风俗、习惯的;(五)宣扬邪教、迷信的;(六)散布谣言,扰乱社会秩序,破坏社会稳定的;(七)宣扬淫秽、赌博、暴力或者教唆犯罪的;(八)侮辱或者诽谤他人,侵害他人合法权益的;(九)危害社会公德或者民族优秀文化传统的;(十)有法律、行政法规和国家规定禁止的其他内容的。

2005年国务院新闻办公室和信息产业部联合发布的《互联网新闻信息服务管理规定》中,增加了煽动非法集会、结社、游行、示威、聚众扰乱社会秩序的;以非法民间组织名义活动的两条内容。

总的来说,针对网络文本信息、网络视听信息与网络图片信息所规定的禁止性内容都涉及宪法的基本原则、国家安全、社会稳定、民族团结等方面,这些政策法规中明文禁止传播的违法信息是依法监管网络内容的重要依据。

二、行业公约

除了政策法规外,还有一系列行业公约是对网络内容进行监管的重要依据。主要有《中国互联网行业自律公约》《互联网站禁止传播淫秽色情等不良信息自律规范》《互联网新闻信息服务自律公约》《博客服务自律公约》《中国无线信息服务行业诚信自律细则》《中国互联网视听节目服务自律公约》《网络音乐行业发展联盟》《中国网络视听节目服务自律公约》等。

行业公约主要是用来规范、约束互联网企业行为,要求互联网企业不得制作、发布或传播以下不良信息:(一)危害国家安全的;(二)危害社会稳定的;(三)违反法律法规的;(四)淫秽、色情、迷信等有害信息;(五)抵制与中华民族优秀文化传统和道德规范相违背的信息内容；（六）侮辱或贬损其他民族、种族、不同宗教信仰和文化传统的信息；（七）造谣、诽谤信息以及其他虚假信息；（八）侵害他人合法权益的信息等内容。

其中2004年中国互联网协会制定的《互联网禁止传播淫秽色情等不良信息自律规范》对淫秽信息进行了定义：淫秽信息是指在整体上宣扬淫秽行为，具有下列内容之一，挑动人们性欲，导致普通人腐化、堕落，而又没有艺术或科学价值的文字、图片、音频、视频等信息内容，包括：淫亵性地具体描写性行为、性交及其心理感受；宣扬色情淫荡形象；淫亵性地描述或者传授性技巧；具体描写乱伦、强奸及其他性犯罪的手段、过程或者细节，可能诱发犯罪的；具体描写少年儿童的性行为；淫亵性地具体描写同性恋的性行为或者其他性变态行为，以及具体描写与性变态有关的暴力、虐待、侮辱行为；其他令普通人不能容忍的对性行为淫亵性描写。同时对色情信息进行了界定，指出色情信息是指在整体上不是淫秽的，但其中一部分有第3条中1至7的内容，对普通人特别是未成年人的身心健康有毒害，缺乏艺术价值或者科学价值的文字、图片、音频、视频等信息内容。

总之，行业公约为规范网络内容及互联网从业者行为提供了依据，也是对网络内容进行监管的重要依据之一。

三、伦理道德

违反伦理道德类的不良信息除了包括前面所提到的违法类的不良网络信息外，还包括违背社会主义伦理道德的各类信息。社会主义伦理道德也是对网络内容进行监管的依据。

百度把违反伦理道德类的网络不良信息概括为六种类型①：

（一）以性保健、性文学、同性恋、交友俱乐部以及人体艺术等内容构成的成人类信息；

（二）与暴露隐私相关的信息；

---

① 网康互联网内容研究实验室：《中国互联网“不良信息”研究报告（2008）》，2009年3月2日，见http://www.qqread.com/news/g453381.html。

（三）容易引起社会争议，钻法律空子的“代孕”“私人伴游”“赴香港产子”等信息；

（四）“代写论文”“代发论文”等学术造假、学术腐败信息；

（五）与风水、占卜相关的迷信类信息；

（六）与黑客技术交流、强制视频软件下载等相关的披着高科技外衣的信息。

“法律是最低限度的道德，道德是最高标准的法律”，违法的信息一定是违反伦理道德的信息，但违反伦理道德的信息不一定是违法的信息。

正因如此，有些网络新闻从业者为了吸引眼球、增加点击率，故意使用违反伦理道德的标题。有些标题突出“裸、乳、性”，如《全裸女模寒风中裸站一小时》的标题为了突出裸体，在标题中用了两次裸字。某电视台“女星跳水”节目，网络新闻标题变成了“爆乳女星水花四溅”；一组讽刺地铁不文明行为的漫画却单单截取了“地铁18怪有人当众调情”。有些标题带有暴力元素，甚至有些网络新闻标题拿死人开玩笑，如《一男子高空“倒挂金钩”》。这种不顾伦理道德的标题不仅为新闻工作者所不齿，也极大影响着人们的价值观。

还有诸如违反新闻伦理类的网络新闻。如深圳最美女孩案。2013年3月26日，多家媒体报道了深圳的湖南新化籍“90后”女孩文芳蹲在路边给一位流浪老人喂盒饭的感人照片，该女孩随后在微博上爆红，并被冠以“深圳最美女孩”的头衔。后被揭穿是某商业展览的炒作，这违反了真实的伦理原则。①

还有网上的各种炒作行为，虽然有伤风化，但不违法。如干露露以“露”而出名，打的就是法律的擦边球，这类信息不违法，但会影响人们的审美观，影响社会风气。

总之，伦理道德也是规范网络内容和对网络内容进行监管的重要依据。

① 李林：《突出青少年网络安全教育　培育“中国好网民”》，《中国青年报》2015年6月2日。

第四节　网络内容监管的机制

目前，我国网络内容监管主要是采取以立法为基础，综合运用行业自律、高校参与和网民协助等多种手段，共同对网络内容进行监管。

一、政府监管机制

政府对网络内容进行监管主要包括立法、技术监管、开展专项行动、建立公众举报制度、实行网络实名制等机制。

（一）网络内容监管立法

网络空间并非完全“虚拟”，在互联网上制作、发布、传播信息都应受到现实社会法律的规范，有法可依是对网络内容进行监管的根本保证。我国制定颁布的一系列网络政策法规，确立了我国网络内容监管的基础性制度。

1. 审查制度

网络法规中不仅明确了判断网络内容优劣的标准，规定了网络内容监管的主体与职责，也设立了网络内容审查制度。《计算机信息网络国际联网安全保护管理办法》第 10 条要求，互联单位、接入单位等要对委托发布信息的单位和个人进行登记，并对所提供的信息内容按照本办法第 5 条所列出的九类禁止信息进行审核。《互联网等信息网络传播视听节目管理办法》第 20 条规定，取得《网上传播视听节目许可证》的机构，应建立健全节目审查、播出等管理制度。《互联网出版管理暂行规定》第 21 条规定，互联网出版机构应当实行编辑责任制度，必须有专门的编辑人员对出版内容进行审查，保障互联网出版内容的合法性。互联网出版机构的编辑人员应当接受上岗前的培训。《关于网络游戏发展和管理的若干意见》指出，要严格实行进口网络游戏产品内容审查制度，有选择地把世界各地的优秀网络游戏产品介绍进来，防止境外不适合我国国情和含有不健康内容的网络游戏产品的侵入。

2. 准入制度

《互联网信息服务管理办法》第 4 条规定，国家对经营性互联网信息服务实行许可制度,对非经营性互联网信息服务实行备案制度。第 5 条规定,从事新闻、出版、教育、医疗保健、药品和医疗器械等互联网信息服务,在申请经营许可或履行备案手续前,应当依法经有关主管部门审核同意。《互联网视听节目服务管理规定》第 7 条规定,从事互联网视听节目服务,应当取得广播电影电视主管部门颁发的《信息网络传播视听节目许可证》或履行备案手续。《互联网新闻信息服务管理规定》第 11 条要求,申请设立本规定第 5 条第 1 款第(一)项、第(二)项规定的互联网新闻信息服务单位和中央新闻单位应当向国务院新闻办公室提出申请;省、自治区、直辖市直属新闻单位和省、自治区人民政府所在地的市直属新闻单位以及非新闻单位应当通过所在地省、自治区、直辖市人民政府新闻办公室向国务院新闻办公室提出申请。第 12 条规定,第 5 条第 1 款第(三)项规定的互联网新闻信息服务单位,属于中央新闻单位设立的,应当自从事互联网新闻信息服务之日起一个月内向国务院新闻办公室备案;属于其他新闻单位设立的,应当自从事互联网新闻信息服务之日起一个月内向所在地省、自治区、直辖市人民政府新闻办公室备案。《关于网络游戏发展和管理的若干意见》提出,要严格市场准入,强化内容监管。文化部应严格审批网络游戏等互联网文化经营单位,提高市场准入门槛。

3. 处罚制度

网络法规中不仅规定了互联网禁止制作、复制、发布、查阅、传播的几类不良信息,也对制作、复制、发布、查阅、传播禁止性网络内容行为所要承担的法律责任作了明确规定。如《互联网信息服务管理办法》第 20 条规定:制作、复制、发布、传播本办法第 15 条所列内容之一的信息,构成犯罪的,依法追究刑事责任;尚不构成犯罪的,由公安机关、国家安全机关依照《中华人民共和国治安管理处罚条例》《计算机信息网络国际联网安全保护管理办法》等有关法律、行政法规的规定予以处罚;对经营性互联网信息服务提供者,由发证机关责令停业整顿直至吊销经营许可证,通知企业登记机关;对非经营性互联网信息服务提供者,由备案机关责令暂时关闭网站直至关闭网站。

（二）技术监管

技术监管是我国对网络内容进行监管的一种重要手段，能有效地屏蔽不良违法信息，保证网络内容的健康性。

1. IP 分配和管理技术

2005 年 3 月 20 日起实施的《互联网 IP 地址备案管理办法》规定，国家对互联网协议地址的分配使用实行备案管理。互联网协议地址需报备的信息非常详细，包括备案单位基本情况、备案单位的互联网协议地址来源信息、备案单位的 IP 地址分配使用信息、自带 IP 地址的互联网接入用户信息。这就使相关监管部门可以通过追溯 IP 地址，查询到网络信息制作、发布、传播所使用的计算机，从而找到相关人的联系方式等信息。当前，IP 信息成为监管网络内容的重要手段。

2. 网络内容控制软件

文化部、信息产业部发布的《关于网络游戏发展和管理的若干意见》中规定：网络游戏企业要按照国家标准，开发网络游戏产品身份认证和识别系统软件，对未成人上网游戏和游戏时间加以限制，对可能诱发网络游戏成瘾症的游戏规则进行技术改造。2005 年 8 月，新闻出版总署发布了《网络游戏防沉迷系统》开发标准：玩家在线玩游戏时间 3 小时以内为"健康"游戏时间，超过 5 小时玩家的收益将降为零。还有广东省 2002 年投入使用的 NET110 网络监管系统。这套系统是由深圳市公安局计算机监察处和某高新技术公司共同开发，为规范网吧传播内容而研制的。它可以阻断网吧黄色信息的登录。四川省文化厅 2002 年开发的网吧游戏智能监察系统能及时发现和赌博、暴力等不良信息有关的网络游戏。监察系统每 6 小时工作一次，监察每种游戏软件的特征。在四川省的网吧清理整顿方案中规定，网吧必须安装这套系统，否则不核发文化经营许可证。①

（三）网络专项整治行动

政府部门通过开展各项网络专项行动，加大网络内容监督与管理力度，清除网络不良信息。根据搜集到的资料显示，我国从 2008 年到 2014 年先

---

① 赵子倩：《网络内容控制研究》，北京大学硕士学位论文，2007 年，第 23 页。

后开展了九次专项行动,有力地遏制了网络不良信息的传播。

1. 2013 年"净网"行动

全国"扫黄打非"办公室从 2013 年 3 月上旬至 5 月底在全国范围内开展的"净网"行动,以整治网络文学、网络游戏、视听节目网站等为重点,集中清理文学网站、游戏网站、视听节目网站以及移动智能终端应用程序平台、在线视频播放软件、网络资源下载工具、网络游戏推广广告中含有淫秽色情内容的各种信息。集中清理论坛、贴吧、博客、微博、社交网站、搜索引擎、网络硬盘、即时通信群组中的淫秽色情信息,以及利用网络电视棒、网络存储器、手机存储卡等设备预装、复制、传播淫秽色情信息的电脑及手机销售商、维修店。"净网"行动期间,重点打击开办淫秽色情网站和传播网络淫秽色情信息的违法犯罪行为。对服务器设在境外、开办者藏匿在境内、经常变换域名和 IP 地址逃避打击的网站,坚决"落地查人"。对明知是淫秽色情网站而为其提供互联网接入、域名注册、广告投放、费用结算等环节服务的单位和个人,依法严厉查处。

2. "扫黄打非 · 净网 2014"专项行动

全国"扫黄打非"办、国家互联网信息办、工业和信息化部、公安部四部门 2014 年 4 月 13 日联合发布公告,在全国范围内开展打击网上淫秽色情信息"扫黄打非 · 净网 2014"专项行动。根据全国"扫黄打非"办公室 2014 年 12 月 25 日公布的 2014 年"扫黄打非"十大数据与案件来看,十大数据中有四条与网络有关:(1)2014 年全国"扫黄打非"办公室联合举报中心共受理网上淫秽色情信息的举报线索 82402 条;(2)全国共查处淫秽色情出版物案件 844 起,其中网络"扫黄打非"案件 584 起;(3)查获福建莆田"5 · 25"特大销售淫秽、盗版视频牟利案,犯罪嫌疑人陈某某通过网络销售淫秽色情视频 200 多万部;(4)新浪互联信息服务有限公司开办的"新浪网"网站"读书""视频"频道中传播淫秽色情小说和视频,被北京市文化市场行政执法总队吊销《互联网出版许可证》和《信息网络传播视听节目许可证》,依法停止其从事互联网出版和网络传播视听节目的业务,并处罚款 50 多万元。十大案件中有四起是网上传播淫秽色情信息案:(1)北京新浪互联信息服务有限公司传播淫秽色情信息案;(2)北京、广东跨省市联合查处深圳快播科技有限公司传播淫秽色情信息案;(3)浙江温州"翠微居小说网"传播淫秽色情信息案;(4)广东广州"烟雨红尘小说网"传播淫秽色情信息案。①

3."扫黄打非·净网2015"专项行动

自2015年3月至9月,严厉打击顶风制作传播淫秽色情信息的门户网站、视频网站、搜索网站等,依法依规吊销相关行政许可证,并追究有关责任人的刑事责任;集中整治微博、微信、微视、微电影等"微领域"传播有害及淫秽色情信息行为;集中整治利用弹窗、搜索引擎、云存储以及移动智能终端、电视盒子等从事"色情营销"、传播淫秽色情信息行为。"净网2015"专项行动中查处了网易云阅读栏目传播淫秽色情信息案等一批传播淫秽色情信息的典型案件。

4."整治网络弹窗"专项行动

2014年,国家互联网信息办等部门加大对网络弹窗的整治力度,严肃查处传播淫秽色情信息、木马病毒、诈骗信息等非法弹窗行为。重点督促网站落实主体责任,严禁有害弹窗信息,严禁传播淫秽色情低俗信息、虚假诈骗信息、木马病毒恶意插件以及违规发布的新闻信息等。"整治网络弹窗"专项行动分为三个阶段:第一阶段启动专项行动,督促网站自查自纠。第二阶段开展社会教育,推动社会举报,引导网民提高自我防范能力。第三阶段督促检查,推动互联网协会、广告协会等行业组织制定自律规范,推动建立长效机制。

5.2008"网络专项行动"

2008年,公安部、中宣部、最高人民法院、最高人民检察院等13部委决定,从1月至10月在全国范围内继续开展依法打击整治网络淫秽色情等有害信息专项行动。

6."09亮剑"专项行动

2009年3月至7月,为打击网络淫秽色情,公安机关开展了专项行动。专项行动中各级公安机关共破获网络淫秽色情案件1130起,查处不法分子

① 隋笑飞:《2014年"扫黄打非"10数据、10案件》,2014年12月26日,见http://www.shdf.gov.cn/shdf/contents/767/235767.html。

1171人。据公安部网络安全保卫局副局长顾坚介绍,"09亮剑"专项行动主要特点是:破获一批大要案件,沉重打击了境外色情网站联盟,整治了一批与淫秽色情网站利益相关的网络服务商。

7."深入整治互联网和手机媒体淫秽色情及低俗信息"专项行动

从2009年12月到2010年5月底,中央外宣办、全国"扫黄打非"办、工业和信息化部、公安部、新闻出版总署等九部门在全国范围内联合开展专项行动,旨在整治、铲除互联网和手机媒体淫秽色情及低俗信息,全面净化互联网和手机媒体环境,努力建立良好的网络文明风尚。

8."整治互联网低俗之风"专项行动

2009年,国务院新闻办、工业和信息化部、公安部、文化部、工商总局、广电总局、新闻出版总署七部门共同部署,以遏制网上低俗之风蔓延,进一步净化网络文化环境。整治网上低俗内容的范畴规定为十三类:直接暴露和描写人体性部位的内容;表现或隐晦表现性行为,具有挑逗性或者侮辱性等内容。在专项行动期间,全国公安机关网安部门共发现、删除网络淫秽色情违法信息50余万条,关闭存在淫秽色情和不健康表演内容的违法网站(含栏目)4328个。

9."铲除网上暴恐音视频"专项行动

国家互联网信息办公室于2014年6月20日召开"铲除网上暴恐音视频专项行动"动员会,宣布启动该专项行动。据国信办相关负责人介绍,网上暴力恐怖视频现已成为当前暴恐案件多发的重要诱因。从破获的昆明"3·01"、乌鲁木齐"4·30"、乌鲁木齐"5·22"等多起暴恐案件看,暴恐分子几乎都曾收听、观看过暴恐音视频,最终制造暴恐案件。2014年以来,暴恐音视频违法传播的形势尤为严峻,"东突"等分裂势力在境外网站发布的暴恐音视频数量较往年大幅增加,并不断通过各种渠道传入境内。这些音视频大肆宣扬"圣战"等暴力恐怖、极端宗教思想,煽动性极强,危害极大。① 本次专项行动的内容包括坚决封堵境外暴恐音视频、在全国全网集

① 罗宇凡:《国信办:全国全网集中清理网上暴恐音视频》,2014年6月20日,见http://news.xinhuanet.com/legal/2014-06/20/c_1111243899.htm。

中清理网上暴恐音视频、查处一批违法网站和人员、落实企业责任、畅通民间举报渠道等。①

（四）公众举报制度

目前，全国性的监督举报网站主要有中国互联网违法和不良信息举报中心、12321 网络不良与垃圾信息举报受理中心、网络违法犯罪举报网站、中国扫黄打非网等。

1. 中国互联网违法和不良信息举报中心网站（http://www.12377.cn/）

举报中心设置了暴恐音视频有害信息举报入口、违反七条底线有害信息举报入口、违法和不良信息四个举报入口。公布了举报电话（12377）和邮箱（jubao@12377.cn），在首页链接了百家网站和全国各地举报网站的电话号码。举报中心具有接受公众举报、维护公众利益、促进行业自律三项主要职能，所有公民均可举报我国境内互联网上的违法和不良信息，并且举报中心严格保护举报人的权益，不泄露举报人的任何个人信息。

为鼓励公众积极举报不良网络音视频信息，举报中心于 2014 年 6 月 20 日发布了《关于鼓励网民举报暴恐音视频等违法信息的公告》，规定对于网民举报的每条有害信息，举报中心经核实后将根据危害程度给予 1000 元至 1 万元的奖励，对于特别重要的有害信息和线索，举报中心将会同有关部门给予重奖，奖金为 10 万元。②

2. 12321 网络不良与垃圾信息举报受理中心（http://www.12321.cn/）

该中心主要职责是接收社会各界关于网络不良与垃圾信息的举报、协助有关政府部门依法查处被举报的网络不良与垃圾信息等。受理范围是利用互联网网站、论坛、电子邮件、短信、彩信、电话、传真等传播的不良与垃圾信息。该中心设有七种举报方式：（1）微信：关注 12321 微信公众账号“12321 举报中心”，点击“我要举报”或直接发送文字、语音、截图举报；（2）微博：请关注“12321 举报中心”，发送私信或@12321 举报中心进行举

① 吴晋娜：《铲除网上暴恐音视频专项行动启动，最高举报奖励 10 万元》，2014 年 6 月 20 日，见 http://news.cnr.cn/native/gd/201406/t20140620_515697788.shtml。

② 李林：《突出青少年网络安全教育　培育“中国好网民”》，《中国青年报》2015 年 6 月 2 日。

报;(3)短信:可发短信到“12321”这个五位短号码举报垃圾短信。在您要举报的短信内容前面手工输入被举报的号码(即垃圾短信发送人号码,这一点很重要),再加“ * ”号以隔开后面的短信内容,然后发送到“12321”这个五位短号码;(4)彩信:在您要举报的彩信“标题栏”输入被举报的号码,再加“ * ”号以隔开后面的彩信标题,然后发送到“12321”;(5)电话:010-12321;(6)网站:www.12321.cn;(7)手机App:http://jbzs.12321.cn(目前仅支持安卓手机);(8)电子邮箱:abuse@12321.cn。

3. 网络违法犯罪举报网站(http://www.cyberpolice.cn/wfjb/)

该网站提供注册举报和非注册举报两种方式。举报人登录主页,可点击“用户注册”图标,按要求填写相关内容完成注册。注册举报人登录后一次可举报多条线索,并可查询以往举报的处置情况;非注册举报人一次可举报一条线索。

4. 中国扫黄打非网(http://www.shdf.gov.cn/)

该网站设立了网上举报和电话举报(12390,010-65212870 2787)两种方式,同时开通了“扫黄打非”官方微信进行举报。

(五)网络实名制度

网络实名制是政府加强网络内容监管的一种思路和举措,也是净化网络内容的重要手段。

在对政府“您认为今后在网络内容监管方面,政府应重点做好的具体工作是什么”的调查问卷中,超过五成的被访问者认为,应积极稳妥地逐步推行网络实名制(见图59)。

中国网络实名制的源头,一般认为是清华大学新闻学教授李希光2002年在南方谈及新闻改革时提出建议“中国人大应该禁止任何人网上匿名”。

2003年,国家开始在网吧实行实名制,要求上网出示身份证。

2004年,电子邮件的注册,开始实行实名制。2004年5月18日,实行全站实名制的网站出现;8月26日,国家出台了16号文件,开始对高校社交论坛实行网络实名制,同时进行“校内化”,禁止校外人员使用。

2005年2月,信息产业部要求实行网站接入托管的备案登记;7月20日,腾讯宣布根据深圳公安局《关于开展网络公共信息服务场所清理整治工作的通知》,QQ 群群主实名登记;7 月 22 日,新华网称深圳将要求社交论坛版主实名登记;8 月 5 日,文化部、信息产业部联合下发《关于网络游戏发展和管理的若干意见》,规定 PK 类游戏玩家实名登记。

2006 年 10 月,信息产业部要求博客开始实名登记。

2007 年 8 月 27 日,新闻出版总署音像电子和网络出版管理司下发了《关于开展网络游戏防沉迷系统实名验证工作的通知》,要求网络游戏运营企业配合公安部开展网络游戏防沉迷系统实名验证。

2008 年 1 月,"两会"召开,网络实名制立法工作开始。宁夏、甘肃、吉林、重庆等地区率先开始试点。同年 8 月,实名制立法未获通过。

2012 年 3 月 16 日,在网信办的要求下,新浪、搜狐、网易和腾讯微博共同正式实行微博实名制。

2013 年 3 月 28 日,国务院办公厅发布《关于实施〈国务院机构改革和职能转变方案〉任务分工的通知》。通知规定了 2014 年将完成的 28 项任务,包括出台并实施信息网络实名登记制度等,要求由工业和信息化部、国家互联网信息办公室会同公安部负责,2014 年 6 月底前完成。

2014 年 12 月 18 日,国家新闻出版广电总局印发《关于推动网络文学健康发展的指导意见》,提出要建立健全网络文学发表作品的作者实名注册等管理制度。

网络实名制有助于遏制网络虚假新闻等的传播,同时网络实名制也可能存在很大的信息泄露风险,因此,我国还没有全面推行和实施网络实名制,网络实名制对于监管网络不良信息发挥的作用还有限。

二、企业监管机制

互联网企业行业自律是加强网络内容监管的重要途径。中国互联网协会于 2001 年 5 月 25 日成立,于 2002 年发布了《中国互联网行业自律公约》,同时,协会还成立了责任与道德工作委员会,专门负责此项工作的落实。

(一) 网络内容审查制度

由于互联网信息生产规模太过巨大,政府虽然通过立法设立了审查制度,但来自政府机构的网络审查无法实现无缝覆盖,因而要求互联网企业参与网络内容的审查。

在对企业“目前我国网络行业自律方面所采取的措施有?”的调查问卷中,73%的被访问者选择的是建立健全日常审核监管制度(见图87)。

政府要求互联网信息服务提供者与互联网接入服务提供者共同参与内容审查,删除禁止性内容、并向国家机关报告。《中华人民共和国电信条例》第62条要求,电信业务经营者在公共信息服务中,发现电信网络中传输的信息明显属于本条例第57条所列内容的,应当立即停止传输,保存有关记录,并向国家有关机关报告。《互联网信息服务管理办法》第16条要求,互联网信息服务提供者发现其网站传输的信息明显属于本办法第15条所列内容之一的,应当立即停止传输,保存有关记录,并向国家有关机关报告。《互联网电子公告服务管理规定》第13条要求,电子公告服务提供者发现其电子公告服务系统中出现明显属于本办法第9条所列的信息内容之一的,应当立即删除,保存有关记录,并向国家有关机关报告。《互联网文化管理暂行规定》第18条规定,互联网文化单位应当建立自审制度,明确专门部门,配备专业人员负责互联网文化产品内容和活动的自查与管理,保障互联网文化产品内容和活动的合法性。

根据相关政策法规规定,互联网企业应组建审查团队,专门从事审查工作。《关于进一步加强网络剧、微电影等网络视听节目管理的通知》要求,互联网视听节目服务单位对网络剧、微电影等网络视听节目实行先审后播管理制度,在网络剧、微电影等网络视听节目播出前,应组织审核员对拟播出的网络剧、微电影等网络视听节目进行内容审核,审核通过后方可上网播出。同时要求强化网络剧、微电影等网络视听节目审核队伍建设,网络剧、微电影等网络视听节目审核员需经过节目内容审核业务培训,考核合格后方可从事节目内容审核工作,对网络剧、微电影等网络视听节目审核员开展培训和考核,由国家和省级广播影视行政部门负责指导中国网络视听节目服务协会和省级网络视听节目行业协会负责。

《网络文化经营单位内容自审管理办法》《网络音乐内容审核工作指引》《网络游戏内容审核工作指引》等规定,网络文化产品及服务的内容审核工作由取得《内容审核人员证书》的人员实施。

《互联网等信息网络传播视听节目管理办法（修订征求意见稿）》要求，网络广播电视内容服务单位应配备专业节目审查人员，否则将予以警告、责令改正，并可处3万元以下罚款。

互联网企业建立网络内容审查制度有利于从源头上杜绝网络不良信息在互联网上的传播。

（二）网络内容过滤技术

企业往往还通过技术管理构筑一条抵制不良信息入侵的防线。网络内容过滤软件是采用文本、视听、图片信息提取技术实现对信息内容的识别、评价、估测与过滤，实现防止不良内容在网络上发布、传播的目的。目前最常见且已投入使用的主要有关键词过滤技术与图片过滤技术。

关键词过滤技术就是通过设置关键词来过滤不良网站与不良信息，防止网络不良信息的发布与传播。如搜狐对包括微博、博客在内的网民互动式的互联网产品，文字帖一般采用1000多个敏感词进行过滤，如果其中含有敏感词的就直接删除。这些敏感词主要是涉枪、涉黄、涉暴的内容，搜狐微博24小时都有人做过滤监控，微博每天出现的七八万个帖子，过滤掉的大约有5000多个。在搜狐社区每天出现的20多万个帖子中，有四万多个会被过滤掉。国内有些地区的宽带运营商还提供“绿色上网”服务，为申请此项服务的用户提供内容过滤的功能，以保护青少年和儿童。这些“绿色上网”服务的原理同以上的内容过滤原理是一样的，不同之处在于每个用户的可定制化功能的差异。

图片过滤技术是利用图片识别技术检测网页中的图片是否包含色情内容，如果有则将色情图片过滤掉，并将该网页所属的网站标记为色情网站。如搜狐对网民在搜狐社区上传的图片采取软件自动过滤加人工审核的方法。搜狐使用的图片过滤器能通过肤色、纹理、动作、人脸等多个参数，对图片进行要素的提取。“人的肤色介于红黄之间，当肤色大于一张图片面积的40%，图片就基本认定为情色图片，进入人工审核程序。”有记者在搜狐公司看到，一位负责网络监控的员工正在进行图片的人工审核。网民上传的照片按照每行五张、每屏40行的标准显示在电脑屏幕上。当发现照片有露点、挑逗动作内容时，他就会在图片下面的方框内点一下，图片就不会上传到网上公开发表了。①

过滤软件借助于技术可以屏蔽掉一部分网络不良信息，然而，由于过滤软件还没有达到完善的程度，技术本身的机械性又使得过滤软件并不能屏蔽掉所有的不良信息，特别是涉及图片、视听等互联网信息，要按照内容安全标准来进行自动分析处理比较困难。

（三）网络不良信息举报平台

国内许多的著名网络运营商与网络内容提供商在各网站显著位置开设了不良网络信息举报入口或举报专区，方便网民举报监督。

目前，网络运营商已经建立起比较完备的举报网络，国内三大通信运营商移动、联通、电信已免费开通了不良信息举报平台。联通公司在原有10109696不良信息举报热线之外，启动了10010短信举报平台，用户可以将收到的不良信息通过发短信的方式举报给联通公司。中国移动针对手机色情网站隐蔽性强、发现难的特点，建立手机淫秽色情内容举报快捷通道，公布了手机网站不良信息的三种举报方式，公众可以通过电话、邮件、短信举报手机网站淫秽色情信息，用户可以通过拨打10086热线、发邮件至10086666@chinamobile.com、编辑短信"9＊网址信息"至10086999三种方式举报手机网站不良信息。辽宁移动还推出"信息管家"客户端，引导客户在手机终端主动拦截和举报垃圾短信，"信息管家"不仅具有短信防火墙、私密空间功能，还可以设置短信黑白名单。信息管家服务可根据发送号码特征及语义特征自动过滤垃圾信息，包括广告类、非法类、色情类等。② 中国电信用户可拨打热线10000电话举报，或通过10000999进行举报。

国内著名的网络内容提供商网易、搜狐、新浪、百度、腾讯，专注于提供新闻类信息的中华网、新华网、人民网、央广网等，首页都链接了中国互联网违法和不良信息举报中心网站，方便公众举报不良网络信息，也最大限度地

① 罗尚：《搜狐：每天屏蔽五千条微博》，2010年8月28日，见http://jcrbszb.chinajilin.com.cn/html/2010-08/28/content_2176461.html。

② 胡恬波：《三招让垃圾短信不再横行》，2009年12月4日，见http://sywb.10yan.com/html/20091204/120685.html。

减少各自平台上的不良信息。据报道，截至2015年5月底，腾讯受理举报101.5万件（微信40.3万件、QQ58.8万件、微博1.2万件、网站1.2万件），新浪受理公众举报36.11万件（新浪微博34.25万件），百度受理公众举报3872件，天涯受理公众举报189件，搜狐受理公众举报136件。根据公众举报，腾讯对利用微信、QQ进行诈骗、招嫖等违法活动的账号进行了集中清理；新浪及时关闭了一批传播淫秽色情类有害信息、政治类有害信息的微博账号。①

三、高校监管机制

作为网络内容监管的主体之一，高校主要是运用上网行为管理软件、加强内容审查及实行网络实名制来进行网络内容的监管。

（一）上网行为管理软件

高校对网络内容进行监管时除了运用防火墙、杀毒软件、防病毒网关等网络安全软件外，还会采用上网行为管理软件来加强校园网络内容监管。

据查，上海大学等数十所高校采用了由上海新网程信息技术有限公司自主研发的网络督察上网行为管理系统。网络督察网址库数量庞大，可对各类不良网站进行封堵、禁止访问，如对色情、反动、赌博、暴力等不良网站进行分类禁止，净化校园网络环境，实现绿色网络、和谐网络。网络督察可实现对网络交互内容的数据还原，如简单邮件传输协议（SMTP）、邮局协议版本3（POP3）、万维网电子邮件服务（WebMail）邮件信息，社交论坛等POST表单信息，微软网络服务（MSN）、腾讯QQ、雅虎通、我找你（ICQ）等即时通信信息，可对记录的内容进行审计和统计分析。网络督察可通过设定关键字对敏感信息的发送进行审计和报警，防止过激言论和不良信息的传播扩散，减少法律风险。通过对学生和教师的上网行为进行有效管理，实现网络内容的有效监管。上海某大学网络中心主任使用上网行为管理设备后就称赞道："网络督察可以让我们能真

① 李林：《全国互联网违法和不良信息举报受理量5月首次突破百万件》，2015年6月23日，见http://news.cyol.com/content/2015-06/23/content_11459774.html。

正过滤掉不适当的网站。”①

首都师范大学采用旁路镜像部署模式在核心交换机处部署了一台网康上网行为管理产品 NS-ICG。对邮局协议版本 3、简单邮件传输协议收发邮件进行完整内容审计,对 163、E-mail 等在线邮箱内容的全面审计;对邮件附件内容,包括修改文件名后的邮件附件、打包压缩后的附件内容进行精确识别;对 QQ、微软门户网站、飞信等主流即时聊天工具的聊天行为、内容进行完整记录;对各类社交论坛、新闻评论、贴吧的发帖内容进行监控审计,审计内容包括正文及附件;对搜索引擎的搜索行为进行记录,可区分网页搜索、图片搜索、视频搜索等搜索类型,并可过滤有害关键字;检测到敏感信息时,自动向管理员发送邮件报警;提供日志和报表功能,完整保留用户上网行为资料,可灵活简便地进行查询。首都师范大学通过部署网康上网行为管理 NS-ICG,实现了有效的信息审计,能够快速定位违规用户,并对其进行上网行为疏导,有效地监管了网络内容。②

武汉理工大学采用的是侠诺双核旗舰产品 SQF9150。应用的功能主要是流行路由、防火墙自定义策略、群组管理、智能 QOS 流量控制等功能。流行路由,主要是用于控制内网师生的上网行为;防火墙用来预防网络攻击等确保网络安全;群组管理和流量管理则是根据不同的上网群体,分配不同的带宽,或者保证一些重要人员的使用带宽。③

中央财经大学采用的是山石网科上网行为管理产品。通过 Hillstone 山石网科的上网行为管理功能分类统一资源定位符(URL 库),不仅解决了学生访问非法、不健康统一资源定位符的问题,而且上网行为管理功能还能对

---

① 上海新网程信息技术有限公司:《网络督察常见问题维护手册》,2010 年 10 月 26 日,见 http://wenku. baidu. com/link? url = Ax3qRULTCTLjne - 1BdKvIQ Ai-iGJqWHmsPRd7aPKjNwQICnddQQx9cISTsLUKRYTsCS7ViAhKO5TCjlZ WMapRQL 5EjWOasyddSMfxyY_sYUW。

② 《首都师范大学部署网康上网行为管理》,2010 年 11 月 30 日,见 http://tech.hexun.com/2010-11-30/125899304.html。

③ 李林:《突出青少年网络安全教育 培育“中国好网民”》,《中国青年报》2015 年 6 月 2 日。

所有用户访问网站的记录、论坛发帖、外发邮件内容等进行审计，以便在需要的时候可以查到问题的来源。①

（二）网络内容审查制度

通过查找与各高校校园网管理相关的通知、公告、管理办法等方式，可知高校大都建立校园网络内容审查制度来加强对校园网络内容的监管。下面仅列举几所高校。

清华大学发布的《清华大学校园计算机网络信息服务管理办法（试行）》第11条规定：凡在我校校园网内开辟的网络信息服务中包括电子公告栏、聊天室、匿名或变相匿名文件传输协议（FTP）上传和下载等交互式网络信息服务的，应当进行审批。不含上述交互式服务内容的，应进行备案。第19条规定：在审批、备案过程中，如果发现网络服务中存在反动、色情、泄露国家秘密、侵犯他人合法权利等违法内容，应当由网络中心中断其联网权限，并交学校有关部门依法处理。②

中国人民大学发布的《中国人民大学校园网管理条例》第10条规定：网络中心和各入网单位定期对相应的网络用户进行有关的信息安全和网络安全教育并对上网信息进行审查。凡涉及国家机密的信息严禁上网。③

北京师范大学发布的《校园网管理条例》第13条规定：校内网站信息发布建立审核制度。要求在学校主页上发布的信息需填写《北京师范大学上网信息发布审批表》，并经学校办公室审核批准。在各单位网站上发布信息，需经各单位网站主管领导审核批准。④

桂林理工大学发布的《校园网信息发布审核、登记制度》，对信息发布

① 张雅静：《中央财经大学选择山石网科上网行为管理产品》，2010年3月12日，见 http://sec.chinabyte.com/386/11169886.shtml。

② 清华大学网络信息管理委员会：《清华大学校园计算机网络信息服务管理办法（试行）》，2005年5月29日，见 http://www.docin.com/p-1332995236.html。

③ 中国人民大学网络与教育技术中心：《中国人民大学校园网管理条例》，2007年11月28日，见 http://wenku.baidu.com/view/916862433c1ec5da50e27072.html。

④ 北京师范大学信息网络中心：《校园网管理条例》，2004年12月12日，见 http://www.bnu.edu.cn/info/gzzd/23331.htm。

程序作了规定:其中有三条涉及内容的审计:各部门在部门网站上发布信息时,须经本部门信息工作负责人审核后上传;各部门要在学院主页发布新闻信息时,须经本部门信息工作负责人审核后发送给院长办公室、党委办公室,经院长办公室、党委办公室编辑后上传;各部门要在学院主页发布校务信息时,须经本部门信息工作负责人审核后先发送给院长办公室、党委办公室,经院长办公室、党委办公室编辑后上传。①

哈尔滨商业大学发布的《哈尔滨商业大学校园网信息发布管理办法》中对校园网信息审核作了规定:一是学校上网信息实行分级、分类审核制度。凡是在学校网站主页发布的信息都必须进行严格审核,做到先审后发,不审不发。在校园网主页发布的新闻、图片均须经党委宣传部审核后发布。在学校主页发布通知公告,须经党政办公室审核后发布。党委宣传部和党政办公室根据学校的统一宣传口径,有权对各单位、各部门上传的稿件进行修改、删减或增补等编辑工作。二是校属各单位信息发布实行部门负责人负责制,并明确一名部门领导具体负责本部门栏目信息管理工作,对拟发稿件进行初审后提交。三是由各单位、各部门承办的学校层面的重大活动和重要会议的报道,由牵头单位或部门撰写稿件报党委宣传部审定。②

(三)网络实名制

部分高校通过实行网络实名制来监管校园网络内容。实名制上网是指用户计算机只有经过身份认证才能登录校园网的一种上网方式。实名制上网要求每个用户都要预先拥有一个账号,上网之前使用自己的账号进行身份认证,认证通过后才能进行上网,同时记录上网的各种行为。

根据教育部、共青团中央《关于进一步加强高等学校校园网络管理工作的意见》等规定,高校校园网内要严格实行用户实名注册制。从下面几所高校校园网发布的关于实名制通知来看,以下几所高校已经实行实名制上网。

---

① 桂林理工大学网络信息中心:《网络规章制度汇编》,2011 年 6 月 7 日,见 http://nic.glut.edu.cn/nic/Show.asp? id=382。

② 哈尔滨商业大学网络与教育技术中心:《哈尔滨商业大学校园网信息发布管理办法》,2013 年 8 月 25 日,见 http://netc.hrbcu.edu.cn/ShowArticle.asp? ArticleID=5948。

河北工业大学下发的《关于在校机关启用校园网实名认证的通知》中提到，学校已完成了在全校部署因特网访问实名认证的技术准备，并将在全校范围内实现校园网实名认证。①

中国传媒大学下发的《关于在全校实行实名制上网的通知》中提到，从2011年3月29日起，就已在校内所有办公区、南北院家属区开始实施实名制上网。②

聊城大学在全校范围内实行了802.1X认证上网，通过输入各自的用户名和密码进行验证，信息均正确才能上网。虽然都使用802.1X认证上网，但是不同用户使用细节上又各有不同。对部分用户实行的是静态IP地址方式，802.1X认证绑定的元素为用户账号、用户IP地址、用户机器MAC地址、用户所在的交换机IP以及所在交换机上的具体端口；对另一部分用户使用DHCP动态获取IP地址方式，802.1X认证绑定的元素为用户账号、用户机器MAC地址、用户所在的交换机IP以及所在交换机上的具体端口等。采用802.1X认证计费系统后，对接入用户进行用户账号与IP、MAC、端口等多元素绑定，以唯一确定用户；网络中的非法用户由于无法通过认证，支持802.1X的交换机端口在物理上将此用户隔离在网络之外。③

当然，没有搜索到实名制上网公告信息的高校，不意味着该校就没有实行实名上网制。从很多高校必须要有账号和密码才能登录校园网站情形来看，我国高校采取实名制上网的学校比较普遍。

四、网民监管机制

网民作为网络内容监管的协助者，主要是通过举报、参加网络监督志愿者的方式来自觉抵制网络不良信息。

---

① 河北工业大学网络中心：《关于在校机关启用校园网实名认证的通知》，2014年6月20日，见http://cnc.hebut.edu.cn/tzgg/20897.html。

② 中国传媒大学计算机与网络中心：《关于在全校实行实名制上网的通知》，2011年3月23日，见http://nic.cuc.edu.cn/article/256/。

③ 荆雪蕾等：《网络实名制在高校网络管理中的应用》，《中国教育网络》2010年第7期。

（一）举报网络不良信息

网民通过电话、网站、手机短信、电子邮件、微信、微博等多种途径举报不良网络信息。

调查显示，大部分网民对参与网络内容监督的渠道有所了解。在针对"据您所知，公众参与网络内容监督的渠道有哪些?"的调查中，54.1%的被访问者知道可以通过电话举报；41.4%的被访问者知道可以通过手机短信举报；45.8%的被访问者知道可以通过微博举报；57.5%的被访问者知道可以通过网站举报；只有11.2%的被访问者对于这几种方式都不知道（见图17）。

据北京市互联网违法和不良信息举报中心统计，2014年8月1日至8月31日，通过网上举报平台、举报邮箱和举报电话共接到各类公众举报信息3186件次，各类举报数量比例如下：淫秽色情信息56.97%，情色及低俗信息25.3%，诈骗信息3.11%，侵权信息2.79%，攻击党和政府信息1.35%，危害国家安全和社会稳定信息1.32%，赌博信息0.91%，贩卖假证信息0.35%，宣扬暴力信息0.25%，宣扬邪教及封建迷信信息0.19%，非法药品及医疗广告信息0.16%，其他违法和不良信息7.28%。① 国家互联网信息办公室从2014年6月20日启动"铲除网上暴恐音视频专项行动"，到2014年6月30日，网民10天举报不良信息1538件次。② 2015年5月，12321举报中心接到网民举报淫秽色情网站20114件次，平均每天受理相关举报约700件次。③

可见，网民举报网络不良信息是网民参与网络内容监管的主要方式，鼓励网民举报网络不良信息是加强网络内容监管的重要途径。

（二）网络监督志愿者

中国互联网违法和不良信息举报中心面向全国招募互联网违法信息义

---

① 北京市互联网违法与不良信息举报中心：《举报信息受理情况汇总（2014年第8期）》，见 http://www.bjjubao.org/2014-09/12/content_12589.html。

② 宇凡：《网民10天积极举报不良信息，10天多达1538件次》，2014年7月1日，见 http://finance.stockstar.com/FB2014070100002146.shtml。

③ 刘雪玉：《12321举报中心日受理色情网站举报700件次》，2015年5月31日，见 http://news.cnr.cn/native/gd/20150531/t20150531_518695787.shtml。

务监督员。“日前,首都互联网协会再次大规模招募网络志愿者,专门举报网上不良信息。目前,这支特殊的‘兼职队伍’已达 3000 人。”①

北京市互联网违法和不良信息举报中心的网络监督志愿者队伍组建于 2006 年,是全国第一支网络监督志愿者队伍,目前已发展至 3466 人,成为打击互联网违法和不良信息工作中的一支重要力量。2013 年全年,举报中心先后组织网络监督志愿者开展七次专项行动,有效打击了网上违法和不良信息的嚣张态势。2013 年 5 月,国家互联网信息办公室在全国范围内集中部署开展打击利用互联网造谣和故意传播谣言行为专项行动。两个月的时间里,网络监督志愿者就清理网络谣言信息 5000 余条。在受理的网络监督志愿者举报的近 4 万条信息中,淫秽色情及低俗信息高达三万多条,占比超过 80%;此外,攻击党和政府、制造和传播谣言、散布危害社会稳定言论和恐怖图片等破坏社会公共安全信息 2043 条;贩卖违禁物品、枪支、毒品、假证、考试答案等违法信息 1218 条;泄露个人隐私、谩骂等侵害公民个人权益信息 2147 条。据统计,2013 年,北京市互联网违法和不良信息举报中心共受理和处置社会公众举报有效信息 4.2 万余条,其中来自网络监督志愿者的举报信息高达 3.9 万余条,占比超过 90%。②

网络监督志愿者作为网络内容监管者,其职责主要在于发现、举报互联网各类违法和不良信息,并通过“违法和不良信息举报平台”进行举报。

第五节　网络内容监管现状评价

一、网络内容监管取得的成效

(一) 法规不断完善,网络内容监督有法可依

十八届三中全会通过的《中共中央关于全面深化改革若干重大问题的

① 叶洁汝:《北京大规模招募网络监督志愿者　揭秘网络“鉴黄师”》,《北京青年报》2014 年 6 月 8 日。

② 李泽伟:《网络鉴黄志愿者:干露露擅长打擦边球没办法》,2014 年 6 月 9 日,见 http://news.china.com.cn/shehui/2014-06/08/content_32602895.html。

决定》中明确提出,要加大依法管理网络力度。目前,我国颁布了一系列网络内容监管方面的法律,同时以政府相关政策为补充,明确了网络内容监管的相关主体及其职能,明确了不得在互联网上制作、传播的各类不良信息,规定了制作、传播不良信息行为的惩处,为依法监管网络内容提供了法律依据。

(二)打击了不良信息在互联网上的制作、发布与传播等行为,提升了网络内容品质

政府通过开展各项专项行动,取缔和关闭了一些不良网站,删除了大量的网络不良信息,控制了网络不良信息在互联网上的传播。国务院新闻办互联网新闻研究中心主任、网络局副局长刘正荣在新华网"新世纪的网络媒体"访谈中谈道:经过专项行动,境内网上的淫秽色情和低俗信息已经明显减少,通过手机媒体等传播淫秽色情信息的势头得到遏制,相关管理制度也得到进一步完善。①

企业通过建立网络内容审查制度、运用技术手段对网络内容过滤等方式,在源头上起到了控制网络不良信息的作用。如据北京网络媒体协会负责人介绍,百度网发动对百度空间历史图片进行了大面积清理,共清理历史图片三十万张;搜狐网暂时关闭了手机网的相册和搜索功能;西陆网永久性关闭了"七情六欲之言情"论坛。② 据中国联通统计,通过主动监测和群众举报收集到的涉黄线索,已从2009年12月初的每日100余条,下降到目前2012年1月每日不到十条。这些数据显示,在社会各界的联手整治下,网络黄毒得到初步遏制。③

在对"企业在加强网络内容建设和管理方面取得的主要成效是什么?"的调查中,大多数的被访问者对网络内容监管所取得的成效持肯定的态度,67.10%的被访问者认为网络内容品位有所提高;56.60%的被访问者认为

① 刘正荣:《境内网上色情和低俗信息已明显减少》,2010年4月14日,见http://news.xinhuanet.com/internet/2010-04/14/content_13352919.htm。

② 王雪飞等:《低俗信息人人喊打》。

③ 王政:《专访联通董事长常小兵:网络"毒瘤"要坚决清除》,2010年1月6日,见http://net.china.com.cn/ywdt/zjgd/txt/2010-01/08/content_3334916.html。

网络内容的可信度不断提高(见图88)。

高校作为教学和科研机构,通过加强校园网络内容的监管来控制不良信息在互联网上的传播。在对高校“您认为当前学校网络内容建设和管理取得的主要成效是什么?”的调查显示(表6-10),高校对于网络内容监管的成效总体来说持比较乐观的态度。

表6-10　不同身份对当前学校网络内容建设和管理取得的成效看法情况(%)

	学生	教师	管理人员	职工
校园网已成为唱响主旋律,积聚正能量的思想文化阵地	33.4	38.2	35.7	34.6
领导对校园网内容建设重视,规章制度完善	35.7	47.1	42.9	53.8
有一支“思想硬、纪律严、业务精、作风正”的网络内容建设队伍	37.1	47.8	44.3	50.0
网络内容贴近师生实际,融思想性、知识性、科学性、趣味性、实用性于一体	43.1	36.0	35.7	26.9
网络监管适度,秩序井然	27.7	26.7	20.0	42.3
没有取得明显的成效	14.9	8.1	7.1	7.7

从身份来看,学生、教师、管理人员、职工认为学校网络内容管理没有取得明显成效的比例分别是14.9%、8.1%、7.1%、7.7%,大部分是持肯定的观点。

网民对于网络内容监管的成效也持乐观的态度。2009年2月16日在北京举行的“整治互联网低俗之风网民代表座谈会”上,网民代表充分肯定了整治互联网低俗之风专项行动取得的成效。有网民认为:网络环境得到了初步净化,短、露、透、裸等艳丽美女图明显减少;那些打情色擦边球、吸引眼球的内容少多了。①

总的来说,我国采取自上而下与自下而上相结合的方式来加强网络内容监管,在网络内容监管方面取得了一定的成效。

① 赵亚辉、赵永新:《网民代表就整治互联网低俗之风建言献策》,2009年2月23日,见 http://media.people.com.cn/GB/8848944.html。

二、网络内容监管存在的问题

我国网络内容监管虽然取得了一定的成效，但也存在一些问题。主要体现在以下三个方面。

（一）多头监管、缺乏合力

在对政府“您认为政府部门在对网络内容进行引导和监管方面存在哪些问题?”的调查问卷中，六成以上的被访问者认为存在相关政府部门多头管理、职能交叉、权责不一、效率不高的问题（见图57）。

习近平在关于《中共中央关于全面深化改革若干重大问题的决定》的说明中明确表示，“面对互联网技术和应用飞速发展，现行管理体制存在明显弊端，多头管理、职能交叉、权责不一、效率不高。”我国虽然颁布了一系列网络内容监管方面的政策法规，确定了多个机构作为网络内容监管的主体，并采取了多种措施监管网络内容，但没有从根本上遏制不良内容在互联网的制作、传播等。我国的整个监管体系十分冗杂，缺乏协调。① 鉴于此，2014年2月27日，我国成立了中央网络安全和信息化领导小组，统筹协调各领域的网络安全和信息化发展战略，推动国家网络安全与信息化法治建设。

（二）手机网络内容监管薄弱

《第37次中国互联网络发展状况统计报告》显示（见图6-1），中国手机网民呈现上升趋势，手机网民上网的频率也在逐渐提高。

手机上网的便利性，青少年的好奇性，手机网络不良信息传播的隐蔽性，加之青少年拥有手机的比率越来越高，致使青少年极易成为手机不良信息的浏览者。中国互联网络信息中心和中国少先队事业发展中心2014年分别发布的未成年人上网调查报告显示：除电脑外，手机已经成为我国未成年人上网的重要渠道；我国学生个人专属手机拥有率达72.8%，80%的人有使用手机上网的经历。② 中国青少年犯罪研究会2010年公布的一项调查

① 转引自李小宇：《中国互联网内容监管机制研究》，武汉大学博士学位论文，2014年，第40页。

② 梁文悦等：《未成人手机上网谁来规范监管?》，2013年3月27日，见http://education.news.cn/2013-03/27/c_124508637.htm。

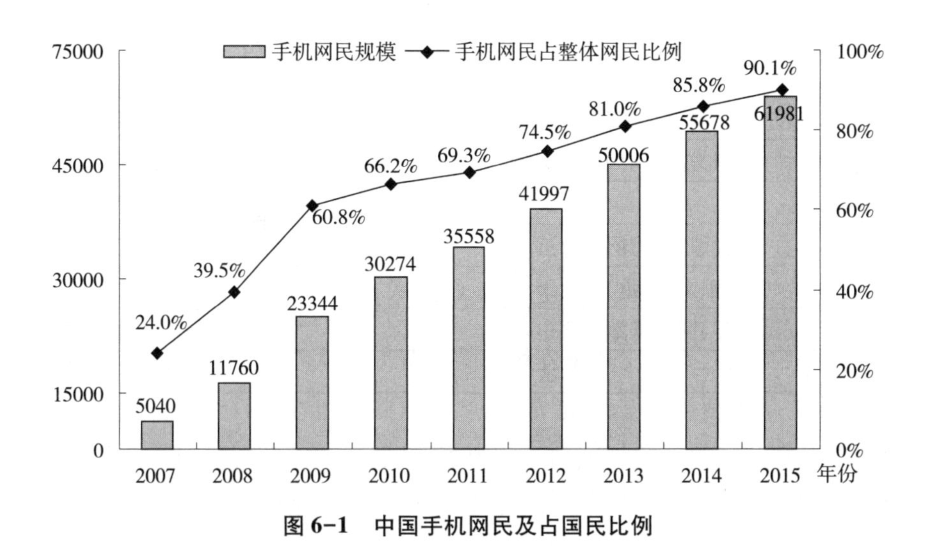

图 6-1　中国手机网民及占国民比例

显示,80%未成年人犯罪与接触网络不良信息有关。①

与此同时,很多互联网上的淫秽色情内容转移到手机上来,造成手机网络淫秽色情内容日益蔓延。中央电视台等媒体也曾以大量色情网站出没手机网络进行过报道,全国"扫黄打非"办公室也下发过《关于严厉打击手机网站制作、传播淫秽色情信息活动的紧急通知》。

手机网络不良信息泛滥实际上显示出我国对手机网络内容的监管还比较薄弱,或存在诸多漏洞,还急需加强对手机网络内容的监管。

(三) 部分互联网企业为追求经济利益而疏于监管

根据有关部门调研数据显示,网络色情行业一般的利润率可以达到20%左右,如果网站还提供例如恋童、色情直播等带有刺激性标签的内容,其利润率甚至可以达到 80%以上。② 有记者调查发现,淫秽色情手机网站推广"电车惊魂"等由中国移动代收费的一些应用软件,只要手机用户注册

① 李洪、韩妹:《未成年人手机上网增多,移动互联网内容监管缺位》,2011 年 3 月 24 日,见 http://zqb.cyol.com/html/2011-0324/nw.D110000zgqnb_20110324_1-07.html。

② 宋强:《中国互联网低谷内容监管研究》,北京邮电大学博士学位论文,2011 年,第 6 页。

使用这种应用软件,就会被中国移动扣去十元左右的话费,淫秽色情手机网站就可以从中分得2.3元的广告费用。① 工业和信息化部网站发布的2014年第三季度电信服务情况通告显示,三季度,工业和信息化部组织对40家手机应用商店的五万多款手机应用软件进行技术检测,发现不良软件67款。②

手机上网涉及手机生产商、网络运营商、内容提供商等多个主体。谁最该为手机网络内容负责?有人认为,“目前中国手机网络的运营权掌握在运营商手中,他们就好比高速公路上的收费口。从利益与责任的对等关系来看,作为最大利益获得者,运营商远远没有履行自己的社会责任,是运营商纵容了那些能给他们带来利益的内容商、服务商。”③互联网企业为了追求经济利益而为不良信息大开方便之门,这是手机网络不良信息没有得到有效监管的重要原因。

三、西方网络内容监管的措施

西方国家多从法律惩处、技术性过滤、行业自律、手机实名制、学校引导等层面着手加强网络内容监管。

(一)法律惩处

在美国,成人通过手机或互联网观看色情娱乐产品并不违法。为了保护青少年免受暴力、色情等不良信息侵害,美国通过了多部法律,对成人网站进行限制。1996年2月1日,美国国会通过了《通信内容端正法》。该法律规定,在未满18岁的未成年人接触的网络交互服务和电子装置上,制作、教唆、传播或容许传播任何具有猥亵、低俗内容的言论、询问、建议、计划、影像等,均被视为犯罪,违者将被处以2.5万美元以下的罚金或两年以下有期

① 李强:《色情网站被举报半年内仍未关闭 运营商被指不作为》,2011年1月2日,见http://news.qq.com/a/20110102/000488_1.htm。

② 刘育英:《工信部抽检5万款手机APP 发现67款不良软件》,2014年11月5日,见http://www.chinanews.com/it/2014/11-05/6755708.shtml。

③ 王彦恩:《监管不力?利益熏心?手机网络涉黄谁之过》,2009年12月7日,见http://zdc.zol.com.cn/157/1577935.html。

徒刑或二者并罚。1998 年 10 月,美国国会通过了《儿童在线保护法》。该法律规定,商业性的成人网站不得让未成年人浏览“缺乏严肃文学、艺术、政治、科学价值的裸体与性行为影像及文字”等有害内容,而成人网站经营者必须通过信用卡付款及成人账号密码等方式,对未成年人进行必要的限制,以防止其浏览成人网站。违反者将被处以 5 万美元以下的罚金,六个月以下有期徒刑,或二者并罚。2000 年,美国国会又通过了《儿童互联网保护法》,要求全国的公共图书馆为联网计算机安装色情过滤系统,否则图书馆将无法获得政府提供的技术补助资金。由此可以看出,美国相关法律的根本出发点,是把网站提供给青少年和成年人的内容加以分开,严禁青少年接触只有成年人才能接触的内容。① 法国政府将加强对未成年人的“防毒”保护作为网络管理的重点。1998 年 6 月,法国对《未成年人保护法》中有关制作、销售、传播淫秽物品的惩罚措施进行了修改。根据修改后的法律,向未成年人传播淫秽物品者将被判处最高 5 年监禁和 7.5 万欧元罚款,如果是利用网络传播,那么就会“罪加一等”,将被处以 7 年监禁和 10 万欧元罚款。② 有关公共传播的《意大利宪法》第 21 条以及有关通信自由的《意大利宪法》第 15 条都涉及对网络的管理和监督。俄罗斯把网络不良信息分为刑事犯罪信息和非刑事犯罪不良信息。对于前者,由官方机构负责查办,俄罗斯国家反恐委员会就是负责机构之一。对于后者,则由非政府组织负责监督,这些组织可依法针对传播非刑事犯罪不良信息的网站向司法机关提起诉讼。对于利用欺骗性电子邮件和伪造网站来进行网络诈骗等活动,“RU”域名协调中心会根据用户举报进行调查,发现属实则将有关网站从域名登记中除名,将其列为非法网站。如果某网站传播未成年人色情信息或其他犯罪信息,“RU”域名协调中心会着手关闭该网站,并将案情交由司法机关处理。③

---

① 任海军:《综述:美国手机“扫黄”不轻松》,2009 年 12 月 28 日,见 http://news.xinhuanet.com/politics/2009-12/28/content_12717359.html。

② 苏玲等:《法国美国严厉刑法打击网络色情传播》,2010 年 1 月 8 日,见 http://china.cnr/yaowen/20100108_505864588.html。

③ 聂云鹏:《互联网用户应自觉抵制网络不良信息》,2010 年 1 月 6 日,见 http://news.xinhuanet.com/world/2010-01/06/content_12764987.html。

（二）行业自律

为避免青少年受到色情暴力等不良信息毒害，英国手机网络运营商联合通过了行业自律条例并建立了独立的监管机构，其结果卓有成效。早在2004年，英国市场上主要的手机网络运营商，包括沃达丰和维珍移动等，就联合发布了一份关于手机上网内容的行业自律条例。2009年6月，他们又对其进行修订和更新，发布了最新版的《英国关于手机新形式内容的自律执业条例》（以下简称《条例》）。《条例》规定，手机运营商必须对他们所能影响的手机网站的商业内容进行分级标注，这种分级与电影杂志等领域的分级规定相一致，即标明哪些内容涉及色情或暴力，不适合年龄在18岁以下的青少年观看。对于有些手机网站，手机运营商只能提供上网渠道而不能影响其内容，那么他们必须根据分级规则，采用技术手段屏蔽那些不适合青少年观看的内容。为了确保这种分级屏蔽能够实施，《条例》规定，可以采取"年龄确认"方式控制手机用户可访问内容的范围。手机用户只有在购买手机卡时出示年龄证明，或者通过其他方式证明自己超过18岁，才能获取那些受限内容的访问权。《条例》还规定，手机运营商应该向孩子父母提供有关手机上网等方面的技术辅导，以便使上述青少年保护系统能够更好运作。此外，英国各大手机运营商还联合成立了一个"移动分级独立机构"，专门负责对手机上网涉及内容进行详细分级界定，并接受消费者投诉。如果有家长认为孩子通过手机接触到本应该被屏蔽的信息，便可以告知该机构，展开进一步调查。英国的这种网络监管机制颇具成效，目前不论是一般网站还是手机网站，都对青少年较为"清洁"。①

（三）技术过滤

许多瑞典父母在家用电脑中安装过滤软件来约束孩子的上网行为。据报道，有大约64%的瑞典父母选择自行清洁网络路径，为家用电脑安装过滤软件后，能阻止孩子接触相当一部分色情网页。瑞典网络公司也积极开展自律行动。欧洲儿童网络监管中心每日都会提供更新的色情网站网址名

① 黄堃：《英国依靠行业自律控制手机不良信息》，2009年12月28日，见http://news.xinhuanet.com/world/2009-12/28/content_12716275.html。

单,当日更新的数据也会传送到客户电脑终端,只要打开名单上有的色情网站,电脑屏幕上就会出现警示信息并关闭网页。① 瑞士的“停止网上儿童色情”组织网站上还免费提供色情网站过滤软件和一些举报网址等。家庭电脑安装过滤软件和控制小孩上网时间的密码通道,以防无意点击而出现的色情网页。② 法国的“电子—儿童”协会与“无辜行动”协会,向学校和家长免费提供家用网络管理软件,指导学校和家长对学生进行保护。这些软件分别针对不同年龄层的未成年人,可滤除90%以上包含色情、暴力、毒品和种族歧视等不良信息的网站及一些游戏网站,并可控制孩子的上网时间。③

(四) 手机实名制

德国电信移动公司规定,用户购买手机时,运营商必须严格履行检验用户身份证的手续。这些手续包括用户身份证、户口簿住址、银行账户等,并输入到电信运营商的数据库备案。在用户合同中,还明令禁止传播色情信息等垃圾信息,警告违法者将受到惩罚。针对未成年人客户,德国所有电信运营商都要给他们的用户卡设置防色情软件,以防范犯罪分子骚扰。韩国采取了一户一网、机号一体的手机号码入网登记制。韩国人买手机时必须出示身份证,然后由售货员将顾客的身份证号码、住址等信息输入电信运营商的中心数据库,从而在手机源头上有效地控制了不良信息的散布。

四、中西网络内容监管方面存在的差异

在监管内容上各国存在很多共识,如淫秽、色情、恐怖宣传等内容成为各国监管的重点,但在网络内容监管措施等方面我国与西方国家存在差异。

(一) 行业自律性方面的差异

针对网民“与西方国家相比,我国网络内容监管方面存在的差距有哪

---

① 和苗:《瑞典官民合力遏制青少年有关的网络色情传播》,2010年1月6日,见http://news.xinhuanet.com/world/2010-01/06/content_12765006.html。

② 宋斌:《瑞士坚决打击“黄毒”信息》,2010年1月10日,见http://www.gmw.cn/01gmrb2010-01/content_1035216.html。

③ 苏玲等:《法国美国严厉刑法打击网络色情传播》,2010年1月8日,见http://china.cnr.cn/yaowen/201001/t20100108_505864588.html。

些?”的调查中,五成多的被访问者认为我国行业自律性不强,在所有选项中排在首位(见图29)。

相对而言,西方国家互联网企业自律性较强,在源头上保障了网络内容的清洁性。如英国政府颁布了行业自律规范——《3R安全规则》,建立实行行业自律的监管机构——互联网监视基金会(IWF)。据调查发现,英国“在控制和监管网络非法信息方面,行业自律比国家立法更有效”①。

(二)未成年人手机网络监管在操作层面和技术层面的差异

国外有些国家在操作层面限制手机运营商向未成年人出售手机,在技术层面对网站内容进行分级或屏蔽。人大代表丁丹讲述了她儿子在美国购买和使用手机时的经历,“我儿子在美国,在他差2天才满18周岁时他到商店买手机。在准备付款时,售货员要看他的护照,然后被告知要等他满了18岁才有资格购买手机。”“当时儿子上网,点击一个不明的网址,却跳出一个弹窗,内容大意是点击内容不适宜未成年人浏览,将限制网络24小时。”《英国关于手机新形式内容的自律执业条例》规定,手机运营商必须对他们所能影响的手机网站的商业内容进行分级标注,这种分级与电影杂志等领域的分级规定相一致,即标明哪些内容涉及色情或暴力,不适合年龄在18岁以下的青少年观看。英国手机运营商还联合成立了“移动分级独立机构”,专门负责对手机上网涉及内容进行详细分级界定。日本2009年4月,开始实施的《营造青少年可以安全安心利用网络环境的法律》规定,为青少年办理手机入网业务时,监护人必须向运营商表明用户的未成年身份,以便运营商义务开通手机上网信息过滤服务。除此之外,日本还成立了名为“手机网站审查使用监视机构”,该机构通过审查手机网站登载的广告标准及对不良信息的发现、删除等管理体制,认定对青少年安全的网站。

我国对家长给未成年人购买手机没有限制,手机运营商出售手机时也不需要消费者提供身份证,因此我国未成年人使用智能手机的现象比较普遍。加之我国没有建立内容分级标准,没有对网络内容进行分级,对打擦边

① 骆兰兰:《英国网络管理:行业自律唱主角》,《检察日报》2004年11月20日,第4版。

球的不良信息难以进行监管。如有网络鉴黄志愿者对于干露露打擦边球没有赤裸裸露点的行为表示没有办法监管。①

我国采取了应对措施加强网络内容的监管，取得了一定的成效，但网络内容的海量性、开放性等特点，使得不良信息以隐蔽的方式充斥着各网站而增加了监管的难度。因此，借鉴西方国家有益的经验，加强网络内容监管机制建设，是我国进行网络内容建设的可行性选择。

① 白涣：《网络鉴黄志愿者：干露露擅长打擦边球没办法　她未赤裸裸露点》，见 http://www.qianzhan.com/news/detail/365/140609-40bc9c41_2.html。

第七章　网络内容安全建设

网络和信息技术的迅猛发展极大地改变和影响着人类社会的生产、生存和生活方式，在促进技术创新、经济发展、文化繁荣、社会进步的同时，网络安全问题也日益凸显。网络安全不仅已经渗透到国家的政治、经济、文化、军事安全之中，成为国家安全的重要组成部分，而且严重地影响了人们的学习、工作、生活，成为人们普遍担忧的重大问题。网络内容安全是网络安全的重中之重，是加强和改进网络内容建设不可或缺的重要组成部分。因此，通过调研，全面准确地把握我国网络内容安全建设的现状，总结经验、揭示问题、分析原因、探索对策，以实现网络内容的完整性、保密性、可用性、可控性，不断提升网络安全防范意识和能力，是将我国建设成为"网络强国"的重要保障。

第一节　网络内容安全建设主体责任

经济合作与发展组织（OECD）成员国通过的《信息系统和网络安全指南》规定，"所有参与者都对系统和网络安全负责。参与者依靠相互连接的当地及全球的信息系统和网络，因此应该知道他们应负的责任。"①因此，加强网络内容安全建设，确保互联网安全、稳定、可靠、有序运行和发展，是政

① 马民虎：《互联网信息安全管理教程》，中国人民公安大学出版社2007年版。

府、企业、高校和网民义不容辞的责任。政府依法管网，企业依法办网，高校依法用网，网民依法上网，共同承担网络内容安全建设的主体责任和法定义务。

一、政府在网络内容安全建设中的责任

从目前世界各国对网络内容安全的管理来看，大致可划分为三种基本模式：政府主导、行业主导、政府指导下的行业自律。政府主导型强调政府通过法律、经济、技术和行政等手段加强对网络内容安全的监管，以维护国家安全、社会稳定和主流价值观，严厉打击暴力恐怖、淫秽色情、诈骗谣言等网络违法犯罪行为，并鼓励行业自律组织制定自律公约，辅助政府进行管理。我国的网络内容安全建设属于政府主导模式。国务院新闻办 2010 年 6 月 8 日发表的《中国互联网状况》白皮书指出，"政府在互联网管理中发挥主导作用。政府有关部门根据法定职责，依法维护公民权益、公共利益和国家安全。"①

那么，政府在加强和改进网络内容建设中应当履行什么职责，扮演什么角色呢？就这个问题我们做了调查（见图 51）。在我们提供的六个主要选项中，大部分受访者表示政府的角色不可或缺。其中，60%左右的受访者认为是"舆论宣传的引导者""网络内容的监管者"，接近一半的受访者选择了"基础设施的保障者""网络内容的把关者"，另外，38.5%的受访者选择"产业政策的制定者"，24.8%的受访者选择"人才队伍的建设者"。结果说明，政府在网络内容安全建设中，必须从政策、环境、舆论、资金、技术、队伍等各方面加以引导、支持和监管。

（一）明确部门职责，完善组织领导体制

1. 明确部门职责

在网络内容安全建设方面，不少国家用法律规定政府管理部门在网络内容安全建设中的职责。以日本为例，通过《色情网站管制法》《反垃圾邮

---

① 中华人民共和国国务院新闻办公室：《中国互联网状况》，人民出版社 2010 年版。

件法》,明确了总务省、警察厅等管理部门的具体职责。我国网络内容安全建设涉及的政府部门相对较多,很多文件也作出了相应规定。2014 年 8 月,国务院发布通知,授权重新组建的国家互联网信息办公室负责全国互联网信息内容管理工作,并负责监督管理执法。2015 年 7 月公布的《网络安全法(草案)》规定,工业和信息化部、公安部等部门按照各自职责负责网络安全保护和监督管理相关工作。

具体来说,国家互联网信息办公室主要职责包括:落实互联网信息传播方针政策和推动互联网信息传播法制建设;指导、协调、督促有关部门加强互联网信息内容管理,负责网络新闻业务及其他相关业务的审批和日常监管;指导有关部门做好网络游戏、网络视听、网络出版等网络文化领域业务布局规划;协调有关部门做好网络文化阵地建设的规划和实施工作;负责重点新闻网站的规划建设;组织、协调网上宣传工作;依法查处违法违规网站;指导有关部门督促电信运营企业、接入服务企业、域名注册管理和服务机构等做好域名注册、互联网地址(IP 地址)分配、网站登记备案、接入等互联网基础管理工作;在职责范围内指导各地互联网有关部门开展工作。①

根据《中央编办关于工业和信息化部有关职责和机构调整的通知》(中央编办发〔2015〕17 号)精神,工业和信息化部负责网络强国建设相关工作,推动实施宽带发展;负责互联网行业管理(含移动互联网);协调电信网、互联网、专用通信网的建设,促进网络资源共建共享;指导电信和互联网相关行业自律和相关行业组织发展;负责电信网、互联网网络与信息安全技术平台的建设和使用管理;负责信息通信领域网络与信息安全保障体系建设;加强电信网、互联网及工业控制系统网络安全审查;拟订电信网、互联网数据安全管理政策、规范、标准并组织实施;负责网络安全防护、应急管理和处置等。②

① 王晨:《国家互联网信息办公室的主要职责》,2012 年 1 月 20 日,见 http://www.scio.gov.cn/zhzc/9/6/Document/1086658/1086658.html。

② 中央编办:《中央编办关于工业和信息化部有关职责和机构调整的通知》,2015 年 4 月 20 日,见 http://www.miit.gov.cn/n11293472/n11459606/n11459642/11459720.html。

公安部主要是网络安全保卫局负责制定信息安全政策，实施互联网安全管理和网上监控，查处、打击网络违法犯罪活动，监督、检查、指导计算机信息系统安全等级保护工作和信息安全专用产品监管工作等。

此外，教育部、国家安全部、国家新闻出版广电总局、国家保密局等机构部门依据相关法律，在各自职权范围内对涉及网络内容安全的事项进行许可和审查。

2. 完善管理体制

如上文所述，网络内容安全建设牵涉面广，由于职能部门的业务和职责范围不同，如果各自为政、各管一隅，就必然会导致“九龙治水”现象。习近平同志在关于《中共中央关于全面深化改革若干重大问题的决定》的说明中指出：“从实践看，面对互联网技术和应用飞速发展，现行管理体制存在明显弊端，主要是多头管理、职能交叉、权责不一、效率不高。同时，随着互联网媒体属性越来越强，网上媒体管理和产业管理远远跟不上形势发展变化。”①

政府部门在对网络内容进行引导和监管方面存在哪些问题？对于这个问题，我们的调查显示：65.1%的受访者指出存在“多头管理、职能交叉、权责不一、效率不高”的弊端（见图57）。各个部门之间由于监管边界不清、缺乏联动机制，容易造成行政资源的极大浪费和管理空白，重复建设严重，综合效能低下。这也说明，互联网内容安全建设和治理模式，不能完全照搬政府对现实社会和传统媒体的管理经验，必须厘清责任、落实职权、整合机构，完善体制。

互联网和网络内容安全的特性，决定了其管理势必横跨多个产业、部门和机构。由于历史原因，我国当前仍是传统的按部门职能划分的条块式管理模式。据不完全统计，目前我国政府参与互联网管理的国家一级部门已达到16个之多。与中央层面相比，地方层面的管理问题也很突出。一般省级的网络安全和信息化也有十多个不同类型的部门在分头管理。对此，国家互联网信息办公室副主任王秀军表示，“根据形势的发展变化，需要进一

---

① 詹新惠：《2014年互联网的发展与创新》，《青年记者》2014年第36期。

步提升层级、增强权威，以加强集中统一领导，在重大问题、复杂问题、难点问题上拍板决策、指导督促。”①因此，在网络内容安全建设方面，必须整合相关机构职能，明确权责分工和监管边界，落实好分级管理、属地管理责任，形成从技术到内容、从日常安全到打击犯罪的“纵深化”的网络内容安全监管合力，以及党委统一领导、政府加强管理、企业依法运营、全社会共同参与的“互联式”监管机制。2014 年年初，中央网络安全和信息化领导小组成立，习近平同志任组长，彰显出中央在完善互联网领导体制、保障网络内容安全方面的决心。随后，江西、北京、陕西等十余个省市的网信领导小组成立，并逐步向地市级扩张，一个从中央到地方的网络内容安全监管和信息化建设的体系正在形成。②

（二）健全法律法规体系

政府部门落实主体责任的一个重要方面，就是加强顶层设计，加强法律法规制度建设，严格执法，推动网络法治建设，构建良好的网络内容安全生态环境。

据统计，世界上有 90 多个国家制定了专门的法律保护网络内容安全。有的国家通过专门的国内立法进行管制，有的国家则积极开展公私合作推动互联网业界的行业自律，有的国家则关注关键基础设施的安全、网络信息安全和打击网络犯罪等。长期以来，我国政府部门高度重视网络内容安全建设，作出了一系列重要决策。2000 年，十五届五中全会将“强化信息网络的安全保障体系”作为信息基础设施建设的一部分；2003 年，《国家信息化领导小组关于加强信息安全保障工作的意见》发布，对网络信息安全保障工作进行了全面部署，并提出“推进信息安全产业发展”；2004 年，十六届四中全会把网络信息安全与政治安全、经济安全和文化安全提到同等重要的高度；2006 年，《2006—2020 年国家信息化发展战略》发布，将建设国家信息安全保障体系作为战略重点，并明确“促进我国信息安全技术和产业自

① 张垚：《网络安全是重大战略问题》，《人民日报》2014 年 5 月 18 日。

② 申亚欣：《5 个词读懂习近平的网络安全新主张》，2015 年 8 月 6 日，见 http://politics.people.com.cn/n/2015/0806/c1001-27419302.html。

主发展”;2011 年,《进一步鼓励软件产业和集成电路产业发展的若干政策》明确提出“完善网络环境下消费者隐私及企业秘密保护制度,逐步在各级政府机关和事业单位推广符合安全要求的产品”;2012 年,《国务院关于大力推进信息化发展和切实保障信息安全的若干意见》将信息安全提到与信息化发展同等重要的地位;2013 年,十八届三中全会提出设立国家安全委员会,完善国家安全体制和国家安全战略,确保国家安全。

截至目前,国家已经出台多项法律法规,涉及保密管理、电子商务、网络内容安全、网络犯罪制裁等多个领域,如《全国人民代表大会常务委员会关于维护互联网安全的决定》《全国人民代表大会常务委员会关于加强网络信息保护的决定》《中华人民共和国电子签名法》《中华人民共和国计算机信息系统安全保护条例》《商用密码管理条例》《国家安全法》《互联网信息服务管理办法》《通信网络安全防护管理办法》《中华人民共和国保守国家秘密法》《电子认证服务密码管理办法》等,此外,我国第一部网络安全大法《网络安全法》,它将网络安全领域的法规和行政命令以法律形式固定下来。可以说,我国的网络内容安全法律法规体系已初步形成。

(三) 强化网络内容安全治理

网络社会的数字化、匿名性、开放性与互动性,向网络安全治理提出了全新的问题与挑战。中国工程院院士方滨兴提出,针对网络空间社会,国家应当倡导“治理”而不是“管理”,要让社会的各个层面都主动地参与到网络空间的治理中来。①

1. 开展专项整治行动

一直以来,广大民众对于政府开展专项整治行动呼声很高,并积极参与其中。在我们的调查中,受访者普遍认为,政府应该在网络新闻资讯、网络娱乐产品、网络社交媒体内容、当代文化精品、西方意识形态渗透、网络服务信息内容、社会主义核心价值观传播等方面进行引导和监管(见图 53)。

我国政府历来重视净化网络环境,开展过多次“净网”、“剑网”、移动通

① 方滨兴:《社会各层面应主动的参与到网络空间治理中来》,2015 年 6 月 2 日,见 http://news.hnr.cn/yc/ly/201502/t20150206_1827441.html。

信工具、网络谣言等专项整治行动，取得了实际成效。“剑网行动”自 2005 年以来，针对网络文学、音乐、视频、游戏、动漫、软件等重点领域，突出图书、音像制品、电子出版物、网络出版物等重点产品，集中强化对网络侵权盗版行为的打击力度。围绕打击网络攻击破坏、入侵控制网站、网银木马盗窃、网络诈骗等违法犯罪，公安部多次组织开展“净网行动”。另外，微信等移动通信工具专项治理行动，成效显著。2014 年上半年，累计关闭涉招嫖等各类有害账号 2000 余万个。整治网络谣言，规范网络秩序，净化网络环境，取得了阶段性成果。2014 年 7 月，31 家谣言信息较为集中、没有采取管理措施的网站被关停整改。2015 年 8 月 12 日，天津特别重大火灾爆炸事故发生后，各种谣言在网上蔓延，国家互联网信息办公室会同有关部门，依法查处了车夫网、美行网、军事中国网、新鲜军事网等 50 家传播涉天津港火灾爆炸事故谣言的网站。

2. 加强网络行业治理

行业组织在网络内容安全建设中的作用日益凸显，各国政府也越来越重视加强行业组织的治理。例如：新加坡媒体发展局联合其他政府机构，在加强立法执法的同时，积极构建互联网行业自律体系，鼓励互联网服务提供商和内容提供商制定自己的内容管理准则。我国一贯主张在互联网治理过程中，坚持政府主导，各方参与，引导互联网行业加强自律，自觉遵守法律法规和社会公德。中国互联网协会 2001 年 5 月成立以来，就牵头组织研究并先后发布了《中国互联网行业自律公约》《互联网新闻信息服务自律公约》《搜索引擎服务商抵制违法和不良信息自律规范》《文明上网自律公约》《抵制恶意软件自律公约》《博客服务自律公约》《反网络病毒自律公约》《互联网终端软件服务行业自律公约》《互联网搜索引擎服务自律公约》等近 20 个互联网自律公约和倡议书。同时，互联网违法和不良信息举报中心充分发挥举报中心的监督作用，指导全国具有新闻登载业务资质的网站开展行业自律，搭建公众参与网络内容治理的平台，维护网络内容传播秩序和网民权益，建设文明健康有序的网络空间。我们的调查显示，68%的受访者认为“政府部门与互联网行业协会合作频繁”（见图 63）。

加强网络行业自律和社会监督，也是民众的一大期望。在“您认为今后在网络内容建设方面，政府应重点做好的具体工作是什么？”的调查中，相对于“深入开展社会主义核心价值观的宣传”“积极稳妥推行网络实名制”“完善落实网络内容建设和管理的法律法规”“开展专项整治行动”等选项，62.4%的受访者选择了“加强网络行业自律教育和社会监督”（见图59）。国际社会上有一种观点认为，互联网行业需要自我管理，互联网参与主体通过市场化规则，能够慢慢形成一个互联网治理的规则，因此政府可以放任不管。在这一点上，我国政府一直是扮演着比较重要的角色，在加强与互联网行业组织对话和合作的基础上，对网络内容的合法性、安全性、真实性等进行适度的治理。

二、企业在网络内容安全建设中的责任

互联网企业是指从事互联网运营服务、应用服务、信息服务、网络产品和网络信息资源的开发、生产以及其他与互联网有关的服务活动企业的总称，通常包括网络内容提供商和网络运营商。艾瑞咨询数据显示，2014 年中国网络经济市场规模为 8706.2 亿元，环比增长 47.0%。① 近年来，不少互联网企业异军突起，风头正劲。但无论是互联网巨头还是中小企业，在广泛运用信息技术发展自身的同时，都面临着无所不在的网络威胁，这种威胁既来自企业的外网，也来自内部网。因此，互联网企业在网络内容安全建设中的责任，并不仅仅局限于通常意义上的防病毒、防木马、防网络攻击等，而是要发挥主体作用，确保互联网上信息内容绿色健康，符合网络道德规范，合乎社会公序良俗，营造安全、健康、诚信的互联网环境，推动互联网行业可持续发展。

在网络内容安全建设中，互联网企业理应发挥主体作用，遵守法律法规和行业规范，恪守商业道德，传播主流价值，提升自主创新能力，勇担共建网络内容安全的社会责任。对于企业的主体责任，相关法律法规进行了规定。例如，《网络安全法（草案）》明确了相关责任主体的法律责任，覆盖网络运

① 艾瑞咨询：《2014—2015 年网络经济数据发布》，2015 年 2 月 10 日，见 http://web2.iresearch.cn/oweb/20150205/246172.shtml。

营商、关键信息基础设施运营者、网络产品、服务的提供者等责任主体,并有明确的处罚条例。《草案》第十七条将现行的网络安全等级保护制度上升为法律,要求网络运营者按照网络安全等级保护制度的要求,采取相应的管理措施和技术防范等措施,履行相应的网络内容安全保护义务,保障网络免受干扰、破坏或者未经授权的访问,防止网络数据泄露或者被窃取、篡改。工业和信息化部《关于加强电信和互联网行业网络安全工作的指导意见》明确指出:“落实企业主体责任”“相关企业要从维护国家安全、促进经济社会发展、保障用户利益的高度,充分认识做好网络安全工作的重要性、紧迫性,切实加强组织领导,落实安全责任,健全网络安全管理体系。”①

(一) 加强行业自律

互联网是虚拟化的世界,但不是绝对自由的平台,也不是“法外之地”。在全面推进依法治国的背景下,对于互联网企业而言,加强行业自律,依法办网,有效维护网络内容安全,是其首要责任。

加强自律、依法办网如何践行? 在 2013 年“净网”行动中,土豆网、晋江文学城、中国移动手机阅读基地等网站和数字化平台,利用人工加技术的手段对发布在互联网及无线平台上的淫秽色情网络文学作品、手机小说和游戏、网络杂志和漫画、发帖等进行严格审核,以保证展现在网民面前的都是“健康合法”的内容②;2015 年 2 月,在中央网信办主办的网络信息安全工作经验交流会上,全国 50 家行业组织和网信企业签署了《维护网络信息安全倡议书》,承诺建立健全自律机制,有效维护网络信息安全,共建网络信息安全家园,营造清朗网络空间等等。在我们关于“网络行业通过哪些措施加强行业自律?”的调查中,被调查者选择建立健全日常审核监管制度、组织相关法律法规学习、进行职业道德教育、建立奖惩机制、制定行业规章制度的依次为 73%、72%、66.3%、51.2%、50.1%(见图 87)。

---

① 工信部:《关于加强电信和互联网行业网络安全工作的指导意见》,2014 年 8 月 28 日,见 http://www.miit.gov.cn/n11293472/n11293832/n11293907/n11368223/16121194.html。

② 璩静:《推动互联网企业加强网络信息安全建设》,2013 年 7 月 1 日,http://news.xinhuanet.com/newmedia/2013-07/01/c_124935142.htm。

由此可见,不少互联网企业在加强自律、依法办网方面采取了系列措施,取得了一定的成绩。但同时我们也应该看到,近年来,少数互联网企业并没有很好地承担起践行社会公德、维护网络秩序的责任,违法经营、盗版、涉黄、暴力、泄露隐私等现象时有发生。如 2015 年 7 月,“试衣间不雅视频”通过微博、微信等平台在网上“病毒式”传播,国家互联网信息办公室为此约谈新浪、腾讯等网站负责人。在我们的调查中,相对于“政府监管不到位”(64.4%)、“相关法规建设滞后”(62.5%)等,认为“行业自律性不强”的受访者比例高达 72.2%(见图 90);在关于“您认为互联网企业在运营过程中存在较为普遍的现象有哪些?”的调查中,“出卖用户资料”“传播色情、暴力、赌博、迷信、危害国家安全的内容”“未保护好商业标记和商业秘密”的比例分别高达 69.5%、63.9%、63.1%(见图 85)。这些都充分说明我国互联网行业监管不到位、自律性不强的现象还比较普遍,“行业自律”仍须加强。

(二) 深化政企合作

当今的互联网安全形势越发错综复杂,已经不仅仅是国家层面需要解决的问题,而需要更多的社会主体参与其中,共同维护网络安全。2014 年年底,索尼影视遭受重大 APT 网络攻击,美国总统奥巴马表示,在对抗黑客时,企业和政府必须结成“真正的同盟”。随后,美国政府采取一系列措施,鼓励企业更多地参加到美国的互联网安全事业中来。迄今为止,网络空间安全企业全球 500 强中有 283 家在美国、3 家在中国。“未来的网络安全战争势必是一场政企合作,多方参与才能够取得胜利的战争,加强政企合作将对于整个国家互联网安全形势起到决定性的作用。”①

近年来,部分互联网企业在政企合作方面取得了实质性成效。例如:2013 年年底,英国政府发布对中国华为公司在英运营的网络安全评估中心的审查报告,称其运营安全有效,是“政府与企业合作的典范”。那么,政企合作的范围和深度到底如何?我们就“政府部门与网络内容生产商、网络运营商交往是否很频繁”这一问题做了调查,结果显示,35%的被调查者认

① 海竹:《互联网安全助力提升国家软实力》,2015 年 10 月 13 日,见 http://news.youth.cn/jsxw/201510/t20151013_7203753.htm。

为一般,持同意态度的为 24%,较不同意、很不同意的合计高达 41%,可见,政府部门与网络内容生产商、网络运营商现阶段的沟通、交流及合作还有待加强和改进。但是,我们看到,党的十八大后,国家将网络信息安全提高到国家战略的高度,为扶持互联网产业发展出台了系列利好政策,尤其是随着“互联网+”战略的推进,互联网安全已经成为“互联网+”以及“宽带中国”“智慧城市”等信息化发展战略的重要技术保障,这客观上要求互联网企业为政府部门构筑起“安全阀”和“防火墙”,这亦为政企合作开辟了广阔的空间。如在“互联网+交通”领域,2014 年江苏省政府部门就与百度公司开展了全方位、深层次的合作,“政府部门主要提供权威可靠的交通信息资源,而企业主要负责信息服务的建设维护。”①

当前,国内部分互联网安全企业已经拥有足够的技术水平,而海量的大数据正在驱动着新一轮的互联网安全技术革新。只要国内政企合作模式在互联网安全领域得到深入实践,政府和企业双方就能够互利共赢。

(三) 传播主流价值

传播主流价值是互联网企业必须承担的社会责任。中共中央办公厅印发的《关于培育和践行社会主义核心价值观的意见》指出,“适应互联网快速发展形势,善于运用网络传播规律,把社会主义核心价值观体现到网络宣传、网络文化、网络服务中,用正面声音和先进文化占领网络阵地。”网络舆论传播和话语权的争夺,直接威胁到国家意识形态安全,互联网企业作为网络文化产品的主要制造者,应责无旁贷、积极响应“增强国家文化软实力,弘扬中华文化,努力建设社会主义文化强国”的战略部署,制作和传播合法、真实、健康的网络内容,用社会主义核心价值观引领网络生态。

我们的调查显示,“关于网络运营商、网络内容提供商在网络内容建设中扮演的角色”,62.8%的受访者认为应当是“社会主义核心价值观的培育和践行者”,62.3%的受访者认为“社会利益为先,兼顾经济利益者”(见图 74);关于“您所在企业网络内容生产主要立足什么?”的调查中,相对于“消

① 彭科峰:《互联网+交通:政企亟待深度合作》,《中国科学报》2015 年 5 月 12 日。

费者的需求”(23.7%)、“国际元素”(17%)、“民族特色”(15.1%),43.9%的受访者选择了“社会主流价值观”(见图76);对于“企业在网络内容建设工作的重点是什么?”这个问题,61.7%的被调查者认为要“注重主流意识形态的网上传播”,34.5%选择“产学研结合,提供优秀产品”(见图78)。可见,让社会主义核心价值观成为网上主流,用社会主义核心价值观引领互联网企业的内容生产和传播,是时代的呼唤,民众的诉求,而且通过数据,我们不难看出,大部分互联网企业都能坚持正确的办网导向、立场和态度,积极履责,将这份社会责任融入自己的经营理念和经营行为中。不少企业在这方面作出了表率,例如,2007年、2008年,阿里巴巴、腾讯在中国互联网业率先发布社会责任报告,披露了在员工培养、文化建设、内部管理、信息安全保障等方面具有积极影响的企业经验。通过这种形式,不仅塑造和建构了企业内部价值观,引导员工积极培育和践行社会主义核心价值观,而且用社会主义核心价值观支撑和引领了企业发展的愿景与使命。

互联网企业是互联网行业链条中的核心单元,只有互联网企业从自己做起,肩负起社会责任,将正确的文化导向和价值诉求与网络内容安全建设高度整合,才能迎来互联网行业发展的春天,才能使互联网成为共建共享的精神家园。

三、高校在网络内容安全建设中的责任

由于高校自身的特性和地位,相对而言,高校在网络内容安全建设中的责任就是要“办好自己的网”,增强阵地意识、责任意识、忧患意识,牢牢把握网络意识形态工作的领导权、管理权和话语权,为师生提供健康向上的网络文化产品和服务。

(一)牢固占领传播先进文化和弘扬主旋律的网络主阵地

“思想领域的阵地马克思主义不去占领,非马克思主义、反马克思主义的东西必然去占领。”①作为意识形态领域争夺的重点,高校必须用科学先进的思想文化占领网络阵地。在我们的调查中,36%的受访者认为高校校

① 黄宏:《加强马克思主义世界观教育》,《人民日报》1999年11月12日。

园网络应该成为"中西价值观交流、交融、交锋的领域",34%的受访者认为其应该成为"社会主义核心价值观建设的重要阵地"(见图42)。

1. 加强校园网站建设和管理

近年来,党中央、国务院以及教育部、团中央等发布了《关于进一步加强高等学校网络建设和管理工作的意见》(教思政〔2013〕3号)、《关于进一步加强高等学校校园网络管理工作的意见》(教社政〔2004〕17号)、《关于进一步加强和改进新形势下高校宣传思想工作的意见》(中办发〔2014〕59号)等一系列文件,对全面加强高校校园网络建设和管理提出了明确要求。根据文件精神,按照"谁主办、谁负责"的原则,各高校制定了加强校园网络管理工作的具体措施,成立了校园网络建设和管理领导小组,以学校主网站为核心,建设了融思想性、知识性、趣味性、服务性于一体的一批专题网站,大力开展网络思想政治教育,牢牢把握网络思想政治教育主动权。课题组的调查结果显示,学校在加强网络内容建设方面应重点做好的工作是抓好重点网站建设、进一步发挥社会主义核心价值观的引领作用、加强网络内容人才队伍建设、加强校园网监管力度、加强网络技术应用等方面,其中,57.9%的师生员工认为,应"抓好重点网站建设"(见图46)。这充分说明,广大师生员工对于加强校园网站建设给予了很高的期待。

那么,高校校园网站建设的现状如何呢?在"您认为当前高校网络内容建设和管理取得的主要成效有哪些?"的调查中,41.4%的人认为"网络内容贴近师生实际,融思想性、知识性、科学性、趣味性、实用性于一体";39.4%的人认为"有一支'思想硬、纪律严、业务精、作风正'的网络内容建设队伍";38%的人认为"领导对校园网络内容建设重视,规章制度完善";34.1%的人认为"校园网已成为唱响主旋律、积聚正能量的思想文化阵地";27.5%的人认为"网络监管适度,秩序井然"(见图44)。但我们同时也应该看到高校网络内容建设中存在的不足。在"当前校园网络内容建设和管理中存在的主要问题有哪些?"的调查中,50.8%的受访者认为"部分网络服务使用不便利";36.8%的受访者认为"缺乏有效监督";35%的受访者认为"网络安全隐患较多";36%的受访者认为"网络内容单调乏味"(见图45)。

由此可见，经过多年努力，我国高校校园网络已深入到教学科研、管理服务、文化建设等各个领域，成为师生获取信息、丰富知识、学习交流的重要渠道，取得了跨越式发展，但也存在诸多不足，网络基础设施、管理、技术、人才队伍等方面的建设还有待进一步加强。

2. 加强优秀网络文化产品的创作

高校在网络内容建设过程中应该承担什么责任？我们的调查显示，56.1%的人认为要"生产传播健康向上的网络内容"，比"维护网络信息安全"高出5.2个百分点，也超出了"创新网络内容生产传播技术""监督管理网络内容建设"的选项比例（见图39）。

高校具有自身独特的学术和人才优势，在网络内容建设中应该发挥示范作用，通过创作一些主题鲜明、形式多样、内涵丰富的网络内容作品，让社会主义核心价值观的内容更加生动形象地呈现出来，清朗网络空间，净化网络生态。我们做过"您有兴趣阅读的校园网络内容是什么"的调查（见图43）。结果显示，师生员工比较感兴趣的内容包括影视作品（59.4%）、教学资源（55.2%）、时事新闻（53.7%）、文艺原创（49.1%）、德育资源（35.7%）等，其中，影视作品的支持率最高。这与当前传统媒体与新媒体的融合发展不无关系。当前，在新媒体利用方面，许多高校走在了前面，作出了有益的尝试和探索。在大力推动社会主义文化大发展大繁荣的今天，作为文化高地和精神家园的高校，应该更多地借助于新媒体技术，通过微博、微信等新媒体主动作为、积极发声，创作师生喜闻乐见的微视频、微动漫、微电影等网络"微"产品，满足师生日益增长的精神文化需求，促使社会主义核心价值观内化于心、外化于行。

（二）加紧构建和完善网络内容安全保障体系

长期以来，高校按照"积极发展、加强管理、趋利避害、为我所用"的方针，大力建设校园网络。但限于各种主客观因素，在校园各功能网站建设上，大部分高校选择的是分年投入、分批建成，这样的形式导致校园网建设受到外部和内部的双重制约。尤其是随着高校校园网的网络结构体系日益复杂，师生用户数量不断增加、无线移动终端大量接入、数据应用逐渐丰富等，各种网络内容安全问题浮出水面，并日趋多元化、复杂化。

调查显示,关于当前校园网络内容建设和管理中存在的主要问题(见图45),35%的受访者认为“网络安全隐患较多”;36.8%的认为“缺乏有效的监管”。据媒体报道,2014年4月至2015年3月的12个月间,补天平台上显示的高校网站漏洞多达3495个,涉及高校网站1088个。最令人担忧的是,过去一年间,在被告知网站存在漏洞后,主动修复漏洞的高校网站只有35个,仅186个漏洞被修复,96.8%的高校网站完全无视安全漏洞的存在,94.6%的高校网站安全漏洞未被修复。而且统计结果显示,网站存在严重漏洞的高校中不乏顶级学府,如北京大学、中国人民大学、清华大学、北京师范大学等。① 许多高校加强身份认证、防火墙、入侵检测、防病毒等网络内容安全技术的开发和运用,但是面对日新月异的网络发展速度以及网络内容安全防范提出的新挑战,软、硬件设备的人力、物力、财力投入往往无法跟上。因此,加紧构建和完善网络内容安全保障体系迫在眉睫。

1. 加强网络素养教育

加强网络素养教育,就是要提升广大师生的思想认识水平,增强面对不良信息时的“免疫力”,这是构建网络内容安全保障体系的基础。我们的调查显示,64.4%的受访者认为,提高学生网络信息素养是学校在网络内容建设过程中应该承担的一项重要责任。国际上许多国家如英国、加拿大、澳大利亚等,早已把网络素养教育纳入正规教育体系中,我国的现实情况是,部分高校在加强网络素养教育上,不能跟上网络时代发展的要求,也不能适应大学生对网络安全运用和防范技能提升的渴望,包括基础知识、法律规范、伦理道德和防范技术等在内的完整网络内容安全教育体系尚未建立。据报道,2014年3月,福建某知名大学的网络教育学院网站在互联网信息安全防护方面存在巨大漏洞——不需身份验证或账号、密码,登录就可直接修改、下载该学院8万余名学生的个人信息和学籍卡信息,当学院负责人获悉情况后,竟不以为然地认为“只是一个小漏洞,

① 杨烨:《千余高校网站存信息泄露风险 北大清华人大上榜》,《经济参考报》2015年5月20日。

我们叫人完善一下就行了”①。而且,当前大学生网络素养现状不容乐观,诸如信息识别能力相对低下、网络道德行为失范时有发生、网络法律意识比较薄弱等。这些都说明,加强对高校师生的网络素养教育刻不容缓。

2. 加强网络内容安全建设人才培养

在我国,网络内容安全人才队伍建设任务主要由高等学校和行业培训机构来完成,高等学校是人才培养的主要力量。据有关统计,截至 2014 年,教育部批准全国共 116 所高校设置信息安全类相关本科专业,其中信息安全专业 87 个,信息对抗专业 17 个,保密管理专业 12 个,培养信息安全类专业本科毕业生约 1 万人/年。② 这与行业 40 万到 50 万的人才需求相差甚远,培养的专业人才远远不能满足社会需求。在调查中,40. 5%的受访者认为“加强网络内容人才队伍建设”是加强网络内容建设方面应重点做好的工作。过去很长一段时间,大多数高校并没有完全把网络与信息安全作为一级学科来建设,有的把信息安全专业归属于不同的学科,这或多或少成为网络内容安全人才培养的一大阻力。可喜的是,2015 年 6 月 11 日,国务院学位委员会、教育部决定在“工学”门类下增设“网络空间安全”一级学科,网络内容安全人才培养迎来了新的发展机遇。

(三) 切实加强网络舆论引导工作

当前,各种思想文化交流交融交锋日益频繁,社会思潮多样多元多变更加明显,互联网已成为意识形态斗争的主战场。学生作为网民中最大的群体,网络融入其日常的学习工作生活之中,他们“每日必网”“无网不在”。教师队伍中,理想信念模糊、政治信仰迷茫,在网络上发表错误言论和噪声的也不乏其人。可见,加强网络舆论引导工作,积极传播网上正能量,这对于处于意识形态工作前沿的高校来说,是一项重大而紧迫的任务。

关于健全校园网络内容建设保障机制的有效途径有哪些?我们通过调

---

① 吴亚东:《福建某大学网站存安全漏洞学籍卡信息可随意修改　8 万余学生个人信息曝光网络》,《法制日报》2014 年 3 月 26 日。

② 封化民:《积极构建网络空间安全创新人才培养体系》,2015 年 6 月 4 日,见 http://www.cac.gov.cn/2015-06/04/c_1115514398.html。

查得知,56%的受访者认为要“正确引导校园网络舆论”,比例最高;其他的途径还包括“实行上网实名制”“实行网络内容分级管理”等(见图48)。具体而言,引导校园网络舆论也有许多手段和方法。有的组建网上评论员队伍,围绕热点问题主动撰写帖文,吸引跟帖和围观,有效引导网上舆论。有的通过博客、微博、微信、QQ群等形式,为大学生答疑解惑,指路引航。关于“建立QQ、微信群并利用其对大学生进行思想政治教育的情况”,我们的调查结果是,建立了的比例为77.3%,其中,经常发布、传播社会正能量以及学习、生活等内容的为61.1%(见图38)。这反映出我们在网络舆论引导方面还有很大的提升空间。高校要肩负“阵地一定不能丢”的使命担当,在大是大非问题面前,主动发声、敢于亮剑,旗帜鲜明地进行舆论斗争,牢牢占领舆论引导的制高点。

四、网民在网络内容安全建设中的责任

《第37次中国互联网络发展情况统计报告》显示,截至2015年12月,我国网民规模达6.88亿。其中,以10—39岁年龄段为主要群体,比例达到75.1%;20—29岁年龄段网民的比例为29.9%,在整体网民中的占比最大。我国的网民队伍庞大,构成复杂,素质参差不齐,他们的文化修养、知识水平、思想观念、道德情操、守法意识、社会阅历等都不尽相同。但是网民作为网络空间的主人,在网络内容安全建设和治理过程中,理应积极参与,做到文明上网、理性表达、坚守底线,争做“中国好网民”。

(一)坚守“七条底线”,增强自律意识

“七条底线”是2013年8月10日国家互联网信息办公室举办的“网络名人社会责任论坛”上提出来的。十多位网络“大V”们达成共识,网络名人应坚守“七条底线”,即法律法规底线、社会主义制度底线、国家利益底线、公民合法权益底线、社会公共秩序底线、道德风尚底线和信息真实性底线。① 随后在2013年第12届中国互联网大会举行期间,中国互联网协会

① 苏垚等:《国信办主任鲁炜与网络名人座谈“七条底线”不可触碰》,《人民日报》(海外版)2013年8月13日。

各位理事、专家、学者、网站负责人和网民代表等与会人员一致认为，网络空间是现实社会的延伸，所有网站和网民都应增强自律意识和底线意识，并赞同共守“七条底线”。正如新华网评论员所说的：“七条底线”为包括网络名人在内的每一个网民框定了清晰边界、划定了明确红线。“共守‘七条底线’是每一个网民的责任，也是最终确保互联网成为一个充满真实、互信、包容、健康的平台的有效保证。”①在我们的调查中，普通网民也表达出对“七条底线”的认同和践行。69.3%的受访者认为，在网络内容建设方面应该提高自身网络道德素质；51.1%的受访者认为要提高自身网络信息水平；35.5%的受访者则表示应积极传播优秀网络内容；27.5%的受访者认为要提高对网络反动言论的辨别力；还有25.7%的受访者认为应学习网络法规（见图13）。这与“七条底线”的主旨和深意是吻合的。

在实际生活中，如果遇到不健康的网络内容，58%的受访者选择“关掉网页，不予浏览”；21%的受访者选择“坚决抵制，向网络监管部门举报”；“觉得应该遏制，但不知道怎么办”的有12%（见图14），这反映出大多数网民的素养是比较高的。但同时我们也要看到，28.2%的受访者有过浏览淫秽内容的经历，浏览暴力内容、辱骂别人的分别为24.7%、24.6%，参与赌博、网络欺诈、曝光隐私以及浏览危害国家安全的内容的人也不少，以上行为都没有的只有14.9%（见图15）；网络犯罪现象也层出不穷，“秦火火”“立二拆四”、周禄宝、傅学胜、边民、董如彬等网络“大V”，利用网络造谣传谣、敲诈勒索，成为鲜活的反面教材。网民是网络空间法治化不可或缺的建设者和参与者，法律约束是维护网络内容安全的重要方面，更重要的在于每个网民要加强自律，坚守底线，时刻保持应有的警惕和理性。

（二）争做“中国好网民”，增强网络内容安全意识

习近平同志多次强调，要加强全党全社会的网络安全意识培养，发动全社会参与维护网络安全，培育“中国好网民”。2015年6月1日，国家互联网信息办公室主任鲁炜在第二届国家“网络安全宣传周”启动仪式

① 吴定平：《守住“七条底线”是每个网民的责任》，2013年8月16日，见http://news.xinhuanet.com/yuqing/2013-08/16/c_125180004.html。

上表示，要大力培育有高度的安全意识、有文明的网络素养、有守法的行为习惯、有必备的防护技能的新一代"中国好网民"。这是全国网民认同的"最大公约数"，理应成为每个网民网上生活的"圭臬"。争做"中国好网民"，让安全意识、文明素养、守法习惯等深植每一个网民的内心，外化于每一个网民的行动，才能建设风清气正的网络天空，构筑起国家网络安全的坚固长城。①

据《2013 年中国网民信息安全状况研究报告》显示：2013 年下半年，74. 1%的国内网民遇到过信息安全问题，总人数达 4. 38 亿，因信息安全事件造成的个人经济损失达 196. 3 亿元。在发生安全事件的网民中，虽然有 93. 3%的人安装了安全软件，但仅有 75. 2%的人使用系统自动更新/打补丁，只有 67. 3%的人设置复杂密码，只有一半的人在不同网站设置不同账号或者密码②；我们的调查数据也显示，49. 6%的被调查者在网络生活中 QQ 账号曾经被盗，30. 9%的被调查者受到过网络欺骗、被别人曝光隐私、黑客攻击的经历，仅有 5%的被调查者没有遇到以上情况（见图 7）。可见，网民的网络信息安全防范意识亟待提高。

《我国公众网络安全意识调查报告（2015）》指出，当前我国公众网络安全意识存在五大问题：一是网络安全基础技能不足；二是网络应用状况堪忧；三是个人信息保护存在隐患；四是法律知识薄弱、缺乏事件处理能力；五是网络安全意识技能提升渠道匮乏。③ 如何解决这些问题，加强网民网络信息传播活动的管理，提高网民的网络安全意识？对于这个问题，我们的调查显示，68. 7%的网民选择了完善网络法规体系，加大网络违法犯罪打击力度；50. 2%的网民认为要深入开展提高网民网络道德素质的教育活动（见图 24）。可见，加强网民网络信息传播活动的管理，让安全意识、文明素养、守法习惯等深入网民的内心，必须实行他律与自律相结合，同时充分开展网络

① 孤松：《"互联网+"时代争当"中国好网民"》，2015 年 6 月 19 日，见 http://opinion.people.com.cn/n/2015/0619/c1003-27180760.html。

② 中国互联网信息中心：《2013 年中国网民信息安全状况研究报告》，2014 年 1 月 13 日。

③ 工信部：《我国公众网络安全意识调查报告（2015）》，2015 年 6 月 2 日。

安全专家访谈、网络安全知识进万家、网络安全知识讲座等系列主题教育活动，普及网络安全知识、增强网民网络安全意识、提高网民网络安全技能，促进网民更好地履行网络安全责任。

第二节　网络内容安全技术

在一个国家的网络安全体系中，是否拥有核心技术和产品是决定性因素。经过长期的努力和发展，我国的互联网产业已经取得了长足的进步，一批中国信息技术企业不断成长，掌握了先进的网络技术，成为国家网络内容安全建设的主力军。但是整体来说，自主创新动力不足，关键技术受制于人，很大程度上掣肘着互联网企业的发展，影响着网络内容安全。要想真正解决网络内容安全问题，最终的办法就是通过发展民族的网络安全产业，关键技术立足自主研发，形成自主可控的核心技术，为我国网络内容安全体系建设提供坚实可靠的支撑和保障。

一、网络内容安全技术取得的成就

网络内容安全的关键在于掌控核心技术。近年来，党和政府通过制定扶持政策和管理制度，组织金融、云计算与大数据、信息系统保密管理等领域信息安全产业化专项，支持信息安全产业发展；互联网企业抢抓机遇，大胆创新，不断加大网络内容安全技术研发力度，在基础设施、平台软件、信息安全等方面取得了较大进展。

（一）国家对网络内容安全技术重要性的认识显著提高

党的十八大报告“加快完善社会主义市场经济体制和加快转变经济发展方式”部分明确提出，“实施创新驱动发展战略”，强调“坚持走中国特色自主创新道路”“注重协同创新”“建设国家创新体系”。2014 年 6 月，习近平同志在出席中国科学院第十七次院士大会、中国工程院第十二次院士大会开幕式时提到，“从总体上看，我国科技创新基础还不牢，自主创新特别是原创力还不强，关键领域核心技术受制于人的格局没有从根本上改变。只有把核心技术掌握在自己手中，才能真正掌握竞争和发展的主动权，才能从根本上保障国家经济安全、国防安全和其他安全。”①在中央网络安全和信息化领导小组第一次会议上，习近平同志强调，“建设网络强国，要有自己的技术，有过硬的技术”；“要制定全面的信息技术、网络技术研究发展战略，下大气力解决科研成果转化问题；要出台支持企业发展的政策，让他们成为技术创新主体，成为信息产业发展主体。”②中国工程院院士倪光南指出：“IT 技术的掌握关系到国家的信息安全，因此，IT 核心技术中国非做不可。”③工业和信息化部软件与集成电路促进中心主任、中国开源软件推进联盟主席邱善勤表示，加强网络安全保障关键技术以及自主可控关键软硬件技术支撑能力建设是解决网络安全问题的根本。④

（二）互联网企业对网络内容安全产品不断实现自主可控

中国的网络安全必须立足本土，依靠中国自己的企业来实现。在我们的调查中，网络内容产品开发主要依靠自主研发的占 52.6%；而这些企业中，86%的属于国资企业。经过多年的发展，中国互联网企业在标准、专利、技术、产品等方面日臻成熟，已初步具备独立承担中国网络安全建设的时代重任。

1. 基础设施类产品

信息技术基础设施自主可控是实现真正自主可控、保障网络内容安全的基础。基础设施包括安全芯片、主机、存储、终端、网络设备等。联想、浪潮、华为、龙芯中科、新岸线等众多企业在基础设施研发方面取得了较好的成效。在自主芯片方面，2002 年，曙光公司推出了龙腾服务器，它采用了全国产的“龙芯”微处理器，这也是我国服务器史上的第一颗中国“芯”，填补了国产微处理器服务器的空白；2005 年 4 月 11 日，联想集团发布了国内第

① 习近平：《科技是国家强盛之基，创新是民族进步之魂》，《中国青年报》2014 年 6 月 10 日。

② 习近平：《把我国从网络大国建设成为网络强国》，2014 年 2 月 17 日，见 http://news.xinhuanet.com/politics/2014-02/27/c_119538788.html。

③ 杨谷：《IT 核心技术　中国非做不可》，《光明日报》2003 年 1 月 29 日。

④ 陈键：《工信部专家：维护中国网络安全需要国家意志推动》，2014 年 5 月 7 日，见 http://it.people.com.cn/n/2014/0507/c1009-24983748.html。

一款在国家密码管理局立项、并由其自主研发成功的安全芯片"恒智"；2008年，国内首款拥有全自主知识产权的SSX45密码安全芯片推出；2009年，国内首款支持TCM标准32位安全芯片SSX0903问世；2015年3月，"智桥"SDN智能高密度万兆交换芯片CTC8096和"飞腾"FT-1500A系列微处理器发布。其中，CTC8096整体达到国际先进水平，部分技术指标国际领先，可使我国网络产品摆脱对国外主流交换芯片的依赖；FT-1500A系列微处理器关键技术国内领先，可实现对英特尔中高端"至强"服务器芯片的替代。① 2015年6月10日，苏州中晟宏芯信息科技有限公司发布了第一款基于POWER的国产高性能服务器芯片CP1，意味着我国在打造可知、可编、可构、可信、可用，有知识产权的国产化高端计算系统在关键路径、关键节点上取得重要突破。在安全主机方面，2013年1月，我国第一台基于自主核心技术的关键应用主机产品浪潮天梭K1系统正式上市，标志着我国成为继美日之后全球第三个掌握新一代主机技术的国家；2014年9月，曙光公司推出了国内首款全自主可控的堡垒主机。在安全存储方面，2015年6月，国内首款自主安全可控存储系统UIT SCS1000系列推出，可广泛适用于政府办公、国防军工、航空航天等安全需求较高的领域。

2. 平台软件类产品

平台软件类网络内容安全产品包括安全操作系统、安全数据库、安全中间件等。操作系统方面，中标麒麟操作系统是目前国内安全等级最高的操作系统，产品已经在政府、金融、教育、财税、公安、审计、交通、医疗、制造等行业得到应用，应用地域覆盖北京、上海、山西等30多个省市自治区。2011年，中国联通推出沃Phone及我国首个自主知识产权的智能终端操作系统。2014年，具有我国自主知识产权的智能手机操作系统960OS发布，其能从底层监控并阻止通讯录、短信、文件、位置等信息窃取行为，保障手机信息安全。不久之后，我国自主知识产权智能操作系统COS（China Operating System）正式亮相，可以打破苹果、谷歌等境外互联网大公司在基础软件领域

---

① 王熙：《国产高性能芯片"智桥"面世　可替代英特尔同类产品》，2015年3月30日，见http://www.cww.net.cn/news/html/2015/3/30/20153301746329131.html。

的垄断地位。数据库方面,有国产自主可控翰云数据库、南大通用数据库等。

3. 信息安全类产品

信息安全类网络内容安全产品包括防火墙/VPN、安全网关、信息加密/身份认证市场、终端安全管理、安全管理平台等。目前国产信息安全产品可基本替代国外同类产品。2011 年,椒图科技自主研发出了国内首款通用型的安全操作系统解决方案——JHSE 椒图主机安全环境系统,打破我国长期以来网络信息安全技术的研发单纯着眼于网络层、应用层安全的思路。2015 年 5 月 12 日,瑞星公司正式推出国内首个针对“互联网+”的企业信息安全解决方案。顺应传统数据中心加快向云计算数据中心转型这一趋势,汉柏科技 2015 年 7 月 1 日发布了全球首款基于混合云信息安全防护的整体解决方案“云眼”。这也是我国首款具有完全自主知识产权的云计算安全产品。① 就杀毒软件来说,360 自主研发的 QVM 引擎被业界誉为“最聪明的杀毒引擎”,从根本上攻克了前两代引擎“不升级病毒库就杀不了新病毒”的技术难题,在全球范围内属于首创。受到 360 在杀毒引擎核心技术领域取得成绩的启示和鼓励,百度、腾讯等互联网巨头相继投入网络信息安全领域。2014 年 8 月,中央国家机关政府采购中心公布杀毒软件类产品采购入围品牌,360、金山、冠群金辰、江民科技和瑞星五个国产品牌入选。值得一提的是,2015 年 5 月,360 正式宣布成立企业安全集团,同时发布了全球首款基于大数据的未知威胁感知系统“360 天眼”,能够全面实现对 APT 攻击的发现、阻断和防御,保护企业信息和大数据安全。②

二、网络内容安全技术存在的问题

虽然我国已经拥有自主研发的微处理器、操作系统和数据库管理系统,但不容忽视的是,我国的网络内容安全基础技术研发能力仍存在诸多不足,

① 杨国民:《首款自主知识产权云计算安全产品发布》,《经济日报》2015 年 7 月 3 日。

② 向阳:《360 发布未知威胁感知系统》,《中国证券报》2015 年 5 月 27 日,见 http://scitech.people.com.cn/n/2015/0527/c1057-27060598.html。

网络内容安全支撑能力较弱，自主创新的环境也有待优化。正如国家互联网信息办公室专职副主任任贤良所言："我国还没有形成自主可控的计算机技术、软件技术和电路技术体系，重要信息系统、关键基础设施中使用的核心技术产品和关键服务还依赖国外，网络安全形势不容乐观。"①

（一）核心技术受制于人

自主可控一直是中国网络安全产业挥之不去的痛。据赛迪研究院统计数据显示，我国操作系统的自主化率仅 2.75%，数据库的自主化率为 4.96%，服务器自主化率约 13%，而网络存储设备的自主化率约 16%。②《中国 IT 产业发展报告（2013—2014）》指出，尽管中国在电子材料、存储芯片、导航系统、显示技术、智能语音等领域取得一定的突破，但关键信息技术和核心产品对外依存度仍较高，支撑能力比较薄弱，尤其是集成电路和基础软件关键技术受制于人。报告显示，国外品牌操作系统占据中国超过 90% 以上的市场份额，国产数据库所占市场份额不到 5%。此外，集成电路进口总额超过原油，成为中国最大的进口商品。以芯片为例，芯片曾被形象地比喻为国家的"工业粮食"，是信息产业的核心、整机设备的"心脏"。芯片技术一直是中国发展新一代信息技术关键路径上的一个短板。"国际产能饱和，本土产能缺乏"是当前全球集成电路产业的一大写照。我国目前拥有全球最大、增长最快的集成电路市场，然而国产芯片自产率却严重不足，需要从国外大量采购，发展的命脉掌握在别人手里。2014 年，中国集成电路进口额已达到 2865 亿美元，约合 1.8 万亿元人民币。相关统计显示，全球 54% 的芯片都出口到中国，但国产芯片的市场份额只占 10%；全球 77% 的手机是中国制造，但其中不到 3% 的手机芯片是国产的。先进国家芯片产业已发展 50 多年，有着扎实的技术沉淀和积累，我国集成电路产业起步晚、底子薄，远不能支撑国民经济和社会发展以及国家信息安全、国防安全建设。全球芯片研发领域的"老大"美国高通，其 2013 财年营收近 250 亿美元，其

---

① 喻思娈：《我国尚无自主可控计算机技术》，《人民日报》2014 年 8 月 29 日。

② 姜莹：2014 年中国自主可控安全体系建设研讨会，2014 年 12 月 15 日，见 http://www.chinanews.com/it/2014/12-15/6877253.shtml。

中近半来自中国市场，而中国内地排名第一的华为海思2013年的销售收入则为21亿美元。①

依托相关协议和标准开发的基础信息技术产品，是互联网运作的基础，我国虽然研发了一系列自主操作系统、数据库和芯片、服务器等，但在技术先进性和可用性方面，与西方发达国家还有较大差距，部分核心元器件、专用芯片、操作系统和大型应用软件等自主可控能力较低，在基础网络设备、重要信息系统、工业控制系统、核心基础产业等方面，对外依赖都很严重。相关数据显示，目前我国元器件、网络设备、通信协议等产品约有90%依赖进口，防火墙、加密机等十类信息安全产品65%来自进口，思科、EMC、IBM/HP、Orale等美国厂商软、硬件设施在我国政府、军队、金融、能源等重要部门和行业普遍应用并大多占据主导地位。包括优麒麟在内的国产Linux操作系统，在易用性等方面基本具备XP替代能力，但还存在生态环境差等各种问题。此外，我国的信息基础设施还相当落后。根据2014年第四季度的数据，中国大陆地区平均网速3.4Mbps，在亚太地区排名第十，全球排名第82，远远落后于韩国、日本和美国等发达国家，这样的现实，与中国"全球第二大经济体"的地位实在不相称。信息网络基础设施落后，将直接限制云计算、移动互联网、数字内容等新技术新产业的发展。与西方国家相比，我国网络内容建设方面差距明显。我们对网民的调查中，48%的受访者认为"网络基础设施薄弱且地区发展不平衡"；45%的受访者认为"网络信息技术落后"；33.7%的受访者认为"网络产业发展滞后"（见图30）。

（二）关键技术不成体系

网络空间的直接冲突和对抗交锋也是网络安全的一大隐忧。这种冲突交锋则主要依靠网络攻击、网络防御、态势感知等关键技术，目前我国在部分技术上，还存在明显的短板。

就网络攻击来说，我国尚未形成具有威慑力的网络武器。出于保密需要，世界各国军队对本国网络战武器的型号种类、作战性能、技术指标等都秘而不宣。在软杀伤网络战武器方面，病毒武器是最重要和最具有代表性

① 李颖：《中国IT产业发展报告》，社会科学文献出版社2014年版。

的网络战武器之一,美、俄、印、英、日等国军队都将计算机病毒正式列入作战武器名单之中,美军已经研制出2000多种病毒武器。美研究人员甚至提出“网络数字大炮”概念,可以使整个互联网陷入瘫痪。硬杀伤网络战武器方面,美国已研制成或正在发展电磁脉冲弹、次声波武器、激光反卫星武器、动能拦截弹和高功率微波武器,可对别国网络的物理载体进行攻击。在网络防御方面,我国整体实力仍较薄弱,2012年1月,美国“安全与国防议程”智囊团发布报告,将全球23个国家的信息安全防御能力分为六个梯队,中国处于中下等的第四梯队;在欧洲安全与防务知名智库SDA公司2012年对23个国家网络安全防御水平评级中,中国排名第16位。虽然国内网络安全企业在部分领域取得了突破,在低端网络安全产品方面占据了一定优势,但在高端网络安全产品和服务方面仍无法打破国外企业的垄断。即便是自主产品,多数仍属“穿衣”模式,基本建立在国外技术平台上,其硬件主要通过对外采购产品或向外购买专利获得。所以,无论是开放的国际互联网,还是封闭的企业内联网,在现有技术框架下,利用硬件和软件中的后门或漏洞,西方国家一定程度上能够实现对我国信息系统的远程监控。在态势感知方面,国家层面的态势感知平台等仍未建立,技术能力与国外有较大差距,“棱镜门”等事件中对我国的网络攻击事件,均不是由我国自主发现。尽管态势感知先后进入了“863”计划、国家信息安全计划以及国家自然科技基金项目,但目前仍处于研究阶段,而对于大数据时代的国家信息安全态势感知产品,除了360天眼、网神SecFox安全管理系统等,在IT市场上还寥寥无几。①

三、网络内容安全技术问题的成因

影响网络内容安全技术问题的成因是多方面、深层次、综合性的,上面提到的“中国芯”逐渐陷入困境只是一个缩影。无论是政策法规,还是资金、技术、设备,无论政府部门,还是企业自身,网络内容安全技术研发和创

---

① 易北辰:《构建大数据时代下的国家网络安全》,2014年11月27日,见http://news.china.com.cn/politics/2014-11/27/content_34168708_2.html。

新的发展环境还不够成熟和完善。

在“影响网络产业进一步发展的主要因素”这个调查中(见图 79),所占比例从高到低依次为:资金、技术、设备的限制(60.6%)、政策法规的限制(59.6%)、专业网络内容建设团队(46.1%)、国外网络产业发展理念(42.6%)、行业间的不当竞争(32.3%)、其他(3%)。

(一)从国外市场来看,西方各国频繁使用各种手段设置技术壁垒

鉴于在技术思路、标准协议、核心技术、产品服务方面处于主导地位,西方国家频频对中国企业进行“围攻”,一些跨国公司甚至通过组建产业联盟,形成垂直一体化的产业生态体系,导致我国企业被迫形成“体系性依赖”。2012 年,当华为、中兴开始打入美国市场时,美国政府眼看思科等美国企业在市场中无法与之抗衡,就采取“调查”手段进行打压。2012 年 3 月,澳大利亚政府以担心来自中国的网络攻击为由,禁止华为技术有限公司对数十亿澳元的全国宽带网设备项目进行投标。美国国会随后发布华为、中兴“可能对美国带来安全威胁”的调查报告,显示华为和中兴为中国情报部门提供了干预美国通信网络的机会,并建议相关美国公司尽量避免同华为、中兴合作。华为和中兴已经掌握该行业的核心技术和专利资源,但是还是逃不了遭受“安全壁垒”的待遇。2015 年 2 月,美国高通公司在中国手机芯片市场的反垄断调查以被罚款 9.75 亿美元告一段落。经调查取证和分析论证,高通公司在码分多址(CDMA)、宽带码分多址(WCDMA)、长期演进(LTE)无线通信标准必要专利许可市场和芯片市场具有市场支配地位,实施了滥用市场支配地位的行为。中国作为全球最大的移动通信市场,却无法催生出具有世界影响力的企业,没有掌握通讯核心技术,只能按照高通制定的商业规则,向高通交纳高昂的专利授权费。受制于安全壁垒这种新的贸易保护主义工具,我国相关技术产品难以在市场上与国外产品竞争,大量信息安全技术研发与市场严重脱节。例如,我国自主研发的龙芯产品,一直没有形成与之相适应的产品体系,没有对应的企业来开发相应的驱动程序、开发工具等,整体应用环境不具备,市场前景也较差,很难形成以市场促进研发的良性循环。可以说,围绕产品和服务,我国企业尚未构建一个比较完整的产业链,支撑该产业链的生态系统也未形成。

（二）就国内环境来说，政府的投入和支持力度相对不足

网络安全产业是资金、技术、人才高密度产业，单靠企业无法支撑，需要政府积极扶持。虽然近年来国家积极进行“输血”，但是制度不完善、投入不足，成为网络内容安全技术落于人后的“症结”。以芯片业为例，世界各国纷纷将芯片产业作为国家重点战略产业来抓，美国、欧洲、日本等发达国家通过大量的研发投入确保在该领域的技术领先，韩国、新加坡和台湾地区通过积极的产业政策推动集成电路产业飞速发展。据研究机构数据显示，为建设新的芯片生产线，2012 年韩国三星投资 142 亿美元，美国英特尔投资 125 亿美元。而我国中芯国际和上海华力两个 12 英寸的芯片领先企业平均每年投资不到五亿美元，不到国际一流公司的 1/10。在政府方面，政策性资金投入相对分散，类似“撒胡椒面”，难以形成有效的“拳头效应”。国家互联网应急中心副主任兼总工程师、网络信息安全专家云晓春在 2015 年中国互联网安全大会上指出，“从网络安全产业在 IT 领域的投入来看，中国只有 1%的比例，而国外发达国家则远超该比例，一般有 9%左右。”公安部网络安全保卫局处长张俊兵也表示，正常来讲，“网络安全经费的投入至少应占到信息化投入的 10%至 15%，而这个方面目前我们明显不够。”①由于“很差钱”，加上网络安全行业周期长、投入多、见效慢、风险大等特性，导致产业链上许多企业面临“后继乏力”的困境。

（三）就企业自身来看，缺乏完备的自我“造血”功能

具体表现在：一是同质化竞争严重。最近几年，网络安全产业市场竞争逐渐加剧，增速快、产品多、领域广，但是集中度低。截至目前，全国计算机信息系统集成企业近三万家，拥有 1—4 级资质的企业超过 5000 家，但规模超过十亿元的屈指可数，虽然百度、腾讯、阿里巴巴等大型互联网公司开始介入安全产业，但其仍集中于保障自身安全，且企业间的争斗不断（例如 360 与腾讯间的“3Q 大战”），能与国外赛门铁克、国际商业机器公司等企业竞争的基本没有，国外动辄几亿到十几亿美元的并购很少在国内看到。二是产业支撑能力较弱。经过十多年的发展，排名在前的企业仍是启明星辰、

① 王晓雁：《网络犯罪逐年上升呈集团化低龄化》，《法制日报》2013 年 9 月 25 日。

网御神州、绿盟科技等几家,产品和服务也缺少创新,新兴的企业很少能脱颖而出,而国外的“火眼”等企业则能够迅速成长起来。我国企业仍集中在防火墙、入侵检测、入侵防御等单点技术产品上,综合性网络安全技术发展仍处于较低水平。相比而言,国外则有美国雷神公司、英国贝宜公司等国防提供商提供网络安全服务。三是网络安全人才缺乏。以数据库为例,目前国内数据库技术人员虽然很多,但缺乏能够引导技术发展和创新的高端人才,特别是在数据库技术和企业业务两方面都十分精通的双料工程师更为难求。另外,有的企业“重设计、轻运营”,导致技术市场管理人才也成为影响企业研发成果产业转化的短板。一些企业不缺乏核心技术,而是缺乏将这些核心技术变成产业应用的人才,往往陷入“做安全的很多,懂安全的却很少”的尴尬境地。

第三节 网络内容安全制度

《中共中央关于全面推进依法治国若干重大问题的决定》明确提出,“要加强互联网领域立法,完善网络信息服务、网络安全保护、网络社会管理等方面法律法规。”维护网络内容安全,首先必须要做到有法可依,抓紧构建适应新形势的网络内容安全法律法规体系。网络内容安全法律法规建设是国家网络安全保障体系建设的核心内容,只有“扎紧篱笆”,才能应对安全挑战。为加强网络内容安全,世界各国纷纷加强引导,立法规范,强化对互联网安全的监督和管理,推进网络立法和制度建设。我国比较重视互联网安全法律法规建设,制定了一定数量、相互配套的法律法规和规章制度,在维护网络内容安全方面迈出了实质性步伐,但也存在诸多问题和不足。

一、网络内容安全制度建设取得的成就

我国网络安全立法工作始于20世纪90年代,起步相对较晚。经过20多年的发展,法律法规数量已经初具规模,构成了包括国家法律法规、司法解释、部门规章与地方性条例在内的网络内容安全法律法规制度体系。

（一）科学立法，网络内容安全法律体系逐渐形成

在主要法律层面，2000 年 12 月 28 日，全国人大常委会颁布实施了《关于维护互联网安全的决定》。这是我国针对互联网应用过程出现的运行安全和信息安全专门制定的法律。2005 年 4 月 1 日起实施的《中华人民共和国电子签名法》，被誉为中国信息化领域的第一部法律，从确定电子签名的法律效力、规范电子签名的行为、明确认证机构的法律地位以及电子签名的安全保障措施等多个方面作出了具体规定。2012 年 12 月 28 日，第十一届全国人大常委会第三十次会议通过颁布的《关于加强网络信息保护的决定》，明确网络服务提供者的义务和责任，并赋予政府主管部门必要的监管手段，开启了互联网安全新时代。不久前公布的《中华人民共和国网络安全法（草案）》意味着我国网络空间将进入"法治时代"，将成为未来保障我国网络内容安全的重要依据，将在网络安全战略规划与促进、关键网络基础设施保护、网络安全监测与应急响应、网络安全等级保护、网络实名制度等方面发挥重要指导作用和法律约束力。《国家安全法》对政治、国土、军事、文化、科技等 11 个领域的国家安全任务进行了明确，其中规定："加强网络管理，防范、制止和依法惩治网络攻击、网络入侵、网络窃密、散布违法有害信息等网络违法犯罪行为，维护国家网络空间主权、安全和发展利益。"另外，我国在《刑法》中的部分条款，也涉及网络内容安全。1997 年修订的《中华人民共和国刑法》增加了涉及计算机犯罪的四项条款：非法侵入计算机信息系统罪，破坏计算机信息系统功能罪，破坏计算机信息系统数据、应用程序罪和制作、传播计算机病毒等破坏性程序罪。2009 年，《刑法修正案（七）》对计算机犯罪相关条款进行了必要调整，增设了"出售、非法提供公民个人信息罪"和"非法获取公民个人信息罪"这两个极具针对性的新罪名。2015 年 8 月底通过的《刑法修正案（九）》进一步完善刑法有关网络犯罪的规定，出售或非法提供个人信息、网传虚假信息都将入刑。

在主要行政法规层面，1994 年 2 月 28 日，国务院颁布了《中华人民共和国计算机信息系统安全保护条例》，这是我国第一部保护计算机信息系统安全的专门法规，规定了对计算机系统实行安全等级保护等管理制度。1997 年 5 月 20 日修正的《计算机信息网络国际联网管理暂行规定》，加强

了对网络信息内容安全的管理和保护，并对使用网络传播不良信息的行为加重了处罚。2000 年 9 月 25 日，国务院出台《中华人民共和国电信条例》，主要是强调对通信网络功能、数据和应用程序的法律保护，对禁止以计算机病毒或者其他方式攻击通信设施，危害网络安全和信息安全等行为进行了详细规定。与此同时，发布实施的《互联网信息服务管理办法》，主要对利用互联网提供信息服务的单位或个人的相关行为进行了规范，对经营性互联网信息服务的行为加以资质限制和经营许可认证，对非经营性互联网信息服务的行为加强备案管理。

在主要部门规章层面，1997 年 12 月 30 日，公安部发布的《计算机信息网络国际联网安全保护管理办法》，规定了"任何单位和个人不得利用国际互联网从事违法犯罪活动"等四项禁止性规定和从事互联网业务的单位必须履行的"负责本网络的安全保护管理工作，建立健全安全保护管理制度"等六项安全保护责任。2005 年 11 月 23 日发布的《互联网安全保护技术措施规定》指出，互联网服务提供者、联网使用单位负责落实互联网安全保护技术措施，并保障互联网安全保护技术措施功能的正常发挥。此外，还有《互联网电子公告服务管理规定》《互联网出版管理暂行规定》《互联网等信息网络传播视听节目管理办法》《互联网新闻信息服务管理规定》《互联网视听节目服务管理规定》等。

其他规范性文件层面，2013 年 7 月 16 日，工业和信息化部公布《电信和互联网用户个人信息保护规定》，进一步明确电信业务经营者、互联网信息服务提供者收集、使用用户个人信息的原则、规则以及安全保障和监督检查措施等。自 2014 年以来，国家互联网信息办公室先后发布《即时通信工具公众信息服务发展管理暂行规定》（"微信十条"）、《互联网用户账号名称管理规定》（"账号十条"）、《互联网新闻信息服务单位约谈工作规定》（"约谈十条"）。其中，"微信十条""账号十条"均要求平台服务提供者按照"后台实名、前台自愿"的原则，对用户进行真实身份信息认证注册账号，这也预示着网络实名制开始全面普及。

（二）严格执法，网络空间内容得到明显净化

国家互联网信息办公室负责互联网信息内容管理工作，以及监督管理

执法。在实际工作中，国家互联网信息办公室联合工业和信息化部、公安部等部门，以相关法律法规为准绳，运用云计算、物联网、移动互联网等新一代信息技术，集中性、持续性地开展网络执法监管活动，促进了互联网的健康有序发展。例如，2012年以来，公安部部署全国公安机关开展打击整治网络违法犯罪专项行动，狠抓区域协作、警种合作、全国联动，破获了一大批网上贩枪、网络诈骗、网络盗窃、黑客攻击、网络非法公关、网上贩卖假冒产品等严重影响人民群众生产生活的涉网违法犯罪，并会同相关部门集中整顿一批管理混乱、违法犯罪活动突出的网站、微博客、搜索引擎、网络社区、购物网站等网络平台以及安全管理责任不落实、屡出问题的网络服务商、运营商，有力震慑了网络违法犯罪活动，维护了社会治安稳定，保障了人民群众合法权益。以统一部署的专项整治和重大案件为切入点，相关部门坚持依法管网与综合治理并举，建立跨部门协同、信息共享、案情通报、执法联动等制度机制，在社会各界特别是国内重点网站和互联网企业的积极参与和支持下，不断强化互联网安全管理，依法打击网络违法犯罪活动。2015年8月起，公安机关与互联网管理部门密切合作，全面推行网警网上公开巡查执法，在重点网站和互联网企业设立“网安警务室”，第一时间掌握网上涉嫌违法犯罪情况。总的来看，网络执法监管在规范网络传播秩序、净化网络空间内容、推动网络企业发展方面发挥了积极而重要的作用，利用互联网从事违法犯罪活动的现象明显减少，网络环境得到明显净化，人民群众依法使用互联网的意识明显增强，使用互联网的安全感和信任度明显提高。《第35次中国互联网络发展状况统计报告》指出，2014年，有54.5%的网民表示对互联网信任，相比2007年的35.1%，网民对互联网的信任度有较大幅度提高。60%的网民对于在互联网上分享行为持积极态度，43.8%的网民表示喜欢在互联网上发表评论，53.1%的网民认为自身依赖互联网。①

（三）全民守法，依法维护网络内容安全意识不断增强

民众守法意识既是立法的精神源泉，又是执法的社会保障。围绕“3·15”国际消费者权益日、“4·26”世界知识产权日、“5·15”打击和防范

① 中国互联网信息中心：《第35次中国互联网络发展状况统计报告》。

经济犯罪宣传日、“12·4”全国法制宣传日等重要节点，相关部门开展主题宣传教育，推动执法监管活动与普法宣传相结合，日常宣传教育与集中宣传教育相结合，引导公民增强守法意识，让法治精神成为全民信仰，树立起对法律的敬畏心，学会并习惯于遇事主动寻求法律帮助。随着网络的日益普及，网络文化的影响已经渗透到社会生活的方方面面。公民对涉及自身利益和权利问题愈发敏感，“不找领导找法律”，通过法律渠道表达诉求、运用法律武器维权的意识越来越强烈。近年来，公民通过网上举报平台、举报电话、微信、微博、手机客户端等多种受理渠道，积极举报网络违法和不良信息。据统计，中国互联网违法和不良信息举报中心平均每天接到举报4000多件，2015年5月，中国互联网违法和不良信息举报中心、各地网信办举报部门和主要网站共收到网民举报174.8万件，经审核，有效举报141.9万件，共处置122.8万件，举报受理量首次突破百万件。① 此外，网民对“人肉搜索”、网络谩骂、人身攻击等网络侵权行为的举报量也较为突出。在专项行动开始之后，网民会更加集中地对相关信息进行举报，举报中心会将线索进行汇集并提交给国家互联网信息办公室进行处置，保证专项整治行动的效果。例如，在2015年年初开始的“网络敲诈与有偿删帖”专项整治行动中，半年来，根据举报线索，共关闭违法违规网站近300家，关闭违法违规社交网络账号超115万个，清理删除相关违法和不良信息900余万条。②

二、网络内容安全制度建设存在的问题

我国在网络内容安全制度建设方面虽然取得了一定成效，但网络内容安全法律制度体系尚有不健全之处，依法治网的运作模式和实现方式上还存在不少问题。

一是立法层级不高。目前我国互联网领域立法层级最高的是全国人大常委会于2000年、2012年颁布的《关于维护互联网安全的决定》和《关于加

① 李林：《五月网民举报受理量首次破百万件》，《中国青年报》2015年6月24日。
② 张洋：《整治网络敲诈和有偿删帖　清理违法和不良信息900余万条》，《人民日报》2015年8月26日。

强网络信息保护的决定》，以及 2015 年审议的《中华人民共和国网络安全法（草案）》，其余均为国务院以及相关部委讨论通过的行政法规、部门规章，立法层次总体较低，难以适应信息技术发展的需要和日益严重的网络安全问题。加上网络法律结构单一，没有统一的牵头部门，导致权责难以有效区分，对于不同领域应该适用的法律原则、管理手段、执法程序与救济方法等，没有因地制宜设计有效的管理制度。

二是过分强调管理。以部门规章为主的立法格局，容易导致部门各自为政，顾此失彼，立法缺乏协调和系统性，出现“九龙治水”现象。这一方面造成部门之间更多的职能交叉，另一方面在一定程度上造成了法律资源的严重浪费，导致某些网络违法行为要么无人管、要么争着管的现象。在制定部门规章时，往往是出于行政管理需要，强调对网站企业和网民施加种种责任和义务，而对其权利却很少提及，禁止性规范多，保护性条款少，侧重于管理职权和处罚措施，对相关利益主体的合法权益着墨不多、保护不够。另外，部分重要领域存在较多空白点，公民隐私权保护、电子商务、青少年保护等方面很少有专门的规定加以保护，目前，我国暂时仍没有关于个人信息保护的专项法律，在民事、行政领域以及行业自律方面仍缺乏配套措施与明确规定。

三是可操作性不强。目前涉及互联网的制度大多属于应急式的立法，重点聚焦在网络建设、管理、安全、保障等方面，对如何规范网络中的各类关系涉及较少，许多规定过于原则或笼统，可操作性不强。许多涉及网络内容安全的条款，都是散见在各个条文里，不够系统。部分法规、办法仍停留在说教层面，对管理部门、网络运营部门等主体的责任规定也不够明确，在具体实践中难以得到很好的执行。中国社科院法学所研究员周汉华指出，现行的信息安全等级保护制度源于 1994 年，诸如个人信息保护等问题当时不可能考虑到，目前已不能完全适应全面互联与移动计算的新形势，诸如监管重点不够聚焦、监管手段不够全面、制度设计不够系统等缺陷逐步暴露，需要根据网络信息化发展的实际对制度进行完善。①

---

① 周汉华：《加快网络安全立法，确保国家网络安全》，2014 年 11 月 30 日，见 http://news.xinhuanet.com/politics/2014-11/30/c_1113460853.html。

“我们还没有建立起对各种网络事件的应对机制,很多法律法规在可操作性上也还存在问题。”中央网络安全和信息化领导小组办公室网络安全协调局调研员张胜表示。①

法律法规不够健全,导致政府部门在对网络内容进行引导和监管的过程中比较棘手。我们的调查发现,71%的受访者认为“法律法规不够健全”是最主要的原因(见图 58)。

三、网络内容安全制度建设问题的成因

造成网络内容安全制度建设滞后和不力的成因,主要有三个方面。

一是起步较晚,高位完整的立法体系不给力。相对西方国家,我国关于网络安全的立法起步较晚,立法体系在较长一段时间内基本处于初级阶段。近年来,各国网络安全领域的立法呈集中爆发之势。世界上有 90 多个国家制定了专门的法律保护网络安全。中国信息通信研究院副院长刘多表示,形式上大致可分为“统一立法”和“分散立法”两种。一些国家虽然没有统一的网络安全法,但是有国家层级的网络安全战略,如韩国、英国。美国国会多年来也一直试图制定网络安全法,出台了多个相关法案。日本 2014 年 11 月出台的《网络安全基本法》是统一立法的典型代表,欧盟出台的《网络和信息安全指令》(草案)也是在网络安全领域的统一立法。从我国来说,虽然将网络安全上升到国家战略层面,但是还没有集中体现国家意志的网络安全战略。作为我国网络安全领域的一部重要法案,《网络安全法(草案)》向社会公开征求意见已于 2015 年 8 月 5 日截止,预计不久即将出台。不少人将它的发布视作一个里程碑。另外,作为维护国家网络安全最有法理依据的网络安全审查制度,从 2015 年上半年发布消息以来,也迟迟未露面。以《网络安全法》为基础,注重国家立法和地方立法的配套,才能形成一个完整的网络安全法律保障体系。

二是统筹不够,制度的“立改废释”亟须并举。“立”,就是加强对新领

---

① 庄庆鸿:《专家热议网络安全法难产:现行法律法规体系尚未完善》,《中国青年报》2014 年 11 月 1 日。

域的立法工作，填补制度空白。“改”，就是现行法律法规要随着互联网发展中出现的新情况、新问题，进行不断修改和完善。“废”，就是要对那些与上位法相违背、过时的法律法规进行清理、废止。“释”，就是通过司法机关对网络空间法律的具体适用进行解释。《网络安全法》出台后，还应该制定《个人信息保护法》等专门法律，修改完善现行法律关于网络安全的规定。立法是“牵一发而动全身”的重大事情，绝不能一蹴而就，必须循序渐进，统筹兼顾，尊重互联网发展规律，在调研论证的基础上，充分考虑各方权利和义务的平衡，保持应有的稳定性和适度的超前性，同时，有必要对现行网络安全立法重新进行摸排审查，及时废止与上位法相矛盾的立法或条款，确保各立法之间的协调统一。

三是主体单一，开门立法进程有待加快推进。在以往的网络立法体系中，一个倾向是重政府管制而轻个人权利保护，充斥着大量的强制性规定。这主要是因为许多法律法规都是主管部门起草的，立法主体单一，缺乏公众参与，其立法思路不是从社会的公共利益和健康发展出发，而是突出政府的管制权威。所以在这类制度中，很少看到对政府义务的规制，更多的是对公民权利的限制。此外，立法程序上，大量的专门立法大多没有经过科学的论证就被签署公布，更没有广泛听取有关机关、组织、公民的意见。北京邮电大学互联网治理与法律研究中心主任李欲晓认为，互联网法律体系，“不是由运营商、互联网服务机构或者由政府部门去控制一切，更不是网民完全自我表达一切，而应是一种多方面利益平衡的状态。”①只有坚持开门立法，广泛征求利益相关者的意见及建议，才能推进立法的公开化、民主化、科学化。

第四节　网络内容安全教育

网络内容安全教育是加强和改进网络内容安全建设的重要环节和基本途径。所谓网络内容安全教育，简而言之，就是有目的、有计划、有组织地对网民进行网络内容安全常识和意识的教育，以提升网民的网络内容辨别能

① 高原：《网络安全法重在建立规则》，《法治周末》2015年7月30日。

力和维护能力的实践活动。从教育的发展规律以及互联网的特性来说,网络内容安全教育需要社会、政府、学校、家庭等各个主体协作联动,着重抓好网络安全技术教育、网络道德教育、网络法制教育等主要内容,促使形成网络信息人人共享、网络安全人人有责、网络教育人人参与的良好局面。

一、网络内容安全教育取得的成就

加强网络内容安全教育,提升网络安全意识和基本技能,这是构筑网络内容安全的第一道防线。长期以来,党和政府高度重视网络内容安全教育,把网络内容安全教育纳入重要议事日程,制定互联网建设管理的政策法规,宣传上网用网的行为规范,开展系列主题活动,营造良好舆论氛围,取得了明显成效。

(一) 出台了网络内容安全教育的相关规定

党中央、国务院以及各部委从不同的层面就不同的群体,出台了一系列与网络内容安全教育相关的规定,提出了明确的要求,从宏观上加强网站安全的建设和管理,加强网络内容安全教育的指导和规范,让网络内容安全教育有章可循、有法可依。

1. 关于网站安全的建设和管理

“工欲善其事,必先利其器”。党和政府就加强网站建设管理、维护网站安全性能等方面出台了相关文件,为网络内容安全教育提供了理论遵循和行动指向。早在2004年,中共中央办公厅、国务院办公厅(以下简称中办、国办)就出台了《关于进一步加强互联网管理工作的意见》(中办发〔2004〕32号),指出要按照“积极发展,加强管理,趋利避害,为我所用”的要求,一手抓发展、一手抓管理,牢牢把握网上意识形态管理工作的主动权。2007年,中办、国办下发了《关于加强网络文化建设和管理的意见》(中办发〔2007〕16号),这是继2004年32号文件之后的又一关于互联网管理的重要文件,也是相对较长一段时间内指导我国网络出版在内的网络文化建设和管理的纲领性文件。2010年,中办、国办出台《关于加强和改进互联网管理工作的意见》(中办发〔2010〕24号),再次强调要切实把互联网建设好、利用好、管理好,推动互联网事业健康、有序发展。以上述文件为基本依据,

《关于进一步加强高等学校校园网络管理工作的意见》(教社政〔2004〕17号)、《关于加强政府网站建设和管理工作的意见》(国办发〔2006〕104号)、《关于进一步加强高等学校网络建设和管理工作的意见》(教思政〔2013〕3号)等文件相继出台,强调要加强安全技术和手段的应用,加大网络信息技术防范和行政监管力度,不断提高对网络攻击、病毒入侵、系统故障等风险的安全防范和应急处置能力。

2. 关于网络道德和网络法制教育

2004年2月,中共中央、国务院发布了《关于进一步加强和改进未成年人思想道德建设的若干意见》(中发〔2004〕8号),就进一步加强未成年人网络内容安全意识与思想道德建设提出了具体要求:"重点新闻网站和主要教育网站要发挥主力军作用,开设未成年人思想道德教育的网页、专栏,组织开展各种形式的网上思想道德教育活动";同年,中共中央、国务院《关于进一步加强和改进大学生思想政治教育的意见》(中发〔2004〕16号)强调,高校要主动占领网络思想政治教育新阵地,"利用校园网为大学生学习、生活提供服务,对大学生进行教育和引导,不断拓展大学生思想政治教育的渠道和空间"。青少年是互联网的主体和未来,教育部就加强青少年网络道德和网络法制教育也制定了一系列规定。2007年,教育部制定《中小学公共安全教育指导纲要》,将"预防和应对网络、信息安全事故"作为公共安全教育的模块之一,从小学、初中、高中阶段循序渐进地设置具体教育内容;为有效抵制网络不良信息对中小学生的侵害,《关于加强中小学网络道德教育,抵制网络不良信息的通知》(教基一〔2010〕2号)明确提出,加强网络道德建设、加强网络法制建设、加强绿色网络建设、加强学校家庭合作;针对高校,《关于进一步加强高等学校网络建设和管理工作的意见》(教思政〔2013〕3号)规定更加具体:各级教育部门和高校要广泛开展学生网络文明教育和网络法制教育,发挥思想道德修养与法律基础课、互联网专业课等主渠道作用,将大学生网络道德教育纳入课程教育。

3. 关于全民网络安全教育培训

加强全民教育培训是网络内容安全教育的一个重要方面。中办、国办印发的《2006—2020 年国家信息化发展战略》提出“国民信息技能教育培训计划”：要在全国中小学普及信息技术教育，建立完善的信息技术基础课程体系，优化课程设置，丰富教学内容，提高师资水平，改善教学效果；国务院印发《关于大力推进信息化发展和切实保障信息安全的若干意见》（国发〔2012〕23号）明确指出：“开展面向全社会的信息安全宣传教育培训”，加强大中小学信息技术、信息安全和网络道德教育，在政府机关和涉密单位定期开展信息安全教育培训。教育部制定的《关于加强教育行业网络与信息安全工作的指导意见》（教技〔2014〕4 号）指出，各单位要组织开展形式多样、针对性强的全员宣传教育，践行“忠诚、担当、创新、廉洁、团结、奉献”的网信精神。在《中华人民共和国网络安全法（草案）》和新的《国家安全法》这两部重要的法律中，对网络安全宣传教育也作出了相应要求：《中华人民共和国网络安全法（草案）》要求各级人民政府及其有关部门组织开展经常性的网络安全宣传教育，大众传播媒介有针对性地面向社会进行网络安全宣传教育，企业和高等院校、职业学校等教育培训机构开展网络安全相关教育与培训；新的《国家安全法》规定，通过多种形式开展国家安全宣传教育活动，将国家安全教育纳入国民教育体系和公务员教育培训体系，增强全民国家安全意识。同时将每年 4 月 15 日确定为全民国家安全教育日。网络安全是国家安全的重要组成部分，增强全民国家安全意识，必然涵盖了全民网络安全意识的培养。

（二）明确了网络内容安全教育的基本内容

网络内容安全教育不是简单的互联网安全问题，包括思想、道德、心理、法律、技术等等。网络内容安全教育的基本内容，概括来说，就是帮助网络用户树立正确的世界观、人生观、价值观，做到正确认识网络、提高安全意识、增强道德自律、强化法制观念等。

1. 以社会主义核心价值观为引领

西方国家利用互联网对我国进行意识形态渗透，大肆宣传西方资产阶级的社会文化、价值标准、生活方式等观念，导致网民，尤其是青少年网民思想混乱和价值偏移。习近平同志指出，在互联网这个战场上，我们能否顶得住、打得赢，直接关系我国意识形态安全和政权安全。中共中央办公厅印发的《关于培育和践行社会主义核心价值观的意见》提出，要“建设社会主义核心价值观的网上传播阵地”。在我们的调查中,42.8%的受访者认为“加强社会主义核心价值观对网络内容建设的引领”是当前网络内容建设中最重要的工作(见图23)。由此可见,我们必须坚持把社会主义核心价值观融入网络内容安全教育全过程,把社会主义核心价值观体现到网络宣传教育和服务中,增进网络用户对社会主义核心价值观的深入理解和广泛认同。

2. 以网络安全常识和技能教育为基础

近年来,病毒木马传播、黑客攻击破坏、网络盗窃诈骗、网络谣言蔓延等,给广大网民的信息安全和财产安全带来巨大威胁。《第35次中国互联网络发展状况统计报告》显示,总体网民中有46.3%的人遭遇过网络安全问题,其中,电脑或手机中病毒或木马、账号或密码被盗情况最为严重,分别达到26.7%和25.9%,但只有不到一半的网民意识到网络安全问题和自己密切相关①;《我国公众网络安全意识调查报告(2015)》显示,遇到过网络诈骗的高达55.18%,其中及时向当地公安机关报案的仅占12.35%。② 这些数据表明,网民整体维权意识不高,网络安全意识淡薄、网络安全常识匮乏,是网络安全事件多发的关键因素。刘云山同志在首届国家“网络安全宣传周”启动仪式上特别指出,要大力普及网络安全常识,帮助人们掌握维护网络安全的技能和方法,提升抵御和防范网上有害信息的能力。把网络安全常识和技能教育作为最基础、最起码的一环,让民众了解什么是网络安全,就可以第一时间发现网络安全隐患,把网络危险扼杀在萌芽之中。

3. 以网络道德和法制教育为关键

加强网络内容安全教育,关键是加强网络道德教育和法制教育,举道德之灯,擎法律之剑,用道德准则和法律力量来规范与约束网络言行。近年来,党和政府虽然屡出重拳,高压不减,但是网络安全事件尤其是网络违法犯罪呈现蔓延态势,这与网民网络道德水平不高、法制观念淡薄不无关系。学者刘新华在江西五所大学进行调研发现,有50.59%的大学生认为自己

---

① 中国互联网信息中心:《第35次中国互联网络发展状况统计报告》,2015年1月。

② 中国电子商务研究中心:《2015年我国公众网络安全意识调查报告》,2015年6月11日。

网络安全方面的知识较差,有 12.19%的大学生认为很差;在网络安全教育的知识需求方面,33.87%的大学生选择网络道德知识,50.81%选择网络法律知识。①《我国公众网络安全意识调查报告(2015)》也显示,熟悉我国网络安全法律法规的被调查者仅为 9.05%,"了解一点"的占 42.73%,"不了解"的则高达 48.22%,其中,60 岁以上的被调查网民不了解网络安全法律法规的比例最高,达 79.44%;遇到网络诈骗时仅有 12.35%向当地公安机关报案②,这充分说明,我国网络道德和法律法规教育还任重道远。网络道德教育不能只停留在道德的说教上,要内化于心、外化于行;网络法制教育不能只停留在"知法"的层面,还应该学会用法律武器维护自身安全和合法权益。以网络法律法规为依据和基础,通过网络道德和法制教育,提高网民自律和自我教育能力,激浊扬清、惩恶扬善,才能使民众认识到哪些行为在网上是失德的,哪些是非法的,什么可为,什么不可为。

(三) 开展了网络内容安全教育的主题活动

近年来,为营造健康清朗的网络空间,国家网信办、教育部、共青团中央等相关部门积极联动,开展了一系列针对青少年网络安全、网络文明的专项行动和主题教育活动。2014 年 11 月 24 日至 30 日,首届国家网络安全宣传周在全国范围内开展。2015 年 6 月 1 日,第二届国家网络安全宣传周启动,沿用首届"共建网络安全,共享网络文明"主题,突出青少年网络安全宣传教育。国家网络安全宣传周设立了启动日、金融日、电信日、政务日、科技日、法治日、青少年日七个主题日,并开展公众体验展、青少年网络安全知识竞赛、全国网络安全宣传作品大赛、"讲述身边的网络安全故事"文章和微视频征集展映、打击网络违法犯罪专题讲座、电子认证服务应用研讨论坛、金融网络安全知识讲座、网络安全知识进万家、公众网络安全意识现状调查报告发布等活动。为积极响应国家号召,相关部门相继开展了"赢在未来"青少年网络安全教育联合行动、"争做网络安全卫士"系列青少年网络安全知识竞赛、青少年网络

---

① 刘新华等:《对大学生网络安全意识及教育现状的调查》,《职教论坛》2011 年第 14 期。

② 中国电子商务研究中心:《2015 年我国公众网络安全意识调查报告》,2015 年 6 月 11 日。

安全教育工程、"网络安全"进课堂、"护苗2015·网上行动"等活动。北京、上海、天津、江西、广西、西藏等省市区结合实际,也开展了丰富多彩的主题活动,在全社会营造网络安全人人有责、人人参与的良好氛围。例如,上海从2011年开始举办"信息安全活动周",规模和影响连续四年不断扩大,探索出了一条政府指导、协会承办、安全企业和用户单位支持、城市民众广泛参与的成功模式,有效提升了全社会网络安全知识普及和技能水平,成为国内网络安全社会意识培育的"排头兵"。一些互联网企业也在积极行动。2012年1月9日,北京市公安部门与百度联合推出"安全上网普及计划",该计划旨在倡导网民提高安全上网意识,增强网民的网络安全意识和防骗能力,这也是面向全体网民进行安全意识教育的良好实践。

二、网络内容安全教育存在的问题

2013年,波士顿咨询公司一项研究发现,中国人最不担心在网络上曝光自身信息,仅一半中国网民知道需要在互联网中保护自己,而这一比例在美国网民中为83%。《我国公众网络安全意识调查报告(2015)》调查显示,我国75.93%的网民存在多账户使用同一密码问题,其中,青少年网民达82.39%,44.42%的网民使用生日、电话号码或姓名全拼设置密码,青少年网民达49.58%;我国80.21%网民随意连接公共免费无线网络,其中45.29%的网民连接公共免费无线网络浏览网页并使用即时通信工具;83.48%的网民网上支付行为存在安全隐患;60岁以上群体不了解网络安全法律法规的比例高达79.44%;66.98%的网民认为,"本人保护不当,自我保护意识太差"是导致个人隐私泄露的主要原因。①

从以上数据我们不难看出,虽然我国网络内容安全教育取得了一定的成绩,但是当前的现状仍然是:我国公众网络安全意识不强,网络安全知识和技能急需提升,特别是青少年网络安全基础技能、网络应用安全意识等仍亟待加强,老年人安全事件处理能力和法律法规了解程度急需提升,我国网

① 中国电子商务研究中心:《2015年我国公众网络安全意识调查报告》,2015年6月11日。

络内容安全教育存在着诸多需要破解的难题。

（一）网络内容安全教育体系不完善

国外许多国家在网络内容安全教育方面起步较早，教育体系比较健全。2006年英国就将网络安全教育纳入学童的必修课程；在韩国，要求学生从小学二年级起就需要接受互联网安全教育；日本专门制定了《网络安全普及与启蒙计划》，规定网络安全教育从初等教育阶段抓起。从互联网的特性以及网络安全的重要性来说，要将网络安全教育纳入整个国民教育系统，从义务教育入手，从娃娃抓起，建立全民网络和信息安全教育计划。正如习近平同志在中共中央政治局第二十三次集体学习时强调的，要把公共安全教育纳入国民教育和精神文明建设体系。我国一些文件虽然作出了相应规定，例如，《2006—2020年国家信息化发展战略》提出“国民信息技能教育培训计划”，《国务院关于大力推进信息化发展和切实保障信息安全的若干意见》指出要加强网络信息安全宣传教育和人才培养，但是客观来说，全年龄段、各个层面的网络安全意识教育培训体系还不健全。中小学阶段和高等教育阶段网络安全和网络道德教育是不连贯、不系统的，学历教育和认证培训这两种途径也没有有机统一起来，在很大程度上存在脱节、断层现象。在学历教育中，主要是一些大学和研究单位的本科及研究生以上的学历教育，而很少有专科层次的，尚未形成完整的网络安全人才培养教育体系。国家级信息安全人才培训和认证体系也没有建立起来，尚未形成社会化的人才培养机制。中国预防青少年犯罪研究会的调查显示，“在中小学教育系统，对许多一线教育工作者来说，网络素养还是新兴名词。既缺乏对未成年人网络素养现状的把握，也缺少适合未成年人网络素养教育的活动内容和培训课程。既未上升到政府部门的战略议程，也没有列入学校的教育课程体系，更缺少专业的教育师资队伍。”①北京邮电大学信息工程学院院长、信息安全中心主任杨义先也表示，我国信息安全学科的人才培养计划、课程体系和教育体系还不完善，实验条件落后，信息安全学科专业人才数量不足、水

① 周围围等：《加强“原住民”网络安全教育》，2015年6月1日，见 http://news.youth.cn/wztt/201506/t20150601_6700513.html。

平不高。①

（二）网络内容安全教育形式较单一

就国外网络内容安全教育活动来说，其受众对象通常比较具体，教育形式多种多样，以网络安全意识日/周/月的方式开展主题活动的居多，还包括举办培训会、开展专题讲座、发放指南或手册、采用视频或电视广播等。网络安全教育要将理论、技能和实践相结合，我国在进行网络内容安全教育的过程中，注重的往往是知识和技能的传授，而很少在实践环节设计教育内容。加上网络内容安全教育的专业性特征，网络安全专业人员在具体实践中往往拘泥于“行话”，习惯性地引用许多专业词汇和术语，没能很好地转化为普通群众听得懂的“俗语”，不仅影响教育效果，甚至让群众因为内容呆板枯燥而敬而远之。在某些高校中，没有针对网络内容安全开设专门的课程，网络内容安全教育以《思想道德与法律基础》中讲述网络生活中的道德要求和道德建设的章节为主；计算机公共课程主要是以计算机的操作和软件的使用为主要教学内容，网络内容安全相关的内容极少涉及。两者处于相对独立的状态。现行的网络内容安全教育多是在网络安全事件发生以后，运用典型案例分析的形式加以教育。可以说，我国的网络内容安全教育，远远跟不上快速发展的网络技术，无法满足网民的实际需求。2014 年以来，国家举办了两届网络安全宣传周活动，规格高、范围广、影响大，形式生动多样，注重交互体验。以国家网络安全宣传周为参照，还可以进一步在广度、深度、力度上做文章。例如：综合运用传统媒体与新媒体融合的优势，利用微博、微信、手机客户端等各种新媒体进行广泛宣传教育；组织编写科普读物，组建宣传专家队伍，大力推动网络安全进社区、进校园、进企业等，对未成年人、老人等不同社会群体进行网络内容安全教育。只有将传统与现代相融、网上与网下结合，创新方法方式、拓展渠道路径，才能形成全方位、立体化的网络内容安全教育格局。

---

① 杨义先：《网络信息安全人才培育任重道远》，2012 年 11 月 16 日，见 http://www.csdn.net/article/a/2012-11-16/2811962。

（三）网络内容安全教育合力未形成

我国网络内容安全教育是一项复杂的系统工程，是一项持续性、常态化、有组织的社会行动，除了政府的主导外，更需要家庭、学校、社会共同给力。现实情况是，不同主体由于对网络内容安全教育的认识不同，习惯于"单兵作战"，缺乏有机协调和良性互动，人力、信息、资源的交融性和共享性比较欠缺，没有形成整体合力"抱团出击"，导致网络内容安全教育往往收效甚微，事倍功半。家庭是青少年成长过程中的第一站，家庭环境、家长素质以及家长的教育观念等因素直接影响青少年今后的发展。有的家长认为上网耽误学习，禁止孩子上网；有的家长放纵孩子的上网行为，对其不管不问。这些不仅会让孩子产生逆反心理，而且容易造成对网络不良信息缺乏"免疫力"，在现实生活中偏离社会规范的轨道。2014 年 7 月，中国少先队事业发展中心发布的《第七次未成年人互联网运用状况调查报告》显示，77. 4%的家长对孩子的上网情况没有任何监控。44. 0%的家长认同"父母对互联网不如孩子懂得多，这是难以正确引导孩子上网的一个重要原因"。学校是对青少年进行系统全面的网络安全教育的最主要场所。当前，有些学校的教育模式局限于课堂上、校园内，处于相对孤立、封闭的状态，缺乏与社会的紧密联系，无法获得社会的真实体验。企业尤其是主流新闻网站和重点商业网站，作为推动互联网事业健康发展的中坚力量，要充分发挥引领示范作用。① 但是在现实中，部分企业过分强调技术和产品的研发，忽视对内部员工进行必要的教育培训。行业协会承担着重要的组织协调功能，可以在政府、企业、公众之间搭建起桥梁和纽带。我国的行业协会在网络安全教育方面，经常处于被动地位，充当着"配角"，积极性、主动性和创造性没有充分调动起来。政府、社会、学校、家庭多管齐下、多措并举，政府加强网络安全教育的宏观管理与统筹规划，学校做好网络知识教育培训工作，社会创造安全和谐的舆论环境，家庭致力于建立密切友善的亲子关系，网络内容安全教育就能"满园春色"。

---

① 刘艳丽：《网络条件下家校互动优化德育环境》，《当代教育研究》2009 年第 5 期。

三、网络内容安全教育问题的成因

造成网络内容安全教育问题的成因,既有主观的,也有客观的,主要体现在两个不足:重要性认识不足、人财物投入不足。

(一)对网络内容安全教育的重要性认识不足

近年来,世界主要国家明确提出保障国家网络内容安全是全民共同的责任,包括普通用户、企业、政府部门、学界和科研机构,并纷纷出台措施加强全民网络内容安全意识教育,不少国家普遍将全民安全意识教育作为国家网络安全战略的重要内容之一。就我国来说,由于种种历史原因,在政府、企事业单位以及社会组织中,网络安全经常停留在信息技术企业内部,并没有上升到“一把手”亲自抓、负总责的战略高度。有些民众认为网络安全教育是政府部门的事,与自己无关,自己不是“局中人”而是“局外人”;有的互联网企业只是注重软硬件技术设备的投入,在内部员工的教育培训上则敷衍了事,没有时刻绷紧安全这根弦。网站安全直接关系到大量的隐私信息、商业机密、财产安全等数据,当前数据的收集、存储、管理与使用等均缺乏规范,更缺乏监管。补天漏洞响应平台负责人赵武表示,如果真正重视保护用户的信息安全并进行相当的技术投入等,80%以上的信息安全事故是可以避免或及时弥补的。但实际上,由于网络信息安全保护意识缺乏,加上缺少网络信息安全的技能,即使出现了信息泄露问题,很多企业往往采取“捂盖子”的方法。① 就高校来说,有的缺乏对网络内容安全教育重要性的高度认识,片面认为大学生网络内容安全教育不是教学的内容,认为开设一些计算机基础知识课程完全可以解决。有学者对江西省五所高职院校进行问卷调查发现,有67.52%的大学生认为自己学校对于网络安全教育不太重视,有3.46%的大学生认为非常不重视,有73.81%的大学生则认为自己学校仅是偶尔进行网络安全教育,还有13.65%的大学生认为很少进行,3.21%的大学生认为从来不进行网络安全教育,超过一半的大学生不满意

---

① 凌纪伟:《信息安全“黑洞门”触目惊心》,2015年3月4日,见http://news.xinhuanet.com/tech/2015-03/04/c_127540490.html。

自己学校进行网络安全教育的效果。①

（二）对网络内容安全教育的人财物投入不足

西方国家在网络内容安全教育中，都明确对人才、资金、设备等投入。德国联邦信息安全办公室在2004—2007四年间用于进行全民网络安全意识教育的投入为20多万欧元，而美国2006—2008年三年间用于国家网络安全联盟举办的www.staysafeonline.org网站建设的总投入达375万美元。②日本设立了专门培养网络安全人才的私立大学，例如，日本网络安全大学就是一所旨在培养网络安全硕士和博士的研究生院。相比而言，我国在网络内容安全教育方面的投入就相形见绌。例如，一些行业和地方主管领导以及企业负责人认为网络安全就是靠安全技术产品来保障，于是把安全预算大都投在产品上，舍得花巨资、下血本购买网络安全设备和软件，却不愿在全员网络内容安全意识教育上有所投入；有的认为实现网络安全就是专业人员的事，只要提高他们的技能和水平，就足以弥补安全漏洞，防范安全风险，教育培训可有可无。对于网络与信息安全人才建设，我国的措施还不到位，不仅高校的人才培养力度不够，社会上的继续教育和认证培训也常常难以维系，导致一方面人才缺口很大，另一方面素质高、技能强、懂管理的人才又容易流失。另外，面向儿童、青少年、个人用户等普通公众和中小企业，我国的国家网络安全教育权威网站没有建立起来；缺少一批有质量、有层次、有特色，能够吸引青少年的网站，大多数针对青少年的网络教育网站新鲜感、时代感不强，内容比较呆板僵化，缺乏凝聚力和号召力；对于网络安全教育软件的开发制作方面也相对滞后。

---

① 肖亚龙：《大学生网络安全教育文献综述》，《教育管理》2013年第7期。

② 张慧敏：《国外全民网络安全意识教育》，《信息系统工程》2012年第1期。

第八章　网络内容的国际传播

提升网络内容的国际传播力,“讲好中国故事,传播好中国声音”,是加强和改进我国网络内容建设所面临的一项十分重要和紧迫的任务。通过调查研究,辩证地审视近30年来我国网络内容国际传播取得的成就、存在的问题及成因是提升我国网络内容国际传播力的前提和基础。

第一节　网络内容国际传播取得的主要成就

近30年来,我国互联网普及程度快速提升,至2015年12月,我国互联网普及率达到50.3%,随着上网人数的增多,国内网民与国际社会交流的主观需求在不断增强。与此同时,我国用于互联网国际传播的客观技术条件得到持续改善,国际出口带宽达到5,392,116Mbps。① 在主观和客观因素的共同作用下,我国网络内容国际传播的主动性和计划性不断增强,网络内容国际传播工作取得显著成效。

一、传播目标定位清晰

1986年8月25日,中国科学院高能物理研究所的吴为民通过卫星链接和远程登录的方式,向位于日内瓦的斯坦伯格发出一封电子邮件。这一

① 中国互联网信息中心:《第37次中国互联网络发展状况统计报告》。

封电子邮件的发出,实现了我国网络内容从无到有的突破,同时,也实现了我国网络内容国际传播从无到有的突破。近30年来,互联网技术日新月异,国内外形势持续变革,在每一个发展阶段,网络内容国际传播所面对的时代背景和现实问题都处于不断变化之中,使得社会各界对网络内容国际传播目标的认识也在逐步调整和深化。总的来看,经过30年的发展,社会各界对网络内容国际传播的目标定位日渐清晰。传播目标的制定从自发走向自觉,各级政府开始通过战略目标和战略规划推动网络内容的国际传播,网络媒体则按照政府政策和法规的要求开始制定具体目标。同时,传播目标的覆盖范围逐步从片面走向全面,从浅层走向深层,使我国网络内容国际传播的目标明确、全面且系统。

从学术层面讲,近年来,网络内容的国际传播问题日益受到学术界的高度重视,而学者们对"传播目标定位"问题也进行了深入探讨,并逐步形成一定共识。如万希平在《中国网络文化传播的战略目标与路径选择》中明确提出,我国当前网络文化传播的战略诉求目的应当包括三个方面,即"占领网络话语权高地,提高网络文化的国际影响力""为中国的和平发展构建坚实的文化软实力根基""打造网络空间的社会主义文化强国"①。谢新洲等学者在《互联网传播与国际话话权竞争》一文中指出,要争夺国际话语权,就必须"打造具有强大吸引力、亲和力的网络传播内容"②,事实上是对上文所提出战略目标的具体解读。冯峰等学者则从比较和借鉴的视角探讨我国网络内容国际传播的相关问题,他在《美国对外传播的三个战略目标》一文中,通过分析美国对外传播的战略目标,间接地指明了我国在对外传播领域(包括网络内容的国际传播)所应当秉承的战略目标,即"打造中国自身对外传播的核心价值""建立自身的话语体系,赋予国际话语以中国式内涵,并以更加积极的姿态进行对外传播,引导国际舆论"③。这一战略目标,

① 万希平:《中国网络文化传播的战略目标与路径选择》,《学术论坛》2015年第2期。

② 谢新洲等:《互联网传播与国际话话权竞争》,《北京联合大学学报》(社会科学版)2010年第8期。

③ 冯峰等:《美国对外传播的三个战略目标》,《对外传播》2014年第9期。

与上述学者的观点形成呼应。

从政府层面来讲，自我国正式加入国际互联网以来，各届政府均根据当时实际情况提出网络内容国际传播的主要目标。经过几届政府的共同努力，传播目标的定位经过多次调整、完善和深化，目前初步形成了以战略目标为主的目标体系。具体而言，江泽民在1999年全国对外宣传工作会议上提出了我国对外宣传工作的总体目标，即“我们要在国际上形成同我国的地位和声望相称的强大宣传舆论力量”。同时，初步指明利用互联网进行对外传播的目标和任务。他指出，“信息传播业正面临着一场深刻革命，以数字压缩技术和卫星通讯技术为主要标志的信息技术的发展，互联网的应用，使信息到达的范围、传播的速度与效果都有显著增大和提高。世界各国争相运用现代化信息技术加强和改进对外传播手段。我们必须适应这一趋势，加强信息传播手段的更新和改造，积极掌握和运用现代传播手段”。2003年12月，胡锦涛在全国宣传思想工作会议上指出：要“着力维护国家利益和形象，不断增进我国人民同各国人民的相互了解和友谊，逐步形成同我国国际地位相适应的对外宣传舆论力量，为全面建设小康社会营造良好的国际舆论环境。”事实上，胡锦涛在此指明了这一时期我国对外传播的总目标，网络内容国际传播同样以此为根本目标。在论及网络传播时，胡锦涛指出，要“高度重视互联网等新型传媒对社会舆论的影响……形成网上正面舆论的强势”①。进一步发展了江泽民提出的“积极掌握和运用现代传播手段”的目标要求。2013年12月30日，习近平在中央政治局就提高国家文化软实力研究进行第十二次集体学习时指出，要“发挥好新兴媒体作用，增强对外话语的创造力、感召力、公信力，讲好中国故事，传播好中国声音，阐释好中国特色”。明确指出了新时期网络内容对外传播的总目标，并根据当前形势提出利用互联网等新兴媒体增强对外传播话话权这一重大问题，这在原有传播目标的基础上提出了更高层次的战略目标。

从媒体层面来讲，各类网络媒体是网络内容国际传播的实际执行者。自1995年我国第一家具有对外传播性质的网络新闻媒体“神州学人网站”

---

① 郑科扬：《加强党的执政能力建设的重要制度保障》，《求是》2004年第21期。

建立以来,一大批致力于国际传播的网络媒体相继成立,它们均制定了符合政策要求和自身特色的传播目标。以“神州学人网站”为例,网站专门针对在外留学人员提供国内重要信息服务,在网站简介中明确指出其传播目标,即“继续按照中央领导‘发出中国声音、讲好中国故事、展示中国形象’的要求,努力对在外留学人员做好宣传服务工作”①。2000 年开始,中央逐步确定了人民网、新华网、中国网、国际在线(CRI Online)、中国日报网等 13 家网络媒体为中央重点新闻网站,其中绝大多数网站开辟了外语版本或频道,并对自身的国际传播方向和传播目标进行明确定位。如央视国际在传播目标定位上,强调构建“以视频为特色,以互动和移动服务为基础,以特色产品和独家观点为核心,面向全球、多终端、立体化的新闻信息共享平台”②。“中国网”则提出,“以多语种、多媒体形式,向世界及时全面地介绍中国”的目标,并“努力为全球网民呈现一个生动、立体、多元的全景中国”③。此外,许多承担国际传播职能的地方性主流网站也提出明确的目标定位,即致力于立足本地特色,传播本地声音。如广东省委宣传部主管、南方报业集团主办的“南方网”,将自身定位为“广东第一新闻融合平台”“广东省对外宣传的网上主阵地和主渠道”④。

总体而言,目前我国网络内容国际传播的目标定位已较为清晰。学术层面进行了相对深入的探讨,并形成一定共识,从而为战略目标的制定奠定了理论基础。政府层面在参照理论研究和我国实际情况的基础上,明确提出了我国网络内容国际传播的战略目标,并随着时代的发展而逐步深化和细化。媒体层面则根据政府政策要求和自身特色,进行明确的自我定位,制定了具体的、战术性的传播目标。

---

① “神州学人”网站简介:http://www.chisa.edu.cn/gywm/lkjs/200903/t20090306_83333.html。

② “央视网”网站简介:http://www.cntv.cn/special/guanyunew/PAGE1381886879510187/index.shtml。

③ “中国网”网站简介::http://www.china.com.cn/aboutus/node_7219999.html。

④ “南方网”简介:http://www.southcn.com/aboutus/aboutus/。

二、传播队伍日渐扩大

人才队伍是网络内容国际传播取得实效的关键所在。自我国正式加入国际互联网以来,历届政府高度重视互联网条件下国际传播队伍的建设,大力推动传播队伍的发展壮大。早在1999年,江泽民在全国对外宣传工作会议上指出:“要加强对外宣传队伍建设,关心外宣干部的成长,努力造就一支政治强、业务精、作风正的高素质的对外宣传队伍。”2004年胡锦涛也曾明确指出,要“加强互联网宣传队伍建设,形成网上正面舆论的强势”。2008年,李长春在中国新闻奖长江韬奋奖颁奖报告会上的讲话中强调:要培养“一批维护国家利益、熟练掌握外语的外向型新闻人才,让党的新闻事业人才辈出、兴旺发达”。2015年,习近平在中央统战工作会议上提出,“要加强和改善对新媒体中的代表性人士的工作……让他们在净化网络空间、弘扬主旋律等方面展现正能量。”在党和政府的大力支持下,伴随着网络技术的发展和网络对外传播平台的增加,网络内容国际传播队伍持续扩大。事实上,传播队伍的扩大不仅体现在数量的增加上,而且体现在队伍分工的拓展上,此外,还体现在传播队伍主体身份的多元化等方面。

(一)网络内容国际传播的管理队伍

从我国现行体制来看,党和政府在网络内容国际传播中发挥着主要的引导和管理职能。随着相关职能机构的建立和发展,我国逐步培养出一支数量庞大的网络内容国际传播管理队伍。在中央层面,这支管理队伍的组成人员主要包括中共中央网络安全和信息化领导小组成员,其中,国家主席习近平亲自担任组长,李克强、刘云山任副组长;国家互联网信息办公室成员、中宣部负责互联网宣传与管理的工作人员、中共中央对外宣传办公室(即国务院新闻办)成员、工业与信息化部负责互联网政策制定与管理的工作人员、新闻出版广电总局负责互联网内容传播的相关工作人员、中国互联网络信息中心负责相关工作的人员等。在地方层面,各级政府均设有负责互联网和信息化工作的管理部门,在各自职责范围内管理网络内容的国际传播工作,各级党委宣传部门均设有外宣办、网信办等机构,负责管理地方性网络媒体的国际传播工作。这些地方性部门和机构的工作人员同样是我国网络内容国际传播管理队伍的重要组成部分。除政府层面的管理队伍之外，社会层面的管理队伍也不断发展壮大，自2001年中国互联网协会成立以来，各省市互联网协会纷纷建立。与此同时，各类网络媒体专业协会如北京网络媒体协会、重庆网络媒体协会、广东省网络视听新媒体协会等大批与网络传播相关的社会组织先后成立。由于这些社会组织在不同程度上具有对网络内容国际传播的管理职责，因此，为这些组织服务的大量工作人员也成为管理队伍中的重要组成部分。需要指出的是，当前我国网络内容国际传播的管理队伍仍在不断地发展壮大，如管理队伍的数量在不断增长，拥有相应管理队伍的部门在不断增多，但这并不意味着我国网络内容国际传播的管理队伍已趋于完善，相反，我国网络内容国际传播的管理队伍仍然存在许多亟待解决的问题。

（二）网络内容国际传播的执行队伍

执行队伍是网络内容国际传播队伍的核心力量，负责网络内容的策划、创作、发布、传播、营销等工作。具体而言，按照传播队伍的属地，可以将其划分为境内队伍和境外队伍，在此基础上，按照传播队伍的专业化、职业化水平，可以将其划分为专业队伍、业余队伍两类。其中，专业队伍主要是指网络国际传播媒体的工作团队及人员。业余传播队伍则是指具有国际传播意识和行为的普通网民，他们充分利用自媒体时代的优势，运用电子邮件、即时通信软件、微博、社交网络等工具，运用中文或外文向国外网民讲述中国民间故事、传播来自中国民间的声音。

一方面，专业传播队伍快速成长。以中央确定的13个重点新闻网站为例，绝大多数网站已经根据自身定位，建立了相对完整的国际传播队伍。如"国际在线"网自1998年成立以来，目前已经建立能够运用61种语言的国际传播队伍，同时，"国际在线"网的母体——中国国际广播电台拥有32个海外记者站、八家海外地区总站、四家海外本土化运营公司及80家海外分台及其工作团队，他们为"国际在线"源源不断地提供各类资源支撑，因此，也可以看作是"国际在线"网传播队伍的重要组成部分。此外，人民网建立了能够使用九种外语进行网络信息传播的工作队伍，新华网则建立了能够使用8种外语的国际传播队伍。同样，其他中央重点网站的国际传播队伍也获得快速发展（见表 8-1）。从传播队伍的内部结构来看，2014 年 4 月，人民网研究院和海外传播部针对网络国际传播从业者进行了随机调查，调查范围覆盖人民网、新华网、中国网、中国日报网、国际在线等网站的相关人员。此次调查数据显示，从事网络媒体对外传播的人员中有"四多"："女性居多，近 75%为女性；年轻人多，20—35 周岁年龄段的人员占 85.7%；高学历者多，参与调查者全部拥有本科及本科以上学历，硕士及硕士以上学历者占 45.8%；有国外生活经历的人多，61.4%的人曾有过连续在国外居住一个月以上的经历。"①

表 8-1　13 个中央重点新闻网站国际传播队伍情况

中央重点网站名称	国际传播队伍建设情况
国际在线	已建立能够运用 61 种语言的传播队伍。拥有 32 个海外记者站、8 家海外地区总站、4 家海外本土化运营公司及 80 家海外分台及其工作团队
人民网	已建立能够运用 9 种外语（英、日、韩、西、法、俄、阿、德、葡语）的传播队伍。同时，拥有东京、纽约、旧金山、首尔、伦敦、莫斯科、约翰内斯堡、悉尼以及香港分社及其工作团队
新华网	已建立能够运用 8 种外语（英、法、西、俄、阿、日、韩、德语）的传播队伍。拥有更具针对性的"非洲分网""欧洲分网"和"亚太分网"工作团队
央视网	已建立能够使用 6 种外语（英、西、法、阿、俄、韩语）的传播队伍。同时，能够获得中央电视台 70 个海外记者站（包括 2 个海外分台、5 个区域中心站和 63 个驻外记者站）工作团队的支持
中国网	已建立能够使用 9 种外语（英、法、西、德、日、俄、阿、韩、世界语）的传播队伍。内容发布团队由中国和来自英国、美国、德国、日本、西班牙、俄罗斯等国家的专业记者、编辑组成
中国经济网	已建立能够运用 7 种外语（英、德、俄、法、西、阿、日语）的传播队伍
中国青年网	已建立能够运用 5 种外语（英、法、日、韩、俄语）的传播队伍
中国西藏网	已建立能够运用 3 种外语（英、德、法语）的传播队伍

① 刘扬：《对网络对外传播从业者现状的调查与思考》，《对外传播》2015 年第 3 期。

续表

中央重点网站名称	国际传播队伍建设情况
中国日报网	已建立一支高水平的中英文传播队伍,聚集了500多名新闻从业人员,常年聘用近百位来自美、英等国的资深新闻传播人才,包括美国子网、欧洲子网、亚太子网、非洲子网工作团队,以及遍及世界各地的40余个办事机构工作人员
光明网	建立中、英两种语言的传播队伍
中国台湾网	建立中、英两种语言的传播队伍
中国新闻网	建立中、英两种语言的传播队伍。同时,可以获得中新社46个境内外分社以及北京、纽约、香港发稿中心等工作团队的支持
央广网	建立中文传播队伍,向全球传播信息

另一方面,除专业传播队伍外,随着我国改革开放的深入和Web2.0技术的普及,各行各业的普通网民开始运用各类网络工具向国际社会传递中国声音,网络内容国际传播的业余队伍不断发展壮大。2008年3月,西藏"3·14"事件爆发后,美国有线新闻广播公司、英国广播公司等西方媒体进行了大量歪曲事实的报道,网络上随后掀起反击歪曲报道的浪潮,大量网民自发参与到反击浪潮当中。如在事件发生后,一名21岁的加拿大华人在世界上最大的视频分享网站优兔上发布一个名为"西藏过去、现在和将来都属于中国一部分"的视频,向国外网民阐释西藏的历史和现状,三天之内点击量接近120万次,各种语言的评论达7.2万多条。同样在优兔网站上,留学国外的网友制作的名为Tibet:True face of western media("西藏骚乱:西方媒体的真实面孔")的视频也赢得了点击狂潮,仅几天时间,该视频点击率就高达70多万次。反击浪潮最终迫使美国、德国等相关媒体做出道歉。事实上,近年来,越来越多的网民开始在国际互联网上发出自己的声音。如2009年我国网民发起谴责境外媒体对乌鲁木齐"7·5事件"不实报道的活动,2012年发生的网民围观奥巴马Google个人主页事件等。中国网民及其发出的中国声音日益频繁地出现在国外各大网络平台当中,网民自发形成的业余传播队伍已经成为我国网络内容国际传播的重要力量和未来最具发展潜力的力量。

三、传播平台数量增加

自从1995年我国第一家具有对外传播性质的网站——神州学人杂志网站建立以来，社会各界对网络内容国际传播重要性的认识在不断加强。经过20年的快速发展，我国网络内容国际传播平台的数量显著增加，种类日渐丰富。就目前而言，现有传播平台逐步形成了一个平台体系，其中既有官方平台也有民间平台，既包括中央平台也包括地方平台，既存在专业平台也存在业余平台，既建立Web1.0平台，也有一部分Web2.0平台。

从政府层面来讲，由党和政府主导的大量具有国际传播性质的网站纷纷建立。在中央层面，中国政府网开通了英文版，中国共产党新闻网开通了英文、日文和俄文版。根据2013年数据，国务院各部委的英文网站拥有率达到40.54%。① 同时，中央还确定了新华网、国际在线、中国日报网等上述13大中央重点新闻网站，其中绝大多数网站均开通了外语频道。在地方层面，31个省级人民政府（未统计港澳台）网站中，截至2015年8月已有19个省级政府网站开通出一种甚至多种外语版本，省级政府的外文网站拥有率达到61.3%。同时，多数省份党政部门扶持建设了一个或多个省级综合性国际传播网站（外文版），如北京市委宣传部主管主办的千龙网、广东省委宣传部主管主办的南方网等（见表8-2）。此外，许多市、县级政府也建立了自己的政府网站（外文版），或者专门的外宣性外文网站，如河南南阳市委宣传部主办的“河南南阳英文官网”，成都市委外宣办主办的“Go Chengdu”英文网站等。从2013年政府网站国际化评估结果来看，“省会及计划单列市政府网站英文版的拥有率达到71.88%；地级市政府网站英文版的拥有率为40.20%。”②

---

① 北京国脉互联信息顾问有限公司：《2013政府网站国际化评估：近50%政府网站外文版仍在建设阶段》，2013年12月9日，见http://www.echinagov.com/quality/assess/35392.html。

② 北京互联信息顾问有限公司：《2013政府网站国际化评估：近50%政府网站外文版仍在建设阶段》。

表 8-2 我国省级政府网站外文版和省级主要国际传播网站统计

省 份	政府网站外文版	省级综合性国际传播网站(外文版)
北京市	北京之窗(英文版)	千龙网(英文版)
上海市	中国上海(英文版)	东方网(英、日文版)
天津市	无	感知天津网(英、日文版)
重庆市	中国重庆(英、法、日文版)	华龙网(英、日、韩、法文版)
黑龙江省	中国·黑龙江(英、俄文版)	东北网(英、俄、日、韩文版)
辽宁省	无	东北新闻网(英文版)
吉林省	吉林省人民政府门户网站(英、日、韩、俄文版)	吉林英文新闻网
河北省	中国河北网(英文版)	长城网(英文版)
陕西省	陕西省人民政府门户网站(英文版)	西部网(英文版)
甘肃省	中国甘肃(英文版)	每日甘肃(英文版)
江西省	江西省人民政府门户网(英文版)	大江网(英文版)
河南省	无	无
湖北省	湖北省人民政府门户网(英、法文版)	荆楚网(英文版)
湖南省	湖南省人民政府网(英、韩、日、法文版)	红网(英文版)
山东省	无	中国山东网(英、韩、日文版)
山西省	无	无
安徽省	中国·安徽(英文版)	中安在线(英文版)
浙江省	浙江省人民政府网(英、德、日、法文版)	浙江在线
江苏省	江苏省人民政府网(英文版)	中江网(英文版)
福建省	中国福建(英文版)	福建全球英文网
广东省	无	南方网(英文版)
海南省	海南省人民政府网(英文版)	阳光海南网(英、俄、日、韩文版)
四川省	四川省人民政府网(英文版)	无

续表

省 份	政府网站外文版	省级综合性国际传播网站(外文版)
云南省	无	云南网(英文版)
贵州省	中国贵州(英文版)	多彩贵州网(英文版)
青海省	无	无
内蒙古自治区	无	正北方网(英文版)
新疆维吾尔自治区	中国·新疆(英文版)	天山网(俄、英文版)
西藏自治区	无	中国西藏新闻网(英文版)
广西壮族自治区	无	无

从民间层面来讲,我国主流民办互联网平台纷纷加入到国际传播阵营当中。随着我国互联网产业的发展壮大,民办互联网企业的国际视野不断拓宽,许多曾经面向国内用户的互联网平台开始着眼于国际社会,实施“走出去”战略,加入到对外传播阵营当中。国内著名的商业门户网站搜狐网、新浪网开通英文频道。与此同时,我国三大民营互联网企业阿里巴巴、百度、腾讯均开启国际化传播进程,阿里巴巴开通英文和日文版网站,向全世界提供我国产品信息,推动进出口贸易发展;我国最大的搜索引擎网站“百度”先后推出了针对泰国市场的泰语搜索、针对埃及市场的阿拉伯语搜索、针对巴西市场的葡萄牙语搜索;腾讯旗下即时通信软件腾讯 QQ 开通国际版,方便不同国家和地区用户使用,而新产品“微信”则支持英语、西班牙语、俄语、印度尼西亚语、葡萄牙语以及泰语等 18 种不同语言。民办互联网平台的国际化,进一步促进了我国网络内容国际传播的进程,也大大提升了我国网络内容的国际传播力。

第二节 网络内容国际传播存在的主要问题

尽管我国网络内容国际传播事业快速发展,取得了一系列显著成就,但我国在网络内容的国际传播方面仍然存在诸多亟待解决的问题,与西方发达国家相比,我国网络内容的国际传播力差距较大。网民调查显示,29.7%

的人认为"我国网络内容的国际传播能力不强"(见图30)。在高校调查中,当问及"与西方国家相比,我国校园网络内容建设方面存在的差距有哪些?"时,30.3%的人选择"国际影响力不强"(见图50)。详言之,在我国网络内容国际传播方面,主要存在以下三个问题:受众需求未充分满足;传播策略外显性突出;传播内容同质化严重。

一、受众需求未充分满足

随着我国综合国力的增强和国际影响力的提升,世界各国了解中国、认识中国的愿望和需求也在与日俱增,互联网的快速发展则为这种需求的满足提供了最为便捷的条件。越来越多的外国公民、华人华侨希望通过互联网来获得有关中国的信息。如有学者针对144名外国人的调查显示,绝大多数人有了解中国的愿望,而仅有六人表示并不关心有关中国的信息。同时,在全部调查对象中,"99%的人认为互联网是国家间交流的重要渠道,64%的受访者表示如果中国网站有视频节目会主动选择观看。"①在本课题组所进行的针对性调查当中,绝大多数受访者同样表达了通过网络了解中国的愿望,其中,有高达57.6%的受访者认为,网络是"海内外获取中国信息的主要渠道"。从国外受众对中国网络内容的具体需求层面来看,他们最感兴趣的中国网网络内容前五类依次为:"文化学习类"为67%、"新闻资讯类"为53%、"体育类"为52%、"财经类"和"综艺娱乐类"均为36%。可见,受众感兴趣的网络内容类型呈现多元化状态(见图8-1)。

与此同时,外国受众访问中国网络内容的目的也各不相同。本课题组调查显示,71%的人想要通过浏览中国网站学习中文,41%的人由于喜欢中国文化而访问中国网站,35%的受访者为了解中国发生的事情而访问中国网站,26%的人是为了发表自己的观点和意见而访问中国网站,22%的人则是为了获得朋友之间的谈资(见图8-2)。

然而,面对国外受众对我国网络内容的多元化兴趣和目标取向,目前我

① 李智等:《中国媒体国际传播调查及未来传播策略研究》,2014中国传播论坛:"国际话语体系与国际传播能力建设"研讨会会议论文集,2014年6月,第1页。

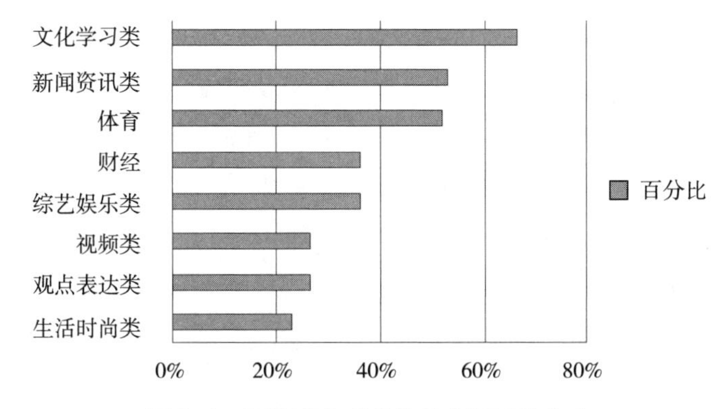

图 8-1　国外受众感兴趣的中国网络内容

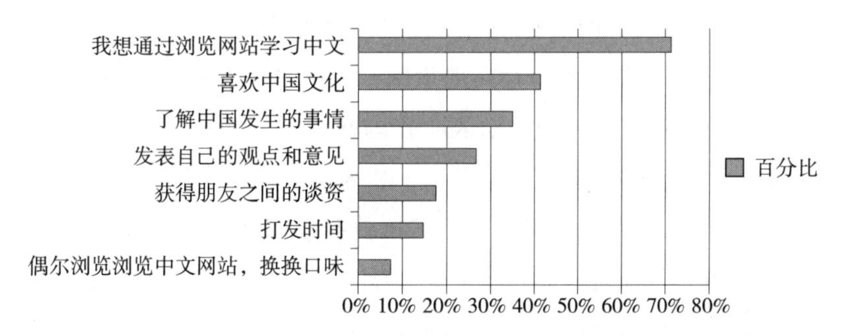

图 8-2　国外受众访问中国网络内容的目的

国网络内容国际传播平台及传播活动尚无法完全满足国外网络受众的多元化需求。事实上,无论是国内还是国外受众,在获取网络信息时,往往从两个最基本的需求出发,即获得真实可靠信息的需求以及获得自己感兴趣的信息的需求。从网络内容传播者的视角来看,要满足这两个基本需求,一方面必须提供客观、真实、准确的网络内容;另一方面,必须抓住用户喜好,提供类型全面的信息,以满足不同用户的多元需求。但是,从国外受众对我国网络内容的反馈来看,68%的受众认为我国网络内容不够客观;59%的受众认为我国网络内容存在视角偏差;59%的受众认为内容宣传意味过浓;25%的受众认为我国网络内容语言使用不规范;49%的受众认为内容不全面;46%的受众认为我国网络缺少与受众之间的互动;15%的受众认为我国网络内容本土化缺乏(见图 8-3)。

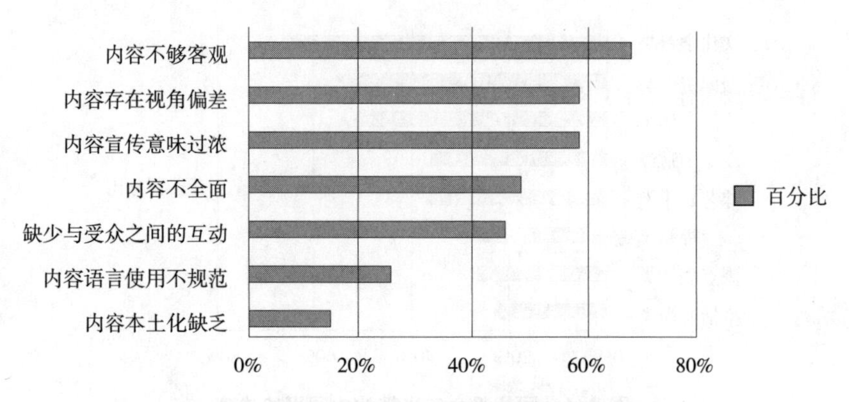

图 8-3　国外受众认为我国网络内容存在的问题

由此可见,受众的两大基本需求尚未得到完全满足。在上述七大问题当中,"内容不够客观""内容存在视角偏差""内容宣传意味过浓""内容语言使用不规范"四大问题的存在,表明我国网络内容的公信力仍然不足,无法完全满足受众获得真实可靠信息这一基本需求。

事实上,公信力不足的问题一直是困扰我国媒体国际传播的一个主要问题。早在 2002 年,我国学者针对在上海的外国人所做的调查显示,"来华的外国受众真正相信我国英语媒体的人数只有 25%左右,完全不相信的为 15%,而大多数的受众(60%)持谨慎态度或不想发表意见(见表 8-3)。"① 多年来,我国主管部门及网络媒体为提升网络内容的客观性和真实性出台了多项针对性措施,但国外受众反映的上述问题仍未完全解决。从网络内容客观性的角度来讲,一些虚假报道时有发生。如 2003 年 3 月 29 日,"中国日报网"报道了"比尔·盖茨在参加活动时被刺杀"的新闻,事后被证明为假新闻。2013 年,一则名为"老外扶摔倒大妈遭讹 1800 元"的虚假新闻被"国际在线"等国内各大门户网站转载。从网络内容语言使用规范的层面来看,仍有许多国际传播网站外语运用不规范、不专业,"中式英语"较为普遍。更有甚者,一些政府网站英文版仍存在单词拼写错误、标点运用错

① 郭可:《我国对外传播中国际受众心理研究》,《新闻与传播评论》2002 年第 1 期。

误、排版随意等低级问题。门户网站的虚假新闻、政府网站的语言运用错误等问题的长期存在，给国外受众留下“中国网站不可信”的印象，从而在一定程度上影响了我国网络内容的公信力。

表 8-3　来华外国受众对我国英语媒体的信任度①

你是否相信中国英语媒体	人数/百分比
相信	16/24. 2%
不相信	10/15. 1%
既相信又不相信（持谨慎态度）	30/45. 4%
不想发表意见	10/18. 2%
	共 66 人

除此以外，在上述七大问题中，还存在“内容不全面”“我国网络缺少与受众之间的互动”“我国网络内容本土化缺乏”三个问题。其中，网络内容的全面与否，直接影响着多数网络受众能否获得自己感兴趣的信息；网站与受众的互动程度也在一定程度上影响网民访问网站的热情和积极性；同时，网络内容的本土化程度则影响着网络受众对内容的关注度。这三个问题的存在，表明我国网络内容无法完全满足国外受众获得感兴趣信息的需求。

由此可见，在两大基本需求无法得到充分满足的条件下，国外受众在访问我国网络内容时获得的用户体验便很难得到提升。在这种情况下，多数国外用户也无法形成使用中国网络媒体获取信息的习惯，我国网络内容在国外受众当中的用户依赖程度相对较低。事实上，从本课题组的调查结果来看，当突发新闻事件发生时，47%的外国受众仍然首选母国媒体来获取信息，43%的受众则首选国际性网络媒体来获取信息。

二、传播内容同质化严重

所谓“同质化”，最初是指同一类型但不同品牌的商品或服务在竞争中

---

① 郭可：《我国对外传播中国际受众心理研究》，《新闻与传播评论》2002 年第 1 期。

互相借鉴与模仿,以至逐渐趋同的现象。如可口可乐与百事可乐除品牌差异外,在产品色泽、口感、功效以及营销渠道等方面走向高度趋同。与其他行业一样,媒体传播行业同样存在同质化问题,正如有学者所言:"媒体文化的同质化是十分快速的,常常会像瘟疫般流行。"①互联网作为新兴媒体,虽然诞生时间不长,但在其快速发展的过程中,仍然产生了传播内容的同质化问题。从网络内容国际传播的层面来看,目前而言,大型门户网站及其外文频道仍然是我国网络内容国际传播的主力军。但长期以来,各大网站的内容来源相对单一,如门户网站上的大量新闻报道来自于新华社消息。同时,各网站之间相互借鉴、相互转载、相互引用,甚至相互抄袭的现象较为普遍,使得全国性大型门户网站逐步走向传播内容的同质化,各网站本来所拥有的差异和特色正在日趋模糊。

(一) 网站版面设计趋同

网站版面设计是网络内容传播的基础工作之一。自万维网诞生以来,随着互联网技术的发展以及对网络传播规律把握的日渐深入,网站版面设计的理念也逐渐走向成熟,基本的设计思路和设计方式逐步趋于统一。例如,大多数门户网站都遵循心理学上的"视觉流程"规律,即人们浏览信息时,一般习惯于从上到下、从左到右浏览信息。因此,在网站版面设计时,将重要信息或希望访问者优先看到的信息放置于页面上方或左方。毫无疑问,遵守这些基本的规律来进行页面布局,对于提升网站内容的传播效果大有裨益。然而,部分国际传播网站不仅在基本设计理念和思路上趋于一致,在一些具体的设计细节和设计要素中,也相互借鉴和模仿,使网站设计相似性有余而独特性不足。例如,中国日报网、新华网(英文频道)等几乎所有的国际传播网站均在主页显著位置采用"滚动图片"的方式显示要闻。同时,在首页布局上,一些网站也采用高度相似的布局策略,如国际在线(英文频道)和中新网(英文频道)在网站首页的第一屏内容中,均采用了左侧滚动图片,右侧头条新闻的布局形式(见图 8-4、图 8-5)。

---

① 蒋原伦:《媒体文化的同质化》,《文汇报》2002 年 6 月 22 日。

图 8-4　国际在线(英文频道)首页第一屏内容截屏(2015 年 8 月 4 日)

图 8-5　中新网(英文频道)首页第一屏内容截屏(2015 年 8 月 4 日)

(二) 网站栏目设置相似度高

网站栏目设置相似度高是传播内容同质化的一个重要表现。在 13 个中央重点新闻网站中,笔者选取其中全球排名①靠前的新华网、中国日报网、人民网、央视网、光明网五大网站(英文版)首页的主要栏目,并根据五

---

① 根据全球著名的排名网站(Alexa)最新数据(2015 年 8 月),见 http://www.alexa.com/topsites。

大网站2015年8月首页主要栏目进行了整理、分析(见表8-4)。结果显示,各网站栏目设置的相似度较高。其中,100%的网站设置了"中国""世界""文化""体育"四个栏目;80%的网站设置了"商业""科学(或科技)""照片""视频"四个栏目;60%的网站设置了"旅行""生活""专题(或专题报道)""观点"四个栏目。从具体网站两两比较来看,部分网站在栏目设置上呈现出较高重合度。例如,新华网(英文版)与中国日报网(英文版)有八个以上的栏目相同,占前者所有栏目的42%以上,占后者所有栏目数的67%。中国日报网(英文版)与人民网(英文版)则有九个栏目相同,占前者栏目总数的75%,占后者栏目总数的60%。事实上,由于网站布局的差异,一些栏目并没有体现在首页当中,如果将各网站内部除首页栏目之外的子栏目包括在内的话,网站栏目间的相似度更高。而栏目设置的趋同,也反映了部分传播主体仍然秉持贪大求全理念,从更深层次讲,反映我国在网络内容国际传播方面的顶层布局仍然相对缺失。

表8-4 五大网站(英文版)首页主要栏目设置

网站名称	首页主要栏目
新华网(英文版)	中国(China)、世界(World)、文化和教育(Culture & Edu)、体育(Sports)、商业(Business)、旅行(Travel)、娱乐(Entertainment)、科技(Sci & Tech)、健康(Health)、深度报道(In-Depth)、怪闻(Odd News)、照片(Photos)、视频(Video)、论坛(Forum)专栏作家(Columnists)专题报道(Special Reports)、中国商业周刊(Biz China Weekly)双语区(Bilingual Zone)服务(Services)
中国日报网(英文版)	中国(China)、世界(World)、文化(Culture)、体育(Sports)、商业(Business)、旅行(Travel)、生活(Lifestyle)、论坛(Forum)、观点(Opinion)、地区(Regional)、报纸(Newspaper)、视频(Video)
人民网(英文版)	国家(National)、世界(World)、文化(Culture)、体育(Sports)、科学(Science)、商业(Business)、旅行(Travel)、生活与健康(Life & Health)、观点(Opinions)、社会(Society)军事(Military)、照片(Photo)、视频(Video)、专题(Special)、报道(Coverage)中国共产党新闻(News of CPC)
央视网(英文版)	新闻(News)(包括:China、World、Business、Sports、Culture、Sic-Tech、Opinions、Special Reports)、学习中文(Learn Chinese)、纪录片(Documentary)、视频(Videos)、照片(Photos)

续表

网站名称	首页主要栏目
光明网(英文版)	中国(China)、世界(World)、文化(culture)、体育(Sports)、科学与技术(Sci&Tech)、论坛(BBS)、生活(Life)、照片(Photo)、宠物(Pet)、怪闻(Odd)、特色(Featured)、关于我们(about us)

(三) 网站报道内容相近

网站报道内容相近是传播内容同质化的直接体现。国内外受众可以经常看到若干网站上出现相同或相近的报道。具体而言,网站报道内容相近表现在两个方面:其一,不同网站之间出现标题和内容完全相同的报道文章、图片或视频,如各大网站同时转发了新华社的某些报道;其二,各网站有主题相同的报道,但报道的标题或内容有所差异。例如,各网站针对2008北京奥运会开幕式这一主题撰写报道文章,虽然文章主题相同,但在标题的选择、语言运用方面有所区别。事实上,早在2006年便有学者引用千龙研究院的调查数据,并指出"现在网络新闻媒体每天更新的内容重复率高达60%"①。10年之后的今天,这样的现象仍然普遍存在。笔者在上述五大网站(英文版)中,随机选取2015年8月5日的头条新闻进行分析,结果显示,各网站间仍有不少相同或相近报道。如人民网(英文版)与中国日报网(英文版)头条完全一致,均为"CPC leaders' annual summer meet to set economic agenda",这一文章来原于《中国日报》;新华网(英文版)与光明网(英文版)头条新闻也完全相同,均为"Foreign leaders congratulate Beijing on successful Winter Olympic bid",文章均来源于新华社。此外,央视网(英文版)的头条新闻与光明网(英文版)及新华网(英文版)所报道的主题相近,均为"北京成功获得2022年冬季奥运会主办权"的主题,但报道内容为原创。

三、传播策略外显性突出

传播策略运用的好坏直接影响着网络内容国际传播的效果。长期以

① 江泽文:《门户网站同质化现象探析》,《青年记者》2006年第4期。

来,在“外宣”思维的影响下,我国在国际传播领域更加习惯于运用“外显性策略”,加入互联网之后,这种传播习惯也逐步延伸到网络内容传播领域。具体而言,所谓“外显性策略”是相对于“内隐性策略”而言的,它是指在内容传播过程中,传播主体有计划、有目的的运用官方的、公开的、直接的方式传播信息。“外显性策略”可以旗帜鲜明地表明传播主体的立场、观点,快速直接地向外界传达主体所希望传达的信息,但从另一方面讲,也会由于目的性过强、表达方式过于直接而降低受众对网络内容的接受度,甚至使受众对网络内容的接受产生逆反心理。

(一)社会主义价值观表达方式的外显性

马克思指出:“如果没有事件,就没有什么可说的。”①这里所说的“事件”就是指客观发生的事情,即马克思主义十分重视信息传播的真实性,离开了真实性与客观性,便失去了新闻报道的意义。但与此同时,按照马克思主义新闻观的指导,我国媒体在信息传播过程中,既讲求内容的真实性,也讲求信息的“正确性”,即按照马克思主义的、社会主义的价值观来界定和评价新闻信息。如恩格斯明确强调,党的报刊的任务“首先是组织讨论、论证、阐发和捍卫党的要求,驳斥和推翻敌对党的妄想和论断”②。因此,我国的新闻媒体习惯于在新闻报道中较为明显地表露自己的价值倾向和立场。在报道我国政治、经济、文化、社会发展现状时,更倾向于选择正面的内容,在报道中较少或基本不提及负面信息。然而,西方媒体则长期以来秉持所谓的“新闻专业主义”,在新闻报道中,表面上坚持所谓的“价值中立”,事实上将资本主义的价值观念更加隐蔽地渗透在传播内容当中。长此以往,国外受众特别是西方受众已经习惯接受这种“价值内隐”式的传播方式,我国网络媒体依然采用的“价值观外显”性传播反而无法适应国外受众的接受习惯。

从具体的报道内容来看,笔者随机选取2015年8月6日新华网(英文版)、中国日报网(英文版)、人民网(英文版)、央视网(英文版)、光明网(英

---

① 《马克思恩格斯全集》第12卷,人民出版社1962年版,第726页。

② 《马克思恩格斯全集》第4卷,人民出版社1958年版,第300页。

文版）五大网站头条新闻，以及赫芬顿邮报网、泰晤士报网等国外网站的头条新闻进行分析，结果显示，我国五大网站的头条新闻均可以划归到“正面宣传”的范畴，如中国日报网（英文版）新闻头条的主题为“中国要求马来西亚政府继续调查失踪飞机”，在一定程度上表达了对中国政府行为的肯定。而赫芬顿邮报网新闻头条的主题为“奥巴马与参议员在伊朗问题上的分歧与争论”，泰晤士报网新闻头条的主题则是“首相卡梅隆面临的来自社会的指责”。相比较而言，西方网络媒体的报道内容并没有明确显露自己的价值判断和倾向，而是更多地将所探讨的问题摆到受众面前。

（二）主要传播媒体政府背景的外显性

一般而言，网络受众在接受网络内容、获取网络信息时，会选择自己信任的网络媒体，但是，“由于文化和意识形态的不同，西方受众对政府创办的媒体有一种天然的不信任感，会采取一种怀疑和不信任的态度。西方受众对待他们自己的政府如此，对待外国政府就更是如此。”①而我国开展对外传播的主要网络媒体恰恰以官办媒体居多，新华网、人民网、中国网等中央确定的13大重点网站，东方网、南方网、千龙网等各地方主要门户网站，以及中国文化网等专题性对外传播网站，大多数为党和政府直接主办的媒体或者与政府关系十分密切的媒体。而且这些网络媒体的官方色彩已经明确地体现到媒体的组织架构、运作方式、内容选择以及话语运用等方面。

因此，我国网络媒体往往给海外受众形成一种“政府代言人”的印象，海外受众认为我国网络媒体只是在为政府做宣传，从而在一定程度上影响了网络内容传播的公信力和吸引力。正如笔者调查显示，59%的国外受众认为我国网络内容宣传意味过浓。相比较而言，欧美国家政府在国际传播过程中，较少通过直接建设综合性门户网站的方式来进行网络内容传播，而往往采用政策、法律等手段，引导市场和社会力量参与其中，并对其进行强有力的规范和监督。运用这种方式，欧美国家政府实际上将自己隐藏到市场和社会力量所开办的网络媒体之后，通过间接而隐蔽的手段对受众发挥影响。

---

① 王东迎：《中国网络媒体对外传播研究》，中国书籍出版社2011年版，第84页。

第三节 网络内容国际传播存在问题的成因

网络内容国际传播过程中存在的“未充分满足受众需求”“传播内容同质化”以及“传播策略外显性突出”等典型问题，既不是偶然所致，也并非单一因素所造成，上述问题的长期存在，是多种内部与外部因素共同作用的必然结果。

一、内部原因

（一）国际传播思维相对陈旧

随着我国改革开放的深入，国内媒体的国际视野日渐开阔，媒体国际传播思维也在不断调整和转变。例如，近年来，相关媒体基本上已经抛弃了纯粹的政治宣教思维，在撰写新闻报道时，开始避免使用宣教式语言。但是，这种转变仍然无法满足互联网时代国际传播的现实需求。

其一，“报喜不报忧”思维方式仍然存在。自古以来，我国便有“家丑不可外扬”“报喜不报忧”的文化传统，而我国“外宣”工作也或多或少继承了这种文化传统。久而久之，便形成了一种思维定式，即面对某一新闻事件时，更加习惯从积极方面进行报道，而忽略其消极层面。事实上，坚持正面报道为主是我国国际传播应当坚持的重要原则，但物极必反，如果一味地追求正面报道而使之超越一定限度，反而会凸显传播内容的“宣教”意味，使国外受众认为我国网络内容不客观，从而影响网络内容的公信力。

其二，“以自我为中心”的思维方式较为普遍。在调查中可以发现，许多国际传播网站的自我中心意识仍然较为浓厚，即在内容传播过程中，更多地考虑“我要传播什么”“我想如何传播”的问题，而并非“受众想要什么”“受众是否能够接受”的问题，上述许多问题的产生均与这种思维方式息息相关。例如，正是在这种思维方式的指导下，许多网站从自身的报道需求出发，将现有的中文文章直接翻译成外语并发布在其外文版网站上，而没有考虑到中外网民信息接收视角的差异，从而增加外国受众的接受困难。因此，在笔者调查中发现，59%的受众认为我国网络内容的报道视角存在偏差。

其三,互联网思维相对缺乏。互联网作为国际传播的新载体,具有区别于其他载体的特殊运行方式。因此,要做好网络内容的国际传播,必须用符合互联网运行规律的思维方式来思考问题。有学者认为,在新闻传播领域,"互联网思维"的内容,"包括即时提供信息、提供海量信息、互动交流、门户体验、满足公众多样化和个性化的信息需求、充分运用大数据和云计算六方面的要求。"①从这一层面讲,目前我国网络内容国际传播领域最为缺乏的便是互联网思维。例如,相关媒体在大数据和云计算领域的探索意识未完全形成,将这些新兴技术运用到国际传播中的媒体凤毛麟角。同时,许多媒体在网络内容国际传播过程中互动交流相对缺失,笔者调查的结果也证明了这一点,46%的受众认为我国网络缺少与受众之间的互动。

（二）对国外网络受众研究不充分

受众研究是传播学研究中的重要内容,国外相关研究可以追溯到 20 世纪初期,并在长期的发展过程中形成了各式各样的理论体系。如"美国传播学家梅尔文·德弗勒在其《大众传播理论》(1975)一书中将其归纳为 4 种:个人差异论、社会分类论、社会关系论、文化规范论"②。我国受众研究则起始于改革开放之后,"1982 年,中国社科院新闻研究所和首都新闻学会调查组进行了'北京地区读者、听众、观众调查'(以下简称'北京调查')。从那以后,我国大众媒介受众研究发展迅速,特别是在社会主义市场经济的推动下,出现了受众研究的专业组织,受众理论的研究水平也有很大提高。"③在这种情况下,相关的各种学术研讨会也日渐增多,就目前情况来看,受众研究已经成为传播学研究当中的理论热点。

然而,随着媒介技术从传统纸媒到广播电视再到互联网的逐步演变和发展,受众的类型及特征也在不断地演变,从而给受众研究带来新的挑战与要求。特别是在互联网条件下,网络受众具有新的内在需求与行为方式,而

---

① 陈力丹等:《重构媒体与用户关系——国际媒体同行的互联网思维经验》,《新闻界》2014 年第 24 期。

② 王东迎:《中国网络媒体对外传播研究》,中国书籍出版社 2011 年版,第 88 页。

③ 白贵等:《从无到有:中国受众研究 20 年——"全国第三届受众研究学术研讨会"综述》,《新闻记者》2001 年第 12 期。

互联网相对于广播、电视等传统大众传媒而言属于新兴媒体，目前国内学术界对互联网受众的研究时间相对较短，因而存在诸多不足，从国际传播视角对国外网络受众的研究则更不充分。

一方面，对国外网络受众的分类研究较为笼统。在通常情况下，囿于研究能力或客观条件限制，我国多数学者将国外网络受众作为一个区别于国内受众的整体进行研究，并没有对其进行进一步的细分。即使部分学者对其进行划分，但仍然较为笼统，如将受众划分为西方国家受众、发展中国家受众、华侨和华裔三大类别进行研究，而较少按照国别、种族、民族、年龄、性别等因素对受众进行细分。与此同时，对每一种类别的受众在研究层次上也不够深入，大多数研究者局限于对其文化背景和阅读习惯泛泛而论。这使得我国国际传播网站很难准确抓住受众需求。正如中国网总编室主任李雅芳曾指出："网络媒体就整体而言，对目标读者的界定还比较模糊，而外宣网络媒体在这方面的盲目性更大，正由于此，选题、写稿、设计的针对性都不是很理想，因而整体内容对外国读者的接受度打上了很大的折扣。"①

另一方面，关于国外网络受众的实证研究相对滞后。互联网技术仍然处于迅猛发展过程当中，博客、微博、微信等各种网络应用也快速推陈出新，这使得网络受众的上网心理和使用习惯也在迅速发生变化。例如，微软推出的 MSN 即时通信软件，在 2003 年左右曾是全球最大的即时通信类软件，而仅仅几年之后，伴随着"脸书""推特"等社交网络的流行，欧美网络受众开始习惯于使用"异步沟通"的社交网络工具。面对国外网络受众上网习惯的快速转变，国内相应的实证研究却相对滞后：其一，多数调查研究样本容量偏少，调查结果的代表性和说服力不强，如一部分调查的样本数不足 200 名；其二，持续性的实证研究十分缺乏。许多现存的实证研究数据已经是五年前甚至十年前的调研结果，在受众上网习惯快速转变的条件下，无法准确反映和满足当前受众的现实需求，进而引发上文中所提到的诸多问题。

（三）顶层设计与布局不完善

近年来，党和国家大力支持国际传播事业的发展，如十七届六中全会提

① 王东迎：《中国网络媒体对外传播研究》，中国书籍出版社 2011 年版，第 91 页。

出“提高社会主义先进文化辐射力和影响力,必须加快构建技术先进、传输快捷、覆盖广泛的现代传播体系。加强国际传播能力建设,打造国际一流媒体,提高新闻信息的原创率、首发率、落地率”。十八大报告则提出“构建和发展现代传播体系,提高传播能力”。“加强国际传播能力建设”更是写入2015年中国政府工作报告。在此基础上,大量人力、物力、财力投入到国际传播领域,网络内容国际传播能力也在不断提升。新华网、央视网、国际在线等网络媒体更是分别在其母体单位——新华社、中央电视台、中国国际广播电台遍布世界各地的分支机构和记者站资源的支持下,在国际上形成一定的影响力。然而,尽管我国在国际传播方面投入巨大,但我国网络媒体相较于美国有限电视新闻网、英国广播公司等国际传媒巨头所建立的新闻网站,以及“谷歌”“脸书”“推特”“优兔”等风靡全球的网络平台而言,其影响力仍然与之相差甚远。从仔细分析来看,我国在网络内容国际传播的宏观布局和顶层设计上仍然存在一些欠缺,从而使得我国网络媒体始终无法与国际主流网络媒体相抗衡。

其一,国际传播网站的结构布局存在偏差。就目前而言,无论是在中央还是地方,我国主要的国际传播网站大都有官办性质,民办的国际传播网站总体实力较弱。在这种情况下,政府引导和动员社会资源的作用并没有充分发挥出来,反而自己成为网络内容国际传播的直接参与者与具体操作者。事实上,互联网行业作为高度竞争性行业和快速调整性行业,需要网络媒体的运营主体具备极强的灵活性,而政府主体恰恰在灵活性上存在先天劣势,无法在与国际网络巨头的竞争中取得先机。与此同时,对于国外受众,特别是欧美国家受众而言,由于政治文化的影响,媒体行业本身就是政府参与的禁区,受众会习惯性地认为,政府参与的媒体就是为政府说话的媒体,是缺乏客观性的媒体。因此,我国政府大量直接兴办国际传播网站,反而有可能对网络内容的国际传播形成制约作用。此外,从现有主要国际传播网站来看,各网站间的职责划分不明确,网站特色不明显,网站“大而全”现象比较普遍,网站内容相似度较高,因而出现上文中提到的网络内容同质化问题,造成资源浪费,效率低下。

其二,网络内容国际传播的制度设计有欠缺。在网络媒体监管政策方面，部分政策法规尚未完善，在一定程度上制约了我国网络媒体对外传播的进程。如按照2005年正式发布的《互联网新闻信息服务管理规定》等法律法规，商业网站不被列为新闻单位，没有合法采访和首发新闻的资质，经批准的也只有转发新闻的职能，没有自采新闻职能。这在某种程度上使得我国商业网站在国际传播过程中，无法灵活、快速地提供受众需求的部分信息。在人才引进方面，主要的国际传播网站（特别是有官办性质的网络媒体）在不同程度上沿用事业单位的用人机制和管理模式，在人才聘用特别是外籍专家聘用、员工激励、薪酬设置等方面存在诸多制约，无法形成灵活的用人机制，限制了网络内容国际传播人才队伍的活力与国际化水平。在资源投入机制上，由于官办的国际传播网站较多，政府将有限的资源投入到数量过多的网站当中，使得对重点网站特别是对龙头网站的投入相对不足。

二、外部原因

（一）政治意识形态偏见成为我国网络内容国际传播的无形屏障

20世纪90年代冷战结束以来，随着世界经济一体化进程的加快，不同政治意识形态国家之间的直接对抗已有所缓和。但长期以来，资本主义世界对社会主义国家的意识形态偏见仍然根深蒂固。西方各国政府仍然在对广大民众实施源自于冷战时期的反社会主义教育与宣传。如在教育层面，当前许多美国中学使用的历史教科书《世界历史与当今世界的关联》将我国政府划归“集权政府”一类，对中国的民主和人权状况横加指责，对中国共产党领导人则以负面评价为主。在媒体宣传层面，即便是在冷战结束后的“1996—2000年，包括《纽约时报》《华尔街日报》以及《时代周刊》等在内的美国主要媒体，发表的关于中国负面报道和正面报道的比例高达30比1”①。由此可见，西方国家政府及其主导的官方舆论一直在阻碍民众对中国形成正确认识，千方百计通过歪曲事实等方式扩大普通民众对中国的负面印象。正如学者托马斯·博克认为：“美国民众并无可靠渠道了解中国的实际情况，美国的媒体和官方舆论设定了关于中国的认识、思想和解释，

① 何英：《美国媒体与中国形象》，南方日报出版社2005年版，第68页。

民众对这些看法的接受和认同终将支持统治阶级的利益。”①

西方国家政府对社会主义中国的长期丑化，使得广大国外受众对我国形成固有偏见，从而在我国网络媒体与国外受众之间构筑起一道看似无形，实则坚固无比的屏障。在这种情况下，国外受众对来自我国的网络内容会有天然的心理反感，即便是我国网络内容能够成功推送到国外受众眼前，由于思维偏见的存在，受众会更倾向于用苛责的、怀疑的、负面的眼光来看待相关问题，或者直接选择忽视该内容。因此，我国网络内容国际传播要取得更好的效果，必须首先扭转这种偏见，而要消除国外受众几十年来形成的固有认识和观念其难度可想而知。

（二）西方文化的强势渗透对我国网络内容国际传播形成压制

中国文化具有其独特性，与世界各国特别是西方国家文化有显著差别。然而，文化因素恰恰是影响网络内容国际传播的一个基础因素，在通常情况下，不同文化间的信息传播会受到“人文中心主义的影响”。所谓“‘人文中心主义’，是从本群体的角度看待其他民族的，将自己的习俗和规范作为所有评判的标准”②。由于“人文中心主义”的存在，国外受众会用自己所认同的文化及思维方式来认识和评判网络内容，如果网络内容与受众认同的文化不相符合，很有可能被受众所排斥和抛弃。

从现实情况来看，工业革命以后，伴随着资本主义在世界范围内的发展，西方文化逐步向全球扩散，俨然成为当今世界的主流文化。在此基础上，自互联网诞生以来，美国等西方国家充分利用其经济、技术优势实行网络霸权，运用互联网进一步加强西方文化在世界范围内的渗透。因此，西方国家在西方文化的强势传播过程中，逐步培育出越来越多忠实于西方文化的“人文中心主义者”，他们在浏览网络内容时，自然地习惯于访问西方国家主流网站，习惯于接受符合西方文化传统和价值观念的网络内容。相比

① ［美］托马斯·博克、［中］丁伯成：《大洋彼岸的中国梦幻——美国“精英”的中国观》，外文出版社2000年版，第3页。

② 许正林：《中国媒体国际传播的障碍与应对策略探讨》，《第四届世界华文传媒与华夏文明传播国际学术研讨会论文集》，2005年，第184页。

较而言,中国文化处于相对弱势地位,在世界范围的普及和认同程度尚无法与西方文化相比,当富含中国文化的网络内容与富含西方文化的网络内容在网络空间中同台竞争时,国外受众对我国网络内容较易产生疏离感和排斥感,从而使我国网络内容在竞争中处于劣势。

以网络内容国际传播过程中的语言运用为例,语言是文化的重要组成部分,西方文化强势传播的一个重要体现便是英语的高度国际化。目前,世界上有60多个国家将英语作为官方语言,同时,绝大多数的国际组织以英语作为其工作语言。据统计,因特网上80%的信息是用英语传播的,国际上85%以上的学术论文是用英语发表或宣读的,各学科的主要学术期刊也以英语为主。① 正如有学者感叹道:"英语的统治是一个不争的事实,给世界呈现出一个未完待续的剧本,表明其语言传播的普遍性和持续性的可能。"②

英语的强势传播使得中文网络媒体的国际受众只能以海外华人、华侨、留学生以及少数学习中文的外国人为主。与此同时,正是由于英语在互联网上占据主流地位,使得我国必须建立有影响力的英文网站来推动网络内容的国际传播,从而给我国网络媒体的英语运用能力提出了更高的要求。

(三)境外网络媒体对中国的负面报道影响我国网络内容的国际传播

在我国网络内容国际传播的具体操作层面,近年来,境外媒体对我国的负面报道仍然频繁发生,这些境外媒体大致可以划分为三大部分。

一是各国新闻网站,如美国有线电视新闻网、纽约时报网、华尔街日报网、英国广播公司网站等。虽然随着我国综合国力和国际形象的提升,这类网站对我国的负面报道已经大幅减少,但从总体来看,负面报道仍然占有较大比例(见表8-5)。具体而言,这类网站对我国的负面报道既包括有一定事实根据的负面新闻,如报道我国的资源滥用、环境污染情况,也有歪曲事

① Crystal D, *English as a Global Language*, Cambridge University Press, 2012. pp. 32-33.

② Crystal D, *English as a Global Language*, Cambridge University Press, 2012.pp.2-3.

实的负面报道，如美国有线新闻广播公司等部分西方媒体在2008年拉萨“3·14事件”、2009年乌鲁木齐“7·5事件”、2014年昆明火车站暴力恐怖事件中张冠李戴、颠倒黑白的报道。由于这些网络媒体在国际传媒领域具有较高的权威性和话语权，其新闻内容会在很大程度上影响国际社会的舆论导向。因此，由这些媒体所报道的我国负面信息有较强的杀伤力，会对我国网络媒体及网络内容的公信力造成严重的负面影响。

表8-5 四家主要西方传媒中文网站2008年8月23日涉中国内地新闻统计表①

网站名称	负面及偏向性报道数量及百分比	
VOA中文网	94	56%
BBC中文网	14	21%
德国之声中网文	8	16%
自由亚洲电台中文网	14	78%
合计	138	45%

二是国外视频分享网站、社交网络等自媒体平台。如“优兔”“推特”“脸书”等平台上也充斥着大量反华信息和涉华谣言。事实上，由于这些平台的自媒体性质，任何人都可以相对随意地上传文件，发表言论而无须保证其真实性、客观性。因此，这些平台成为异见人士和反华势力在网上攻击我国的绝佳工具。与此同时，由于这些自媒体平台具有民间性、互动性等显著特征，这些平台对受众的“友好度”相对较高，平台上发布的信息更容易得到受众的接受与认同。由此可见，国外自媒体平台上的负面信息对我国网络内容国际传播造成的阻碍作用不容小觑。

三是民族分裂势力、邪教团体等反华组织在境外设立的网站，如“世维会”网站、法轮功网站“明慧网”等，这些网站作为反华势力的专职宣传机构，其主要任务就是抹黑中国。以“世维会”网站为例，目前已经开通了汉语、英语、日语、德语、法语等十个语言版本的网站，其网站上的主要内容几

① 王东迎：《中国网络媒体对外传播研究》，中国书籍出版社2011年版，第127页。

乎全部为攻击我国党和政府的文章。又如,邪教组织法轮功所建立的网站“明慧网”自 1999 年建立以来,目前已经开通了汉语、英语、德语、法语、俄语、日语、韩语等 18 种语言版本,并在其网站中明确指出,网站开通的主旨就是要“通过直接来自中国大陆的第一手资料,揭露中共对法轮功的迫害”。从其网站内容来看,除少量所谓“功法”“修炼”类的文章外,90%以上的内容均为攻击我国党和政府、攻击我国社会发展的文章。这些反华网站通过歪曲、捏造事实在世界范围内大肆攻击我国,以博取国外网络受众的同情和认同,也在一定程度上给我国网络内容的国际传播带来阻碍。

第九章　网络内容建设的国际借鉴

我国的网络内容建设虽然取得了巨大成就，但与国外尤其是西方发达国家相比，依然存在较大差距。因此，立足我国实际，大胆借鉴和学习国外的成功经验是加强和改进我国网络内容建设、实现从网络大国到网络强国跨越的必由之路。

第一节　加强社会主义核心价值观对网络内容建设的引领

价值观是人们对于价值目标、价值标准、价值实现手段等重要问题的根本观点和看法。核心价值观则是众多价值观中起根本作用、长期稳定的价值观，是一个社会形成共识的价值取向和行为准则。古往今来，每个国家都有自身执意坚守的核心价值观，这是文化传承的必然，也是社会持续发展的需要。网络时代到来，互联网为各国的核心价值观发展带来了新的机遇和挑战。许多国家和地区在以核心价值观引领网络内容建设方面各具特色，积累了不少具有普遍意义的经验和做法。总结和提炼这些国际经验，对我国以社会主义核心价值观引领网络内容建设具有重要借鉴和启示。

一、以全球视野制定引领战略

互联网是推动社会政治、经济和文化发展的强大力量，也是威胁国家意识形态安全、传统价值观的新“武器”。美国作为第一代互联网创立者，占有全球网络的核心资源，在网络空间具有绝对优势。美国政府力图将这种优势转化为实际战斗力，将互联网打造成服务美国全球战略和国家利益的利器。美国立足全球战略制定了《国防战略报告》《美国国家安全战略报告》《网络空间国际战略》等国家安全战略，明确将制网权纳入陆、海、空、太空五大"制权"，其重要意图是确保美国在国际网络内容传播中的领先地位，确保美国价值观继续影响其他国家和地区。同样，英国非常注重从全球视野审视网络安全和国家安全问题，制定了《英国网络安全战略》，总体意愿是要在自由、公平、透明和法治等英国核心价值观基础上构建一个充满活力的安全网络空间。值得注意的是，美国和英国除了制定推行核心价值观的国家安全战略，还特别注重战略的可实施性、可操作性，制订了切实可行的战略实施方案。例如，美国政府提出"互联网自由"实施战略，设立领导机构、加大资金投入、训练网络活动分子、加大对社交媒体的利用，等等。英国针对战略目标从政策导向、执法体系、机构合作、技术培训、人才培养、市场培育以及国际合作等方面制订切实可行的实施方案和行动细则。

英美这一经验对我国加强社会主义核心价值观对网络内容建设的引领具有重要启示。全球化背景下，未来网络空间各国核心价值观的竞争将日趋激烈，发展中国家将面临更大政治压力。面对西方意识形态的网络渗透，复兴中的中国更需要主动立足全球视野来审视网络内容建设的价值引领问题。当前我国虽然也从战略高度制定了相关政策，但总的来说还停留在意识形态坚守、被动防御的阶段，还没有上升到国家安全战略的高度形成成熟的战略体系。因此，国家需要立足于更开阔的格局，把加强社会主义核心价值观对网络内容建设的引领上升到国家安全战略的层面，制定系列的战略目标、战略重点和战略方案，全方位指导网络内容的价值建设。尤其是要根据我国网络内容发展现状和特点，制订切实可行的实施方案，协作推进，确保战略实施。

二、多元网络主体的协同合作

网络主体是网络内容建设价值引领活动的发起者、组织者和参与者，具有主体性和多元性。许多国家和地区在网络内容建设方面注重系统性，采取“政府主导协同合作”模式，利用一切网络主体不断阐释、重复宣扬其社会核心价值观。

首先，这一引导模式强调多元主体力量在价值引领活动中的协同合作。围绕互联网，政府、网络企业、高校、网民、学术团体等不同主体有不同价值目标和利益诉求，不是单纯地靠政府力量，而是将多种力量结合起来。日本《网络安全基本法》规定，以内阁官房长官为首的“网络安全战略本部”协调各政府部门的网络安全对策与日本国家安全保障会议、IT综合战略本部等其他相关机构加强合作。同时规定电力、金融等重要基础设施运营商、相关企业、地方自治团体等有义务配合政府网络安全相关举措或提供相关情报。

其次，政府主导协同合作模式突出非政府组织在网络内容建设价值引领中的作用。英国政府施行广泛合作行动原则，重视与非政府组织的合作，对公益性组织和慈善性组织给予鼓励和支持，以社区为依托开展分工精细、领域广泛的多种社会服务，这些非政府力量在教化人心、宣传和践行英国核心价值观方面起到助推作用。美国数以万计的非政府组织遍布世界各地，它们以援助、传教、环保、医疗救助等灵活多样的形式传播美国价值观，与社会生活联系紧密，发挥重要作用。

再次，政府主导协同合作强调社会自治，充分发挥民众力量。网络具有去中心、全民化特点，本质上是以个人为中心进行内容共享与传播，网络自由对权威组织和治理形成挑战。为调动广大网民在美国价值观传播输出中的作用，美国政府推行“全民网络外交”战略，即鼓励美国公民与外国人通过互联网进行互动，向全世界各国网民推行美国文化、美国生活方式和价值观念，从而将传统“政府对政府的外交”变成“人对人的外交”。英国自由主义传统深厚，为了保护公民的表达自由、信息自由，促进产业发展，英国特别注重互联网领域的自治与自律，特点是轻政府管制，重社会自治。

调查显示，我国网络内容价值引领的主体方面仍然存在政府引导权责不清、网民道德素质不高、社会自治力不强等问题，借鉴国际成功经验，我国在网络内容价值引导的主体建设方面，应努力做好两点：一是建设政府主导，全社会参与的协同合作引导模式。坚持党和政府在社会主义核心价值观引领网络内容建设中的主导地位，把握意识形态的领导权，科学合理地划分各个部门的职责,明确引导目标,重视领导人在价值引导中的特殊作用。同时,注意加强政府相关部门、政府与企业、政府与高校、政府与非政府组织之间的协同合作;二是要充分调动社会力量参与社会主义核心价值观培育、传播、弘扬活动,既要鼓励共青团、工会和妇联等组织,也要鼓励企业、社会公益性组织,发挥领导人、理论界和学术界及广大民众等多元主体的作用,让人人成为社会主义核心价值观的传播者和共享者,成为自觉能动的引导力量。

三、提升价值引领内容的吸引力

网络空间不同核心价值观的竞争体现为网络内容的竞争,网络内容是否具有吸引力至关重要。尤其在全球网络产业高速发展的今天,各国在努力维护和传播本国核心价值观的同时,都非常重视提升本国网络内容产品吸引力和国际竞争力。其中一个比较普遍的做法是尽量做到核心价值观引领的网络内容最大限度贴近生活实际。美国历来重视核心价值观的大众传播,不管是对内还是对外,坚持将美国核心价值观以大众通俗易懂的方式加以诠释和传播。例如《越狱》《疯狂的主妇》《美国偶像》等视频通过网络传播风靡全球,全世界网民在视听效果吸引下,潜移默化接受美国生活方式、价值观念和思维方式的影响。另一个比较普遍的做法是核心价值观引领的网络内容融合传统与现代元素。韩国社会历来注重儒家文化传承,将“忠”“孝”“礼”等规范作为社会共同价值标准。韩剧以大众通俗易懂、喜闻乐见的方式演绎这些核心价值观,同时又融入时装、美容、美食、音乐等时尚元素,通过网络传播形成“韩流”现象,将韩国文化传播到全世界;同样,日本作为动漫之国,许多网络动漫、网络游戏既融合了日本传统和流行元素,又融合了东方文明和西方文明特点,具有强大的吸引力和竞争力,成功将日本价值观传播到全世界。

调查显示,我国社会主义核心价值观引领的网络内容存在内容枯燥、缺乏实用性和国际竞争力等问题,这严重制约我国网络内容的传播范围、接受程度,从而影响社会主义核心价值观的引领实效。中国有上下五千年历史,中国是新兴发展中国家,如何将这些优势转化为网络内容吸引力和竞争力呢？借鉴国际经验，我国需要在未来为社会主义核心价值观设置更具吸引力的解释框架，做到与大众文化有机融合。首先，网络内容在反映社会主义核心价值观的同时，要做到贴近生活实际，力求将其融入网络社会生活的方方面面，渗透于网民的思想与行为当中，以亲和方式而非指令方式让网民接受、认同；其次，以社会主义核心价值观引导网络内容建设，不要生硬照搬，要以生动有趣，喜闻乐见的方式呈现；再次，以社会主义核心价值观引领网络内容建设必须与我国的传统文化、时代背景结合起来，形成具有中国特色的网络价值目标和规范。要对网络文化产业发展提供更多扶持，鼓励具有鲜明中国特色、中国风格、中国气派的网络内容产品走出去，形成中国特色的网络“软实力”。

四、多种引导手段的相互配合

在核心价值观引领手段方面，许多国家强调系统性，即在全社会范围内用各种引导手段相互渗透、相互配合，相辅相成，形成重叠的、反复的和全方位的引导格局。总结国外网络内容建设中核心价值观引领手段和方式的经验，普遍比较重视四种手段的配合使用：第一，网络传媒手段。网络媒体作为一种新兴传播工具和信息载体，反映意识形态和价值观，能够有效引导受众潜移默化接受其价值观。针对大众尤其是年轻人利用互联网、手机的偏好，美国政府鼓励网络企业开发各种最新通信工具，强化网络文化产业竞争力，加强网络电台、网络影视、电子杂志等新传媒方式建设，向美国和世界各地网民传递自由、民主的美国核心价值观。当前网络已成为“西方价值观出口到全世界的终端工具”。第二，网络道德教育手段。除采用网络影视、网络游戏等网络内容产品进行价值观渗透的隐性引导方式外，几乎所有国家都对直接的、显性的网络道德教育方式加以重视。美国非常注重政府、学校、社区、家庭等多环节的网络道德教育。杜克大学在1997年就开设了“伦理学与国际互联网络”课程，美国特拉华州立大学特别制定了学生网络规范，要求新生入学后必须接受计算机使用道德方面的教育。全美创设了许多针对青少年和家长的网络伦理、网络安全教育的网站，以有效促进青少年理智面对网络，提升安全意识和社会责任。第三，网络立法手段。运用法律手段对意识形态、价值观念和价值行为进行规范和引导是西方国家的基本做法。滥用网络自由权利可能造成对社会意识形态和核心价值观的破坏，需要通过法律手段对错误意识和价值观进行约束和引导，科学严谨的网络立法成为建设社会核心价值观的基本手段。澳大利亚发布《国家信息安全战略》，明确把保护价值观作为维护网络安全六大指导原则之一。韩国颁布《互联网内容过滤法令》，明确界定"侵害公众道德的公共领域""可能伤害国家主权"和"可能伤害青少年感情、价值判断能力的有害信息"。网络立法的存在有利于促进网民自律，净化网络空气，保障核心价值观有效实施。第四，网络监管手段。价值观引领看似应该以非强制引导为主，但如若将引领仅限于宣传教育则是十分危险的。强制措施是对宣传教育手段的保证与补充，在实际网络内容价值引领活动中通常需要"软硬兼施"。新加坡和德国等国多采用专门立法规范网络内容；英国提出"监听现代化计划"，监听并保留英国互联网上所有人的通信数据；韩国为净化网络环境实行网络实名制管理；等等。各国政府这些监管措施的目标和标准无外乎维护国家安全和国家利益，意识形态和价值观的安全是国家网络安全的重要内容。

调查结果显示，当前我国社会主义核心价值观引领网络内容建设的手段过于单一，通过比较中西方在引领手段上的差距，我国可以从以下几个方面着力改进：一是引领手段多元化，注意各种引导手段的相互配合，在实际运用中坚持隐性与显性相结合，灵活性与强制性相结合，网上手段与网下手段相结合的基本原则；二是传播方式应适当柔和，避免生硬。将社会主义核心价值观以符合传播规律、受众偏好的形式有效植入网络环境。对于网络大众，尽量少用抽象、枯燥的理论灌输，多用影视、游戏、广告等生动有趣的形式引发受众共鸣；三是加强全社会的网络道德教育，充分发挥学校、家庭、社会在个人价值观培育中的作用，可以尝试从中小学开始设置专门的网络道德教育、网络安全教育课程，建立网络道德教育专门网站和团体组织，开展各类公益网络道德教育活动等等，营造全社会以社会主义核心价值观指导网络行为、网络内容建设的氛围；四是进一步完善网络法规，发挥法规在引领活动中的教育、威慑和激励作用；五是加强政府在网络内容建设中的监管职能,完善政策制度设计,发展网络安全技术,为培育和践行社会主义核心价值观提供有力保障。

网络世界风云变幻,各种意识形态、价值观冲突和交锋更加直接、激烈和复杂,西方发达国家牢握话语权,我国在网络空间要争取主动权,必须将社会主义核心价值观有效融入网络内容建设。他山之玉,可以攻石,借鉴各国核心价值观引领网络内容建设经验的同时,需要紧密结合我国社会主义核心价值观引领网络内容建设的实际,不断提出问题、分析问题、解决问题。

第二节 构建政府主导与多元参与的网络内容建设模式

我国互联网建设始于 1994 年 4 月,其标志性事件是中关村地区教育与科研示范网络工程进入互联网。相对于西方发达国家,我国网络内容建设大约晚了近十年。但随着十八大报告指出:"要丰富人民精神文化生活,加强和改进网络内容建设,唱响网上主旋律",我国网络内容的建设和管理,已经被提上各级政府、企业和学校等部门的重要议事日程。近年来,我国政府网站、政务微博、政务微信等政务平台日趋齐全,行业自治从无到有,网络信息安全管理体系建设步伐不断加快,网络法制建设日趋完善等。可见,近年来我国网络内容建设取得了显著的成效。但是,与美国、英国、法国、韩国、德国等发达国家相比,有中国特色的网络内容建设模式还未形成,尤其是政府、高校、企业和网民等在网络内容建设中的合力还凝聚得不够。而西方发达国家大多形成特色鲜明的网络内容建设模式,概括起来大致可分为政府主导型、政府指导下的行业自律型和行业主导型三种基本模式。① 政府主导模式凸显政府通过立法和行政手段加强对互联网内容的监管;行业自律模式强调政府通过立法和执法方面的补充、指导,从整体上"把关"互联网内容管理,日常性监管则交由半官方的行业自律组织进行;行业主导模式则突出非官方自律组织对互联网内容的管理,政府在网络内容监管中扮

① 罗楚湘:《网络空间的表达自由及其限制——兼论政府对互联网内容的管理》,《法学评论》(双月刊)2012 年第 4 期。

演消极角色。但仔细考察,我们会发现:无论采用哪种模式,政府都在其中起着极为重要的作用。事实证明,单纯的"政府主导模式"或"行业自律模式"都是不够的。要促进网络内容的健康快速发展,需要政府、企业和社会各界力量的共同努力。因此,近年来,无论是强调政府主导模式的国家(如德国和新加坡),还是强调行业自律模式的国家(如英国),以及奉行行业主导模式的国家(如美国),实际上都在加速度实施政府主导下的多元参与、协同共建的网络内容建设模式。事实上,互联网的去中心化、信息化、开放性、自由性等特征,决定了"政府主导与多方参与"是网络内容建设的必由之路。因此,要构建一个清朗的网络社会,要建设具有中国特色的、丰富多彩而又积极向上的网络内容,不仅需要政府、企业等主体的协同努力,还需要借鉴国际的成功经验。

一、加强政府在网络内容建设中的主导力度

政府是网络内容建设十分重要的主体。它既是网络内容建设政策法规的制定者、执行者,又是网络内容的直接生产者和管理者。因此,在网络内容建设的四大主体中,相对于企业、高校和网民,政府的特殊职能决定了它在网络内容建设中处于主导地位,担负主导责任。纵观美国、英国、日本、韩国等发达国家网络内容建设历程,政府的主导作用十分凸显。

一是体现在确立网络信息安全战略方面。为凸显网络安全在网络内容建设中的地位,近年来,英、美、德等国家先后推出了网络空间战略。2011年,美国政府相继出台了《网络空间国际战略》和《网络空间行动战略》;德国制定了《德国网络安全战略》;英国发布了《国家网络安全战略》。此外,针对信息安全,发达国家由政府主导采取了一系列保密安全措施,以增强其网络信息的"内部安全"。在美国,有多个关键联邦机构负责保护国家的信息资源,调查这些资源所受到的威胁和攻击。这些机构包括:国土安全部(Department of Homeland Security)、联邦调查局的国家基础设施保护中心(NIPC)、国家安全局(NSA)、国家特勤局(US Security Service)、国家标准与技术局(NIST)下属的计算机安全部(CSD)等。如国土安全部的一个关键职能是负责管理可能影响联邦政府或整个国家网络空间信息安全基础设施

的网络安全事件；国家基础设施保护中心负责对信息安全威胁的评估和警告，调查对美国基础设施的威胁和攻击，还负责信息安全教育、培训和通告信息以及负责管理信息安全的商业和公共事业部门。① 俄罗斯联邦总统和政府对信息安全的重视程度一点不亚于美国。它“设立了 20 多个调整信息化领域各种关系的专门机构，如总统直属的俄罗斯联邦信息化政策委员会、国家技术委员会、国家法律管理局和政府直属的俄罗斯科技信息资源开发公司、俄罗斯联邦信息中心、经济行情中心”②等，这些政府部门分别从不同的切入点对其国家的网络信息安全负责。

二是体现在网络立法执法方面。目前，世界各国对网络信息内容的管理主要集中于信息保密、隐私和数据保护、知识产权、信息的自由流动等民众较为关心的领域。美国有关信息安全管理的立法较早，其法规明确了计算机欺骗罪、计算机滥用罪、计算机错误访问罪、非授权的计算机使用罪等罪名。如美国 2001 年通过的《通信规范法案》(*Communications Decency of Act*)明确规定：在洲际和国际通信中，任何人采用电子通信设备故意制造、煽动和传播淫秽的、色情的、下流的评论、邀请、提议、建议、图像和其他的信息，故意骚扰、辱骂、威胁或烦恼他人的，应当受到罚款或监禁两年或两年以下(或两者并罚)。为了打击网络犯罪，英国政府也采取了加强法律规范、加大打击力度、对网络提供者提出具体、严格的要求等措施。如，英国政府早在 1996 年就颁布了第一个网络监管行业性法规——3R 安全规则。“3R”即分级认定、举报告发、承担责任。此规则旨在消除网络色情内容和其他有害信息对儿童的影响。为此，英国政府对网络内容服务商、提供商、终端用户等进行了明确的职责分工。③ 此外，英国的《调查权法案》、日本的《犯罪搜查通信监听法》、澳大利亚的《联邦政府互联网审查法》等，均授权本国调查机关必要时可对互联网信息进行公开或秘密的监控。④

① 杨君佐：《发达国家网络信息内容治理模式》，《法学家》2009 年第 4 期。

② 杨君佐：《发达国家网络信息内容治理模式》，《法学家》2009 年第 4 期。

③ 杨君佐：《发达国家网络信息内容治理模式》，《法学家》2009 年第 4 期。

④ 董风：《西方国家立法规范互联网管理》，2010 年 8 月 6 日，见 http://www.sxrb.com/1004635.html。

三是体现在政府机构直接干预网络信息内容监管。对网络内容的管制已越来越成为一个世界性难题。发达国家对网络内容的监管已经全面覆盖到国内提供者、国际提供者、使用(消费)者、经营者、互联网服务提供者等。如针对网络内容消费者,德国1993年通过的《刑法修改法令》规定:凡是获得色情著作的人应受到法律惩处。除此之外,各国政府在网络内容建设的战略规划、核心技术研发、人才队伍建设等方面的主导力度亦日趋凸显。

调查表明:当前我国政府相关职能部门在网络内容的建设和管理方面,在一定程度上还存在"权责不清、效率不高、目标不明、途径单一、认可度不高"等问题。借鉴国际经验,我国网络内容建设需要进一步在宏观层面加大政府的主导力度。一是要确立网络内容发展战略,明确网络内容建设目标的具体内涵;二是要谋求建立完善的网络信息安全管理机制,从宏观上研究制定网络信息安全战略规划,加大网络立法和执法的力度;三是要积极推动网络信息内容管理制度创新,在立法中明确政府、企业、网民等主体各自的权利和责任;四是政府相关职能部门直接干预网络信息内容监管,尤其是要加强对网络内容提供者、使用(消费)者、经营者以及互联网服务提供者的全程监管。

二、开辟企业参与网络内容建设的绿色通道

"无论是通过法律还是炸弹,政客都没有办法控制这个网络。"①可见,依靠政府这个单一主体,无法实现我国网络内容建设之重任。必须顺应国际发展趋势,借鉴国际成功经验,在充分发挥政府主导作用的基础上,开辟企业参与网络内容建设的绿色通道,借助民间力量,共同建设具有中国特色的网络内容。

作为网络信息强国的美国,为了最大限度地发挥网络企业在网络内容建设中的主体作用,一方面对自律较好的网络企业给予税收优惠,激励这些企业更加自律。同时促使其他网络企业加入那些自律规范强的行业组织,

① [美]尼葛洛庞帝著,胡泳等译:《数字化生存》,海南出版社1996年版。

如 TRUSTE 等企业,因为拥有行业组织提供的自律荣誉证书而享有税收优惠。① 另一方面,美国政府对一些具有国际竞争力的网络技术研发企业,投入大量的资金支持。美国凭借其先发优势,通过大量的资金投入,已经产生了一些具有国际竞争实力的网络安全技术研发企业。为了持续增强网络研发技术,美国科学基金早在 2005 年就投资 1900 万美元,旨在"创造出一些能够保证计算机软件和网络的安全性的新技术或新制度"。该项目由 TRUSTE 团队负责,该团队成员包括国际商业机器公司、英特尔、微软、太阳计算机系统(中国)有限公司(Sun)和赛门铁克(Symantec)等国际知名的计算机软、硬件生产商。② 英国、韩国等国通过建立相关基金、提供低息贷款,减免税负等政策为数字内容企业提供资金支持。日本政府早在 20 世纪 90 年代后期,在连年压缩公共投资的财政拮据的情况下,确保网络技术研发经费的持续增加。日本政府还特别注重挖掘民间网络技术人才。如 2013 年 8 月,日本情报处理推进机构(IPA)在千叶市主办了一场"信息安全大本营"活动,日本网络安全协会(JNSA)也举办了一场名为"SECCON"的信息安全大赛,这些活动和比赛的目的都是为了挖掘、招揽优秀的网络技术人才。此外,发达国家大多注重发挥互联网的市场自治特征,着力支持并倡导行业自律。如英国的互联网监视基金会,美国计算机协会(ACM)、计算机安全协会(CSI)、国际互联网协会(ISOC)、计算机应急响应协调中心(CERT/CC),德国的国际性内容自我规范网络组织等,都是在其政府的倡导、要求和支持下,成立的网络内容建设的自我管理组织,进而推进网络内容的建设和管理。

可见,要充分发挥互联网企业在网络内容建设中的主体作用,既涉及网络企业的资金投入、研发技术、人才队伍、行业自律,还涉及国家的政策导向和资金支持等。调查表明:与世界发达国家相比,我国无论是在互联网络核心技术的掌握和开发上,还是在网络基础设施、网络产业发展以及行业自律

① Cattapan, Destroying E-commerce's Cookie Monster Image, Direct Marketing, 2000.

② Terry Ernest Jones, USNational Science Foundation, security research programme, Network Security, 2005.

建设等方面,都还存在较大的差距。借鉴国际经验,我国需要进一步开辟企业参与网络内容建设的绿色通道。

一是加大政府对互联网企业的投资力度。网络技术研发具有典型的高成本、长周期、高技术等特征,容易导致企业缺乏投资热情,这就需要政府加大对基础设施建设、人才队伍培养等资金投入;二是加大政策支持力度,如我国政府可以通过建立相关基金、提供低息贷款、减免税收等政策为网络企业提供资金支持;三是鼓励企业自律,促进良好行业规范的形成。互联网内容鱼龙混杂,但如果不良信息都靠政府来监管,靠制度和法制来约束,那么,政府与互联网企业、与网民,就会陷入无休止的监管博弈之中,网络内容的繁荣和创新就无从谈起。因此,必须进一步建立企业的网络信息管理从业承诺制度,以形成企业在网络内容建设进程中的良好形象。

三、推进政府、企业、高校网络内容建设的深度合作

西方发达国家网络内容建设主体的密切合作主要体现在两个方面。

其一,政府和企业的深度合作。早在 1999 年年初,法国政府就提出了"共同调控"①的网络内容建设思路,并在这种思想指导下拟定了《信息社会法案》。该法案明确了政府、网络内容开发商、服务商和用户,在不断对话的基础上共同参与网络内容建设。在网络信息安全上,美国采用政府主导,其他部门配合共同做好治理工作的策略。2009 年 2 月,奥巴马公布"国家基础设施保护计划",要求政府与企业共同来保护网络安全。美国政府与信息技术巨头联手引领云计算、大数据等新技术的研发和应用。英国虽然特别强调通过行业自律来进行网络内容建设,但近年来,英国政府却一直在致力于构建多方参与的网络内容建设模式②:一是建立跨政府计划,解决资金与技术问题;二是政府与网民、企业、民间组织等共同开展工作;三是建立网络安全办公室(Office of Cyber Security,OCS)进行领导与协调;四是建

① 杨君佐:《发达国家网络信息内容治理模式》,《法学家》2009 年第 4 期。

② 吴挺:《英国政企联手应对网络安全》,《电子产品可靠性与环境试验》2013 年第 3 期。

立网络安全运行办公室(Cyber Security Operations Centre,CSOS)进行监测、应急和咨询。英国政府为了保证网络安全,还与该国160家大企业共同宣布成立了"网络安全信息共享机制"。韩国是目前网络管理水平最先进的国家,也是最早设立互联网审查机构的国家,韩国政府不仅成功地实施了网络实名制登记,还推行个人信息与企业挂钩,泄露个人身份证的企业要实施高额罚款等措施。韩国政府还指导本国的国际通信网管部门、互联网运营商、企业及个人共同构筑能探测和防范网络攻击的"三线防"。① 此外,西方发达国家还充分发挥民间组织在网络内容建设中的作用。如美国"民权自由联盟"有效地组织了美国网络净化法案;网络隐私保护组织TRUSTE通过认证并监督网站的隐私和电子邮件政策的实施等,较好地保护了用户的隐私问题。② 由上可见,政府和企业联手应对网络安全、共同推进网络内容建设,是英、美、韩等发达国家共同的特点。

其二,产、学、研的深度结合。产学研结合,从字面上看是产业、高校、科研机构相互配合,利用各自优势,形成强大的研究、开发、生产一体化的具有明显综合优势的先进系统。实际上,产、学、研结合这一概念在诞生之初就天然地将政府、企业和高校及科研院所紧密地联系在一起。美国是最早实现产学研合作的国家,可以说正是因为产、学、研合作的兴起,使得美国既占据了互联网基础技术的制高点,又掌控着互联网的核心技术,从而控制着互联网命脉,成为全球互联网霸主。至今,美国产、学、研已经形成三种主要模式,即政府与大学的合作模式、企业资助大学搞科研的模式、以著名的研究型大学为依托的科技园模式。③ 美国国家科学基金会(NSF)早在1972年就做出决策,加强大学和工业的合作,随后陆续制定了多个促进产、学、研合作的计划,鼓励大学与企业联合申请基金项目,并给予项目以资金支持;1990年,企业大学合作研究中心(IUCRC)方案正

① 中国新闻网:《韩国政府制定"国家网络安全总体规划"》,2011年8月9日,见http://www.chinanews.com/it/2011/08-09/3244305.shtml。

② 王雪飞、张一农:《国外互联网管理经验分析》,《现代电信科技》2007年第8期。

③ 黄芳:《国外产学研合作模式》,2011年9月12日,见http://kyc.wfec.cn/show.aspx? id=24&cid=34。

式付诸实施;目前全美已成立55个合作研究中心,这些研究中心虽附属于大学,但与企业界有着紧密的联系,往往根据企业的要求开展课题研究等。① 如全球最大的电子工业基地"硅谷",就是以斯坦福研究园为依托发展起来的,现已成为美国乃至整个世界科技工业园区发展的典范;由杜克大学、北卡罗来纳大学和北卡罗来纳州立大学共同组建的"三角研究园",主要由州政府主导兴建,集聚了爱立信、国际商业机器公司、杜邦等国际大型企业。② 日本产、学、研的结合主要有"人才培养和交流的合作、共同研究、教育捐赠的财会制度"三种模式③,亦有效地推进了网络技术的发展和网络内容的繁荣。

世界各国的实践都证明:要实现网络内容建设的战略目标,必须实现政府、企业、高校等主体的深度合作。无论是政府、企业还是高校,任何单一主体的力量都是单薄的,其效果都是不理想的。调查表明:我国无论是政府和企业的合作,还是产、学、研的结合,都存在层次较低、规模较小、渠道不畅等问题。借鉴国际成功经验,网络内容建设需要进一步推进政府、企业和高校等主体的深度合作:一是政府要把权力下放给企业。政府既是网络内容建设的导航者,也是网络企业的合作者。缺乏与网络企业的深度合作,政府的导航作用和治理职能势必大打折扣。而要深度合作,政府在把握互联网发展的趋势,从而对网络企业发展做出准确战略选择的基础上,首先必须了解企业的需求和呼声,主动为企业的发展搭建好资金、基础设施等平台;其次是要把相应的权力交给企业。政府应从高高在上的控制者转向组织者和服务者,从全职全能转向有限调控,从既掌舵又划桨转向只掌舵不划桨。主动寻求"以政府宏观调控——学校、企业积极参与——网民有限自主"的多元主体有效推进网络内容建设模式,从而让政府的主导性得以彰显、让学校和

---

① 刘力:《美国产学研合作模式及成功经验》,2006年4月25日,见 http://www.tech.net.cn/web/articleview.aspx? id=11574&cata_id=N041。

② 许惠英:《美国产学研合作模式及多项保障措施》,《中国科技产业》2010年第10期。

③ 黄芳:《国外产学研合作模式》,2011年9月12日,见 http://kyc.wfec.cn/show.aspx? id=24&cid=34。

企业的协同性获得丰盈、让网民的自治性得以体现。二是要善于建立跨政府—企业计划，如可以设立“国家基础设施保护计划”，让政府与企业共同来保护网络信息安全。政府着重解决资金问题，企业着重实现技术突破，尽快推进网络内容健康发展。三是要全面加强产、学、研的深度结合。政府是网络内容的建设主体，是网络内容建设的组织者和维护者；企业是网络内容建设的技术创新主体及其收益主体；高校或科研机构是网络内容建设所需思想、知识和技术的重要提供者。因此，政府要提供政策保障和资金支持；高校应高度重视应用研究，积极寻求与互联网企业的合作，如争取企业支持科研经费、大学从企业招聘教师；企业在产学研合作中应发挥主体作用，如企业可以主动到高校设立自付薪金的教学或研究职位，以同大学建立永久、深入的合作，为进一步开展网络技术创新打下基础，从而形成产、学、研良性互动的促进机制。

四、提高网民的网络媒介素养

网民是网络内容建设一个十分庞大而重要的主体。要建设一个清朗的网络社会，需要网民具有相对较高的网络媒介素养作支撑。提高网民的媒介素养，有利于形成一个成熟、文明的中国网民群体；有利于净化环境；有利于形成合力，共同推进网络内容建设。所谓网络媒介素养，是指人们了解、分析、评估网络媒介和利用网络媒介获取、传播、创造信息的能力。这里，网络媒介素养主要包括网民的网络技术素养、网络文化素养和自主管理能力。其中，网络技术素养，指广大网民具备的、与日新月异的网络技术相匹配的知识和技能；网络文化素养，指广大网民对虚拟实践文化建设内涵的理解能力、选择能力、质疑能力和评估能力；自主管理能力，指广大网民在辨别鱼龙混杂的网络信息的过程中，自觉抵制、批判网络有害信息，以理性的态度表达利益诉求的能力。纵观美国、英国、德国等发达国家，都十分重视用户网络媒介素养的提升。

美国政府一直重视对公众进行网络媒介素养教育。20 世纪 70 年代末以来，开展网络媒介素养教育逐渐得到美国各方人士和团体的支持与响应，夏威夷、加利福尼亚、新墨西哥等州已将网络媒介素养教育的内容列入学校教育大纲之中。① 为了让网民用批判的眼光看待网络信息,从更高的层面来分析网络信息,美国媒介素养研究中心(CML)为网民提供了三个核心理念:第一,不同的人对同一媒体信息的理解是不同的;第二,任何媒体信息都有自己的立场和价值取向;第三,大多数媒体信息被编排出来都是为了获得一定的利益和能量。自2004年以来,美国的"网络安全意识月"活动从未间断,且每年都设有特定主题。2014年其网络安全意识月的主题为"我们共同的责任"。活动旨在提升"全美人们的网络安全意识""IT产品研发的安全""关键基础设施和物联网安全""中小企业网络安全""网络犯罪和网络安全法律"等。② 英国媒介素养教育,已经从"免疫模式"转向了"校外文化介入"模式。日本政府十分重视对普通民众媒介素养的宣传普及工作,多年来持续开展了一系列网络媒介素养宣传和教育活动等。

事实证明:当前我国网民的网络媒介素养不容乐观。首先,部分网民的网络应用能力不高,对网络功能的利用停留在较低层次。其次,有相当数量的网民对网络中的不良信息预防不足,一是对网络色情、网络欺诈等预防不足;二是对西方意识形态的侵蚀性预防不足,导致部分网民的世界观、人生观和价值观发生扭曲。再次,网民网络行为的自我管理能力较差,如网络暴力等。最后,网民利用网络发展自己的意识和能力较弱。为此,必须借鉴国际成功做法,尽快提升网民主体的网络媒介素养。

第一,政府要提高对网民网络媒介素养的重视。政府是推进网络内容发展的主要力量,担负着全面提高网民媒介素养的重任。政府一方面需要确定媒介素养教育的战略计划,另一方面,可以组织网络、企业、各级各类学校、社会力量等,根据各自的职能和优势,通过举办公益讲座、举办公益宣传活动等方式,有计划、有针对性地宣传网络信息知识,普及网络安全知识,提高网络技术素养。第二,教育部门要将网络媒介素养纳入正规教育体系。初等教育、中等教育、高等教育及成人教育中都应开设相应的网络媒介素养

① 姜胜洪:《网络谣言应对与舆情引导》,社会科学文献出版社2013年版,第228页。

② 刘迎:《美网络安全意识月活动经验及启示》,2014年11月15日,见http://news.xinhuanet.com/politics/2014-11/15/c_1113262856.html。

课程,以增强网民尤其是青少年获取、甄别、管理、使用、制作、发布网络信息以及抵御不良信息的能力等。高校还应积极配合政府部门,重视校园网络平台的设计,构建网络媒介与高校学生良性互动的技术平台;全力打造学生自主学习和自主交流系统,积极建立学生网上课堂系统、网上服务信息反馈系统、电子图书资源系统等;定期开展媒介素养的社会宣传活动,大力倡导网络媒介的社会责任,以此提升大学生的网络技术素养、网络文化素养和自主管理能力等。第三,网民要自觉学习,提高个人的媒介素养。总之,我国政府和教育部门需要在深入思考我国国情、政府导向、网络内容发展战略、媒介环境等基础上,借鉴国际成功做法,构建一个有中国特色的网络媒介素养知识体系。

总之,清朗的网络空间不是一朝一夕建成的,需要政府和全社会共同参与。只有凸显政府的主导作用、发挥企业的主体作用、加强政府、企业和高校的深度合作、提升网民的网络媒介素养等,进而让政府、企业、高校和网民等主体汇成一股巨大的合力,才能最大限度地发掘正能量、汇聚正能量、传递正能量,才能建设一个健康有序、充满阳光和希望的网络空间。

第三节　创造具有国际竞争力的网络内容产品

随着网络信息技术不断发展和普及,网络内容产业已成为各国经济发展的新引擎。网络内容产品是以创意内容为核心,以数字化、网络化为表现形式的新型产品,不仅能带来巨大的经济效益,还能宣扬各国民族文化,塑造和提升国家形象。我国文化传统悠久深厚,市场需求持续增长,近年来网络内容产业发展迅速,取得了明显成效。但与美国、英国、日本、韩国等网络内容产业发达国家相比,我国的网络内容产品建设仍处于起步阶段,在国际竞争力、生产环境等方面存在不少问题和差距。因此,要建设具有中国特色和国际竞争力的网络内容产品,需要借鉴国际成功经验。

一、加大政府投入力度

政府拥有公共权力和公共资源,作为产业政策法规的制定者、执行者,虽然不直接生产销售网络内容产品,但为网络内容产品生产流通提供产业政策、基础设施、法律法规、资金、研究项目等方面的支持,在网络内容产品建设中扮演重要角色。纵观美国、英国、日本、韩国等发达国家网络内容产业发展历程,无一不将加大政府投入纳入产业发展战略。美国政府1993年推出“国家信息基础设施行动计划”,建设高性能、高效率的国家信息网络,通过声音、数据、图像或影像相互传递信息,促使人们实现信息共享。该项计划于1995—2000年年初步建成,2013年全部建成,给美国社会经济生活带来了革命性变化。2001年,英国在《发展知识经济白皮书》中指出了宽带技术对整个社会和经济发展产生的深远影响,确立了宽带发展目标,同年《英国在线:宽带发展计划》中详细制订了英国宽带建设的行动计划。美国为加大数字内容科研投入,在政策上要求和鼓励各州、各地方以及企业拿出更多资金来赞助和支持数字内容产业发展。英国、韩国等国通过建立相关基金、提供低息贷款,减免税负等政策为数字内容企业提供资金支持。除此之外,随着国际网络内容产业竞争日趋激烈,各国政府在专项扶持计划、人才培养、核心技术研发等方面更加大了投入力度,力图为本国网络内容产业发展保驾护航。

当前我国网络内容产品建设方面仍然存在网络基础设施薄弱、地区发展不平衡,投融资环境不理想、技术创新落后等问题。借鉴国际经验,我国网络内容产品建设首先需要加大政府在人、财、物等方面的投入:一是加强宽带网络基础设施建设,继续推进“三网融合”工程建设,尤其是推进西部欠发达地区、广大农村地区的宽带建设和网络应用;二是要增加对网络内容产业的财政投入,尤其是重点产业基地和支柱产业的投入力度,建立多元、多层次、多渠道的投融资机制。例如,建立以政府财政资金带动企业和社会投资的方式,引导民间资金参与产业发展,建立网络内容产业风险投资机制,鼓励金融机构开展专项贷款,国家财政对专项贷款提供贷款贴息和财政补贴等等;三是重视并加强网络内容产业领域科研人才培养。政府为相关科研、教学、培训机构提供合作项目、资金以及政策支助。

二、完善相关法律法规

市场环境对于产业发展具有重要意义,良好的市场环境能够吸引投资,聚集企业和人才，促进形成成熟产业链和产业规模。西方发达国家普遍采取完善相关法规的措施来规范市场，为网络内容企业提供自由、公平的网络市场环境。2001 年欧盟通过国际上第一个针对网络或数据犯罪的多边协定《计算机犯罪公约》，明确规定网络犯罪的种类和内容，对各成员国提出了立法、执法和国际间合作等多项要求，促进了区域间网络市场的建设。美国是数字内容产业起步最早的国家，拥有成熟的市场体系。美国不断完善相关法律，打击网络犯罪，保护网络知识产权。以维护网络知识产权为例，先后通过《版权法》《半导体芯片保护法》《跨世纪数字版权法》《电子盗版禁止法》等一系列法规，其中《域名权保护法案》规定域名与商标保护统一，不得冒用、非法注册或使用与他人域名十分相似的域名进行网上商业活动。英国 2014 年开始实行新知识产权法案，应对网络时代发展需要，力求更大程度上对英国的知识产权及创新行业进行保护。

网络内容产业涉及面广，特点复杂，制约因素多，当前我国网络内容产品市场还不成熟，存在各种扰乱市场秩序、破坏公平竞争环境的现象。借鉴国际经验和做法，我国需要将对网络内容产业发展的扶持纳入法治轨道，加强网络内容产业规范化、制度化和法治化建设，为建设具有国际竞争力的网络内容产品提供发展的软环境。尤其是面对我国较为严峻的网络盗版侵权问题，要加大网络知识产权立法，促使数字版权登记制度化，制定自主技术标准并推广、普及，构建科学合理的数字版权秩序。

三、加强人才队伍建设

网络内容产业涉及网络科技、文化内容、商业营销等多个领域，是典型的知识密集型产业，创新是网络内容产品生产的核心，网络内容产品的国际竞争最终取决于人力资源的数量与质量。英国非常重视创意人才培养，早在 2001 年就发布了《文化与创新：未来 10 年的规划》绿皮书，从教育培训、扶持个人创意及提倡创意生活三个方面，研究如何帮助公民发展及享受创意。计划通过加强各级学校的信息技术教育、内容产业与高校的合作，来提高从业人员的技术水平。例如，教育与就业部和职业资格与课程局共同为 11—16 岁的学生制订了信息技术课程计划。德国在人才培养上强调实践性,学生在职业学校接受专业理论教育的同时,还必须在职业教育企业或跨企业的培训机构进行职业技术实践。日本把内容产业人才培养作为一项重要课题,不仅设定专门方案和计划培养文化产品创造和制作人才,委托国内教育机构进行培养,而且通过"海外教育机构"派遣研修生出国留学。许多大学和职业学校都开设了内容产业的专门学科,如动画学科、数码艺术等。我国台湾地区针对数字内容产业人才不足的问题,采取培养与引进两条途径。一方面通过优化环境吸引外来优秀人才,另一方面成立数字内容学院总部和区域资源中心,与台湾地区内容企业、学校与职业培训机构、区域协同合作来培养相关人才。

调查结果显示,当前我国网络内容产品建设亟须创意、技术、营销和管理等各类人才,尤其是高层次创意人才和复合型人才缺口较大。国外人才培养经验给我国带来不少启示,我国在加强网络内容产品建设人才培养方面,首先要立足自身进行人才培养。通过实施人才培养工程,建立一套完备的高等教育、职业教育、业余培训相结合的人才培养体系。可以充分利用高校、科研机构的师资力量和教学资源,培养网络内容产品相关的设计、技术、管理、营销等各类专业人才。还可以鼓励企业和社会联合办学力量,进行相关职业培训,形成政府、企业、学校、社会机构多层次、多形式的人才培养模式。其次,建立和完善人才流动机制,鼓励其他行业剩余人才流向网络内容产业,不断优化业态环境,吸引更多优秀人才。

四、推进产品自主创新

网络内容产品是网络技术与文化内容的融合,网络内容产品的竞争,创新是其根本。纵观网络产业发达的国家和地区,都具有较强的产品自主创新能力。日本领土狭小,自然资源贫乏,但历来重视科技教育,追求创新领域的世界领先地位。日本网络内容产业发展基础较好,拥有高水准的创新人才,在图像处理和显示技术上处于世界领先水平。日本自视为"文化资源大国",加上技术优势,企业在产品创造中不追求简单的素材加工与优化,而是追求将技术与内容完美融合于网络内容产品中。因此,日本创造了许多具有世界影响力的产品,其中以动漫和游戏产品最为突出。日本动漫风靡全球,在全球市场具有强大号召力。很多优秀动漫产品完美融合了东方文明与西方文明、日本传统文化与现代文化,向全世界展现了流行文化产品中独具民族特色的日本气质。2003 年日本经贸部专门成立数字内容产业全球策略委员会,用来支持日本产品成为全球化产品,独具日本特色的动漫、音乐、游戏等将日本文化传播到全世界。

我国是世界文明古国,拥有丰富的历史、地理、人文资源以及民族传统。然而调查反映,我国网络内容产品在国际竞争中处于劣势,一个重要原因是产品内容同质化严重、缺乏创新。如何利用科技手段,实现传统文化产业转型,创造更多具有国际竞争力和影响力的网络内容产品,这将是我国网络内容产品建设必然要走的路。借鉴日本等国家的建设经验,第一,要坚持自主创新,调整产业结构,不能停留在模仿、复制和代工的生产阶段。政府要鼓励和支持企业和创作者在借鉴国内外经验的基础上,坚持走依靠自己,自力更生的原创之路;第二,要坚持技术创新,争取掌握产品核心技术的主动权。加强政府、企业与学校间产学研合作,充分利用社会资源进行网络内容产品技术研发;第三,要坚持内容创新,这是网络内容产品自主创新的关键,扶持重点企业、重点产业群在内容与渠道上做好两个融合:一是本土内容与国际内容的融合;二是传统文化与现代文化的融合。立足国内,挖掘最具中国特色的本土资源,放眼世界,吸收人类文明成果,创造兼具中国传统与现代精神的网络内容产品,打造具有中国特色和国际竞争力的网络内容产品品牌。

五、完善多元监管体系

基于不同国情和文化传统,各国在网络内容产品监管上采取不同模式,有的侧重政府力量,有的侧重社会自律。纵观英国、美国、日本等国的做法,一个普遍的经验就是这些国家都十分注重调动政府之外其他社会力量参与监管的积极性,致力于建立一个由政府、行业协会、个人共同参与的自动监管体系。首先,在政府监管方面,日本政府有一个值得借鉴的做法,即设置不同机构的同时又特别强调机构间的协同管理。日本经济产业省主要负责产业支持、内容制作支援等政策,总务省主要负责推动宽频内容制作和销售等,而通产省则负责各部门综合管理和跨部门调节。其次,国外政府大多重视非政府组织行业协会的监管作用。例如,日本有数字内容产业协会,澳大利亚有交互媒体产业协会,游戏开发商协会,英国有数字内容产业联盟等等。再次,不少国家注重发挥普通网民在监督网络内容产品传播、制作和使用方面的作用,一是立法明确规定网民有举报、配合调查、抵制网络犯罪的义务;二是提倡劝导教育,促进网民自律。

调查显示,我国网络内容产品建设过程中,仍然存在不少淫秽、暴力、恐怖主义等不安全内容以及各种网络不文明、不法行为。为促进网络内容产品健康向上发展,借鉴国际经验,我国可从以下几个方面加强网络内容产品监管措施:一是建立政府主导的,企业、行业组织、个人等多元主体合作的监管体系;二是进一步理清政府部门职能,建立统筹规划和统一协调的专门机构,加强部门间合作,进行业务整合,以克服多头管理、重复管理的问题;三是加强立法、执法监管建设的同时充分发挥社会劝导自律机制的作用,在全社会开展社会主义核心价值观培育和践行活动,促使人人自觉成为网络内容产品的监督力量。

综上所述,借鉴网络内容产品建设的国际经验,必须与中国当前具体实际结合起来。我国网络内容产业发展仍处于初级阶段,与美国、英国、日本等发达国家仍然存在一定距离。当前,我国社会经济发展形势整体平稳,是网络内容产品建设的大好时机,应该抓住这一机遇,努力建设更多具有中国特色和国际竞争力的网络内容产品。

第四节 强化网络内容的监督管理

西方国家在网络内容管理方面取得的成功经验带给我国的启示主要有以下几个方面:

一、完善网络内容监管法规

依据法律法规对互联网内容实施必要的监管,是世界各国通行的做法。德国是发达国家中第一个对互联网不良言论进行专门立法监管的国家,他们对有害言论的法律制裁和行政处罚措施非常严格。作为网络内容监管方面最为成功的国家之一,新加坡政府也高度重视互联网的立法及执法工作。

为不断适应网络内容监管面临的新形势,我国也应加强这方面的立法,使网络内容监管工作有法可依。

第一,通过立法确立评判网络不良信息的标准,明确规定什么信息可以发布、传播,什么信息则不能。如着重限制包含猥亵、色情、危害国家安全等的言论与图片在互联网上的传播。

第二,通过立法规定互联网企业的职责及法律责任。如日本政府在《青少年网络环境整备法》中规定:手机网络运营商在向未满 18 岁的未成年人提供服务时,必须在手机中安装过滤有害网络的软件;电脑厂商在向未成年人用户出售产品时,必须为其日后安装过滤软件提供便利;在客户提出要求时,运营商也有义务为顾客提供过滤服务;监护人则有义务掌握未成年人的上网情况,并通过安装过滤软件等手段对未成年人上网进行管理等。我国在制定法律的时候可以参照其他国家的做法,对互联网企业的职责作详细具体规定,使互联网企业能按照法律规定的要求实际运作。同时也要规定互联网企业不履行职责的法律制裁和行政处罚措施。如新加坡政府规定,互联网内容提供商有义务协助政府删除或屏蔽任何被认为是危害公共道德、公共秩序、公共安全和国家和谐等内容及网站,如不履行义务,供应商将被处以罚款或者暂停营业执照。

第三,加强重点领域立法工作。立法要求具有实践指导性与具有现实针对性,制定的法律不能太笼统、太抽象,要详细具体,具有可操作性。针对网络游戏、网络文学、网络电影等不良信息泛滥的领域,我国应针对不同的领域制定部门法规、行业法规,落实监管部门,实行严格的谁监管谁负责的原则,以便有针对性地加大对这些领域的监管力度。

二、开发网络内容过滤软件

从国外来看,内容控制软件是加强网络内容监管的有效工具。国外内容控制主要针对以下内容:促使或者讨论系统漏洞、软件盗版、犯罪技能或其他潜在的非法行为;含有明显的与性有关的内容;促使或者讨论不道德的生活方式;含有暴力内容或者其他形式的图片或者极端内容;促使或者讨论偏执以及仇恨的言论;促使或者频繁讨论赌博、软性毒品使用、酗酒等其他不良行为;有碍社会稳定的政治、宗教或其他议题的交流。内容控制软件的应用从主体上分为国家政府机关、企业、公共服务单位和家庭。结合国外使用网络内容控制软件的经验,我国可以从以下几个方面入手。

首先,对未成年人手机强制安装网络内容过滤软件。手机网络运营商在向未成年人提供服务时,必须在手机中安装网络内容过滤软件;客户提出要求时,运营商也必须为顾客提供过滤服务;未成年人的监护人通过安装过滤软件等手段对未成年人上网行为进行管理。

其次,网吧必须安装网络内容过滤软件。政府可以通过提供技术支持,给予资金补助等方式鼓励网吧安装此类软件。网吧没有安装过滤软件,就不能获得政府提供的补助资金。如果网吧没有安装过滤软件致使他人利用网吧计算机在互联网发布、传播不良信息时,相关部门要对网吧进行处罚。

再次,学校、图书馆的计算机必须安装过滤软件,由政府提供技术、资金支持。如美国政府要求学校要安装网络内容控制软件。这样能保障未成人使用这些公共计算机时避免接触到不良信息。

最后,家庭、企业遵循自愿原则。虽然如此,政府可以通过各种方式倡导家庭、企业安装过滤软件,扩大过滤软件在我国的应用范围。

目前,网络内容控制软件在我国已开始得到应用,但相对发达国家,我国自主研发的网络内容控制软件数量还非常有限,加大网络内容控制软件的开发力度需要政府的支持,也需要互联网软件开发商的合作。

三、实行网络实名制

有些国家推行网络实名制,对网络不良信息起到了有效的监管作用。网络实名制犹如揭开蒙在人们脸上的面纱,让人们以真实的身份出现在网络世界里,使人们在网络世界里也有所畏惧,以起到阻止人们利用虚假名字发布、传播不良信息的作用。

第一,手机实名制。鉴于我国手机网络内容监管比较薄弱这一状况,应强制规定用户办理手机号时必须出示身份证,手机运营商必须按照相关规定认真登记用户信息。手机用户一旦通过手机发布、传播不良信息,网络内容监管部门可以通过与手机运营商合作,根据用户登记信息追查不良信息发布者的真实身份。如果手机运营商没有要求手机用户使用实名制,造成无法追查手机发布、传播不良信息者的情况时,相关部门应惩处手机运营商。

第二,互联网接入实名制。人们接入互联网时,必须向网络运营商提供身份证等个人信息。一旦有人通过电脑发布、传播不良信息,可以通过 IP 地址等方式追查到不良网络信息源,这对电脑使用者的上网行为有制约作用。

第三,网络账号实名制。包括论坛、博客、贴吧、微博客、即时通信工具、跟帖评论等互联网信息服务中注册使用的所有账号。网站要求注册账号时必须填写身份证号码等个人资料。网络账号实名制的实行,对企图通过网络发布不良信息的人来说是一种威慑,让那些在网上发布有害信息的网民三思而后行。

第四,网吧上网实名制。一是阻止未成年人进网吧;二是起到震慑企图利用网吧计算机发布、传播不良信息人的作用。如果有人利用网吧发布不良信息,警方可以通过上网数据和身份证等信息锁定嫌疑人。这就让那些企图利用网吧计算机发布、传播不良信息的人因身份真实而有所顾忌。如果网吧借用别人身份证或不用身份证上网,导致无法锁定不良信息发布者的必须严厉惩处网吧,使其违规操作罚款远远大于违规收益所得,造成严重后果的吊销营业执照。

国家互联网信息办公室 2015 年 2 月 4 日发布、自 2015 年 3 月 1 日起正式施行的《互联网用户账号名称管理规定》,对互联网用户账号名称的管理,对互联网信息服务提供者、使用者的服务和使用行为等做出了规范。规定互联网信息服务提供者应当按照“后台实名、前台自愿”的原则,要求互联网信息服务使用者通过真实身份信息认证后注册账号。这虽不等同于“全网实名制”,但也算是我国网络实名制全面普及的开始。

四、加强行业自律

很多国家都强调行业自律在网络内容监管中的重要作用,实践也证明,行业自律的方式对于网络内容的监管非常有效。如英国在控制和监管网络非法信息方面,行业自律就比国家立法更有效。我国也应充分发挥互联网企业在网络内容监管中的自律性,把网络不良信息隔断在源头。

(一) 建立互联网行业自律组织

美国有计算机协会、信息系统审查与控制协会(ISACA)、计算机安全协会、国际互联网协会、计算机应急响应协调中心、美国计算机职业者社会责任协会(CPSR)等九个互联网信息安全行业组织;德国设有“国际性内容自我规范网络组织”“德国 Web 安全运动”联盟与 D21 同盟;英国成立了“网络观察基金会(IWF)”;法国成立了“法国域名注册协会”“互联网监护会”和“互联网用户协会”;韩国成立了信息安全协会。这些国家的行业自律组织通过制定行业规范等方式,在网络内容监管方面发挥重要作用。当前,我国互联网行业自律组织主要有中国互联网协会、中国无线互联网行业、网络音乐行业发展联盟等。这些行业自律组织对加强行业管理起着带头作用。但是一些网络不良信息高发的行业目前还没设立行业自律组织,如网络游戏、网络文学、网络电影、网络图片等行业,政府应针对这些行业采取措施,鼓励其尽快设立行业自律组织,以实现行业自我管理的作用。

(二) 制定行业自律公约

各种行业自律组织通过制定行业自律公约等共同认可的条文来推动行业自律,确保行业行为符合法律规定和道德要求。目前我国主要有《中国互联网行业自律公约》《互联网站禁止传播淫秽色情等不良信息自律规范》《互联网新闻信息服务自律公约》《博客服务自律公约》《中国无线信息服务行业诚信自律细则》《中国互联网视听节目服务自律公约》《网络音乐行业发展联盟》《中国网络视听节目服务自律公约》等行业自律公约。这些公约针对不同行业制定了自律公约,对不同行业的互联网企业或个人提出了职业要求。与此同时,在设立网络游戏、网络文学、网络电影、网络图片等行业自律组织的前提下,这些行业自律组织也要相应制定行业内容管理准则,以约束行业会员的网络行为。

(三) 建立行业自律奖惩机制

这是行业公约能否约束会员网络行为的关键所在,如果没有相应奖惩机制，行业公约的约束作用有可能只是停留在纸上，而不能落实到行动上。如美国对于违规者，行业协会将代表整个行业来施加压力，要求其改正，甚至可能采取更严厉的措施使其在业内失去发展机会。相关互联网企业、从业者都可参与奖惩机制制定的讨论，制定具体可操作的奖惩机制，一旦确定下来，就要严格执行。如对遵守行业自律公约的企业，行业自律组织通过网络等各种方式予以正面宣传，以扩大其社会影响。对违反行业公约的企业，同样通过网络等方式向社会披露，同时取消会员资格，对社会造成严重后果者要取消其从业资格。

第五节　凸显网络内容安全建设的战略地位

没有网络安全就没有国家安全。当今世界，网络安全已上升为与国家军事、经济、政治、科技、文化等各个领域安全密切相关的核心要素，信息对决成为国与国之间真正意义上的相互抗衡。“谁掌握了信息，控制了网络，谁就将拥有整个世界。”①因此，我们必须立足于中国特色，借鉴国际成功经验，抓紧制定网络空间安全战略，加快网络安全核心技术创新步伐，深化网络安全国际交流与合作。

一、抓紧制定网络空间安全战略

“网络空间安全战略是为维护国家网络空间发展利益，着眼于有效消除各类网络空间安全威胁，综合运用各种手段资源进行战略规划和统筹管理的有机过程。”②近年来，世界各国从国家决策、制度机构、技术创新等层面入手，加快制定网络空间安全战略的力度和步伐。迄今，已有 50 多个国家颁布了网络空间安全战略，90 多个国家制定了专门的法律保护网络内容安全，40 多个国家组建了网战部队。

---

① 余祎、曹四化：《加强顶层设计，科学确立网络空间安全总体战略》，《战士报》2015 年 4 月 21 日。

② 姜胜洪：《网络谣言应对与舆情引导》，社会科学文献出版社 2013 年版，第 228 页。

各国网络安全空间战略既是为发展本国网络安全力量实行的顶层设计,又是各国为抢占网络空间制高点的行动部署。尤其是随着网络空间安全战略的内容与目标从自身国内扩展到全球范围,我国网络空间秩序和生态不可避免遭受巨大的冲击,在网络安全上处于极为被动的局面。对此,我国必须科学谋划,主动应对,尽快出台网络空间安全战略。

党的十八大报告明确指出,"高度关注海洋、太空、网络空间安全",习近平总书记也强调,"没有网络安全就没有国家安全。"这些重要论述,给我国制定网络空间安全战略提供了战略指引和行动遵循。在当前形势下,我们既不能过于悲观,也不能一味效仿,而要以围绕中国政治、经济、社会、军事等各个层面相关的网络安全观为指导,制定适合中国实际和发展理念的网络空间国家战略,主动把握和适应未来网络空间演变趋势,做到前瞻性设计、全局性统筹、特色性发展。也就是说,要站在国家长远发展的角度,着眼于未来网络空间可能面临的形势和威胁,未雨绸缪、预先研判、前瞻规划;要结合政治、经济、军事、外交、科技等领域统筹谋划、一体设计;要以国家积极防御战略方针为基点,以我国现阶段基本国情为依据,确立具有中国特色的网络空间安全建设模式。

(一)进一步明确网络安全在国家安全中的战略地位

网络安全是国家安全的重要基石,加强网络安全才能维护国家安全。习近平同志在国家安全委员会第一次会议上,全面论述了我国总体安全观,并提出了包括信息安全在内的11种安全,明确指出没有网络与信息安全,就没有真正意义上的政治、经济、社会和国防安全。这一论述,把网络安全上升到了国家安全的层面,列于和国家信息化同等重要的位置。2015年1月23日,中央政治局会议审议通过了中国首份《国家安全战略纲要》,尽管未公布具体的安全领域与实施目标,但毫无疑问的是,网络安全成为国家战略的重要组成部分。构建我国新型的网络空间安全战略,必须明确应对网络攻击及各种网络安全威胁的战略目标、指导思想和方针措施。根据《国家信息化领导小组关于加强信息安全保障工作的意见》和《2006—2020年国家信息化发展战略》两个重要文件的表述,加强信息安全保障工作的总体要求是,坚持积极防御、综合防范的方针,全面提高信息安全防护能力,重点保障基础信息网络和重要信息系统安全，创建安全健康的网络环境，保障和促进信息化发展，保护公众利益，维护国家安全。落实这一总体要求的核心关键，是建立健全“积极防御、综合防范”的网络安全保障体系。我国是互联网大国，却不是互联网强国，作为网络攻击的主要受害国之一，网络安全水平还位于世界排名等级的最低级别。这也决定了在当前和未来一段时期，我国网络空间安全战略应该是保障、治理和对抗三种主要安全措施融合运用的“积极防御型”战略模式，全面提升网络信息空间的信息保障、网络治理和网络对抗的能力和水平。

（二）进一步完善网络内容安全的管理领导体制

大多数国家的网络空间安全战略都设立了专门的领导协调机构。美国白宫设立网络安全办公室、国防部成立网络司令部；英国政府设立网络安全办公室和网络安全行动中心；德国设立国家网络响应中心和国家网络安全委员会。长期以来，我国网络空间面临多头管理、政出多门的困局，迫切需要打破传统管理体制束缚，尽快理顺和建立适应网络空间安全管理的组织体系。2013 年 11 月 12 日，国家安全委员会正式成立，标志着集中统一、高效权威的国家安全领导体制的建立。2014 年 2 月 27 日，中央网络安全和信息化领导小组成立。中央网络安全和信息化建设领导小组的成立是以规格高、力度大、立意远来统筹指导中国迈向网络强国的发展战略。当前，要解决好国家安全委员会与网络安全和信息化领导小组在网络安全方面的层级关系、职能分工和相互衔接的问题，发挥好集中统一领导功能，在网络安全和信息化领导小组下设立相关专业分机构，明确各个部门的职能权限。除了国家层面，“各地区、行业、重点企业（金融、能源、国防等核心企业）、重点高校和重点科研机构等也需建立扁平化、专业化和网络化的网络空间安全体系，并纳入国家网络空间安全体系统一管理。”①

（三）进一步加快网络空间安全立法进程

习近平同志指出：要抓紧制定立法规划，完善互联网信息内容管理、关

---

① 惠志斌：《我国网络空间安全战略的理论构建与现实途径》，《中国软科学》2012 年第 5 期。

键信息基础设施保护等法律法规,依法治理网络空间,维护公民合法权益。近年来,我国针对网络安全出台了一系列法规,尤其是2014年以来,网络空间的法治建设步伐加快。即将出台的《中华人民共和国网络安全法》从保障网络产品和服务安全、保障网络运行安全、保障网络数据安全、保障网络信息安全等方面进行了具体的制度设计,将成为未来保障我国互联网安全的重要依据。2015年7月1日发布的新版《国家安全法》,其重要成果之一是首次以法律的形式明确提出"维护国家网络空间主权",要求我国各领域开展网络空间活动、处理网络空间事务时,尊重他国主权,并且反对任何国家在网络空间侵害别国主权。不过我们也要看到,我国的网络空间立法存在许多不足,尤其是应对新的安全威胁时常常显得滞后和乏力。当前,我国应借鉴发达国家的立法和执法经验,研究新技术、新应用(如云计算、物联网、大数据等)对法律建设提出的全新需求,从国家安全战略出发,对国家网络空间法律体系进行系统的规划和评估,科学有序地进行网络安全法律法规的立、改、废,完善中国特色网络空间法律法规体系。在新版《国家安全法》《网络安全法》的框架下,我们还应制定一系列配套的新的网络内容安全法律,尤其在打击网络犯罪、网络空间资源权属和知识产权保护、信息资源和数据的跨国流动等方面加强立法,明确相关主体应当承担的法律责任和义务;同时注重执法环节,创新网络空间执法手段,运用行政、经济、法律等多种手段加强综合执法,提高执法效率,促进"良法"与"善治"相结合。

二、加快网络安全核心技术创新步伐

技术创新是企业发展的原动力,也是网络安全的主阀门。网络安全的本质就是攻击和防御,必须依赖于最先进的技术和产品。这就使得网络安全技术和产品的创新能力,成为维护网络内容安全的重要基石。世界各国通过强化自主创新能力建设、加强专业人才队伍建设、强调协同创新合作,不断加快网络安全核心技术创新步伐。我们应该借鉴国外经验,结合我国实际,以科学发展为统领,以政府扶持为导向,以企业、科研机构、高等院校为主体,全面提升自主创新能力,加大对信息安全新技术的投资和政策支持力度,全力推进网络安全自主创新体系和可控能力建设。

（一）实施网络创新战略

克服自主创新能力不足、克服国内互联网发展瓶颈，关键要有自己的技术，有过硬的技术。要把网络安全理念创新、技术创新、服务创新、体系创新纳入国家特殊奖励政策，“着力突破核心芯片、高端服务器、高端存储设备、数据库和中间件等产业薄弱环节的技术瓶颈，加快推进云操作系统、工业控制实时操作系统、智能终端操作系统的研发和应用”①；要充分发挥政府的主导作用，建立有利于信息安全产业发展的投融资环境，在财政扶持、税收优惠、技术创新支持、人才培育和引进、投融资、国际市场开拓等方面加大政策扶持力度，推动自主技术成果转化与产业化，积极培育骨干企业，加快发展特色中小企业；要逐步提高重要信息系统、基础信息网络、党政机关系统和军事国防系统关键技术、设备、服务的国产化率，加快国产技术和装备的应用推广，逐步实现政府部门和重要领域国产化替代。

（二）培养专业人才队伍

高素质人才是确保网络安全的核心，专业人才队伍建设应作为网络安全的一项长期和根本工作。针对当前网络安全人才匮乏和缺失严重的现状，一方面要加大财政投入，支持有条件的高等院校、科研院所和信息安全企业设立相关学科、专业和博士后流动站，加强学科规划和专业建设，发展多层次的信息安全培训体系，形成高等院校的专业教育、从业人员的系统教育、全社会的普及教育相结合的网络安全教育培训机制；另一方面，要实施网络安全领军人才培养计划，建立领军人才的动态式、激励型管理机制，努力造就一支数量充足、素质较高、结构合理的网络安全理论研究、组织管理、专业技术和行政执法的网络安全专业人才队伍。

（三）推动产业协同创新

党的十八大报告强调，更加注重协同创新，推动科技和经济紧密结合，着力构建以企业为主体、市场为导向、产学研相结合的技术创新体系。要鼓

---

① 国务院：《国务院印发推进“互联网+”行动意见含重点11领域》，2015年7月4日，见 http://www.chinadaily.com.cn/micro-reading/politics/2015-07-04/content_13926179_4.html。

励企业与其他企业、高校、科研机构等建立协同创新平台,开展自主创新活动,"通过信息、知识和创新资源的共享、集成、利用和再创造等方式,实现满足各方利益、知识增值和价值创造的目标,从而提高产学研协同创新的质量和效益"①;要支持企业通过收购、兼并、联合等方式做强做大,形成一批核心竞争力强、带动作用大的骨干企业,构建以骨干企业为核心、产学研用高效整合的技术产业集群,推动网络安全产业向体系化、规模化、特色化、高端化方向发展;要推荐和引领企业"走出去",鼓励和支持企业积极参与国际技术交流与合作,在海外建立研发中心,积极拓展国际市场,实现与国际先进技术产业同步发展。

三、深化网络内容安全国际交流与合作

网络无国界,但是网络安全有国界。网络信息跨国性、开放性、复杂性等特点,给网络安全提出了新的挑战。世界各国都意识到,黑客攻击、网络犯罪、恐怖主义等非传统安全事件是国际性难题,仅凭一国之力无法单独解决,必须在国际层面建立多边合作和磋商机制,深化网络内容安全国际交流与合作。

近年来,在以美国为首的大国推动下,各大国高层次、战略性的国际网络安全合作不断加强,世界双边网络安全合作进入新阶段,以大国双边合作为主轴的国际网络安全合作新局面日渐显现。例如,2011 年 5 月,奥巴马与卡梅伦会晤后发布声明,决定美英从共享愿景、统一共识、共推法制、与民合作、技术推广、共担责任六大方面加强网络安全合作。② 尽管俄罗斯和美国的双边关系日益紧张,但两国仍然计划频繁交流源于彼此领土的技术威胁,并建立互信机制。2013 年 6 月,美俄双方签订首份网络安全合作文件。与此同时,其他大国间也纷纷加强双边合作,例如:2013 年 4 月,日本和北约签署首个《共同政治宣言》,表示日本和北约今后将定期举行高级别政治

① 魏进平等:《通过构建企业创新网络推进协同创新》,2013 年 6 月 5 日,见 http://theory.gmw.cn/2013-06/05/content_7863691.html。

② 蒋丽、张小兰、徐飞彪:《国际网络安全合作的困境与出路》,《现代国际关系》2013 年第 9 期。

对话,以推进在反恐、网络安全、防止大规模杀伤性武器扩散等安全保障领域的合作。① 2013 年年初,英国、印度决定在 2012 年 10 月两国网络安全对话基础上,进一步细化、深化双边合作。

我国历来赞成和支持网络安全领域的国际合作。早在 2000 年 8 月的第 16 届世界计算机大会上,中国政府就提出促进互联网健康发展、制定"国际因特网公约"的主张。但是,我国在网络安全国际交流与合作上,还没有掌握有力的话语权,也缺乏宽广的国际化视野。具体说来,宣扬西方思想的英文网站占互联网 80%以上,对社会主义主流价值观带来强大冲击,"中国好声音""中华正能量"网上仍很弱小,网上舆论主导权和话语权还比较吃力;借助互联网推介我国形象和文化输出不足,展现中国特点、中国风格、中国气派的中华文化感召力和竞争力还不够;参与全球全网决策、规划时,我国还是"运动员",不是"裁判员";在网络治理上缺乏一览全网、网罗天下的视野和气魄,在国际事务中缺乏立足中国、福泽全球的方案和团队。

网络空间的国际治理与合作既是国际共识,也是国际社会的必然选择和努力方向。2014 年 7 月,习近平在巴西国会发表演讲时提出:"国际社会要本着相互尊重和相互信任的原则,通过积极有效的国际合作,共同构建和平、安全、开放、合作的网络空间,建立多边、民主、透明的国际互联网治理体系。"这深刻阐明了我国在网络安全合作以及互联网治理方面的原则与主张。中国应该积极参与网络安全领域的国际交流与合作,提高我国在未来网络空间新格局中的国际话语权和规则制定权。

(一) 重视与美、俄等大国的双边合作

中俄已建成全面战略合作伙伴关系,在网络安全多个方面拥有利益契合点和战略共识,双方也在国际上多次共推"国际行为准则",合作效果良好。网络安全也一直是中美合作的亮点和焦点。2011 年,中美首脑同意"加强合作,解决网络安全问题";2013 年 3 月,习近平应邀同奥巴马通电话时强调,"维护网络空间的和平、安全、开放、合作,符合中美在内的国际社

① 孙冉:《日本和北约首次发表"共同政治宣言"加强合作》,2013 年 4 月 16 日,见 http://www.chinanews.com/gj/2013/04-16/4732499.shtml。

会共同利益。中方愿同美方以建设性方式就网络安全问题保持沟通”①；2015 年 9 月，中央政法委书记孟建柱一行访美，双方就共同打击网络犯罪等安全领域的突出问题深入交换意见并达成重要共识。中美网络安全合作双方分歧较大，需要在加强对话基础上，寻找共识。现实情况是，中美两国经济上的相互依赖，以及在反恐、打击互联网犯罪问题上的共同目标，都可以构成双方在网络安全问题上合作的“共同利益”。2015 年 9 月 22 日习近平应邀访美，“习奥会”在共同依法打击一切形式的网络犯罪，维护网络安全，开展网络合作，为构建和平、安全、开放、合作的全球网络空间发挥了建设性作用。

（二）发挥区域网络安全合作平台作用

区域合作具有重要战略意义，是中国加强网络安全、提升国际话语权的重要渠道。联合国、上合组织、APEC、东亚安全论坛、欧亚论坛等是推进区域网络安全合作的重要平台。2011 年 9 月，俄罗斯、中国、塔吉克斯坦和乌兹别克斯坦四国驻联合国代表在第 66 届联大上提出确保国际信息安全的行为准则草案。这份文件呼吁与“散布旨在宣扬恐怖主义、分裂主义和极端主义或破坏其他国家政治、经济和社会稳定的信息”作斗争。② 作为上合组织的一员，十多年来，中国与其他成员国一道，致力于同其他国家和国际组织开展各种形式的对话、交流与合作，重点开展打击“三股势力”（恐怖主义、分裂主义和极端主义）、毒品走私和有组织跨国犯罪的安全合作，形成了涵盖信息安全、联合执法、打击毒品和犯罪的完备执法体系。

（三）推动全球网络安全合作规则制定

为了抢占网络空间行为的规则制定权和主导权，近年来各国通过内政和外交等多重渠道，宣示自身主张。随着中国成为世界第二大经济体以及中国国际影响力的提升，参与构建包括网络合作规则在内的各项国际机制问题，成为中国亟须面对的现实问题。国际多边网络安全合作目前困难重

① 许栋诚、熊争艳：《中方愿同美方以建设性方式就网络安全问题保持沟通》，2013 年 3 月 15 日，见 http://news.xinhuanet.com/2013-03/15/c_115045268.htm。

② 逯海军：《美军抢先制定网络战规则》，《中国青年报》2013 年 5 月 24 日。

重，中国应发挥发展中大国的地位和优势，积极介入，主动发声，推动全球性网络安全合作规则和制度的建立。尤其是借助中国传统文化中倡导“和谐”、以“和”为贵的“和谐网络世界”理念，不断地向世界传播我国互联网现状和发展概况，加大中国网络文化的弘扬力度，让世界认识并了解中国，进而提升我国的国际形象，为实现多边的网络安全合作打下良好的基础。

第六节　提升网络内容的国际传播力

提升网络内容国际传播力是我国网络内容建设的题中应有之义，是在网络时代增强我国国际话语权，提升文化“软实力”的重要举措。从国际层面来看，由于美国等西方国家具有在互联网领域的先发优势，有能力在全世界范围内传播其思想文化和价值观念，从而控制了网络空间的国际话语权。与西方国家相比，我国在网络内容国际传播力上存在显著差距，想要在互联网时代讲好中国故事，传播好中国声音，阐释好中国特色，就必须在立足我国实际的基础上，充分借鉴西方国家的有益经验，切实提升我国网络内容的国际传播力。

一、创新网络内容国际传播的思维

思维方式的更新是行为模式转变的前提条件，通俗地讲，有什么样的思维方式，才会产生什么样的行为模式。因此，想要提升我国网络内容的国际传播力，需要从创新思维方式开始。事实上，西方国家及其主流媒体也并非自互联网诞生之日起便具有强大的网络内容国际传播能力，它们同样经历了艰苦的转变思维、更新理念的过程。例如，自互联网诞生以来，西方报纸、广播电视等传统媒体便受到来自互联网的冲击，特别是传统“纸媒”受到的冲击更为巨大。报纸发行量持续下降。除报纸外，广播、电视等行业也同样受到不同程度的冲击，传统大众传播媒体的危机正在向所有发达国家蔓延。

面对危机，西方国家传统媒体开始出现分化，一部分传统媒体固守旧思维、旧理念，甘于维持现状、拒绝变革，最终被时代所淘汰。而诸如英国广播公司、《金融时报》、美国有线新闻广播公司、《纽约时报》等传统媒体则积极转变思维,在面对新媒体冲击时,没有故步自封,而是选择面对现实,理性认识受众需求的快速变化,积极拥抱新媒体,不断提升传播力,从而在网络时代仍然能够使自己保持国际性主流媒体的地位。

作为具有较强国际影响力的美国报纸,《纽约时报》自 1996 年始便不断革新运营理念,为适应数字化生存而进行持续改革。1996 年 1 月,纽约时报公司成立了自己的报纸网站(www.nytimes.com),其网站从母报的电子版延伸发展为独立综合的信息服务平台,在数字化的浪潮中开辟了一条独具特色的发展道路。一方面,《纽约时报》网站充分利用互联网传播的多媒体性以及不受版面限制等特性,逐步丰富传播内容与形式。不仅建立了很多垂直子网站,比如《纽约时报》电影网、今日纽约网、《纽约时报》学习网等,大大丰富了垂直内容,使纽约时报网站吸引了各类访问者。而且《纽约时报》已从早期简单的图文发展到现在集文字、图片、音频、视频等多种形式于一体的多元形态,完成了具有创新性的融合新闻报道模式。与此同时,《纽约时报》网站还注重开展网络受众研究,增强网络受众阅读体验。成立了业内第一家网络研发部门,用以研究读者正在变化的阅读习惯和对新闻呈现渠道及形式的偏好,以提供独特的网络服务吸引网民。2005 年,《纽约时报》还根据自己的技术特长,专门设计出适合读者阅读的软件。2011 年,《纽约时报》效仿英国《金融时报》,率先在美国报纸竖起数字订阅"付费墙"。2013 年 5 月,纽约时报公司宣布该报已拥有约 70 万数字订阅用户,为报纸创造了上亿美元的营收,并且仍在增长。据纽约时报公司 2014 年第一季度财报,《纽约时报》在出版物上每损失两美元,数字业务就能替它挣回三美元。通过一系列网络化变革,《纽约时报》并没有像许多人所预言的那样在互联网时代消失,反而在网络空间中扎根下来,依然保持着其强大的国际传播力和世界影响力。

成立于 1922 年的英国广播公司作为老牌的广播公司和电视台,在面对互联网冲击时,采取积极应对策略,不仅较早成立了官方网站,而且目前已开通中文版、英文版、俄文版、法文版等 28 种语言版本网站。与此同时,早在 2006 年,英国广播公司就开始全方位革新传播理念,提出了"马提尼媒体"(鸡尾酒媒体)的理念。核心意思是:在一个数字世界中,英国广播公司要超越传统的广播电视机构的定位，使受众可以在任何时间、任何地点，通过任何可上网的设备来消费英国广播公司的内容。英国广播公司还提出了另一个概念："360 度"，就是说英国广播公司的人员无论是在内容策划，还是在节目制作中，都必须做到"360 度"，即同时考虑到广播、电视和网站各个平台的需求，以及固定设备和移动设备的需要。在责任制度管理方面，英国广播公司的新闻也全面摒弃了垂直式的层级管理，采用更加互联网化的编辑负责制。同时，英国广播公司还加快与社交媒体的合作，近年来，一些重大事件的新闻直播中，英国广播公司的记者会通过"推特"随时更新消息，受众也可以通过英国广播公司网站、各种社交媒体或者电话来参与直播。英国广播公司还主动与优兔合作，开辟了英国广播公司视频内容专区，在传播理念上的全方位变革大大强化了英国广播公司的传播能力，同样在互联网时代开辟出自己的立足之地。

由此可见，在网络时代，西方国家主流媒体传播能力的提升一定程度上得益于观念创新和思维变革，通过思维变革，不断调整自我以增强对时代的适应能力。因此，我国在网络内容国际传播力的培育过程中，也应当从转变思维开始，结合网络时代的特殊需求和我国实际，用新理念和新思维来指导传播实践。

首先，全面掌握"互联网思维"。2014 年，中宣部部长刘奇葆在出席第二十四届中国新闻奖、第十三届长江韬奋奖颁奖报告会时指出，广大新闻工作者"要增强现代传播意识，强化互联网思维"。事实上，"互联网思维"一词源于企业经营领域，最初是由一些"嗅觉敏锐"的企业家在总结互联网给企业经营所带来的变革，在归纳企业在互联网条件下的经营思路时所提出的概念。如小米科技创始人提出的互联网思维七字诀："专注、极致、口碑、快。"随着互联网对整个社会生活影响的日渐加深，"互联网思维"开始具有普遍的方法论意义，其内涵一般是指"在互联网、大数据、云计算等科技不断发展的背景下，对市场、用户、产品、企业价值链乃至对整个商业生态进行重新审视的思考方式。在对外传播领域，互联网思维是指在全球新闻信息互联互通的背景下，对如何运用新的技术手段在世界范围内传播本国新闻信息和观点进行重新审视和思考"。

具体而言,在我国网络内容国际传播过程中,应当坚持的“互联网思维”主要包括“受众体验”思维和“大数据”思维。所谓“受众体验”思维,即从受众的实际需求出发来组织和传播网络内容,而非从传播主体的意图出发来建构网络内容。由于受众体验表现为高度的主观感受,因此,良好的受众体验,不仅要给受众提供真实、可靠、生动的网络内容,而且要满足受众的感观体验,如文字内容的字体、页面布局,视频内容的清晰度等均需精致设计。所谓大数据思维,即在网络内容国际传播策略的制定或调整过程中,不能仅仅依靠主观经验或传统条件下样本容量较小的调查研究,而应当借助于大数据分析。例如,在网站内容设置中,可以借助于大数据技术,精确统计和分析受众对不同内容的点击量、访问时长、访问时间段等全部相关数据,并以此作为内容调整的主要依据,从而提升内容设置的针对性,使国际传播效果最大化。

其次,正确树立“话语权思维”。习近平在中共中央政治局第十二次集体学习时指出,“要努力提高国际话语权。要加强国际传播能力建设,精心构建对外话语体系,发挥好新兴媒体作用,增强对外话语的创造力、感召力、公信力。”由此可见,提高国际话语权是当前国际传播事业发展的主要目标之一。具体到网络内容国际传播过程中,即要提高我国网络媒体的国际话语权,体现为三个维度:“说了有人看(认知维度),看了有人信(态度维度),信了有人做(行为层面)。”事实上,在传统“外宣”模式下,“报喜不报忧”“以自我为中心”的思维方式更加侧重于信息的输出,即解决“说”的问题,而较少考虑信息输出的效果,即忽视“说”了之后是否有人“看”、是否有人“信”、是否有人“做”的问题,从而在很大程度上制约了我国网络内容国际传播的渗透力和影响力。因此,必须从观念层面上树立正确的“话语权思维”。

具体而言,其一,首先认识到只有“大声说话”才有话语权。所谓“大声说话”,即要在互联网海量信息当中,不断扩大话语规模和强度,提高外国受众接触我国网络内容的概率,降低国外受众获取我国网络内容的难度,使其一上网就能够随时听到来自中国的声音,看到来自中国的信息。其二,要认识到只有“先说先讲”才能掌握话语主动权。换言之,即要提升网络内容的传播速度，特别是在国内外重大事件发生时，要尽可能在第一时间向全世界表明中国的态度，从而掌握对事件的第一解释权，赢得话语主动权。其三，要认识到只有话语客观才有话语权。所谓话语客观，不仅是指网络内容的真实性，也意味着要保持正面报道与负面报道的均衡性，“报喜不报忧”只会引起国外受众的反感。网络内容的客观性是提升我国网络媒体国际话语权的核心要素，脱离了网络内容的客观性，也就无法得到国外受众的普遍信任，因而话语权的问题更无从谈起。其四，要认识到只有话语生动才易掌握话语权。话语生动既包括内容本身的生动性，也包括内容传播方式的灵活性与多元性。在信息总量浩如烟海、信息选择高度自由的网络空间当中，过分严肃刻板的信息只能快速地淹没在信息海洋当中。特别是在国际传播领域，多数情况下，我国网络内容对于国外受众而言属于非必要信息，如果内容缺乏应有的生动性，更加无法吸引受众注意。

再次，学会运用“隐性传播思维”。所谓“隐性传播”是相对于“显性传播”而言的，它是指在特定信息的传播过程中，传播主体通过间接的、内隐的方式输出信息，使受众在潜移默化中受到暗示和感染，并逐步接受特定信息、认同信息中蕴含的价值观念的过程。“隐性传播思维”即传播主体在不断探索隐性传播实践的过程中逐步总结而成的操作观念和思路。一直以来，我国在国际传播领域大都以显性传播为主，内容的目的性较为明显，媒体的官方背景外显、话语的宣传口吻相对突出，十分容易引发国外受众的心理排斥。因此，面对网络内容国际传播的未来，传播主体应当学会运用“隐性传播思维”。一方面，在内容传播过程中，除直接的新闻报道外，应当学会将中国的文化、立场、态度、价值观隐含在电影、电视剧、小说、网络游戏、微电影等文化产品中传递给国外受众，并通过商业化形式进行运用和推广。在话语表达视角上，淡化宣传口吻，更多从人性、情感等柔性层面讲述中国故事；另一方面，在内容传播平台的运用中，应当更多借助于民间网络媒体进行内容推送，淡化内容传播平台的官方背景，与此同时，还应充分利用国际主流网络平台传播我国网络内容，例如，将我国网络内容推送到国外社交网站，从而借助国外网络媒体的影响力进一步扩大我国网络内容传播范围，提升传播效果。

二、优化网络内容国际传播媒体的宏观布局

网络媒体是网络内容国际传播的直接参与者,对网络媒体的宏观布局不合理,将直接影响到国际传播的效果。从具有较高国际传播能力的西方发达国家来看,它们在推动网络媒体的发展过程中呈现出以下三个特点:

第一,维护网络媒体行业的高度市场化。目前,世界范围内的主流网站几乎均来自于西方国家,而这些主流网站如谷歌、脸书等几乎均属于私营企业或非政府组织的范畴,各国政府由于政治制度和政治文化的影响,较少直接参与到新闻网站等网络媒体的建设当中。政府主要依靠市场的力量来配置资源,通过网站间充分的市场竞争提升网站的国际传播能力。事实上,互联网行业具有高度竞争性和快速迭代性,互联网企业想要获得稳定的客户群体必须具备灵活高效的运营策略,而这恰恰是私营企业的优势所在。因此,我国在网络内容国际传播媒体的总体布局上,也应当借鉴这一经验,大力扶持民办国际传播网站的建设,发挥其蕴含的巨大潜力。

第二,完善与网络媒体相关的政策法规。各国均制定了大量鼓励和规范网络媒体发展的政策法规,如英国首相卡梅伦就积极使用自己的社交账户并热衷于推广要抓住网络时代机遇的观点。英国内政部在 2012 年 5 月 17 日发布了为公务员制订的“社交媒体使用指南”。指南开篇即鼓励公务员们“拥抱”社交网络,积极利用社交网络开展工作,促进与公众的沟通,并提醒要让公众“与时俱进”。与此同时,“社交媒体法”“数据保护法”“RPC 隐私法”“网络身份保护法”等相关法律纷纷出台,以推动网络媒体的健康发展。又如,作为互联网创始国的美国,一直重视网络政策法规的制定,有数据显示,“在互联网管理法规的数量上,美国以 130 多项法规居世界之首。”为保障和规范网络媒体的发展,出台了《电信法》《通信内容端正法》《全球及国内商务电子签名法》和《统一电脑信息传送法》等多部法律法规。

第三,推动各媒体的资源整合。事实上,早在网络出现之前,西方国家便出现了媒体的集中化趋势,各媒体通过资源整合以实现传播能力的提升。如美国传播行业从 20 世纪 80 年代开始便开始迅速集中化,到 1983 年,50 家大公司便控制了全美大部分的日报、杂志、电视、书籍和动画图片的买卖,

此后,这一数目在不断缩小。如今,通用电气公司(GE)、新闻集团(News Corporation)、迪士尼公司(Disney)、维亚康姆(Viacom)、CBS 和时代华纳(Time Warner)六家大公司已经控制了超过 90%的美国媒体。从英国来看,“全国性的报纸被八个报业集团所控制,报业集团的前三名占据了 71%的市场份额,前五名更是覆盖了 92.5%的市场,这五大报业集团依次是新闻集团、三一镜报集团、邮报集团、北壳集团和侯林格集团”。与传统媒体相比,西方国家网络媒体的资源整合程度有过之而无不及。如在网络搜索引擎市场,谷歌一家便占据全球 70%左右的市场份额;在社交网站领域,脸书 2015 年第一季度登录份额达到 63%。谷歌排在第二位,占 20%。在美国数以万计的新闻网站当中,雅虎新闻、赫芬顿邮报、美国有线新闻广播公司网站等排名前 10 的新闻网站总访问量就达到全部新闻网站访问量的 23.5%。由此可见,大型的网络媒体或集团往往能够获得更大的竞争优势,国际传播能力的高低在一定程度上取决于媒体的质量和实力,而非网络媒体的数量。因此,在网络媒体层面进行资源整合是提升国际传播能力的必然选择。

然而,从当前我国网络内容国际传播媒体的布局情况来看,官办偏多、民办偏少,数量偏多、质量不高的总体局面仍未得到全面改善。因此,必须着眼于当前问题,从我国实际需求与国际通行惯例出发,对现有网络内容国际传播媒体的宏观布局进行优化。

其一,继续提升政府网站的国际化水平。自 1999 年我国政府推行“政府上网工程”以来,各地方、各部门政府网站如雨后春笋般兴起。同时,中央政府网站及各级地方政府网站纷纷建立外文版,政府网站外文版的专业化程度也在不断提升。但就目前来看,相对于欧美发达国家,我国政府网站的国际化水平总体偏低,其国际化道路依然任重道远。首先,应当继续加快政府网站外文版建设进程。以省级政府网站为例,在我国 31 个省级政府(不包括港澳台)中,仍有 11 个省份尚未建立政府网站外文版,占到全部省份的 38.7%。事实上,政府网站外文版是国外受众了解我国基本情况的重要窗口,是国际传播中的“基础设施”,是一个国家、省份或城市对外交流的“名片”。因此,应当鼓励有条件的各级政府建立政府网站外文版,同时,省级以上政府的外文网站应当成为“标配”。其次,继续强化政府网站外文版的易用性。一方面,提升网站运营的稳定性,尽可能减少外文版网站无法访问或访问速度过慢的问题;另一方面,促进外语运用的规范化和页面布局的合理化,杜绝网站中的翻译错误、语法错误、拼写错误等低级错误,力争外语运用的准确与地道。同时,建立"用户友好型"页面,如按照视觉流动规律进行页面内容布置。再次,强化网站互动特性,在网站中建立留言板、讨论区等互动窗口,并在条件允许的情况下建立在线实时互动渠道,如提供QQ、微信号及二维码链接。

其二,推动官办国际传播新闻网站的合并重组。就目前而言,我国具有官办性质的国际传播新闻网站数量众多,如在中央层面具有十多个中央重点新闻网站(外文版),在各级地方政府均有地方重点新闻网站(外文版),与此同时,无论在中央还是地方,还有大批由政府机构主办的一般性(非重点)新闻网站(外文版)。这些具有官办性质的国际传播新闻网站每年需要大量的财政资金维持其运营,但其国际影响力总体较弱,内容同质化程度较高,部分网站明显属于低水平重复建设的产物。因此,在一定程度上存在公共资源的浪费。事实上,要提高财政资金的利用效率,培育具有较高国际传播能力的网络新闻媒体,必须推动官办国际传播新闻网站的合并重组,走向由量到质的转变。一方面,在中央层面缩减重点新闻网站数量,推动现有重点新闻网站的合并与重组,并按照"国际主流新闻网站"的标准着力打造两到三个国际传播龙头网站,以改变我国没有国际主流新闻网站的现状,同时,各网站在内容定位上要有所区别。在地方层面同样需要进行资源整合,原则上每个省份重点打造一家以国际传播为目标的新闻网站,并且在网站定位上突出地方特色,与中央层面的国际传播龙头网站相区别。另一方面,其他未参与重组的国际传播网站可以从三个方面进行优化。一是进行股份制改革和市场化运营,引入民营资本参与国际传播网站的建设与管理。二是将部分外文新闻网站并入政府网站外文版,提升政府网站的国际传播能力。三是对于既无法市场化,也无法并入政府网站的国际传播网站进行果断关停,以最大限度地进行资源整合。

其三,加大对民办国际传播网站的政策支持。互联网行业具有高度竞争性和快速迭代性,互联网企业想要获得稳定的客户群体,必须具备灵活高效的运营策略,而这往往是民办企业的优势所在。纵观世界范围内的互联网领军企业如谷歌、脸书等,均是具有高度市场敏锐性的私营企业。因此,我国在网络内容国际传播媒体的总体布局上,应当大力扶持民办国际传播网站的建设,发挥其蕴含的巨大潜力。一方面,逐步放开商业门户网站的采访权。目前,按照《互联网新闻信息服务管理规定》,绝大多数商业门户网站属于"二类资质"网站,该类网站只可转载,不可进行采访工作。然而,搜狐、新浪、网易等我国主流商业门户网站在多年发展过程中,已经具备不亚于传统主流媒体的专业化程度,同时,在媒体影响力上丝毫不亚于以传统媒体为依托建立起来的新华网、国际在线等"一类资质"网站。因此,如果逐步放开新闻采访权,则能够激活商业门户网站在内容报道上的灵活性,进一步提升我国网络内容的丰富性和生动性。另一方面,鼓励我国商业门户网站和网络社交平台加速国际化进程。如设立专项基金对开设外文频道的商业门户网站或网络社交平台进行补贴,同时,出台相应的政策法规对民办国际传播网站进行系统化的引导和支持,推动民办国际传播网站与世界主流网络媒体在世界范围内开展竞争。

其四,强化与国际主流网络媒体的合作。当前,我国在网络内容国际传播过程中,既要注重自我发展,加强国内网络媒体的整合与重组,提升我国网络媒体的国际传播能力,也要注重加强国际合作,借助各国网络媒体特别是国际主流网络媒体的力量传播我国网络内容,从而实现"借力"传播。具体而言,合作方式可以多种多样,既可以成立国内外网络媒体间的合作组织,通过组织的力量形成传播合力。如 2014 年 12 月 11 日,国际新媒体合作组织(INMCO)在北京成立,该组织由加拿大《世界华人周刊》、美国《中美邮报》《中国日报》、日本《中日新报》、欧洲《欧洲侨报》等拥有新媒体业务的海外华文媒体发起成立,其成立宗旨是:聚焦全球华人,弘扬中华文化,让世界了解中国,助中国走向世界。该组织的成立为今后建立类似的网络媒体国际合作组织发挥了良好的示范作用。与此同时,加强国际合作,还可以通过在国外网络媒体设立专栏,或者直接向国外网络平台推送内容的方式进行。例如,2015 年中央电视台春节联欢晚会首次与优兔、推特等国际主流网络社交媒体合作,在这些平台上进行晚会直播,使国外受众可以在第一时间看到我国春节联欢晚会。事实上,加强国际合作,可以借助国外网络媒体的国际影响力扩大我国网络内容的传播范围,提升国外受众对我国网络内容的认同,从而大大提升我国网络内容国际传播的效果。

三、推动国外网络受众研究常态化

信息传播的效果在很大程度上由受众需求的满足程度所决定,而只有加强受众研究,才能够更加系统全面地掌握受众需求,受众研究已经成为提升传播效果的关键。因此,世界各国特别是欧美国家历来重视媒体信息传播过程中的受众研究。从理论层面来讲,自18世纪末19世纪初开始,西方国家逐步创立了一系列受众理论,如"个人差异理论""社会类别论""社会关系论""文化规范论",以及"社会参与论""信息平衡论""需要满足理论"等。与此同时,学者们在长期的研究过程中,形成了三大研究传统:"经验主义的实证传统、否定性思维的批判传统、文化主义的诠释传统",以及五大研究路径:"效果研究、使用与满足研究、文学批评、文化研究、接受分析"。

从实践层面来讲,西方国家历来具有受众调查和分析的传统,如英国广播公司专门成立听众调研部,设置大量专职人员对各国受众进行定期调查。自20世纪30年代至今80多年来,英国广播公司一直坚持不懈地开展这一工作,积累了大量的调研数据,并根据数据不断调整报道策略。依靠坚实的受众调研,英国广播公司最终逐步成长为具有较强影响力的国际主流媒体。除各大媒体直接进行调查外,受众调查逐步发展成为一个可以市场化运营的产业。在美国,从20世纪20年代开始便有广播收听率调查机构,1923年,阿瑟·C.尼尔森(Arthur C.Nielsen)在美国创立AC尼尔森公司,进行广播听众调查。1947年年底,当时一直致力于进行收听率调查的胡珀公司(Hooper)开始在纽约进行电视收视率调查,20世纪50年代,AC尼尔森公司开始涉足收视率调查,并推出了全国电视网收视报告NTI(Nislsen Television Index,尼尔森电视网收视指数)与地区性收视报告NSI(Nislsen Station Index,尼尔森电视台收视指数)。除美国外,英国也早在1962年就成立了大不列颠稽核局(Audits of Great Britain,AGB),1965年,Taylor Nelson公司在伦敦成立；在法国，1958 年便成立了专门机构——广告载体研究中心（CESP），1963 年 Sofres 公司成立，并开始提供受众调查服务。

近年来，针对新媒体环境，许多公司也开始着手强化网络受众调查，如阿比壮公司研发出便携式个人测量仪（Portable People Meter，PPM），可以收集和分析观看网络视频的受众数据。凯度媒体（Kantar Media）则开发出虚拟测量仪（Virtual Meter），与传统网络测量只能测量点击率、网站流量等指标不同，虚拟测量仪不仅能测量直播节目的收视情况，还能利用声音比对技术来监测延时收视行为，并且能够识别视频来源。尼尔森公司也非常重视网络视频测量，推出了 A2/M2（Anytime Anywhere Media Measurement）计划。

由此可见，欧美国家已经逐步形成了一个专业化、市场化的受众研究体系。我国网络媒体想要随时掌握国外网络受众的现实需求，必须推动国外网络受众研究的常态化。

首先，在媒体层面建立国外网络受众跟踪调研机制。网络内容国际传播媒体与国外网络受众直接接触，在获取第一手调研资料上具有先天优势。同时，网络媒体又是受众研究成果的直接受益者，具有较强的调研动力。因此，应当充分发挥网络内容国际传播媒体的优势，对国外网络受众进行跟踪调研。如上文所述，英国广播公司等世界主流媒体均在世界范围建立了高效的受众调研机制。对于我国网络内容国际传播媒体而言，应当认真学习和借鉴国外主流媒体的受众研究经验，媒体单独或者联合成立专业的受众调研团队在世界范围内进行长期的跟踪调研。与此同时，除传统抽样调研外，还应充分运用自身平台所积累的大量受众访问数据，运用大数据技术对数据总体（而非样本）进行细致分析，以便及时调整传播策略。

其次，在市场层面推动国外网络受众研究的商业化。要实现国外网络受众研究的常态化，离不开充足的人力、资金等资源支持，而要实现这一点，一个理想的路径便是切实推动国外网络受众研究的商业化，使研究在商业化进程中获得良性循环。具体而言，我国互联网企业想要实现“走出去”战略并在国际市场上获得一席之地，必须准确把握国外受众的各方面需求，因此，国外网络受众研究所获得的数据和成果对于互联网企业甚至许多非互联网企业而言都具有极大的商业价值。从这一判断来看，国外网络受众研究的商业化在理论上具有较强的可行性。与此同时，受众研究的商业化已经在实践中被证明为可行，特别在欧美发达国家，受众调查产业已经初具规模。从受众研究的商业运营流程来看，受众调查企业首先通过问卷、电话调查、自动化测量仪等多种手段获得关于受众需求的第一手资料，进而开展分析和整理并形成研究报告，最后将研究报告作为产品销售给需要这些调研结论的企业、政府部门、学术机构或者公众。商业化的受众研究团队具有其内在优势，相较于网络内容国际传播媒体，它更具专业性，相较于学术研究机构，它有更充足的研究经费和更高的工作效率。

再次，在学术层面加快国外网络受众研究的理论转化。目前，我国受众研究领域所运用的大量理论由国外引进而来，如上文中提到的"个人差异理论""社会类别论""社会关系论""文化规范论"以及"需要满足理论"等。这些理论固然在一定程度上揭示了受众心理及其行为规律，具有一定的普遍意义，但这些理论毕竟不是万能的，其适用范围也有其局限性，不能完全解决我国网络内容国际传播过程中所遇到的受众问题。因此，关于国外网络受众的研究，还必须立足于我国网络内容国际传播的现实境况，立足于国外受众对我国网络媒体的特殊认识，不仅要研究国外网络受众心理及行为的普遍规律，还要探索国外网络受众在面对我国网络内容时的特殊心理及行为。从具体研究的操作层面来看，一方面，学术研究机构及广大学者仍然要坚持"没有调查就没有发言权"的研究理念，在条件允许的范围内开展广泛的调查研究。同时，在数据获取上，要与网络媒体、商业化受众研究团队建立数据共享机制，最大限度提升现有数据的利用效率。另一方面，网络媒体、商业化受众研究团队虽然在数据获取方面具有优势，但对数据的分析层次相对较低。网络媒体往往是在对数据简单分析后，便直接运用于改进传播策略，商业化受众研究团队也往往会急于销售调研报告而无法深层次分析数据。因此，广大学术研究机构及学者应当承担起深层次分析数据的重任，探索海量数据中的深层次规律，并将其凝练为相应的理论定律或理论模型。

参考文献

一、著作

1. 李建盛等主编:《首都网络文化发展报告》,人民出版社 2013 年版。

2. 张强主编:《网络管理工作常用法律法规汇编》,中国人民公安大学出版社 2012 年版。

3. 王东迎:《中国网络媒体对外传播研究》,中国书籍出版社 2011 年版。

4. 胡正荣等:《中国国际传播发展报告(2014 年)》,社会科学文献出版社 2014 年版。

5. 唐绪军:《中国新媒体发展报告(2013 年)》,社会科学文献出版社 2013 年版。

6. 唐绪军:《中国新媒体发展报告(2014 年)》,社会科学文献出版社 2014 年版。

7. 胡正荣主编:《全球传媒发展报告(2013 年)》,社会科学文献出版社 2013 年版。

8. 胡正荣等主编:《新媒体前沿(2013 年)》,社会科学文献出版社 2013 年版。

9. 文化部文化市场司:《中国网络文化市场年度报告》,人民出版社 2012 年版。

10. 何明升等:《中国网络文化考察报告》,中国社会科学出版社 2014 年版。

11. 陆地等:《网络文化产业蓝皮书——中国网络文化产业发展报告》,新华出版社 2010 年版。

12. 巢乃鹏:《中国网络传播研究》,浙江大学出版社 2013 年版。

13. 侯岩:《网络传播心理新论》,河南人民出版社 2012 年版。

14. 屠忠俊主编:《网络传播概论》,武汉大学出版社 2007 年版。

15. 李大玖:《海外华文网络媒体——跨文化语境》,清华大学出版社 2009 年版。

16. 钟忠:《中国互联网治理问题研究》,金城出版社 2010 年版。

17. 唐守廉主编:《互联网及其治理》,北京邮电大学出版社 2008 年版。

18. 崔陵:《网络文化》,高等教育出版社 2012 年版。

19. 赵兴宏:《网络伦理学概要》,东北大学出版社 2008 年版。

20. 孙卫华:《网络与网络公民文化——基于批判与构建的视角》,中国社会科学出版社 2013 年版。

21. 顾海根:《青少年网络行为特征与网络成瘾研究》,中国科学技术大学出版社 2011 年版。

22. 戴永明等主编:《网络论理与法规》,福建人民出版社 2005 年版。

23. 宋元林等:《网络文化与人的发展》,人民出版社 2009 年版。

24. 沈建山:《信息化环境下小学德育》,北京师范大学出版社 2012 年版。

25. 何英:《美国媒体与中国形象》,南方日报出版社 2005 年版。

26. 东鸟:《网络战争:互联网改变世界简史》,九州出版社 2009 年版。

27. 姜胜洪:《网络谣言应对与舆情引导》,社会科学文献出版社 2013 年版。

28. 黄少华:《网络空间的社会行为——青少年网络行为研究》,人民出版社 2008 年版。

29. 檀传宝等:《网络环境与青少年德育》,福建教育出版社 2005 年版。

30. 端木义方主编:《美国传媒文化》,北京大学出版社 2001 年版。

31. 党静萍:《如何应对网络时代——网络文化下的青少年主体性构建研究》,法律出版社 2008 年版。

32. 段永朝:《互联网:碎片化生存》,中信出版社 2009 年版。

33. 范翠英:《网络道德心理研究》,世界图书出版公司 2012 年版。

34. 刘丹荷:《赛博空间与国际互动——从网络技术到人的生活世界》,湖南人民出版社 2007 年版。

35. 宋吉鑫:《网络伦理学研究》,科学出版社 2012 年版。

36. 彭兰等:《中国互联网新闻传播结构、功能、效果研究》,高等教育出版社 2011 年版。

37. 皮海兵:《内爆与重塑:网络文化主体性研究》,广西师范大学出版社 2012 年版。

38. 黄超:《高校网络思想政治教育研究》,世界图书出版公司 2012 年版。

39. 朱银端:《网络道德教育》,社会科学文献出版社 2007 年版。

40. 王仕勇:《理解网络文化——媒介与社会的视角》,重庆出版社 2011 年版。

41. 张光慧:《大学生网络思想政治教育机制创新研究》,中国言实出版社 2009 年版。

42. 庹祖海:《网络时代的文化思维》,北京邮电大学出版社 2011 年版。

43. 赵惜群主编:《网络思想政治教育理论与实践研究》,湖南大学出版社 2012 年版。

44. 王荣发:《网上德育——大学生网络思想政治教育的思考与实践》,华东理工大学出版社 2009 年版。

45. 曾广乐:《道德变迁论》,人民出版社 2010 年版。

46. 刘社欣:《思想政治教育合力研究》,人民出版社 2009 年版。

47. 李一:《网络行为失范》,社会科学文献出版社 2007 年版。

48. 王贤卿:《道德是否可以虚拟——大学生网络行为的道德研究》,复旦大学出版社 2011 年版。

49. 薛虹:《网络时代的知识产权法》,法律出版社 2000 年版版。

50. 李伦:《网络传播伦理》,湖南师范大学出版社 2007 年版版。

51. 马民虎:《互联网信息安全管理教程》,中国人民公安大学出版社 2007 年版。

52. 中华人民共和国国务院新闻办公室:《中国互联网状况》,人民出版社 2010 年版。

53. 文化部:《关于网络音乐发展和管理的若干意见》,2006 年 11 月版。

54. 中国电子商务协会:《网络交易平台服务规范》,2005 年 4 月版。

55. 中国互联网信息中心:《2013 年中国网民信息安全状况研究报告》,2014 年 1 月 13 日版。

56. 工信部:《我国公众网络安全意识调查报告(2015)》,2015 年 6 月 2 日版。

57. 中国互联网信息中心:《第 35 次中国互联网络发展状况统计报告》,2015 年 1 月版。

58. 中国电子商务研究中心:《2015 年我国公众网络安全意识调查报告》,2015 年 6 月 11 日版。

59. 中央网信办、工业和信息化部电子科学技术情报研究所:《我国公众网络安全意识调查报告(2015)》,2015 年 6 月 1 日。

二、论文

1. 陈必坤:《企业社会网络视角下知识共享研究》,《情报理论与实践》2013 年第 11 期。

2. 薛元:《网络条件下的政府职能趋向》,《理论界》2004 年第 4 期。

3. 钱永生:《墨子人本思想的结构》,《湖南大学学报》(社会科学版)2009 年第 1 期。

4. 于成龙:《切实发挥政府监管职能促进网络经济健康发展》,《工商行政管理》2009 年第 13 期。

5. 宋好好:《关于我国为保护青少年对手机网络内容监管的思考》,全国计算机安全学术交流会论文集,2010 年 2 月。

6. 张晔:《打击网络色情行动中运营商的法律责任》,《信息网络安全》2007 年第 5 期。

7. 毕宏音:《网民心理特点分析》,《社科纵横》2006 年第 9 期。

8. 王守龙:《复合型人才与专业创新型人才比较研究》,《西南农业大学学报》(社会科学版)2013 年第 1 期。

9. 罗楚湘:《网络空间的表达自由及其限制——兼论政府对互联网内容的管理》,《法学评论》2012 年第 4 期。

10. 杨君佐:《发达国家网络信息内容治理模式》,《法学家》2009 年第 4 期。

11. 吴挺:《英国政企联手应对网络安全》,《电子产品可靠性与环境试验》2013 年第 3 期。

12. 王雪飞、张一农:《国外互联网管理经验分析》,《现代电信科技》2007 年第 8 期。

13. 许惠英:《美国产学研合作模式及多项保障措施》,《中国科技产业》2010 年第 10 期。

14. 赵惜群:《国外网络文化建设经验极其启示》,《当代世界与社会主义》2014 年第 1 期。

15. 马乱:《从海外内容控制软件看我国网络监管》,《通信世界》2008 年第 4 期。

16. 董开坤等:《基于图像内容过滤的防火墙技术综述》,《通信学报》2003 年第 1 期。

17. 肖亚龙:《大学生网络安全教育文献综述》,《成功(教育)》2013 年第 7 期。

18. 向宏、傅鹂:《"五月花号"的星际远航——美国网络信息安全战略浅析》,《中国信息安全》2012 年第 7 期。

19. 孟威:《网络安全:国家战略与国际治理》,《当代世界》2014 年第 2 期。

20. 何湘、胡海波:《布莱切利庄园续写传奇——英国网络信息安全战略分析》,《中国信息安全》2012 年第 7 期。

21. 胡兵、桑军:《引吭高歌的高卢雄鸡——法国网络信息安全战略浅析》,《中国信息安全》2012 年第 7 期。

22. 张亚妮、傅鹂:《"壮年"维特之烦恼——德国网络安全战略浅析》,《中国信息安全》2012 年第 7 期。

23. 何大隆:《英国:合力传播核心价值观》,《瞭望》2007 年第 22 期。

24. 白贵等:《从无到有:中国受众研究 20 年——"全国第三届受众研究学术研讨会"综述》,《新闻记者》2001 年第 12 期。

25. 代玉启:《国外核心价值观建设的特色与启示》,《思想政治工作研究》2013 年第 1 期。

26. 李春华等:《国外网络信息立法情况综述》,《中国人大杂志》2012 年第 20 期。

27. 王钟的等:《境外华文电波正在消失》,《人民文摘》2013 年第 3 期。

28. 范丽莉、单瑞芳:《我国台湾地区数字内容产业的发展举措及启示》,《情报理论与实践》2006 年第 6 期。

29. 管瑞哲等:《网络环境下知识产权刑法保护问题》,《江苏警官学院学报》2008 年第 1 期。

30. 储昭根:《浅议"棱镜门"背后的网络信息安全》,《国际观察》2014 年第 2 期。

31. 方滨兴:《从"国家网络主权"谈基于国家联盟的自治根域名解析体系》,《信息安全与通信保密》2014 年第 12 期。

32. 余丽:《从互联网霸权看西方大国的战略实质和目标》,《马克思主义研究》2013 年第 9 期。

33. 方兴东等:《棱镜门事件与全球网络空间安全战略研究》,《现代传播》2014 年第 1 期。

34. 黄育馥:《信息高速公路上发展中国家》,《国外社会科学》1997 年第 1 期。

35. 余丽:《论制网权:互联网作用于国际政治的新型国家权力》,《郑州大学学报》2012 年第 4 期。

36. 高婉妮:《霸权主义无处不在:美国互联网管理的双重标准》,《红旗文稿》2014 年第 1 期。

37. 本刊:《斯诺登事件一周年回顾之网络监控事件》,《保密科学技术》2014 年第 6 期。

38. 王涛:《从意识形态安全看互联网的渗透与防范》,《思想理论教育导刊》2013 年第 1 期。

39. 万希平:《中国网络文化传播的战略目标与路径选择》,《学术论坛》2015 年第 2 期。

40. 谢新洲等:《互联网传播与国际话话权竞争》,《北京联合大学学报》(社会科学版)2010 年第 8 期。

41. 冯峰等:《美国对外传播的三个战略目标》,《对外传播》2014 年第 9 期。

42. 郑科扬:《加强党的执政能力建设的重要制度保障》,《求是》2004 年第 21 期。

43. 刘扬:《对网络对外传播从业者现状的调查与思考》,《对外传播》2015 年第 3 期。

44. 郭可:《我国对外传播中国际受众心理研究》,《新闻与传播评论》2002 年第 1 期。

45. 江泽文:《门户网站同质化现象探析》,《青年记者》2006 年第 4 期。

46. 陈力丹等:《重构媒体与用户关系——国际媒体同行的互联网思维经验》,《新闻界》2014 年第 24 期。

47. 王更喜:《美国输出价值观的新"武器"》,《中国教育报》2012 年 3 月 23 日。

48. 叶丹:《广东政务微信数量居全国第一》,《南方日报》2015 年 4 月 23 日。

49. 叶丹:《微信"城市服务"功能已覆盖全国 27 城市》,《南方日报》2015 年 7 月 23 日。

50. 陈晨:《2014 年新增企业数量多》,《光明日报》2015 年 1 月 23 日。

51. 龚文颖:《广西:2020 年高等教育毛入学率达四成》,《南国早报》2013 年 1 月 31 日。

52. 骆兰兰:《英国网络管理:行业自律唱主角》,《检察日报》,2004 年 11 月 20 日。

53. 张垚:《网络安全是重大战略问题》,《人民日报》2014 年 5 月 18 日。

54. 杨烨:《千余高校网站存信息泄露风险 北大清华人大上榜》,《经济参考报》

2015年5月20日。

55. 吴亚东:《福建某大学网站存安全漏洞 学籍卡信息可随意修改 8万余学生个人信息曝光网络》,《法制日报》2014年3月26日。

56. 杨谷:《IT核心技术 中国非做不可》,《光明日报》2003年1月29日。

57. 杨国民:《首款自主知识产权云计算安全产品发布》,《经济日报》2015年7月3日。

58. 刘权:《信息安全技术五大短板治理对策》,《瞭望新闻周刊》2015年第7期。

59. 王晓雁:《网络犯罪逐年上升呈集团化低龄化》,《法制日报》2013年9月25日。

60. 张洋、刘畅:《整治网络秩序,今年进一步发力》,《人民日报》2015年1月14日。

61. 高原:《网络安全法重在建立规则》,《法治周末》2015年7月30日。

62. 庄庆鸿:《专家热议网络安全法难产:现行法律法规体系尚未完善》,《中国青年报》2014年11月1日。

63. 余祎、曹四化:《加强顶层设计,科学确立网络空间安全总体战略》,《战士报》2015年4月21日。

64. 陈晓茹:《法国三军参谋部迪凯纳中将表示:法中正加大网络安全合作》,《中国青年报》2013年6月7日。

65. 文化部:《关于网络音乐发展和管理的若干意见》,2006年11月20日。

66. 白阳:《英国靠行政手段保护网络安全》,《人民日报》2012年9月5日。

67. 濮端华:《"制网权":一个作战新概念》,《光明日报》2007年2月7日。

68. 欧阳康、钟林:《美国如何宣传自己的价值观》,《北京日报》2014年10月13日。

69. 马燕:《IBM思科垄断我国核心路由器政府军队等将采购国产设备》,《证券日报》2014年3月5日。

70. 林小春:《美情报部门攻破加密技术 全球网络通信已经无秘密》,《新华每日电讯》2013年9月9日。

71. 王新俊:《"棱镜门"美竟抢先说"强烈反对"》,《人民日报》(海外版)2013年6月25日。

72. 蒋原伦:《媒体文化的同质化》,《文汇报》2002年6月22日。

73. 王晓雁:《5大电信运营商重拾社会责任强弓硬弩箭射网络色情死穴》,《法制日报》2007年6月22日。

74. 胡锦涛:《坚定不移沿着中国特色社会主义道路前进 为全面建成小康社会而奋斗》,《人民日报》2012年11月18日。

75. 李林:《突出青少年网络安全教育 培育"中国好网民"》,《中国青年报》2015年6月2日。

76. 赵天琪:《国务院发布全国政府网站普查结果》,《时代周报》2015年8月4日。

77. 王琪:《逾六千家政府网站关停》,《人民日报》2015年7月30日。

78. 南婷:《全国百家网站公布举报电话》,《攀枝花日报》2014 年 9 月 12 日

79. 李林:《我国开展网络敲诈和有偿删帖专项整治工作》,《中国青年报》2015 年 1 月 22 日。

80. 李丹丹:《政府官网普查 剑指"僵尸网站"》,《新京报》2015 年 3 月 26 日。

81. 周斐菲:《中关村高端人才创业基地落户北科大校园》,《中国人才》2012 年第 6 期。

82. 王政琪:《国务院办公厅印发〈三网融合推广方案〉》,《人民日报》2015 年 9 月 5 日。

83. 宋佳煊:《韩国五大政策振兴内容产业 目标直指 6000 亿元》,《中国文化报》2015 年 1 月 19 日。

84. 晓镜:《英国宽带发展的瑜与瑕》,《人民邮电报》2015 年 8 月 19 日。

85. 范丽莉、单瑞芳:《我国台湾地区数字内容产业的发展举措及启示》,《情报理论与实践》2006 年第 6 期。

86. 霍志坚:《公安部重拳打击网络违法犯罪》,《政府法制》2015 年第 25 期。

87. 蒋理:《新闻图片在网络传播中的伦理问题》,《学理论》2011 年第 13 期。

88. 叶洁汝:《北京大规模招募网络监督志愿者 揭秘网络"鉴黄师"》,《北京青年报》2014 年 6 月 8 日。

89. 詹新惠:《2014 年互联网的发展与创新》,《青年记者》2014 年 12 月下。

90. 彭科峰:《互联网+交通:政企亟待深度合作》,《中国科学报》2015 年 5 月 12 日。

91. 黄宏:《加强马克思主义世界观教育》,《人民日报》1999 年 11 月 12 日。

92. 苏垚等:《国信办主任鲁炜与网络名人座谈 "七条底线"不可触碰》,《人民日报》(海外版)2013 年 8 月 13 日。

93. 习近平:《科技是国家强盛之基,创新是民族进步之魂》,《中国青年报》2014 年 6 月 10 日。

94. 喻思娈:《我国尚无自主可控计算机技术》,《人民日报》2014 年 8 月 29 日。

95. 李颖:《中国 IT 产业发展报告》,社会科学文献出版社,2014 年 6 月 1 日。

96. 李林:《五月网民举报受理量首次破百万件》,《中国青年报》2015 年 6 月 24 日。

97. 张洋:《整治网络敲诈和有偿删帖 清理违法和不良信息 900 余万条》,《人民日报》2015 年 8 月 26 日。

98. 刘新华等:《对大学生网络安全意识及教育现状的调查》,《职教论坛》2011 年第 14 期。

99. 刘艳丽:《网络条件下家校互动优化德育环境》,《当代教育研究》2009 年第 5 期。

100. 张慧敏:《国外全民网络安全意识教育》,《信息系统工程》2012 年第 1 期。

101. 惠志斌:《我国网络空间安全战略的理论构建与现实途径》,《中国软科学》2012 年 5 期。

102. 蒋丽、张小兰、徐飞彪:《国际网络安全合作的困境与出路》,《现代国际关系》2013 年第 9 期。

103. 王益民:《2014 中国城市电子政务发展水平调查报告》,《电子政务》2014 年第 12 期。

104. 逯海军:《美军抢先制定网络战规则》,《中国青年报》2013 年 5 月 24 日。

105. 赵子倩:《网络内容控制研究——从宏观到微观》,北京大学硕士学位论文 2007 年。

106. 韩星:《论网络运营商的法律责任》,山东大学硕士学位论文 2010 年。

107. 郭瑞:《中国网民主体特征分析》,湖南师范大学硕士学位论文 2012 年。

108. 石敦良:《关于网络监管的制度建设的思考》,复旦大学硕士学位论文 2008 年。

109. 陈梦薇:《高校网络舆论引导及对策研究》,福建师范大学硕士学位论文 2013 年。

110. 李小宇:《中国互联网内容监管机制研究》,武汉大学博士学位论文 2014 年。

111. 宋强:《中国互联网低谷内容监管研究》,北京邮电大学博士学位论文 2011 年。

112. 王哲:《政府网络监管问题研究》,吉林财经大学硕士学位论文 2011 年,第 29 页。

113. 宋小花:《青少年网络游戏成瘾的预防研究》,太原科技大学硕士学位论文 2010 年,第 2 页。

114. 李智等:《中国媒体国际传播调查及未来传播策略研究》,2014 中国传播论坛:"国际话语体系与国际传播能力建设"研讨会会议论文集,2014 年 6 月,第 1 页。

115. 荆雪蕾等:《网络实名制在高校网络管理中的应用》,《中国教育网络》2010 年第 7 期。

116. 许正林:《中国媒体国际传播的障碍与应对策略探讨》,《第四届世界华文传媒与华夏文明传播国际学术研讨会论文集》,2005 年,第 184 页。

三、外文文献

1. [荷]简・梵・迪克著,蔡静译:《网络社会——新媒体的社会层面》,清华大学出版社 2014 年版。

2. [德]黑格尔著,贺麟译:《小逻辑》,商务印书馆 1980 年版。

3. [加拿大]马歇尔・麦克卢汉著,何道宽译:《理解媒介论人的延伸》,译林出版社 2011 年版。

4. [美]凯斯・R.桑斯坦著,毕竟悦译:《信息乌托邦:众人如何生产知识》,法律出版社 2008 年版。

5. [美]瓦格纳・詹姆斯・奥著,李东贤、李子南:《第二人生:来自网络新世界的笔记》,清华大学出版社 2009 年版。

6.［美］曼纽尔·卡斯特主编:《网络社会跨文化的视角》,社会科学文献出版社 2009 年版。

7.［美］詹姆斯·E.凯茨、罗纳德·E.莱斯,刘长江译:《互联网使用的社会影响》,商务印书馆 2007 年版。

8.［丹麦］克劳斯·布鲁恩·延森著,刘君译:《媒介融合:网络传播、大众传播和人际传播的三重维度》,复旦大学出版社 2012 年版。

9.［美］唐·泰普斯特著,云帆译:《数字化成长》,中国人民大学出版社 2009 年版。

10.［美］乔纳森·齐特林著,康国平等译:《互联网的未来》,东方出版社 2011 年版。

11.［美］尼尔·博斯曼著,何道宽译:《技术垄断文化向技术投降》,北京大学出版社 2007 年版。

12.［加］文森特·莫斯可著,黄典林译:《数字化崇拜:迷思、权利与赛博空间》,北京大学出版社 2010 年版。

13.［德］佛兰克·施尔玛赫著,邱袁炜译:《网络至死》,龙门书局 2011 年版。

14.［美］尼古拉斯·卡尔著,刘纯毅译:《互联网如何毒化了我们的大脑》,中信出版社 2010 年版。

15.［美］杰佛里·斯蒂伯著,李昕译:《我们改变了互联网还是互联网改变了我们》,中信出版社 2010 年版。

16.［加］哈德罗·伊尼斯著,何道宽译:《帝国与传播》,中国人民大学出版社 2003 年版。

17.［美］安德鲁·基恩著,丁德良译:《网络的狂欢:关于互联网弊端的反思》,南海出版公司 2010 年版。

18.［美］尼葛洛庞帝著,胡泳等译:《数字化生存》,海南出版社 1996 年版。

19. The White House, International Strategy for Cyberspace: Prosperity, Security, and Openness in a Networked World, May 2011.

20. Cattapan, Destroying E-commerce's Cookie Monster Image, Direct Marketing, 2000.

21. Terry Ernest Jones, USNational Science Foundation, security research programme, Network Security, 2005.

22. Crystal D, *English as a Global Language*, Cambridge University Press, 2012.

23. Cattapan: Destroying E-commerce's Cookie Monster Image, Direct Marketing, 2000.

四、网站

1. 中国互联网信息中心:《中国互联网络发展状况统计报告(2016 年 1 月)》,2016 年 1 月 22 日,见 http://www.cnnic.net.cn/hlwfzyj/hlwxzbg/hlwtjbg/201601/t20160122_53271.htm。

2. 中国互联网信息中心:《中国互联网络发展状况统计报告(2008 年 1 月)》,2008

年 1 月 24 日，见 http://www.cnnic.net.cn/hlwfzyj/hlwxzbg/200906/P020120709345342042236.rar。

3. 中国互联网信息中心:《2007 年中国互联网博客市场调查研究报告》,2007 年 12 月 27 日，见 http://www.cnnic.net.cn/hlwfzyj/hlwxzbg/200906/P02012070934534608046 8.doc。

4. 中国互联网信息中心:《2014 年下半年中国企业互联网应用状况调查报告》,2015 年 3 月 16 日，见 http://www.cnnic.net.cn/hlwfzyj/hlwxzbg/hlwqybg/201503/t20150316_51984.html。

5. 中国互联网信息中心:《第 37 次中国互联网络发展状况统计报告》,2016 年 1 月 22 日，见 http://www.cnnic.net.cn/hlwfzyj/hlwxzbg/hlwtjbg/201601/t20160122_53271.htm。

6. 中国互联网信息中心:《第 36 次中国互联网络发展状况统计报告》,2015 年 7 月 22 日，见 http://www.cnnic.net.cn/hlwfzyj/hlwxzbg/hlwtjbg/201507/t20150722_52624.htm。

7. 北京网康科技有限公司:《中国互联网"不良信息"研究报告(2008)》,2009 年 3 月 2 日，见 http://www.docin.com/p-69996877.htm。

8. 中国互联网违法和不良信息举报中心:《关于鼓励网民举报暴恐音视频等违法信息的公告》,见 http://net.china.com.cn/ggl/txt/2014-06/20/content_6997254.html。

9. 北京市互联网违法与不良信息举报中心:《举报信息受理情况汇总(2014 年第 8 期)》,见 http://www.bjjubao.org/2014-09/12/content_12589.html。

10. 中央编办:《中央编办关于工业和信息化部有关职责和机构调整的通知》,2015 年 4 月 20 日，见 http://www.miit.gov.cn/n11293472/n11459606/n11459642/11459720.html。

11. 工信部:《关于加强电信和互联网行业网络安全工作的指导意见》,2014 年 8 月 28 日，见 http://www.miit.gov.cn/n11293472/n11293832/n11293907/n11368223/16121194.html。

12. 北京互联信息顾问有限公司:《2013 政府网站国际化评估:近 50%政府网站外文版仍在建设阶段》,2013 年 12 月 9 日，见 http://www.echinagov.com/quality/assess/35392.html。

13. 国务院:《国务院印发推进"互联网+"行动意见含重点 11 领域》,2015 年 7 月 4 日，见 http://www.chinadaily.com.cn/micro-reading/politics/2015-07-04/content_13926179_4.html。

14. 中华人民共和国工业和信息化部运行监测协调局:《2013 年集成电路行业发展回顾及展望》,2014 年 3 月 11 日，见 http//www.miit.gov.cn/n11293472/n11293832/n11294132/n12858462/15918284.html。

15. 中华人民共和国工业和信息化部运行监测协调局:《2014 年集成电路行业发展回顾及展望》,2015 年 2 月 27 日，见 http://www.miit.gov.cn/n11293472/n11293832/

n11294132/n12858462/16471122.html。

16. 百度统计流量研究院:“百度数据”的实时统计结果,见 http://tongji.baidu.com/data/os。

17. 中国互联网信息中心:《1986 年—1993 年互联网大事记》,2009 年 5 月 26 日,见 http://www.cnnic.net.cn/hlwfzyj/hlwdsj/201206/t20120612_27414.htm。

18. 东鸟:《美国“智慧地球”战略威胁世界》,2010 年 11 月 5 日,见 http://book.people.com.cn/GB/69399/107423/207171/13141800.html。

19. 茄葩:《英国教育改革不止推行“价值观”一件事》2015 年 2 月 12 日,见 http://learning.sohu.com/20150212/n408972735.shtml。

20. 李岩:《美国推销“互联网自由”的谋划》,2011 年 3 月 5 日,见 http://www.lwgcw.com/NewsShow.aspx? newsId=19176。

21. 张双:《全国党政群机关和事业单位积极开通网络红页》,2013 年 11 月 23 日,见 http://paper.ce.cn/jjrb/html/2013-11/23/content_179647.htm。

22. 卢国强:《截至 2012 年 10 月底新浪认证政务微博总数 60064 个》,2012 年 12 月 4 日,见 http://www.china.com.cn/guoqing/2012-12/04/content_27300996.htm。

23. 王莹:《国家网信办开展婚恋网站严重违规失信专项整治》,2015 年 2 月 12 日,见 http://news.xinhuanet.com/politics/2015-02/12/c_127489514.htm。

24. 张双:《全国党政群机关和事业单位积极开通网络红页》,2013 年 11 月 23 日,见 http://paper.ce.cn/jjrb/html/2013-11/23/content_179647.htm。

25. 张帆:《国家互联网信息办公室的职责是什么》,2015 年 6 月 26 日,见 http://media.china.com.cn/cmcy/2015-06-26/452604.html。

26. 沈逸:《互联网助力深化改革,建设网络强国》,2015 年 11 月 2 日,见 http://news.xinhuanet.com/fortune/2015-11/02/c_128385924.htm。

27. 杨飞:《应对网络安全是政府的责任》,2014 年 11 月 21 日,见 http://pinglun.youth.cn/ttst/201411/t20141121_6095013.htm。

28. 中央编办发〔2015〕17 号:《中央编办关于工业和信息化部有关职责和机构调整的通知》,见 http://www.miit.gov.cn/n11293472/n11459606/n11459642/11459720.html。

29. 汪玉凯:《中央网络安全与信息化领导小组的由来及影响》,2014 年 3 月 6 日,见 http://theory.people.com.cn/n/2014/0303/c40531-24510897-3.html。

30. 孙杨:《中国国家新闻出版广电总局将取消 20 项审批职责》,2013 年 7 月 17 日,见 http://news.xinhuanet.com/politics/2013-07/17/c_116575747.htm。

31. 国务院新闻办公室:《国家工商总局举行 2014 年度全国工商工作情况发布会》,2015 年 1 月 23 日,见 http://www.scio.gov.cn/xwfbh/gbwxwfbh/fbh/Document/1393162/1393162.html。

32. 国家工商总局:《2014 年度全国市场主体发展、工商行政管理市场监管和消费维权有关情况》,2015 年 1 月 23 日,见 http://www.saic.gov.cn/zwgk/tjzl/zhtj/xxzx/201501/t20150123_151591.html。

33. 中华人民共和国教育部:《2015 年全国高等学校名单》,2015 年 5 月 21 日,见 http://www.moe.gov.cn/srcsite/A03/moe_634/201505/t20150521_189479.html。

34. 中华人民共和国教育部:《2014 年全国教育事业发展统计公报》,2015 年 7 月 30 日,见 http://www.moe.edu.cn/srcsite/A03/s180/moe_633/201508/t20150811_199589.html。

35. 李蓉生:《高校网络文化建设工作座谈会在蓉召开》,2013 年 9 月 22 日,见 http://www.sctv-8.com.cn/show.php? id=3432。

36. 百度百科:《"网民"》,2015 年 7 月 23 日,见 http://baike.baidu.com/view/7657.htm。

37. 程惠芬:《努力把我国建设成为网络强国》,2014 年 2 月 27 日,见 http://media.people.com.cn/n1/2016/0426/c402863-28306205.html。

38. 王仲伟:《切实加强网络内容建设　努力办好政府网站》,2014 年 12 月 1 日,见 http://dfhs.yueyang.gov.cn/zcjd/content_429075.html。

39. 中华人民共和国网信办:《中国电信主导制定的首个大数据国际标准获 ITU 批准》,2015 年 8 月 7 日,见 http://www.cac.gov.cn/2015-08/07/c_1116177469.htm。

40. 中国互联网信息中心:《互联网大事记》,2015 年 8 月 31 日,见 http://www.cnnic.cn/hlwfzyj/hlwdsj/。

41. 刘正荣:《中国网络监管:在探索中起步》,2010 年 3 月 4 日,见 http://www.cnnic.cn/hlwfzyj/hlwfzzx/wlmt/201003/t20100304_26973.html。

42. 邢政:《工商总局:去年查处网络传销等形式案件同比增长 49%》,2015 年 1 月 22 日,见 http://finance.people.com.cn/n/2015/0122/c1004-26433299.html。

43. 方海平:《文化产业投资远超其他行业　互联网文产占比超 70%》,见 http://money.163.com/api/15/0823/13/B1N4O9CE00254TFQ.html。

44. 黄锐:《全国网络基础设施建设提速》,2015 年 5 月 20 日,见 http://news.enorth.com.cn/system/2015/05/20/030243586.shtml。

45. 企鹅智库和腾讯视频:《2015 年中国网络视频大数据报告》,2015 年 6 月 10 日,见 http://www.199it.com/archives/354737.html。

46. 李国琦:《速途研究院:2015 年 Q1 中国网络文学报告》,2015 年 6 月 24 日,见 http://www.sootoo.com/content/651132.shtml。

47. 史竞男等:《我国数字出版产业年收入突破 3 千亿元》,2015 年 7 月 14 日,见 http://news.xinhuanet.com/fortune/2015-07/14/c_1115923800.htm。

48. 吴越:《"禁令"当前,低俗网络文学依旧很"淡定"》,2010 年 6 月 17 日,见 http://whb.eastday.com/w/20100617/u1a760247.html。

49. 刘晓明等:《割除假新闻泛滥的社会毒瘤》,2015 年 5 月 19 日,见 http://www.shekebao.com.cn/shekebao/2012skb/sz/userobject1ai3138.html。

50. 刘丹等:《上海:八成青少年犯罪与暴力网络游戏有关》,2004 年 10 月 15 日,见 http://www.sh.xinhuanet.com/2004-10/15/content_3044160.htm。

51. 璩静:《快播公司传播淫秽信息被查处》,2014 年 5 月 16 日,见 http://news.xinhuanet.com/newmedia/2014-05/16/c_126507631.htm。

52. 许路阳:《扫黄打非办:新浪网涉嫌传播淫秽色情信息》,2014 年 4 月 24 日,见 http://www.bjnews.com.cn/news/2014/04/24/314357.html。

53. 田浩、杨梅花:《没有硝烟的战场——徐州"风艳阁"淫秽网站覆灭记》,2008 年 2 月 14 日,见 http://www.chinacourt.org/article/detail/2008/02/id/288131.shtml。

54. 黄兆轶:《哥哥沉溺色情电影不能自拔,一年强奸 13 岁妹妹 4 次》,2015 年 1 月 27 日,见 http://news.qq.com/a/20150127/017331.htm。

55. 田德政、陈永辉:《陕西:男子看了一夜色情片　早晨性侵杀害 14 岁女孩》,2014 年 12 月 18 日,见 http://news.ifeng.com/a/20141218/42741323_0.shtml。

56. 赵蕾:《15 岁少年网吧看色情电影,回家打死并性侵姐姐》,2012 年 10 月 19 日,见 http://henan.qq.com/a/20121019/000051.htm。

57. 吴涛:《90 后少年看色情电影后把持不住　强奸 4 岁女童被捕》,2014 年 10 月 24 日,见 http://society.people.com.cn/n/2014/1024/c136657-25901802.html。

58. 杨金志:《动听中国网站传播淫秽音频》,2009 年 11 月 4 日,见 http://news.lyd.com.cn/system/2009/11/03/000722616.shtml。

59. 钟欣:《中国网络色情第一案开审》,2005 年 5 月 12 日,见 http://www.ycwb.com/gb/content/2005-05/12/content_899943.html。

60. 安力:《辟谣平台首次发布洪灾地区虚假图片》,2013 年 8 月 22 日,见 http://report.qianlong.com/33378/2013/08/22/118@8892163.html。

61. 蒋麟:《发布虚假命案照片　网友被拘 3 天》,2014 年 6 月 15 日,见 http://e.chengdu.cn/html/2014-06/15/content_474420.html。

62. 李钰:《偃师男子发布虚假车祸图片　画面血腥引发恐慌》,2015 年 6 月 3 日,见 http://henan.sina.com.cn/news/s/2015-06-03/detail-icrvvqrf3915805.shtml。

63. 张蓉:《网络电视正在改变网络媒体非主流印象》,2008 年 2 月 13 日,见 http://m.pchome.net/article/562455_p2_all.html。

64. 陈敏:《中国移动公布手机网站不良信息三种举报方式》,2009 年 1 月 20 日,见 http://tech.163.com/09/1120/11/5OIFITSP000915BE.html。

65. 赖少芬:《中国移动广东公司构筑抵制不良信息的坚强防线》,2007 年 9 月 26 日,见 http://net.china.com.cn/txt/2007-09/26/content_1791683.htm。

66. 王政:《专访联通董事长常小兵:网络"毒瘤"要坚决清除》,2010 年 1 月 6 日,见

http://net.china.com.cn/ywdt/zjgd/txt/2010-01/08/content_3334916.html。

67. 曾亮:《高新民:互联网企业社会责任非常重要》,2014 年 6 月 20 日,见 http://it.people.com.cn/n/2014/0620/c1009-25175749.html。

68. 张蓉:《网络电视正在改变网络媒体非主流印象》,2008 年 2 月 13 日,见 http://m.pchome.net/article/562455_p2_all.html。

69. 甄学宝:《五大图片网站联合发出抵制假新闻照片公告》,2007 年 9 月 6 日,见 http://media.people.com.cn/GB/40606/6224231.html。

70. 中国互联网协会行业自律工作委员会:《2012—2014 年度"中国互联网行业自律贡献奖"获奖入围单位事迹说明》,2014 年 8 月 18 日,见 http://www.isc.org.cn/wzgg/listinfo-30228.html。

71. 张璐:《淫秽色情手机网站不降反升　运营商被指不作为》,2011 年 5 月 30 日,见 http://b2b.toocle.com/detail-5788561.html。

72. 王雪飞等:《低俗信息人人喊打》,2009 年 12 月 26 日,见 http://media.people.com.cn/GB/10656045.html。

73. 杨健:《网络扫黄,运营商当"责"为先》,2007 年 6 月 25 日,见 http://paper.people.com.cn/rmrb/html/2007-06/25/content_13205310.html。

74. 孙海华、田国垒:《手机色情成毒瘤　运营商与网站捆绑利益链》,2009 年 2 月 2 日,见 http://www.ce.cn/xwzx/gnsz/gdxw/200909/02/t20090902_19918961.shtml。

75. 侯康腾:《名人演讲稿专访刘正荣:互联网发展与网络媒体作用》,2010 年 4 月 14 日,见 http://www.yjbys.com/news/186793.html。

76. 史竞男:《国信办谈净网行动,网民日均举报不良信息三千条》,2014 年 6 月 4 日,见 http://media.people.com.cn/n/2014/0604/c40606-25099667.html。

77. 李雪昆:《互联网违法和不良信息月举报受理量首超百万件》,2015 年 6 月 24 日,见 http://www.chinaxwcb.com/2015-06/24/content_319929.html。

78. 黄希平:《"深圳最美女孩"原为商业炒作》,2013 年 3 月 27 日,见 http://news.sina.com.cn/o/2013-03-27/065926652850.shtml。

79. 隋笑飞:《2014 年"扫黄打非"10 数据、10 案件》,2014 年 12 月 26 日,见 http://www.shdf.gov.cn/shdf/contents/767/235767.html。

80. 罗宇凡:《国信办:全国全网集中清理网上暴恐音视频》,2014 年 6 月 20 日,见 http://news.xinhuanet.com/legal/2014-06/20/c_1111243899.htm。

81. 吴晋娜:《铲除网上暴恐音视频专项行动启动,最高举报奖励 10 万元》,2014 年 6 月 20 日,见 http://news.cnr.cn/native/gd/201406/t20140620_515697788.shtml。

82. 王尚:《搜狐:每天屏蔽五千条微博》,2010 年 8 月 28 日,见 http://jcrbszb.chinajilin.com.cn/html/2010-08/28/content_2176461.html。

83. 胡恬波:《三招让垃圾短信不再横行》,2009 年 12 月 4 日,见 http://sywb.10yan.

com/html/20091204/120685.html。

84. 李林:《全国互联网违法和不良信息举报受理量5月首次突破百万件》,2015年6月23日,见 http://news.cyol.com/content/2015-06/23/content_11459774.html。

85. 上海新网程信息技术有限公司:《网络督察常见问题维护手册》,2010年10月26日,见 http://wenku. baidu. com/link? url = Ax3qRULTCTLjne - 1BdKvIQAiiGJqWHmsPRd7aPKjNwQICnddQQx9cISTsLUKRYTsCS7ViAhKO5TCjlZWMap RQL5EjWOasyddSMfxyY_sYUW。

86.《首都师范大学部署网康上网行为管理》,2010年11月30日,见 http://tech.hexun.com/2010-11-30/125899304.html。

87. 张雅静:《中央财经大学选择山石网科上网行为管理产品》,2010年3月12日,见 http://sec.chinabyte.com/386/11169886.shtml。

88. 左盛丹:《新一轮互联网与工业融合创新试点启动》,2015年4月7日,见 http://finance.chinanews.com/it/2015/04-07/7189159.shtml。

89. 网康互联网内容研究实验室:《中国互联网"不良信息"研究报告(2008)》,2009年3月2日,见 http://www.qqread.com/news/g453381.html。

90. 金博雅网络科技有限公司:《武汉理工大学侠诺 SQF9150 上网行为管理防火墙双核路由器网络解决方案》,2013年6月14日,见 http://www. jinboya. com. cn/news/shownews.php? id=60&lang=cn。

91. 清华大学网络信息管理委员会:《清华大学校园计算机网络信息服务管理办法(试行)》,2005年5月29日,见 http://www.docin.com/p-1332995236.html。

92. 中国人民大学网络与教育技术中心:《中国人民大学校园网管理条例》,2007年11月28日,见 http://wenku.baidu.com/view/916862433c1ec5da50e27072.html。

93. 北京师范大学信息网络中心:《校园网管理条例》,2004年12月12日,见 http://www.bnu.edu.cn/info/gzzd/23331.htm。

94. 桂林理工大学网络信息中心:《网络规章制度汇编》,2011年6月7日,见 http://nic.glut.edu.cn/nic/Show.asp? id=382。

95. 哈尔滨商业大学网络与教育技术中心:《哈尔滨商业大学校园网信息发布管理办法》,2013年8月25日,见 http://netc.hrbcu.edu.cn/ShowArticle.asp? ArticleID=5948。

96. 河北工业大学网络中心:《关于在校机关启用校园网实名认证的通知》,2014年6月20日,见 http://cnc.hebut.edu.cn/tzgg/20897.html。

97. 中国传媒大学计算机与网络中心:《关于在全校实行实名制上网的通知》,2011年3月23日,见 http://nic.cuc.edu.cn/article/256/。

98. 国家互联网应急中心:《2013年我国互联网网络安全态势综述》,2014年3月28日,见 http//www. cert. org. cn/publish/main/upload/File/2013% 20Network% 20Security% 20Situation.pdf。

99. 罗宇凡:《网民10天积极举报不良信息,10天多达1538件次》,2014年7月1日,见 http://finance.stockstar.com/FB2014070100002146.shtml。

100. 刘雪玉:《12321举报中心日受理色情网站举报700件次》,2015年5月31日,见 http://news.cnr.cn/native/gd/20150531/t20150531_518695787.shtml。

101. 刘正荣:《境内网上色情和低俗信息已明显减少》,2010年4月14日,见,http://news.xinhuanet.com/internet/2010-04/14/content_13352919.htm。

102. 王政:《专访联通董事长常小兵:网络"毒瘤"要坚决清除》,2010年1月6日,见 http://net.china.com.cn/ywdt/zjgd/txt/2010-01/08/content_3334916.html。

103. 赵亚辉、赵永新:《网民代表就整治互联网低俗之风建言献策》,2009年2月23日,见 http://media.people.com.cn/GB/8848944.html。

104. 梁文悦等:《未成人手机上网谁来规范监管?》,2013年3月27日,见 http://education.news.cn/2013-03/27/c_124508637.htm。

105. 李洪、韩妹:《未成年人手机上网增多,移动互联网内容监管缺位》,2011年3月24日,见 http://zqb.cyol.com/html/2011-0324/nw.D110000zgqnb_20110324_1-07.html。

106. 李强:《色情网站被举报半年内仍未关闭　运营商被指不作为》,2011年1月2日,见 http://news.qq.com/a/20110102/000488_1.htm。

107. 刘育英:《工信部抽检5万款手机APP　发现67款不良软件》,2014年11月5日,见 http://www.chinanews.com/it/2014/11-05/6755708.shtml。

108. 王彦恩:《监管不力? 利益熏心? 手机网络涉黄谁之过》,2009年12月7日,见 http://zdc.zol.com.cn/157/1577935.html。

109. 任海军:《综述:美国手机"扫黄"不轻松》,2009年12月28日,见 http://news.xinhuanet.com/politics/2009-12/28/content_12717359.html。

110. 苏玲等:《法国美国严厉刑法打击网络色情传播》,2010年1月8日,见 http://china.cnr/yaowen/20100108_505864588.html。

111. 聂云鹏:《互联网用户应自觉抵制网络不良信息》,2010年1月6日,见 http://news.xinhuanet.com/world/2010-01/06/content_12764987.html。

112. 黄堃:《英国依靠行业自律控制手机不良信息》,2009年12月28日,见 http://news.xinhuanet.com/world/2009-12/28/content_12716275.html。

113. 和苗:《瑞典官民合力遏制青少年有关的网络色情传播》,2010年1月6日,见 http://news.xinhuanet.com/world/2010-01/06/content_12765006.html。

114. 宋斌:《瑞士坚决打击"黄毒"信息》,2010年1月10日,见 http://www.gmw.cn/01gmrb2010-01/content_1035216.html。

115. 苏玲等:《法国美国严厉刑法打击网络色情传播》,2010年1月8日,见 http://china.cnr.cn/yaowen/201001/t20100108_505864588.html。

116. 白涣:《网络鉴黄志愿者:干露露擅长打擦边球没办法　她未赤裸裸露点》,见

http://www.qianzhan.com/news/detail/365/140609-40bc9c41_2.html。

117. 王晨:《国家互联网信息办公室的主要职责》,2012 年 1 月 20 日,见 http://www.scio.gov.cn/zhzc/9/6/Document/1086658/1086658.html。

118. 申亚欣:《5 个词读懂习近平的网络安全新主张》,2015 年 8 月 6 日,见 http://politics.people.com.cn/n/2015/0806/c1001-27419302.html。

119. 方滨兴:《社会各层面应主动的参与到网络空间治理中来》,2015 年 6 月 2 日,见 http://news.hnr.cn/yc/ly/201502/t20150206_1827441.html。

120. 艾瑞咨询:《2014—2015 年网络经济数据发布》,2015 年 2 月 10 日,见 http://web2.iresearch.cn/oweb/20150205/246172.shtml。

121. 璩静:《推动互联网企业加强网络信息安全建设》,2013 年 7 月 1 日,http://news.xinhuanet.com/newmedia/2013-07/01/c_124935142.htm。

122. 海竹:《互联网安全助力提升国家软实力》,2015 年 10 月 13 日,见 http://news.youth.cn/jsxw/201510/t20151013_7203753.htm。

123. 封化民:《积极构建网络空间安全创新人才培养体系》,2015 年 6 月 4 日,见 http://www.cac.gov.cn/2015-06/04/c_1115514398.html。

124. 吴定平:《守住"七条底线"是每个网民的责任》,2013 年 8 月 16 日,见 http://news.xinhuanet.com/yuqing/2013-08/16/c_125180004.html。

125. 孤松:《"互联网+"时代争当"中国好网民"》,2015 年 6 月 19 日,见 http://opinion.people.com.cn/n/2015/0619/c1003-27180760.html。

126. 习近平:《把我国从网络大国建设成为网络强国》,2014 年 2 月 17 日,见 http://news.xinhuanet.com/politics/2014-02/27/c_119538788.html。

127. 陈键:《工信部专家:维护中国网络安全需要国家意志推动》,2014 年 5 月 7 日,见 http://it.people.com.cn/n/2014/0507/c1009-24983748.html。

128. 王熙:《国产高性能芯片"智桥"面世　可替代英特尔同类产品》,2015 年 3 月 30 日,见 http://www.cww.net.cn/news/html/2015/3/30/20153301746329131.html。

129. 姜莹:2014 年中国自主可控安全体系建设研讨会,2014 年 12 月 15 日,见 http://www.chinanews.com/it/2014/12-15/6877253.shtml。

130. 易北辰:《构建大数据时代下的国家网络安全》,2014 年 11 月 27 日,见 http://news.china.com.cn/politics/2014-11/27/content_34168708_2.html。

131. 周汉华:《加快网络安全立法,确保国家网络安全》,2014 年 11 月 30 日,见 http://news.xinhuanet.com/politics/2014-11/30/c_1113460853.html。

132. 周围围等:《加强"原住民"网络安全教育》,2015 年 6 月 1 日,见 http://news.youth.cn/wztt/201506/t20150601_6700513.html。

133. 杨义先:《网络信息安全人才培育任重道远》,2012 年 11 月 16 日,见 http://www.csdn.net/article/a/2012-11-16/2811962。

134. 凌纪伟:《信息安全"黑洞门"触目惊心》,2015 年 3 月 4 日,见 http://news.xinhuanet.com/tech/2015-03/04/c_127540490.html。

135. 根据全球著名的排名网站(Alexa)最新数据(2015 年 8 月),见 http://www.alexa.com/topsites。

136. 董风:《西方国家立法规范互联网管理》,2010 年 8 月 6 日,见 http://www.sxrb.com/1004635.html。

137. 黄芳:《国外产学研合作模式》,2011 年 9 月 12 日,见 http://kyc.wfec.cn/show.aspx? id=24&cid=34。

138. 刘力:《美国产学研合作模式及成功经验》,2006 年 4 月 25 日,见 http://www.tech.net.cn/web/articleview.aspx? id=11574&cata_id=N041。

139. 刘迎:《美网络安全意识月活动经验及启示》,2014 年 11 月 15 日,见 http://news.xinhuanet.com/politics/2014-11/15/c_1113262856.html。

140. 魏进平等:《通过构建企业创新网络推进协同创新》,2013 年 6 月 5 日,见 http://theory.gmw.cn/2013-06/05/content_7863691.html。

141. 孙冉:《日本和北约首次发表"共同政治宣言"加强合作》,2013 年 4 月 16 日,见 http://www.chinanews.com/gj/2013/04-16/4732499.shtml。

142. 许栋诚、熊争艳:《中方愿同美方以建设性方式就网络安全问题保持沟通》,2013 年 3 月 15 日,见 http://news.xinhuanet.com/2013-03/15/c_115045268.htm。

143. 美国市场研究公司凯度(Kantar)统计数据,见 http://cn.kantar.com。

144. 中国电子信息产业发展研究院:《中国数据库市场发展趋势报告》,2013 年 5 月 20 日,见 http://www.ccidconsulting.com/rjxxyj/20130520/451.html。

145. The White House, Cyberspace Policy Review. May 2009. 见 https//www.whitehouse.gov/assets/documents/Cyberspace_Policy_Review_final.pdf。

146. The White House, International Strategy for Cyberspace: Prosperity, Security, and Openness in a Networked World. May 2011, 见 http://www. whitehouse. gov/sites/default/files/rss_viewer/international_strategy_for_cyberspace.pdf.

索　　引

X

Z

后　　记

自中国科学院高能物理研究所吴为民通过卫星链接和远程登录的方式于 1986 年 8 月 25 日向位于日内瓦的斯坦伯格发出一封电子邮件至今，我国的网络内容建设已走过了近 30 年的历程。期间，我国的网络内容建设既取得了世人瞩目的成就，也存在不容忽视的问题，面临十分严峻的挑战。因此，全面总结我国网络内容建设取得的成就、审视存在的问题、探讨问题的成因，对加强和改进我国网络内容建设，实现从网络大国向网络强国的跨越，具有十分重大的理论和实践意义。

呈现在您面前的这本小册子是由湖南省思想政治工作研究湖南科技大学基地的赵惜群、关洁、禹旭才、吴晓蓉、王艳等承担的教育部哲学社会科学重大攻关项目“加强和改进网络内容建设研究”（课题编号：13JZD033）的子课题“我国网络内容建设的现状调研与国际借鉴”的最终成果。本书的写作大纲由课题组集体拟定提出，课题主持人赵惜群负责全书的修改和统稿工作。各章撰写分工如下：赵惜群撰写第一、二、八章及第九章的第六节；关洁撰写第三、五章及第九章的第一、三节；禹旭才撰写第四章及第九章的第二节；吴晓蓉撰写第六章及第九章的第四节；王艳撰写第七章及第九章的第五节。

在本书的撰写过程中，我们参考、引用、吸收了国内外诸多同行专家学者论著中的观点和调研数据；湖南科技大学原党委副书记宋元林教授对本课题的研究工作提出了许多建设性意见；湖南科技大学法学院毛小平博士承担了问卷调查数据的统计和分析工作;湖南科技大学马克思主义学院研究生黄蓉、刘玲慧、李婷、王浩等对调研数据资料进行了整理、分类及输入等。在此一并表示诚挚的感谢!

限于学识、囿于时间、困于精力,书中错漏在所难免。恳请读者批评指正!

赵惜群

2015 年 10 月于湖南科技大学

责任编辑:汪　逸
封面设计:石笑梦
责任校对:张红霞

图书在版编目(CIP)数据

中国网络内容建设调研报告/赵惜群等 著. —北京:人民出版社,2017.10
ISBN 978-7-01-015669-9

Ⅰ.①中…　Ⅱ.①赵…　Ⅲ.①互联网络-内容-建设-研究-中国
Ⅳ.①TP393.4

中国版本图书馆 CIP 数据核字(2016)第 000010 号

中国网络内容建设调研报告

ZHONGGUO WANGLUO NEIRONG JIANSHE DIAOYAN BAOGAO

赵惜群 等 著

人民出版社 出版发行
(100706　北京市东城区隆福寺街 99 号)

北京汇林印务有限公司印刷　新华书店经销

2017 年 10 月第 1 版　2017 年 10 月北京第 1 次印刷
开本:710 毫米×1000 毫米 1/16　印张:27.25
字数:432 千字

ISBN 978-7-01-015669-9　定价:82.00 元

邮购地址 100706　北京市东城区隆福寺街 99 号
人民东方图书销售中心　电话 (010)65250042　65289539